普通高等教育“十一五”国家级规划教材

软件工程

（第三版）

王立福　孙艳春　刘学洋　编著

内容提要

本书是在北京大学计算机科学技术系使用的《软件工程》(第二版)教材的基础上，结合IEEE最新发布的软件工程知识体系SWEBOK(Software Engineering Body of Knowledge)和IEEE/ACM软件工程学科小组公布的软件工程教育知识体系SEEK(Software Engineering Education Knowledge)，由主讲、主考教师编写而成的。本书既是北京大学计算机科学系本科生指定教材，也可作为其他高校的本科生教材及软件从业人员的参考书。

本书注重基础知识的系统性，并注重选材的先进性及知识的应用，有助于提高读者求解软件的能力，特别是提高读者直接参与软件开发实践和工程管理的能力。

图书在版编目(CIP)数据

软件工程/王立福等编著. —3版. —北京：北京大学出版社，2009.10
(高等院校计算机专业及专业基础课系列教材)
ISBN 978-7-301-15913-2

Ⅰ. 软… Ⅱ. 王… Ⅲ. 软件工程—高等学校—教材 Ⅳ. TP311.5

中国版本图书馆CIP数据核字(2009)第172987号

书　　名：软件工程(第三版)
著作责任者：王立福　孙艳春　刘学洋　编著
责任编辑：沈承风
封面设计：张　虹
标准书号：ISBN 978-7-301-15913-2/TP・1059
出版发行：北京大学出版社
地　　址：北京市海淀区成府路205号　100871
网　　址：http://www.pup.cn　电子信箱：zpup@pup.pku.edu.cn
电　　话：邮购部62752015　发行部62750672　编辑部62752038　出版部62754962
印刷者：三河市博文印刷有限公司
经销者：新华书店
787毫米×1092毫米　16开本　22.5印张　562千字
1997年第1版　2002年第2版
2009年10月第3版　2023年5月第6次印刷
定　　价：60.00元

前　言

编写一本适合本科生学习的软件工程教材，实在是一件很困难的事情。其原因主要有三：一是软件工程这门课程所涉及的内容十分宽泛，既涉及技术层面，又涉及管理层面；既关联实际问题的理解和描述，又关联软件工具的使用；二是在社会需求的拉动下，软件工程技术发展非常迅速，新概念、新技术、新方法不断出现；三是作为一门技术学科，其内容具有很强的技术特征，而且仅仅走过了40余年的发展历程，与其他学科相比，例如数学、物理、化学以及建筑等，还是相当“年轻”的一门学科。因此，在教材内容的选取与组织方面，在有关概念的表述方面，实在是一种挑战。

通过参与杨芙清院士主持的国家科技攻关项目，通过参与张效祥院士主编的《计算机科学技术百科全书》，通过参与国家有关标准规范的制定，特别是通过几年来的教学实践，对软件工程有关的知识还有些领悟，有所积累。

在教材内容的选取方面，基本遵循以下两条原则：

一是选取的内容能够有助于提高读者求解软件的能力，特别是提高读者直接参与软件开发实践和工程管理的能力；

二是选取的内容基本上是基础性的，是比较“稳定”的，尽量介绍有关软件工程的国际标准，尽量讲解成熟技术。

在教材内容的组织方面，依据内容选取的基本原则，基于对软件开发本质的认识，紧紧围绕软件开发，主要讲解了软件工程的两大技术问题，一是开发逻辑，二是开发途径。其中，开发逻辑涉及软件生存周期过程、工程中常用的软件生存周期模型——有关过程、活动和任务的组织框架，以及项目软件生存周期的规划与监控；开发途径涉及结构化方法和面向对象方法，以及支持软件评估所需要的软件测试技术等。并且简单介绍作用于开发活动上的一些管理活动，其中重点介绍支持管理活动的一些基础性技术，例如规模、成本、进度估算等。

本书的内容组织可图示如下：

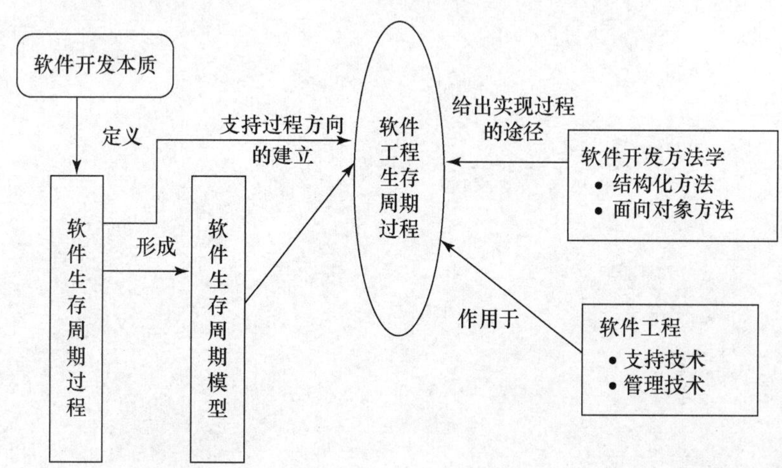

在概念的表述方面,依据内容组织的特定层面,尽量引用《计算机科学技术百科全书》中有关的条目和相关国际标准中的定义,并注重其中概念语境和语义的讲解。在不失严谨的条件下,尽量采用“图-文”形式,使所表达的概念容易理解。

在第一章绪论中,通过软件工程概念的提出以及发展历程,试图回答软件开发的本质。

在第二章软件过程中,通过讲解 ISO/IEC 12207 标准,试图回答软件开发需要进行哪些映射;通过讲解一些典型的软件生存周期模型,试图回答组织一个软件工程中活动的框架;通过应用软件生存周期过程和软件生存周期模型,试图回答如何形成一个软件工程项目的生存周期过程,即如何正确给出求解软件的逻辑。

在第三章需求与需求规约中,讲解了软件开发中的最重要的概念——需求和需求规约,基本性质以及作用,试图回答问题定义在软件开发中的重要性。

在第四章结构化分析和第五章结构化设计中,从“如何做”这一视角,详细讲解了结构化分析和结构化设计,以期回答如何开展软件工程中的需求和设计活动。

在第六章和第七章中,从“方法学”这一视角,详细讲解了 UML(统一模型化语言)和 RUP(统一软件开发过程),还是以期回答如何开展软件工程中的需求、设计等活动。

在第八章软件测试中,通过讲解软件测试技术,包括基于程序结构的路径测试技术和几个基于软件规约的功能测试技术,试图回答如何支持对软件系统/产品质量的评估。

在第九章中,基于一个典型的管理模型,通过讲解软件工程项目管理的基本活动,以及其中具有基础性的管理技术(例如规模、成本和进度估算方法等)和过程评估准则——CMM,试图回答在开展软件工程中的诸多活动中,如何对之进行有效管理。

在第十章计算机辅助软件工程中,通过讲解软件工具、开发环境以及相关模型,试图回答实现软件开发自动化的基本途径。

在第十一章内容总结一章中,对本书中主要内容进行了系统的归纳和总结,以帮助读者把书读薄。

由于时间仓促,更主要的是由于水平问题,本书中依然还会存在很多不足和错误,真诚地希望读者提出,并通过电子邮件(wlf@sei. pku. edu. cn)和其他方式,进行有意义的讨论。

目　录

第一章 绪 论

正确认识软件开发，是从事软件开发实践和软件工程项目管理的思想基础。

1.1 软件工程概念的提出与发展

软件工程这一术语首次出现在1968年的NATO会议上。20世纪60年代以来，随着计算机的广泛应用，软件生产率、软件质量远远满足不了社会发展的需求，成为社会、经济发展的制约因素，人们通常把这一现象称为“软件危机”。

当时，软件开发虽然有一些工具支持，例如编译连接器等，但基本上还是依赖开发人员的个人技能，缺乏可遵循的原理、原则、方法体系以及有效的管理，使软件开发往往超出预期的开发时间要求和预算。

一般而言，工程是将科学理论和知识应用于实践的科学。在理解“工程”这一概念的基础上，可以把软件工程定义为：软件工程是应用计算机科学理论和技术以及工程管理原则和方法，按预算和进度实现满足用户要求的软件产品的工程，或以此为研究对象的学科。

软件工程概念的提出，其目的是倡导以工程的原理、原则和方法进行软件开发，以期解决出现的“软件危机”。

软件工程作为一门学科至今已有30余年的历史，其发展大体可划分为两个时期。

20世纪60年代末到80年代初，软件系统的规模、复杂性以及在关键领域的广泛应用，促进了软件的工程化开发和管理。这一时期主要围绕软件项目，开展了有关开发模型、开发方法和支持工具的研究。主要成果体现为：提出了瀑布模型，试图为开发人员提供有关活动组织方面的指导；开发了诸多过程式语言（例如PASCAL语言、C语言、Ada语言等）和开发方法（例如Jackson方法、结构化方法等），试图为开发人员提供好的需求分析和设计手段，并开发了一些支持工具，例如调试工具等。在这一时期，开始出现各种管理方法，例如费用估算、文档复审等；开发了一些相应支持工具，例如计划工具、配置管理工具等。因此这一时期的主要特征可概括为：前期主要研究系统实现技术，后期则开始关注软件质量和软件工程管理。

20世纪80年代以来，基于已开展的大量软件工程实践，围绕对软件工程过程的支持，开展了一系列有关软件生产技术，特别是软件复用技术和软件生产管理的研究和实践。主要成果是提出了《软件生存周期过程》等一系列软件工程标准；大力开展了计算机辅助软件工程（CASE）的研究与实践（例如我国在“七五”、“八五”、“九五”期间，均把这一研究作为国家重点科技攻关项目），各类CASE产品相继问世。其间最引人注目的是，在工程技术方面，出现了面向对象语言，例如Smalltalk、C++、Eiffel等；提出了面向对象软件开发方法；在工程管理方面，开展了一系列过程改进项目，其目标是在软件产业的实践中，建立一种量化的评估程序，判定软件组织和过程的成熟度,提高组织的过程能力。

近几年来,围绕网络,特别是 Internet 网的广泛应用,以软件复用技术为基础,在软件构件技术、软件平台技术(包括应用框架)、需求工程技术、领域分析技术以及应用集成技术等研究方面,均取得了非常有影响的成果,有力地促进了软件工程学科和软件产业的发展。

1.2 软件开发的本质

计算机软件一般是指计算机系统中的程序及其文档。其中,程序是计算机任务的处理对象和处理规则的描述;文档是为了理解程序所需的阐述性资料。

由以上定义可知,软件是对一个特定问题域的抽象,是被开发出的一种逻辑实体,而不是一种"有形"的元件。该问题域有自己的术语空间和业务程序,例如一个图书管理系统,有"图书管理员"、"图书"、"书库"以及有关业务的"借书"、"还书"、"新书入库"等术语,有"借书"或"还书"等特定的业务程序,或称业务处理逻辑。软件开发的目标是将问题域中概念映射为运行平台层面的概念,例如变量、常量、表达式以及语句等,把问题域中的处理逻辑映射为运行平台层面的处理逻辑,例如顺序语句、选择语句和循环语句等,如图 1.1 所示。

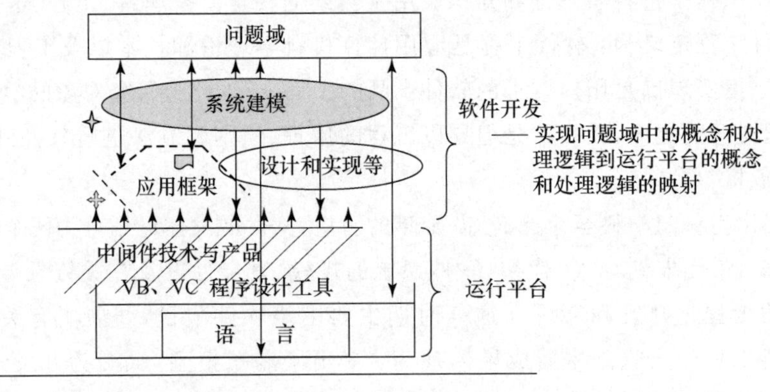

图 1.1 软件开发的含义

因此可以说,软件开发就是要"弥补"问题域与运行平台之间的"距离",其中这一距离是通过问题域中的概念和处理逻辑不同于运行平台中的概念和处理逻辑而体现的。另外,尽管随着软件技术的进步,问题域与运行平台之间的"距离"会越来越小,但几乎很难实现"彻底"的软件自动化,换言之,问题域与运行平台之间的"距离"将长期存在。

从问题域向运行平台直接进行映射,势必存在一定的复杂性。为了控制这一复杂性,需要确定多个抽象层,例如需求、设计、实现和部署等,每一抽象层均由自己特定的术语定义的,形成该抽象层的一个术语空间。

如果按照自顶向下的途径进行软件开发的话,首先就是通过需求建模,把问题域的概念和处理逻辑向需求这一抽象层进行映射,再把需求层的概念和处理逻辑向设计层进行映射,依次进行,直至映射到运行平台这一抽象层为止,如图 1.2 所示。

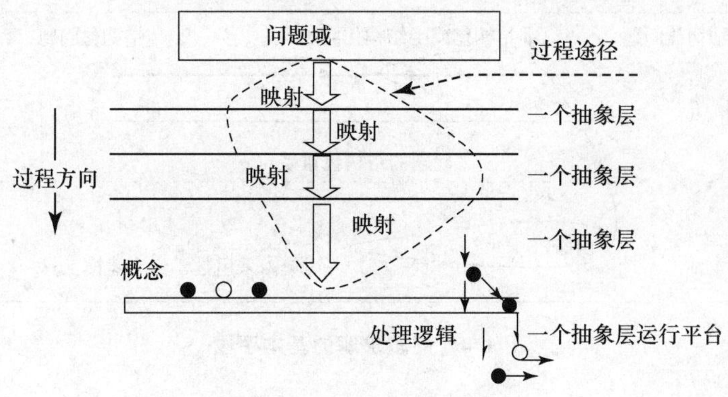

图 1.2　软件开发本质示意

因此可见,软件开发的本质可概括为:不同抽象层术语之间的“映射”,不同抽象层处理逻辑之间的“映射”。

软件开发既然是实现多个不同抽象层之间的映射,而且是由开发人员来做这样的映射,因此自然就要涉及两个方面的问题:一是如何实现这样的映射;二是如何管理这样的映射,以保障映射的有效性和正确性。

关于如何实现这样的映射,这是技术层面上的问题。这一问题又涉及到如下两方面的内容:

一是过程方向,即求解软件的开发逻辑。这是一件十分重要的问题,事关项目的成功与否。诸如瀑布模型、演化模型和螺旋模型等,给出了有关活动的组织框架,为设计开发逻辑提供了基础,如图 1.3 所示。

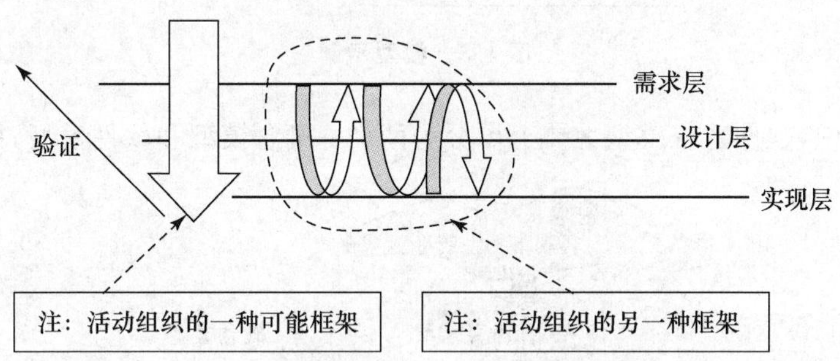

图 1.3　过程方向所涉及的主要内容

二是过程途径,即求解软件的开发手段。一般来说,由于人们的认知能力,问题的结构化谱系如图 1.4 所示。为了求解其中的非结构化和半结构化问题,其基本手段是建模,即运用所掌握的知识,通过抽象,给出该问题的一个结构。在软件开发领域,实际工程中采用的建模手段主要包括结构化方法、面向对象方法以及诸多面向数据结构方法等。

何谓模型?简单地说,模型是任一抽象,其中包括所有的基本能力、特性或一些方面,而没有任何冗余的细节。进一步地说,模型是在特定意图下所确定的角度和抽象层次上对物理系统的描述,通常包含对该系统边界的描述,给出系统内各模型元素以及它们之间的语义关系。例如图 1.5 中的信用卡确认系统的功能模型,其中采用 UML 作为建模工具。

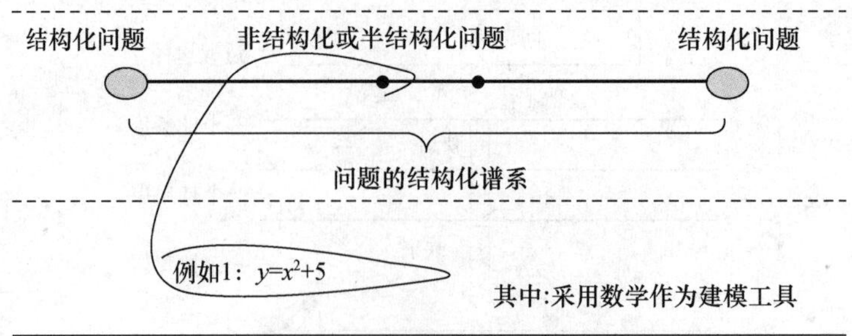

图 1.4　问题求解的基本手段

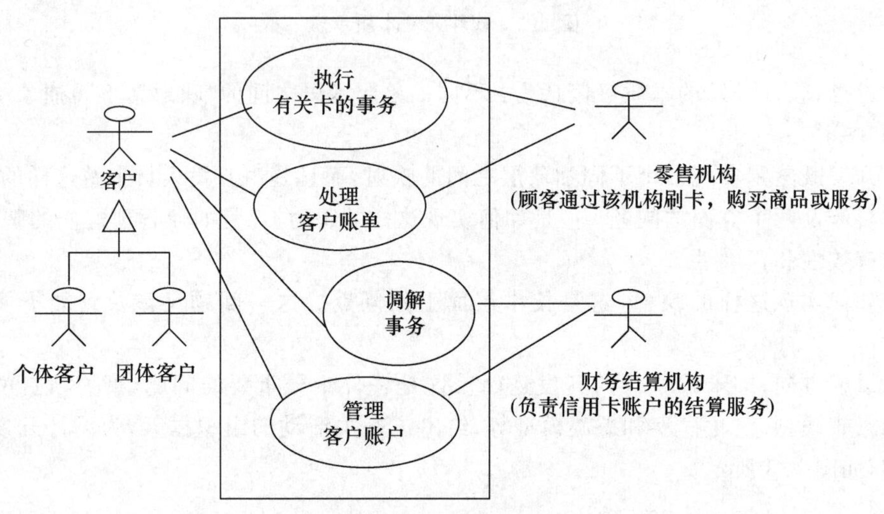

图 1.5　模型示例

在软件开发中,软件系统模型大体上可分为两类：概念模型和软件模型,如图 1.6 所示。

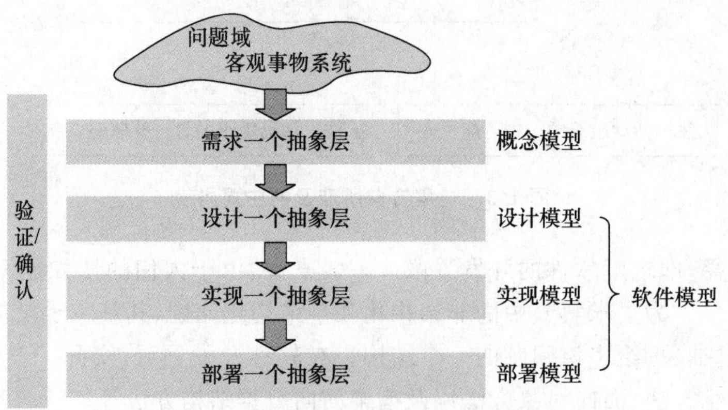

图 1.6　软件系统的一种模型分类

分层的基本动机是控制开发的复杂性。其中,在需求层面上创建的系统概念模型是对客观事务系统的抽象,即标识要解决的问题,或称问题定义。软件模型依据所在的抽象层,可进一步分为设计模型、实现模型和部署模型等,给出了相应概念模型的软件解决方案。

关于如何管理这样的映射，是管理层面上的问题，其主要功能包括软件项目的规划、组织、人员安排、控制和领导等。

从以上的论述中可以了解，软件开发既有技术上的问题，又有管理上的问题。因此，软件工程作为一门研究软件开发的学科，其主要内容包括：

(1) 做哪些映射，即要完成哪些开发任务(第二章)；

(2) 如何根据软件项目特点、环境因素等，选择并组织这些开发任务(第二章)；

(3) 如何实现不同抽象层之间的映射(第四章，第五章，第六章)；

(4) 如何进行测试(第八章)，如何支持整个软件开发(第十章)；

(5) 如何管理一个软件项目，主要包括如何进行项目规划，如何控制开发过程质量，如何控制产品质量等(第九章)。

下面，分别就以上五个方面的知识进行介绍。但由于软件开发管理所涉及的内容比较多，而且更具有"人文"特点，因此在概要介绍软件项目管理概念的基础上，就其中几个典型的管理技术进行了较为详细的讨论。

1.3 本章小结

本章简要阐述了软件开发的本质，即问题空间的概念和处理逻辑到解空间的概念和处理逻辑的映射。在此基础上，介绍了实现这一映射的基本途径，即系统建模。所谓系统建模，是指运用所掌握的知识，通过抽象，给出该系统的一个结构——系统模型。因此，模型是一个抽象，该抽象是在特定意图下所确定的角度和抽象层次上对物理系统的一个描述，描述其中的成分和成分之间所具有的特定语义的关系，还包括对该系统边界的描述。

在软件开发领域，系统模型分为两大类：一类称为概念模型，描述了系统是什么；另一类统称为软件模型，描述了实现概念模型的软件解决方案。软件模型又可进一步分为：设计模型、实现模型和部署模型等。

正确认识软件开发的本质，认识建模的意义，了解模型概念以及模型分类，直接关系到对软件工程开发逻辑、开发途径有关知识的理解、掌握和正确应用。正如本章首语所言："正确认识软件开发，是从事软件开发实践和软件工程项目管理的思想基础"。

习 题 一

1. 解释以下术语：

(1) 软件；

(2) 软件工程；

(3) 软件危机；

(4) 模型。

2. 简单回答软件开发的本质是什么。

第二章 软件过程

开发逻辑，是获取正确软件的关键。

2.1 软件生存周期过程

早在20世纪70年代中期，人们就提出了"软件生存周期"这一概念，开始注重编程之前的工作。简言之，"软件生存周期是软件产品或系统的一系列相关活动的全周期。从形成概念开始，历经开发、交付使用、在使用中不断修订和演化，直到最后被淘汰，让位于新的软件产品"。国际标准化组织于1995年就其中"一系列相关活动"发布了一个国际标准，即《ISO/IEC软件生存周期过程12207-1995》。这一标准是软件工程标准中一个基础性文件，系统化地给出了软件开发所需要的任务，即回答了软件开发需要做哪些基本"映射"。

为了有效地组织和表述软件生存周期中的任务，在该标准中使用了三个术语，即过程、活动和任务。过程是软件生存周期中活动的一个集合，活动是任务的一个集合，而任务是将输入变换为输出的操作。可见，这里所说的任务，是一个"原子"映射，而过程和活动均是"复合"映射。

随着该标准的不断应用，以及软件复用技术的发展，并结合CMM（能力成熟度模型）和ISO/IEC/TR15504的推进，国际标准化组织于2002年给出了ISO/IEC 12207-1995的补篇1，主要包括：

① 增加了一些新的软件过程，例如测量过程、资产管理过程、复用程序管理过程以及领域软件工程过程等；

② 增加了一些有关增进该标准应用效果的内容，例如给出了每一过程的目标以及成功实现过程的基本判定准则等。

继之又于2004年给出了ISO/IEC 12207-1995的补篇2，主要对补篇1的内容做了一些修改。

该标准按照承担软件开发工作的主体，将软件生存周期过程分为三类：基本过程、支持过程和组织过程。并在该标准的附录中，给出了剪裁过程以及相关的指导，以便当把软件过程运用到相关组织、具体应用领域或具体项目时，可以根据特定情况，对各种过程和活动进行剪裁，形成特定项目所需要的软件生存周期过程。

2.1.1 基本过程

基本过程是指那些与软件生产直接相关的活动集，又可分为五个过程，即获取过程、供应过程、开发过程、运行过程和维护过程。

例如 1：获取过程

获取过程是获取者所从事的活动和任务，其目的是获得满足客户所表达的那些要求的产品和/或服务。该过程以定义客户要求开始，以接受客户所要求的产品和/或服务结束。

该过程包括以下基本活动：

(1) 启动；

(2) 招标[标书]准备；

(3) 合同编制和更新；

(4) 对供方的监督；

(5) 验收和完成。

供应过程的每一基本活动又包含一组特定的任务。例如“启动”活动包括下述任务：

① 描述获取、开发或增强一个系统、软件产品或软件服务的概念或要求，以此开始这一活动。

② 定义并分析该系统需求。系统需求一般应包括业务、组织和用户的需求，还应包括与设计、测试有关的安全性、保密性和其他关键性需求以及应遵循的标准和规程。

③ 需方可以自己定义并分析软件需求，也可委托供方进行这项任务。

④ 如果需方委托供方进行系统需求分析，那么需方就要审核并批准所分析的需求。

⑤ 为了执行任务②和④，应使用开发过程(见例如 3)。

⑥ 依据对有关风险、费用和效益等方面的适当分析，选择获取方案。方案包括：

(a) 是否购买满足需求的现货软件产品；

(b) 是否在自己组织内部进行软件产品的开发或获得软件服务；

(c) 是否通过合同来开发软件产品或获得软件服务；

(d) 是否采用上述(a)、(b)、(c)的一个组合；

(e) 是否增强现有的软件产品或服务。

⑦ 当要去获得一个现成软件产品时，应确保满足以下条件：

(a) 满足该软件产品的需求；

(b) 文档是可用的；

(c) 满足专利权、使用权、拥有权、担保权和许可权；

(d) 规划对该软件产品的未来支持。

⑧ 制订一个获取计划并执行之，该计划应包括下述内容：

(a) 对该系统的需求；

(b) 对如何使用该系统进行规划；

(c) 准备使用的合同类型；

(d) 有关组织的职责；

(e) 准备使用的支持(例如验证、质量保证等)；

(f) 风险以及管理这些风险的方法。

⑨ 定义验收策略和条件(准则)，并形成文档。

在补篇 1 中，对获取过程增加了以下活动：(a) 合同终结处理；(b) 获取方针；(c) 供应方关系管理;(d) 用户关系管理;(e) 财政管理。关于该过程的其他活动,可参见有关标准。

总的来说,成功实现该过程的结果是:

(1) 定义了获取需求、目标、产品/或服务验收准则以及获取策略;

(2) 制订了能明确表达顾客和供方的期望、职责和义务的协定;

(3) 获得了满足顾客要求的产品和/或服务;

(4) 按规定的约束,例如要满足的成本、进度和质量等,对该获取过程进行了监督;

(5) 验收了供方的可交付产品;

(6) 对每一接受的交付项,均有一个由客户和供方达成的满意性结论。

例如 2:供应过程

供应过程是供方为了向客户提供满足需求的软件产品或服务所从事的一系列活动和任务,其目的是向客户提供一个满足需求的产品或服务。

该过程的启动,或为应答需方的招标书并决定开始编制投标书,或与需方签订一项提供系统、软件产品或软件服务的合同。启动之后,继之确定为管理和保证项目所需的规程和资源,包括编制项目计划,执行计划,一直到将系统、软件产品或软件服务交付给需方为止。

该过程包括以下基本活动:

(1) 启动;

(2) 准备投标;

(3) 签订合同;

(4) 规划;

(5) 执行和控制;

(6) 复审和评估;

(7) 交付和完成。

供应过程的每一活动又包含一组特定的任务。例如“规划”活动包括下述任务:

① 供方应复审获取需求,以便定义管理该项目、保证可交付的软件产品或服务质量的框架。

② 如果合同中没有规定采用什么软件生存周期模型,那么供方就应确定或选择一个适合于该项目的范围、规模和复杂度的软件生存周期模型,并应从本标准中所述的过程、活动和任务中进行选择,并将它们映射到所选择的软件生存周期模型。

③ 供方应为关于项目的规划建立适当的需求,以便管理该项目并保证可交付软件产品或服务的质量。这样的需求应涉及资源的需要以及需方的参与。

④ 一旦建立了有关规划的需求,供方就应该考虑:

(a) 是否利用内部资源来开发该软件产品或提供软件服务;

(b) 是否通过分包合同来开发该软件产品或提供软件服务;

(c) 是否从内部或外部来获得现货软件产品;

(d) 是否采用(a)(b)(c)的组合。

并针对以上每一种选择给出风险分析。

⑤ 供方应基于有关规划的需求和以上的选择，制订项目管理计划并形成文档。在该计划中应主要考虑包含以下条目：

(a) 开发单位(包括外包单位)的项目组织结构、职责和职权；

(b) 工程环境，包括可用的开发环境、运行环境、维护环境以及测试环境、程序库、设备、设施、标准、规程和工具；

(c) 生存周期过程和活动的工作分解结构，包括要完成的软件产品、软件服务和非交付项以及预算、人员配备、物理资源、软件规模和与任务有关的进度；

(d) 软件产品或服务的质量特性的管理，可以制订独立的质量计划；

(e) 软件产品或服务的安全、安全保密和其他关键需求的管理，可以制订独立的安全、安全保密计划；

(f) 分包方管理，包括分包方选择以及分包方与需方之间的参与等；

(g) 质量保证(见2.1.2小节)；

(h) 验证和确认(见2.1.2小节)，包括指明与验证机构和确认机构的接口途径；

(i) 需方参与，其手段如联合复审、审核、非正式会议、报告、修改和变更等；

(j) 用户参与，其手段如需求是否实现的演练、原型演示和评估等；

(k) 风险管理，即管理项目有关技术、成本和进度等方面的潜在风险；

(l) 安全保密策略，即在每一个项目组织层面上那些按需所知并访问信息的准则；

(m) 诸如规章、所需的认证、专利权、使用权、所有权、担保权以及许可证授予权等方面所要求的批准；

(n) 进度安排、追踪和报告的方法；

(o) 人员培训(见2.1.3小节)。

关于该过程的其他活动和任务，请参见相关的标准。

总的来说，成功实现该过程的结果是：

(1) 对顾客请求产生了一个响应；

(2) 在顾客与供方之间建立了一个关于开发、维护、运行、包装、交付和安装产品和/或服务的协定；

(3) 供方开发了一个符合协定需求的产品和/或服务；

(4) 根据协定的需求，向顾客交付了该产品和/或服务；

(5) 根据协定的需求，安装了该产品。

例如3：开发过程

开发过程是软件开发者所从事的一系列活动和任务，其目的是将一组需求转换为一个软件产品或系统。

该过程包括需求分析、设计、编码、集成、测试和与软件产品有关的安装和验收等活动。该过程还可能包括合同中规定的、与系统有关的活动。依据合同，开发者执行或支持该活动中的活动。

开发过程包括下述活动：

(1) 过程实现;

(2) 系统需求分析;

(3) 系统体系结构设计;

(4) 软件需求分析;

(5) 软件体系结构设计;

(6) 软件详细设计;

(7) 软件编码和测试;

(8) 软件集成;

(9) 软件合格性测试;

(10) 系统集成;

(11) 系统合格性测试;

(12) 软件安装;

(13) 软件验收支持。

其中每一活动包含一组任务。具体阐述如下:

(1) 过程实现

该活动包含以下任务:

① 如果合同中没有规定采用什么软件生存周期模型,那么开发者就应规定或选择适合于项目范围、规模和复杂度的软件生存周期模型。并应选择该开发过程中的活动和任务,将其映射到生存周期模型。其中,依据采用的软件生存周期模型,所选择的活动和任务可以是重叠的或相互作用的,并可以是重复的或循环的。

② 开发者应:

(a) 按照文档编制过程(见 2.1.2 小节),对任务(1)的输出建立相应的文档;

(b) 将这一输出置于配置管理过程之下,并按照配置管理的要求进行变更控制;

(c) 按照问题解决过程,对在软件产品和任务中所发现的问题之解决建立相应的文档;

(d) 实施合同中规定的支持过程。

③ 开发者应适当地选择、剪裁、使用那些由组织为实施开发过程和支持过程所建立的标准、方法、工具和计算机编程语言(如果合同没有规定),并建立相应的文档。

④ 开发者应为实施开发过程的活动制订一些计划。这些计划应包括与所有需求(包括安全保密性)的开发和限定条件相关联的特定标准、方法、工具、措施和职责。如果必要的话,这些计划可以分别制订之。这些计划均应形成文档并执行之。

⑤ 在软件产品的开发或维护中,可以使用一些非交付的软件项。但应确保对那些已交付获取方的软件产品的操作和维护,要独立于这些非交付项,否则它们就应被认为是可交付的。

(2) 系统需求分析

该活动包含以下的任务:

① 建立系统需求规格说明。一般情况下,为了规约系统需求,应对待开发系统的特定预期使用进行必要的分析。系统需求规格说明应描述:系统的功能和能力;业务需求,组织需求和用户需求;安全保密需求,接口需求,运行和维护需求;设计约束以及合格性需求。系统需求

规格说明应形成文档。

② 对系统需求进行评估。其中应考虑下列准则，并建立评价结果文档：

(a) 有关获取方面需要的可追踪性；

(b) 有关获取方面需要的一致性；

(c) 可测试性；

(d) 系统体系结构设计的可行性；

(e) 运行和维护的可行性。

(3) 系统体系结构设计

该活动包含以下任务：

① 建立系统的顶层体系结构。该体系结构应标识硬件项、软件项和人工操作项。应确保所有系统需求都被分配到各项中。应根据这些项，顺序地中标识出硬件配置项、软件配置项和手工操作项。建立系统体系结构和系统需求被分配到各项的文档。

② 应考虑下列准则，对该系统体系结构和每一项的需求进行评估，并建立评价结果文档。

(a) 系统需求的可追踪性；

(b) 与系统需求的一致性；

(c) 所使用的设计标准和方法的适宜性；

(d) 软件项满足其所分配的需求的可行性；

(e) 运行与维护的可行性。

(4) 软件需求分析

对于每一个软件项(或软件配置项，如果已标识)，该活动由以下任务组成：

① 建立具有以下内容的软件需求规格说明，包括有关质量特性的规格说明，并形成文档。关于软件质量特性的规约，可参见 ISO/IEC 9126 或 GB/T 16260.1。

(a) 功能与能力的规格说明，包括性能、物理特性以及该软件项执行的环境条件；

(b) 该软件项的外部接口；

(c) 合格性需求；

(d) 有关安全的规格说明，包括那些与运行、维护相关的方法以及环境影响、人为损坏；

(e) 有关保密的规格说明，包括那些与敏感信息泄露相关的要求；

(f) 人机工程的规格说明，包括与人工操作、人机界面、有关人员的约束以及需要人予以集中关注的那些方面的要求，这些要求对人为的错误和人员培训都是敏感的；

(g) 数据定义和数据库需求；

(h) 在运行和维护场所，被交付的软件产品安装与验收的需求；

(i) 用户文档；

(j) 用户操作与执行需求；

(k) 用户维护需求。

② 应考虑下列准则，对该软件需求进行评估，并建立评价结果的文档：

(a) 对系统需求和系统设计的可追踪性；

(b) 与系统需求的外部一致性；

(c) 内部一致性;

(d) 可测试性;

(e) 软件设计的可行性;

(f) 运行和维护的可行性。

③ 应实施联合复审。一旦完成了这一复审,就应建立该软件项的需求基线。

(5) 软件体系结构设计

对于每一个软件项(或软件配置项,如果已标识),该活动由下列任务组成:

① 把对软件项的需求转变为一种体系结构,以此描述其顶层结构,并标识各个软件构件。应确保对该软件项的所有需求都被分配给它的软件构件,并进一步予以细化,以便进行详细设计。该软件项的体系结构应形成文档。

② 对该软件项的外部接口和各构件之间的接口进行顶层设计,并形成文档。

③ 进行数据库的顶层设计,并形成文档。

④ 宜编制用户文档的最初版本,并形成文档。

⑤ 为软件集成定义初步的测试需求和进度,并形成文档。

⑥ 应考虑下列准则,对软件项的体系结构、接口和数据库设计进行评估,并建立评价结果的文档:

(a) 对软件项需求的可追踪性;

(b) 与软件项需求的外部一致性;

(c) 软件构件之间的内部一致性;

(d) 所应用的设计方法和标准的适宜性;

(e) 详细设计的可行性;

(f) 运行与维护的可行性。

⑦ 实施联合评审。

(6) 软件详细设计

对于每一个软件项(或软件配置项,如果已标识),该活动由下述任务组成:

① 对软件项的每一软件构件进行详细设计。软件构件应细化为一些更低的层次,这些层次包含能被编码、编译、测试的软件单元。应确保源于这些软件构件的所有软件项需求都被分配到那些软件单元。应建立详细设计文档。

② 对该软件项的外部接口、软件构件之间的接口和软件单元之间的接口进行详细设计,并形成文档。其中,如果没有进一步的信息要求,这些接口的详细设计应允许进行编码。

③ 进行数据库的详细设计并形成文档。

④ 必要时,更新用户文档。

⑤ 为软件单元的测试,定义测试需求和进度,并将其形成文档。测试需求应该包括该软件单元的强度需求。

⑥ 为了进行软件集成,更新测试需求和进度。

⑦ 应考虑下列准则,对软件详细设计和测试需求进行评估,并建立评价结果文档:

(a) 对软件项需求的可追踪性;

(b) 与结构设计的外部一致性；

(c) 软件构件和软件单元之间的内部一致性；

(d) 所应用的设计方法和标准的适宜性；

(e) 测试的可行性；

(f) 运行与维护的可行性。

⑧ 实施联合评审。

(7) 软件编码和测试

对于每一个软件项(或软件配置项,如果已标识),该活动由下述任务组成：

① 开发：

(a) 每一软件单元和数据库；

(b) 每一软件单元和数据库的测试规程和数据。

并建立相应的文档。

② 测试每一个软件单元和数据库,确保满足相应的需求。测试结果应形成文档。

③ 必要时,及时更新用户文档。

④ 及时更新测试需求和软件集成的进度。

⑤ 应考虑下列准则,对软件编码和测试结果进行评估,并建立评价结果文档：

(a) 对软件项需求和设计的可追踪性；

(b) 与软件项的需求及设计的外部一致性；

(c) 单元需求之间的内部一致性；

(d) 单元的测试覆盖；

(e) 所应用的编码方法和标准的适宜性；

(f) 软件集成与测试的可行性；

(g) 运行与维护的可行性。

(8) 软件集成

对于每一个软件项(或软件配置项,如果已标识),该活动由下述任务组成：

① 为了把软件单元和软件构件集成为软件项,应制订一个集成计划。该计划应包括测试需求、规程、数据、职责和进度。该计划应形成文档。

② 按照集成计划,对一些软件单元和软件构件进行集成并进行测试,形成一些聚集。应确保每一聚集满足该软件项的需求,并在集成活动终了时该软件项已被集成。集成和测试结果应形成文档。

③ 必要时,更新用户文档。

④ 对软件项的每一合格性需求,开发用于实施软件合格性测试的测试集、测试用例(输入、输出、测试准则)和测试规程,并将其形成文档。应确保已集成的软件项可用于软件合格性测试。

⑤ 应考虑下列准则,对集成计划、设计、编码、测试、测试结果和用户文档进行评估,并建立评价结果文档：

(a) 对系统需求的可追踪性；

(b) 与系统需求的外部一致性;

(c) 内部一致性;

(d) 软件项需求的测试覆盖;

(e) 所应用的测试标准和方法的适宜性;

(f) 与预期结果的符合程度;

(g) 软件合格性测试的可行性;

(h) 运行与维护的可行性。

⑥ 实施联合评审。

(9) 软件合格性测试

对于每一个软件项(或软件配置项,如果已标识),该活动由下述任务组成:

① 按照软件项合格性需求实施合格性测试。应确保针对依从性对每一软件需求的实现进行测试,合格性测试结果应形成文档。

② 必要时,更新用户文档。

③ 应根据下列准则,对设计、编码、测试、测试结果和用户文档进行评估。评估结果应形成文档:

(a) 软件项需求的测试覆盖;

(b) 与预期结果的符合程度;

(c) 如果实施系统集成和测试的话,系统集成和测试的可行性;

(d) 运行与维护的可行性。

④ 按审核过程来支持审核。审核结果应形成文档。如果软件和硬件都处于开发或集成中,审核可以推迟到系统合格性测试。

⑤ 一旦成功地完成了审核(如果实施的话),那么开发者就应:

为系统集成、系统合格性测试、软件安装或软件验收,更新并准备交付可用的软件产品。

注:软件合格性测试可用于验证过程或确认过程。

(10) 系统集成

该活动由下述任务组成,应按合同的要求实施或支持这些任务。

① 把软件配置项和必要的硬件配置项、人工操作及其他系统一起进行集成。集成后所得到的聚集,应按它们的需求进行测试。集成和测试结果应形成文档。

② 对系统的每一个合格性需求,为系统的合格性测试开发一组测试、测试用例(输入、输出、测试准则)和测试规程,并将其形成文档。应确保已集成的系统可用于系统合格性测试。

③ 应根据下列准则,对已集成的系统进行评估,并建立评估结果文档:

(a) 系统需求的测试覆盖;

(b) 所应用的测试方法和标准的适宜性;

(c) 与预期结果的符合程度;

(d) 系统合格性测试的可行性;

(e) 运行与维护的可行性。

(11) 系统合格性测试

该活动由下列任务组成,开发者应按合同要求实施或支持这些任务。

① 根据为系统所规约的合格性需求进行系统合格性测试。针对依从性,应确保系统的的每一需求都进行了测试,并且系统也可交付。合格性测试结果应形成文档。

② 根据下列准则,对系统进行评估,并建立评价结果的文档:

(a) 系统需求的测试覆盖;

(b) 与预期结果的符合程度;

(c) 运行和维护的可行性。

③ 按审核过程来支持审核。审核结果应形成文档。其中,该任务不适用于先前已进行过审核的软件配置项。

④ 一旦成功地完成了审核(如果实施的话),就应:

(a) 为软件安装和软件验收支持,更新并准备可交付的软件产品;

(b) 为每一软件配置项的设计和编码,建立一个基线。

系统合格性测试这一活动可用于验证过程或确认过程。

(12) 软件安装

该活动包括下述任务:

① 按合同规定,制订一个在目标环境中安装软件产品的计划。应确定安装软件产品所必要的资源和信息及其可用性。按合同的规定,协助需方的安装活动。当安装的软件产品正在代替现有系统时,开发者应支持合同要求的并行运行活动。安装计划应形成文档。

② 按照安装计划,安装软件产品。应确保软件编码和数据库已按合同的规定进行初始化、执行和终止。安装事件和结果应形成文档。

(13) 软件验收支持

该活动包括下述任务:

① 为需方对软件产品的验收复审和测试提供支持。验收复审和测试应考虑联合评审、审核、软件合格性测试和系统合格性测试的结果(如果执行的话)。验收复审和测试的结果应形成文档。

② 按照合同的规定,完成和交付软件产品。

③ 按照合同的规定,向需方提供初始的和持续的培训与支持。

总的来说,成功实现开发过程的结果是:

(1) 收集了软件开发需求并达成协定;

(2) 开发了软件产品或基于软件的系统;

(3) 开发了证明最终产品是基于需求的中间工作产品;

(4) 在开发过程的产品之间,建立了一致性;

(5) 根据系统需求,优化了系统质量因素,例如,速度、开发成本、易用性等;

(6) 提供了证明最终产品满足需求的证据(例如,测试证据);

(7) 根据协定的需求,安装了最终产品。

例如 4：运行过程

运作过程是系统操作者所从事的一系列活动和任务。其目标是在软件产品预期的环境中运行该产品，并为该软件产品的维护提供支持。

运行过程包括下述活动：

（1）过程实现；

（2）运行测试；

（3）系统运行；

（4）用户支持。

其中每一活动包含一组任务。具体阐述如下：

（1）过程实现

该活动包括下述任务：

① 为执行本过程的活动和任务制订一个计划，并建立一些运行标准。该计划应形成文档并予以执行。

② 为接受问题、记录问题、解决问题、追踪问题以及提供反馈等建立相应的规程。无论何时遇到问题，均应记录这些问题，并将其输入到问题解决过程。

③ 为在运行环境中对该软件产品进行测试，为将问题报告和修改请求输入到维护过程，以及为发布供运行使用的软件产品，建立相应的规程。

（2）运行测试

该活动包括下述任务：

① 对于软件产品的每次发布，进行运行测试，并且一旦满足规定的准则，便发布供运行使用的软件产品。

② 应确保按计划中描述的那样，对软件代码和数据库进行初始化、执行和终止。

（3）系统运行

该活动只包括一个任务，即应按照用户文档，使系统在其预订的环境中运行。

（4）用户支持

该活动包括下述任务：

① 对用户提出的请求，及时地提供协助和咨询。这些请求和后续措施应加以记录和监督。

② 为了解决用户请求，必要时应将其移交到维护过程。这些请求应加以关注，并应把计划中所采取的措施向原始请求者进行报告。所有问题的解决情况都应加以监控直到结束。

③ 如果针对一个所报告的问题，在其永久性解决方案发布之前要进行一种临时性的处理，那么该问题的原始提出者就应对这一临时性处理措施进行选择——是否使用之。对于永久性改正，对于包含一些以前没有的功能或特征的发布，以及对该系统改进，都应通过使用维护过程，将它们应用于该运行的软件产品。

总的来说，成功实施运行过程的结果是：

（1）对该软件在其预订的环境中正常运行的条件，进行了标识和评估；

(2) 在其预订的环境中，运行了该软件；

(3) 按照协定，为软件产品的顾客提供了帮助和咨询。

例如 5：维护过程

维护过程是维护者所从事的一系列的活动和任务。其目的是：对交付后的系统或软件产品，或为了纠正其错误，改进其性能或其他属性，而对其进行修改；或因环境变更，而对其进行调整。当软件产品由于某一问题或由于改进、更新的需要而对编码和相关文档进行修改时，就要启动这一过程。该过程随着软件产品的退役而结束。

维护过程包括下述活动：

(1) 过程实现；

(2) 问题和修改分析；

(3) 修改实现；

(4) 维护评审/验收；

(5) 迁移；

(6) 软件退役。

其中每一活动包含一组任务。具体阐述如下：

(1) 过程实现

该活动包括下述任务：

① 为进行维护过程的活动和任务，制订实施计划和规程，并形成文档。

② 建立接收、记录和追踪来自用户的问题报告和修改请求的规程，并建立向用户提供反馈的规程。无论何时遇到问题，都应记录这些问题并将其输入到问题解决过程。

③ 为了管理对现有系统的修改，制订实施配置管理过程(或建立与配置管理过程的组织接口)计划，并形成文档。

(2) 问题和修改分析

该活动包括下述任务：

① 针对下列方面，分析问题报告或修改请求对组织、现有系统和系统接口的影响。

(a) 维护的类型：例如：纠正、改进、预防或对新环境的适应；

(b) 维护的范围；例如：修改规模、涉及的费用、修改时间；

(c) 维护的关键性；例如：对性能、安全性、安全保密性的影响。

② 重现问题或验证问题。

③ 在分析的基础上，制订实施修改的方案。

④ 将问题/修改请求、分析结果和实施方案形成文档。

⑤ 按合同的规定，使选定的修改方案得到批准。

(3) 修改实施

该活动包括下述任务：

① 分析并确定需要修改的文档、软件单元和版本。并形成相应的文档。

② 进入开发过程以实施修改。此时需要对开发过程做以下补充：

(a) 规定对系统中已修改的与未修改的部分(软件单元、部件和配置项)进行测试和进行评估的准则,并将其形成文档;

(b) 确保新的和已修改的需求完整且正确地实现。同时确保原来的、未修改的需求不受影响。测试结果应形成文档。

(4) 维护评审/验收

该活动包括下述任务:

① 与授权修改的组织一起实施评审,以确定已修改系统的完整性;

② 按合同规定,对满意完成的修改获得批准。

(5) 迁移

该活动包括下述任务:

① 如果一个系统或软件产品(包括数据)从一个旧的运行环境迁移到一个新的运行环境,应确保在迁移过程中产生的或修改的任何软件产品或数据遵循本标准。

② 制订迁移计划,将其形成文档并实施之。一般情况下,用户应参与迁移计划的制订。该计划的内容应包括:

(a) 迁移的需求分析和定义;

(b) 迁移工具的开发;

(c) 软件产品和数据的变换;

(d) 迁移的执行;

(e) 迁移的验证;

(f) 未来对旧环境的支持。

③ 将迁移计划和活动通知用户,通知的内容应包括:

(a) 不再支持旧环境的理由;

(b) 对新环境及可用日期的描述;

(c) 一旦对旧环境的支持取消,应描述其他可用的支持方案,如果有的话。

④ 为了平稳地转移到新的环境,可以并行运行旧环境和新环境。在此期间,应按合同规定提供必要的培训。

⑤ 当预期的迁移发生时,应通知所有相关方。所有有关旧环境的文档、日志和编码应归档。

⑥ 进行迁移后运行的评审,评估变更对新环境的影响。为了进行指导和采取相应的措施,评审结果应送到相应权威部门。

⑦ 根据合同中有关数据保护和审核要求,旧环境使用的数据或与旧环境有关的数据应是可访问的。

(6) 软件退役

该活动包括下述任务:

注:软件产品应按拥有者的要求退役。

① 制订退役计划,以撤消运行和维护组织的支持,并将其形成文档。在制订该计划时应邀用户参与。该计划的内容一般应涉及:

(a) 终止全部或部分支持的时间;

(b) 软件产品及其有关文档;

(c) 后续支持事项的职责;

(d) 转换为新的软件产品的适宜时间;

(e) 归档数据副本的可访问性。

② 将退役计划和活动通知用户。通知的内容应包括:

(a) 替代或升级的软件及其生效日期的说明;

(b) 该软件产品不再得到支持的理由说明;

(c) 一旦失去支持时,其他可用支持方案的说明。

③ 为了平稳过渡到新系统,要并行运行退役软件和新软件。在此期间,应按合同规定为用户提供培训。

④ 当预期的退役发生时,应通知所有相关方。合适时,所有有关开发文档、日志和编码均应归档保存。

⑤ 根据合同中有关数据保护和审核要求,退役软件产品使用的数据或与退役软件产品有关的数据应是可访问的。

总的来说,成功实现运行过程的结果是:

(1) 对软件在其预订的环境中正常运行的条件进行了标识和评估;

(2) 该软件在其预订的环境中运行;

(3) 按协定为软件产品的顾客提供了帮助和咨询。

2.1.2　支持过程

支持过程是有关各方按他们的支持目标所从事的一系列相关活动集,以便提高系统或软件产品的质量。这类过程可被软件生存周期中其他类软件过程(如基本过程和组织过程)或本类中的其他软件过程所使用。支持过程可由使用它们的组织来实施;或作为一种服务,由一个独立的组织来实施;也可作为项目的一项规定内容,由客户来实施。

支持过程又可分为:文档过程、配置管理过程、质量保证过程、验证过程、确认过程、联合评审过程、审核过程、问题解决过程等。

例如 1:文档过程

文档过程是一组活动和任务,其目标是开发并维护一个过程所产生的记录软件的信息,产生各类文档。

文档过程包括以下活动:

(1) 过程实现;

(2) 设计和开发;

(3) 制作;

(4) 维护。

其中每一活动包含一组任务。具体阐述如下:

(1) 过程实现

该活动只有一项任务,即:

开发、实现一个计划,其中标识出在软件产品生存周期期间要产生的文档,并形成文档。对每一个所标识的文档,应包括下述内容:

(a) 标题或名称;

(b) 目的;

(c) 预期的读者;

(d) 有关输入、开发、评审、修改、批准、生产、储存、发布、维护和配置管理的规程和职责;

(e) 中间版本和最终版本的进度安排。

(2) 设计和开发

该活动包括以下任务:

① 对于每一个已标识的文档,依据适用的文档编写标准进行设计,其中包括格式、内容叙述、页码编号、插图/表格安排、专利/安全保密标志、封装以及其他描述项。

② 核对文档的输入数据源以及适合性。可以使用自动化的文档编制工具。

③ 依据文档编制标准中有关格式、技术内容和表述方式的要求,对已形成的文档进行评审和编辑。在文档在发布之前,应由授权人员批准。

(3) 制作

该活动包括以下任务:

① 应按计划对文档进行编制和提供。文档的编制和发布可以使用纸张、电子或其他媒体。主要资料应按有关记录保存、安全保密、维护和备份的要求妥善储存。

② 应按配置管理过程建立相应的控制。

(4) 维护

该项活动只有一项任务:

当文档需要修改时,应按维护过程的要求执行相应的任务。对于置于配置管理之下的文档,其修改工作应按配置管理过程进行。

总的来说,成功实施文档过程的结果是:

(1) 制定了标识软件产品或服务的生存周期中所要产生的文档之策略;

(2) 标识了编制软件文档的标准;

(3) 标识了由过程或项目产生的文档;

(4) 对全部文档的内容和目的进行了规定、评审和批准;

(5) 根据已标识的标准,制作了可用的文档;

(6) 按定义的准则维护了文档。

例如 2: 配置管理过程

配置管理过程是应用管理上的和技术上的规程来支持整个软件生存周期的过程,主要涉及:标识、定义系统中的软件项;控制软件项的修改和发布;记录和报告软件项的状态和修改请求;保证软件项的完备性、一致性和正确性;以及控制软件项的储存、处理和交付。可见该过程的目的是建立并维护一个过程或一个项目的所有工作产品的完整性，使它们对相关团体而言均是可用的。

注：当该过程用于其他软件产品或实体时，应对所提及的"软件项"做相应的解释。

该过程包括以下活动：

(1) 过程实现；

(2) 配置标识；

(3) 配置控制；

(4) 配置状态统计；

(5) 配置评价；

(6) 发布管理和交付。

其中每一活动包含一组任务。具体阐述如下：

(1) 过程实现

该活动只有一项任务，即：

编制配置管理计划。该计划应描述：配置管理活动、实施这些活动的规程和进度安排、负责实施这些活动的组织，以及与其他组织(如：软件开发和维护部门)的关系。该计划应形成文档并予以实现。

注：该计划可以是系统配置管理计划的一部分。

(2) 配置标识

该活动只有一项任务，即：

为项目需要标识的并加以控制的软件项及其版本，制订一个方案。在这一方案中，对每一软件项及其版本，给出：建立基线的文档、版本引用号以及其他细节。

(3) 配置控制

该活动只有一项任务，即：

标识并记录变更请求；分析和评价变更；批准或否决变更请求；实现、验证和发布已修改的软件项。在每次修改时，应保存审核追踪、可追踪修改的原因以及修改的授权。对于那些涉及处理安全保密性功能的受控软件项的所有访问，均应进行控制和审核。

(4) 配置状态统计

该活动只有一项任务，即：

编制管理记录和状态报告，以表明受控软件项(包括基线)的状态和历史。状态报告应包括项目的变更次数、软件项的最新版本、发布标识、发布数以及对这些发布的比较。

(5) 配置评估

该活动只有一项任务，即：

确定并确保：软件项具有其需求的全部功能，它们的设计和编码反映了最新技术描述(即物理完备性)。

(6) 发布管理和交付

该活动只有一项任务，即：

按特定规程控制软件产品和文档的发布和交付。在软件产品的生存期内应保存代码和文档的母拷贝。应按有关组织的方针，处理、储存、包装和交付具有安全保密性关键功能的代码和文档。

总的来说,成功实施该过程的结果是:

(1) 制定了配置管理策略;

(2) 标识并定义了由过程或项目所产生的全部工作产品/项,并形成基线;

(3) 对工作产品/项的修改和发布,进行了控制;

(4) 为对各相关方均是可用的,做了必要的修改和发布;

(5) 记录并报告了工作产品/项的状况和修改请求;

(6) 确保了每一软件项的完备性和一致性;

(7) 对每一软件项的存储、处置和交付进行了控制。

例如 3:质量保证过程

质量保证过程是为项目生存周期内的软件过程和软件产品提供适当保障的过程,目的是使它们符合所规定的需求,并遵循已建立计划。为了避免产生偏见,实施质量保证的人员不能是直接负责软件产品开发的人员,并应在组织上给予独立的权限。质量保证可以使用其他支持过程(如验证、确认、联合评审、审核和问题解决等过程)的结果。

质量保证过程包括以下活动:

(1) 过程实现;

(2) 产品保证;

(3) 过程保证;

(4) 质量体系保证。

其中每一活动包含一组任务。具体阐述如下:

(1) 过程实现

该活动包含以下任务:

① 按项目需要建立相应的质量保证过程。该过程的目标是:保障软件产品以及为提供这些产品所应用的过程均符合已建立的相应需求,并遵守已制订的相应计划。

② 建立与相关的验证、确认、联合评审和审核过程之间的协调关系。

③ 制订进行质量保证过程活动和任务的计划,将其形成文档,并在合同有效期内对之进行维护。该计划包括下述内容:

(a) 实施质量保障活动的质量标准、方法、规程和工具(或在组织的正式文档中的引用文件);

(b) 合同评审和协调的规程;

(c) 质量记录的标识、收集、归档、维护和处理的规程;

(d) 开展质量保障活动的资源、进度和职责;

(e) 所选择的一些其他支持过程(例如验证、确认、联合评审、审核和问题解决等)中的活动和任务。

④ 持续不断地执行进度中的质量保证活动和任务。当检查出问题或检查出有不符合合同要求之处时,记录之并作为问题解决过程的输入。编制并维护关于这些活动和任务的执行情况、发现的问题以及解决方案记录。

⑤ 按合同的规定，编制对需方可用的有关质量保证活动和任务的记录。

⑥ 确保从事质量保障工作的人员，具有组织上的一定自由度（独立性），以便进行客观评估；具有相应的资源和权力，以便能够启动、从事质量保障活动和任务，以及验证问题解决方案等。

(2) 产品保证

该活动包括以下任务：

① 确保合同要求的所有计划均建立了相应的文档，符合合同，相互一致，并按需要予以执行。

② 确保软件产品和相关文档符合合同，并遵循相应的计划。

③ 在准备交付的软件产品中，确保它们完全满足合同要求，并且对需方是可以接受的。

(3) 过程保证

该活动包括以下任务：

① 确保一个项目所应用的那些软件生存周期过程（供应、开发、运作、维护以及包括质量保证在内的支持过程）符合合同，并遵循相应的计划。

② 确保内部的软件工程实践、开发环境、测试环境和软件库符合合同。

③ 确保适用的合同基本要求传达到分包方，并确保分包方的软件产品满足合同的这一基本要求。

④ 确保需方和其他有关方按照合同、协商和计划获得需要的支持和合作。

⑤ 应确保软件产品测量和过程测量符合所建立的标准和规程。

⑥ 应确保指定的工作人员具有为满足项目需求所需要的技能和知识，并接受了必要的培训。

(4) 质量体系保证

该活动包括只有一个任务，即：

确保增加一些质量管理活动，以便符合合同中有关 ISO 9001 的章节。

总的来说，成功实施该过程的结果是：

(1) 制定了实施质量保证的策略；

(2) 产生并维护了质量保证的证据；

(3) 标识并记录了问题和/或与协定需求不符合的内容；

(4) 验证了产品、过程和活动与适用的标准、规程和需求的依从性。

例如 4：验证过程

验证过程是一个确定某项活动的软件产品是否满足在以前的活动中施加于它们的需求和条件的过程。可见，该过程的目的是：证实一个过程和/或项目的每一软件工作产品和/或服务恰当地反映了已规定的需求。验证过程可应用于供应、开发、运行或维护等过程。该过程可以由来自同一组织一个人或多个人来实施，也可以由来自另一组织的人员来实施。在由一个独立于供方、开发者、操作者或维护者的组织来执行该过程的情况下，该验证过程就称为独立的验证过程。

该过程包括以下活动：

(1) 过程实现；

(2) 验证。

其中每一活动包含一组任务。具体阐述如下：

(1) 过程实现

该活动包括以下任务：

① 确定项目是否需要进行一定的验证工作,以及验证工作是否需要组织上一定独立性。分析项目需求的关键性。关键性的计量可按以下各项进行：

(a) 在系统需求或软件需求中,可能引起死亡、人身伤害、任务失败、财经损失或灾难性的设备损坏等未被发现的错误之潜在性；

(b) 所用软件技术的成熟度,以及应用这种技术的风险；

(c) 可用的经费和资源。

② 如果一个项目需要进行验证工作,就应为验证该软件产品而建立一个验证过程。

③ 如果一个项目需要进行独立的验证工作,就要选择一个负责进行验证的合格组织,并确保该组织具有实施验证活动的独立性和权力。

④ 基于以上有关范围、重要程度、复杂性和关键性的分析,确定需要进行验证的生存周期活动和软件产品。为这些生存周期活动和软件产品,选择以下定义的验证活动和任务,以及执行这些任务所需要的方法、技术和工具。

⑤ 根据已确定的验证任务,制订验证计划并形成文档。该计划应描述：要验证的生存周期活动和软件产品、每个生存周期活动和软件产品所需的验证任务,以及有关资源、职责和进度安排。该计划还应描述向需方和其他有关组织提交验证报告的规程。

⑥ 实现该验证计划。其中,由验证工作发现的问题和不符合项应作为问题解决过程的输入;应对所有问题和不符合项给出解决方案;应为需方和其他有关组织给出可用的验证活动的结果。

(2) 验证

该活动包括以下任务：

① 合同验证。其中应考虑下面列出的准则：

(a) 供方具有满足需求的能力；

(b) 需求一致并覆盖了用户的需要；

(c) 规定了可处理需求变更和处理问题蔓延的规程；

(d) 规定了各方之间进行接口和合作的规程及其范围,包括所有权、许可权、版权和保密性；

(e) 规定了符合需求的验收准则和规程。

注：该活动可用于合同评审。

② 过程验证。其中应考虑下面列出的准则：

(a) 项目规划的需求是足够的、及时的；

(b) 为项目所选择的过程是可行的、已实现的,是按计划执行的,并是符合合同的；

(c) 用于项目过程的标准、规程和环境是满意的；

(d) 根据合同要求，为项目配备了经过培训的人员。

③ 需求验证。其中应考虑下面列出的准则：

(a) 系统需求是一致的、可行的且是可测试的；

(b) 根据设计准则，系统需求被适当地分配给了硬件项、软件项和手工操作；

(c) 软件需求是一致的、可行的且是可测试的，并准确地体现了系统需求；

(d) 通过适当严格的方法表明，有关安全保密性和关键性的软件需求是正确的。

④ 设计验证。其中应考虑下面列出的准则：

(a) 设计是正确的、与需求一致并可追踪到需求；

(b) 设计实现了适当的事件序列、输入、输出、接口、逻辑流，实现了按时和规模预算的分配以及错误定义、问题隔离及恢复；

(c) 可以依据需求导出所选择的设计；

(d) 通过适当严格的方法表明，设计正确地实现了安全保密性以及其他关键性的需求。

⑤ 编码验证。其中应根据下面列出的准则：

(a) 编码可追踪到设计和需求，是可测试的和正确的，并且符合需求和编码标准；

(b) 编码实现了适当的事件顺序、一致的接口、正确的数据和控制流、完备性、恰当的按时间和规模预算的分配、错误定义、问题隔离和恢复；

(c) 可以由设计或需求导出所选择的编码；

(d) 通过适当严格的方法表明，编码正确地实现了安全保密和其他关键性的需求。

⑥ 集成验证。其中应考虑下面列出的准则：

(a) 每个软件项的软件构件和软件单元已被完整地且正确地集成到该软件项中；

(b) 系统的硬件项、软件项和手工操作已被完整地且正确地集成到该系统中；

(c) 已根据集成计划执行了相应的集成任务。

⑦ 文档验证。其中应考虑下面列出的准则：

(a) 文档是充分的、完备的和一致的；

(b) 文档制订是及时的；

(c) 文档的配置管理遵循了规定的规程。

总的来说，成功实施该过程的结果是：

(1) 制定并实现了验证策略；

(2) 标识了验证所有要求的软件工作产品的准则；

(3) 执行了所要求的验证活动；

(4) 标识并记录了缺陷；

(5) 给出了对顾客和其他相关方可用的验证活动的结果。

例如 5：确认过程

确认过程是一个确定需求和最终的、已建成的系统或软件产品是否满足特定预期用途的过程。可见，该过程的目的是：证实对软件工作产品特定预期使用的需求已予实现。该过程可以作为开发过程中软件验收支持活动的一个部分来执行。该过程可以由来自同一组织一个人或多个人来实施,也可以由来自另一组织的人员来实施。在由一个独立于供方、开发者、操作者或维护者的组织来执行该过程的情况下,该验证过程就称为独立的确认过程。

该过程包括以下活动:

(1) 过程实现;

(2) 确认。

其中每一活动包含一组任务。具体阐述如下:

(1) 过程实现

该活动包括以下任务:

① 确定项目是否需要进行确认工作,以及确认工作所需要的一定组织上的独立性。

② 如果项目需要进行确认工作,就应建立确认系统或软件产品的一个确认过程,并选择以下定义的确认任务,其中包括用于执行确认任务的方法、技术和工具。

③ 如果项目需要进行独立的确认工作,就应选择一个负责执行确认工作的合格组织,并确保执行者具有执行确认任务的独立性和权力。

④ 制订确认计划并将其形成文档。该计划主要包括以下内容:

(a) 要确认的软件项;

(b) 待执行的确认任务;

(c) 用于确认工作的资源、职责和进度;

(d) 向需方和有关各方提交确认报告的规程。

⑤ 实现该确认计划。其中,由确认工作查出的问题和不符合性,应作为问题解决过程的输入;应对全部问题和不符合性给出解决方案;应为需方和其他有关组织给出可用的确认结果。

(2) 确认

该活动包括以下任务:

① 为了对测试结果进行分析,准备所选择的测试需求、测试用例和测试规格说明。

② 确保这些测试需求、测试用例和测试规格说明体现了特定预期用途的特殊需求。

③ 进行①、②中确定的测试,一般包括:

(a) 强度、边界和异常输入的测试;

(b) 软件产品隔离错误影响测试以及使错误影响最小化能力的测试,即:在失效时,测试该软件产品是否能得体降级;在过载、边界和异常条件下,测试该软件产品是否能向操作者提出协助请求;

(c) 代表性用户使用该软件产品成功完成其预期任务的测试。

④ 确认软件产品满足它的预期用途。

⑤ 在目标环境的选定区域中,适当地对该软件产品进行测试。

注:确认可使用除了测试之外的其他方法,例如,分析、建模、模拟等。

总的来说,成功实施确认过程的结果是:

(1) 制定并实现了确认策略;

(2) 标识了确认所有要求的工作产品的准则；

(3) 执行了要求的确认活动；

(4) 标识并记录了问题；

(5) 提供了所开发的软件工作产品适合于其预期用途的证据；

(6) 给出了对顾客和其他相关方可用的确认活动的结果。

关于其他支持过程，例如联合评审过程、审计过程、问题解决过程等，可参阅相关标准。

2.1.3　组织过程

组织过程是指那些与软件生产组织有关的活动集，分为以下过程，即：管理过程、基础设施过程、改进过程、人力资源过程、资产管理过程、复用程序管理过程和领域软件工程过程。

例如 1：管理过程

管理过程是管理人员从事的、对其他过程进行管理的活动和任务。管理人员负责产品管理、项目管理和过程(例如，获取、供应、开发、运作、维护或支持过程)任务的管理。该过程可由与软件开发有关的各方使用。可见，该过程的目的是：根据组织的业务目标，组织、监督和控制任一过程的启动和执行以达到其目标。管理过程是由一个组织所建立的，以确保该组织和项目所使用的实践是一致性的应用。如果这些实践继承于该组织的管理时，那么就要针对该组织的每一项目的使用，期望对它们进行实例化。

管理过程包含以下活动：

(1) 启动与范围定义；

(2) 规划；

(3) 测量；

(4) 执行和控制；

(5) 评审和评估

(6) 结束处理。

其中每一活动包含一组任务。具体阐述如下：

(1) 启动与范围定义

该活动包括下述任务：

① 建立待执行过程的需求，以启动该管理过程。

② 一旦建立了这样的需求，管理者就应检查执行和管理过程所需要的资源(包括人员、材料、技术和环境)的可用性、充分性和适用性，并检查执行时间表的可完成性，来建立过程的可行性。

③ 必要的话，须经有关各方的同意；此时为了达到完成准则，可以对过程的需求进行修改。

(2) 规划

该活动只有一项任务，即：

为过程的执行制订相应的计划。该计划应描述有关活动和任务,并标识即将提供的软件产品。该计划主要包括下述内容:

(a) 完成任务的进度安排;

(b) 工作量的估计;

(c) 执行任务所需要的适当资源;

(d) 任务的分配;

(e) 职责的分派;

(f) 与任务或过程自身有关的量化风险;

(g) 在整个过程中采用的质量控制测量;

(h) 与过程执行有关的费用;

(i) 环境和基础设施的规定。

(3) 测量

该活动包括下述任务:

① 建立并维护测量承诺。确保满足该测量活动所需要的资源、人员,满足该承诺的先决条件。该任务的结果是:提供了从管理到支持该测量活动的承诺,提供了符合该标准有关能力规定的、负责该活动的人员,提供了可用于规划并实施该活动的资源。

② 规划测量活动。为数据收集、分析、解释和存储任务的启动、指导、监督和评估,制订一个详细的计划。该任务执行的结果是:提供了一些规划信息,其中关注定义组织单元所需要的一些特定信息,获取并使用了一些需要的支持技术。

③ 依据以上计划进行测量。根据规划的测量任务的输出,生成相应的信息产品和性能测量值。该任务执行的结果是:确保收集和存储的数据适宜以后的检索和分析,生成了一些信息产品并与该组织单元进行了沟通,收集到了一些性能测量值。

④ 评估这一测量。评估以上得到的测量值和测量活动,并将此次评估中学到的东西存储在"测量经验库"中。这一任务的结果是:根据规定的准则,对测量值和测量活动进行了评估,并将本次评估所学到的东西存储到"测量经验库"中。

(4) 执行和控制

该活动包括以下任务:

① 为了满足所设定的目标和准则,并为了对该过程实施控制,对要实施的计划进行初始化。

② 监督过程的执行,提供过程进展的内部报告,并按照合同的规定向需方提供过程进展的外部报告。

③ 调查、分析和解决在过程执行期间发现的问题。问题的解决可能导致对计划的变更。管理者有责任确保对变更的影响进行了确定、控制和监督。问题及其解决方案应形成文档。

④ 在通过协商所确定的地方,管理者应报告过程进展情况,声明是否按计划进行,并解决进展中的疏漏情况。按照组织的相应规程和合同的要求,这样的报告可以有内部报告和外部报告。

(5) 评审和评价

该活动包括以下任务：

① 确保对软件产品和计划进行了是否满足需求的评估。

② 对在过程执行期间完成的软件产品、活动和任务的评价结果进行评价，看其是否达到目标和完成计划。

(6) 结束处理

该活动包括以下任务：

① 当所有软件产品、活动和任务完成时，应根据合同中或组织规程中规定的准则确定该过程是否完成。

② 检查有关软件产品、活动和任务的结果和记录是否完整。这些结果和记录应按合同的规定在适当的环境中归档。

关于管理过程的其他内容，例如组织调整、组织管理、项目管理、质量管理、风险管理等，可参阅相关的标准。

总的来说，成功实施管理过程的结果是：

(1) 定义了那些要予管理的过程和活动的范围；

(2) 标识了为达到这些过程目的必须执行的活动和任务；

(3) 对达到过程目标以及可用的资源和限制条件的可行性，进行了评估；

(4) 建立了执行已标识那些活动和任务所需要的资源和基础设施；

(5) 标识了活动并实施了任务；

(6) 对定义的那些活动和任务的执行进行了监督；

(7) 对过程活动所产生的工作产品进行了评审，并对相应的结果进行了分析和评估；

(8) 在过程的执行偏离已标识的活动和任务，或未能达到其目标时，采取了修改过程执行的措施；

(9) 有证据地阐明了该过程已成功地达到了它的目的。

例如 2：基础设施过程

基础设施过程是为其他过程建立和维护所需基础设施的过程。该过程的目的是：为了支持其他过程的执行，维护它们所需要的基础设施，使之是稳定的和可靠的。基础设施可包括在开发、运行或维护中所使用的硬件、软件、工具、技术、标准和设施等。

该过程包括以下活动：

(1) 过程实现；

(2) 建立基础设施；

(3) 维护基础设施。

其中每一活动包含一组任务。具体阐述如下：

(1) 过程实现

该活动包括以下任务：

① 为满足应用这一过程的那些过程的需求，根据适用的规程、标准、工具和技术，定义基础设施并形成文档。

② 对基础设施的建立进行规划，并形成文档。

(2) 建立基础设施

该活动包括以下任务:

① 对基础设施的配置进行规划,并形成文档。其中应考虑功能、性能、安全保密性、可用性、空间要求、设备、费用和时间约束等。

② 为实施有关过程,及时安装基础设施。

(3) 维护基础设施

该活动只有一项任务:

维护、监督基础设施,必要时对之进行改进,以确保基础设施持续地满足应用该过程的过程需求。作为维护基础设施的一部分,应定义基础设施受控配置管理的程度。

总的来说,成功实施该过程的结果是:

(1) 为支持组织单元内的过程,定义了基础设施需求;

(2) 标识并规约了基础设施要素;

(3) 获取了基础设施要素;

(4) 实现了基础设施要素;

(5) 维护了稳定的和可靠的基础设施。

例如 3: 改进过程

改进过程是管理人员从事的一组活动和任务,其目的是:建立、评价、测量、控制和改进软件生存周期过程。

该过程包括以下活动:

(1) 过程建立;

(2) 过程评价;

(3) 过程改进。

其中每一活动包含一组任务。具体阐述如下:

(1) 过程建立

该活动只有一项任务:

为应用于组织业务活动的所有软件生存周期过程,建立一组相适应的组织过程。这些过程以及它们在特定情况下的应用,均应建立相应的文档。在适当的时候,还要建立一种过程控制机制,以便开发、监督、控制和改进这些过程。

(2) 过程评价

该活动包括下述任务:

① 制订过程评价规程,并形成文档,予以应用。应保存评估记录并予以维护。

② 规划并按适当的时间段进行过程评审,以便利用评审结果,确保过程持续具有适宜性和有效性。

(3) 过程改进

该活动包括下述任务:

① 当过程评价和评审的结果表明有必要时,就应对之进行改进。为了反映这样的改进,应通过组织过程,对过程文档进行更新。

② 收集并分析历史的、技术的和评估的数据，以了解所使用的那些过程之长处和不足。这样的分析应作为改进这些过程、建议后续项目的变更和确定技术改进需要的反馈。

③ 为了改进组织的过程，作为一项管理活动，应收集、维护和使用质量成本数据。预防和解决软件产品和服务中的问题和不一致性，是需要成本的，而这些数据可用于建立这样的成本。

总的来说，成功实施该过程的结果是：

(1) 为组织开发了一组可用的过程资产；

(2) 为了确定在达到组织目标中过程实施有效性的程度，定期地对组织的过程能力进行了评价；

(3) 在已有的基础上，为了达到该组织的业务目标，改进了过程的有效性和效率。

例如 4：人力资源过程

人力资源过程是为组织和项目提供具有技能和知识人员的过程，其目的是：提供适当的人力资源，并不断使他们具有与业务要求相一致的技能水平，使这些人员能有效地履行其角色并能紧密、协调地工作。

该过程包括以下活动：

(1) 过程实现；

(2) 定义培训需求；

(3) 补充合格的员工；

(4) 评估员工业绩；

(5) 建立项目团队需求；

(6) 知识管理。

其中每一活动包含一组任务。具体阐述如下：

(1) 过程实现

该活动只有一项任务，即：

对组织的和项目的需求进行评审，为及时地获得或提高管理人员、技术人员所需的资源和技能提供保障措施，这些需要可以通过培训、补充员工或其他人员开发机制来满足。

(2) 定义培训需求

该活动包括下述任务：

① 确定满足组织和项目需求的培训类型、知识的类型以及等级。开发并编制一个有关实施进度、资源需求和培训需要的培训计划。

② 应编制或购买培训教材。

③ 选择具有相应知识和技能的培训人员来履行他们的角色。

(3) 补充合格的员工

该活动只有一项任务，即：

为了满足组织和项目的需求，建立补充合格员工的系统性大纲。为在职员工提供事业发展的机会。

(4) 评估员工业绩

该活动包括下述任务:

① 定义评估员工业绩的客观准则。

② 评估员工对实现组织目标或项目目标所做的贡献。

③ 确保向员工提供评估结果。

④ 维护员工业绩的适当记录,包括有关技能、完成的培训以及性能评估等信息。

(5) 建立项目团队需求

该活动包括下述任务:

① 为项目团队定义有关组织的和项目的要求。定义团队结构和运作规则。

② 为使团队能履行其角色,应确保团队:

(a) 理解他们在项目中的角色;

(b) 对项目成功的公共利益具有共同理解和愿望;

(c) 具有团队间相互沟通和交互的适当机制或设施;

(d) 具有来自相应管理层的支持,以实现项目的需求。

(6) 知识管理

该活动包括下述任务:

① 规划管理组织知识资产的需求。该规划应包括定义基础设施,定义对骨干的培训,定义组织知识资产的用户,并定义资产以及资产准则的分类方案。

② 在组织内建立一个专家网。该专家网包含本组织所标识的专家,其专业领域清单,并标识在一个分类方案中的可用信息,例如,知识领域。应确保这一专家网的及时维护。

③ 建立支持专家之间进行信息交换和专家信息流在组织项目中流动的机制。该机制应支持组织的访问、存储和检索等需求。

④ 依照配置管理过程,对资产执行配置管理。

总的来说,成功实施该过程的结果是:

(1) 通过及时地对组织需求和项目需求的评审,为组织和项目的运作标识了所需要的角色和技能;

(2) 为组织和项目提供了人力资源;

(3) 基于组织和项目的需要,标识并提供一组组织内的公共培训;

(4) 给出了该组织可用的智能方面的资产,并可通过已建立的机制来利用之。

关于组织过程中的其他内容,例如资产管理过程、复用程序管理过程以及领域软件工程过程等,可参见相应的标准。

2.1.4 软件生存周期过程以及角色和关系

1. 软件生存周期过程概览

软件生存周期过程和活动如图 2.1 所示。

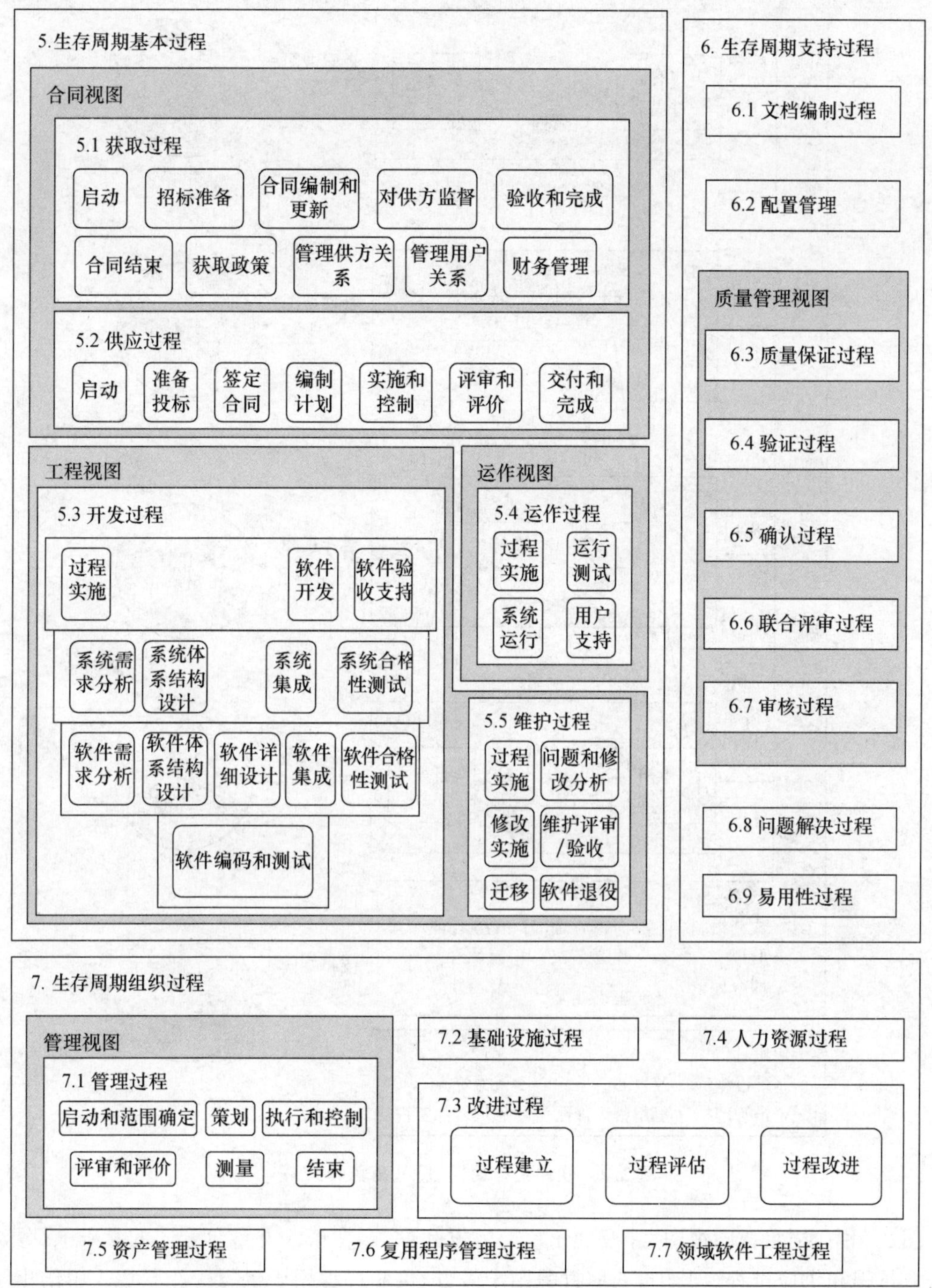

图 2.1 软件生存周期过程和活动

2. 过程之间的关系

整个软件生存周期过程,不同组织和参与方可以按照不同视角和目的,以不同方式予以使用。下面按照常用的一些重要应用视角,给出相应的软件生存周期过程及其关系视图。这些视图包括合同视图、管理视图、运作视图、工程视图和支持视图等(参见图 2.2)。

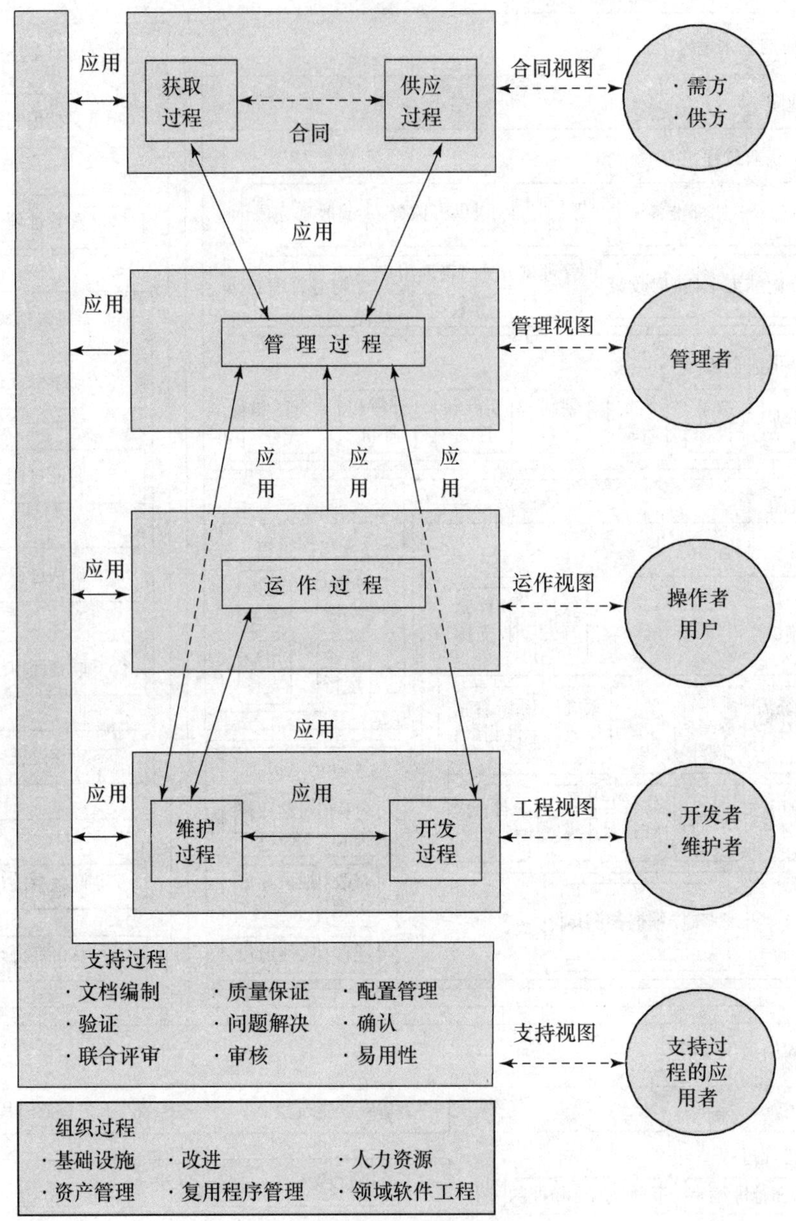

图 2.2　软件生存周期过程、角色和关系

图 2.2 中,按照合同视图,涉及的角色有需方和供方,在谈判并签订合同的基础上,分别应用获取过程和供应过程。其中,获取过程用于需方,供应过程用于供方。在图 2.1 中给出了每一过程的活动,从合同视图分别定义了可用于需方和供方的任务。

按照管理视图,涉及的角色有需方、供方、开发者、操作者、维护者或其他参与方,他们应用管理过程对相关的过程进行管理。在图 2.1 中,除了给出了管理过程的活动外,还给出了一些组织过程,这些过程是由组织所使用的,以便建立并实现一种基础性的结构(该结构由一些相关的生存周期过程和人员组成),以及对它们的不断改进。

按照运作视图，涉及的角色有操作者和用户，涉及的过程是运作过程，由一些活动组成。其中用户运行软件，而操作者为用户提供软件运行服务。

按照工程视图，涉及的角色有开发者或维护者，他们完成其相应的工程任务，以生产或修改软件产品。有生存周期两个过程：开发过程和维护过程。开发工程师应用开发过程来生产软件产品；维护工程师应用维护过程来修改软件，使其对当前是有效的。

按照支持视图，涉及的角色是提供过程支持的服务人员，例如配置管理、质理保证人员，他们为其他人员提供服务，以完成特定的任务。其中从质量管理的角度，涉及5个生存周期过程：质量保证过程；验证过程；确认过程；联合评审过程；审核过程。这些与质量有关的过程在整个软件生存周期中被用来管理质量。验证、确认、联合评审和审核过程可由不同的参与方分别使用之，也可作为质量保证过程技术予以使用。

针对一个特定的软件项目，应根据以上提及的过程关系，要建立过程之间、参与方之间、以及过程和参与方之间更重要的动态关系并实现之，使每一过程（以及执行它的参与方）以其自己独有的方式为软件项目做出贡献。

2.2　软件生存周期模型

2.2.1　引言

第一章和上节分别讲述了软件开发的本质以及基于这一本质而需要进行的映射，即软件生存周期过程。但是，就一项特定的软件工程而言，如何组织该工程中所需要的过程、活动和任务，自20世纪60年代末提出软件工程概念以来，这一问题是当时或以后一段时期内一个重要的研究热点，并从软件开发的角度或从质量管理的角度，提出了很多有关软件生存周期模型，例如瀑布模型、演化模型、螺旋模型、增量模型等。

从概念上来讲，软件生存周期模型是一个包括软件产品开发、运行和维护中有关过程、活动和任务的框架，覆盖了从该系统的需求定义到系统的使用终止。

从应用的角度来说，软件生存周期模型为组织软件开发活动提供了有意义的指导。

软件生存周期模型不但为软件开发确定了一些抽象层，例如需求、设计、实现等，而且还确定了每一抽象层之间的基本关系，例如规定了每一抽象层的输入与输出。可见，这些模型清晰、直观地表达了软件开发所需要的活动（甚至包括一些管理活动）以及活动之间的关系。如果把软件开发作为一种求解软件的“计算”，那么这些模型表达了该计算的基本逻辑。

既然软件生存周期模型是一个包括软件产品开发、运行和维护中有关过程、活动和任务的框架，那么对于不同应用系统的开发，在应用这些模型中，就允许采用不同的开发方法；允许使用不同的开发工具和环境，例如程序设计语言、中间件以及开发环境等；允许各种不同技能的人员参与。

本节主要介绍在软件生存周期模型方面的主要研究成果，以便有效地指导、开展软件工程的实践。

2.2.2 瀑布模型

最早出现的软件开发模型是1970年W. Royce提出的瀑布模型,而后随着软件工程学科的发展和软件开发的实践,相继提出了演化模型、螺旋模型、增量模型、喷泉模型等。

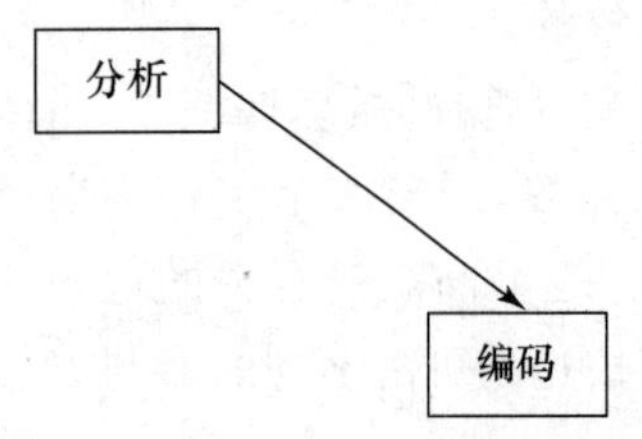

图 2.3 两级瀑布模型

瀑布模型将软件生存周期的各项活动规定为依固定顺序而连接的若干阶段工作,形如瀑布流水,最终得到软件产品。

瀑布模型可追溯到50年代末期,当时人们已感到必须先确认"做什么",才能编制程序将其实现,即使是比较简单的小型问题也不例外。最简单的两级瀑布模型如图2.3所示。

对于较大软件项目,由于问题更加复杂,两级模型已不能满足软件开发的实际需要,提出了一种更精确的软件开发步骤,即按照需要解决问题的顺序依次为:做什么—如何做—制作—检测—使用,于是出现了一个反映软件开发过程的基本框架,形成了瀑布模型的雏形,如图2.4所示。

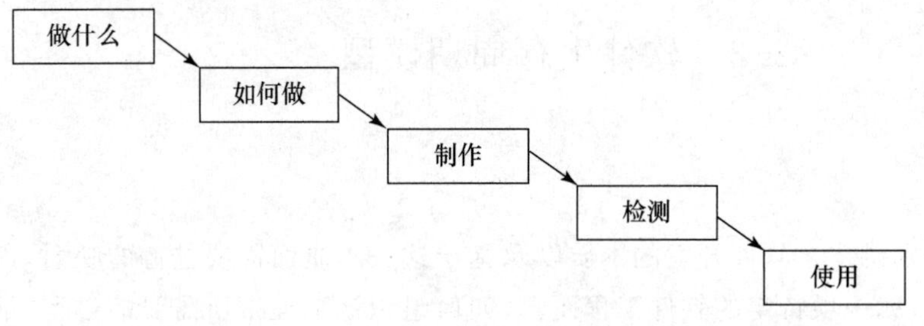

图 2.4 瀑布模型雏型

图2.4表明,对于一个软件产品或系统的开发,首先应给出该软件的目标,确定要做什么;然后要决定如何达到这一一目标,给出策略、方法和步骤;继而加以实现,制作出所需要的软件;经过适当的检测,判定符合初始目标以后,方可投入运行和使用。

1970年W. Royce首先将这一模型予以精化,提出了具有多个开发阶段的瀑布模型,如图2.5所示。

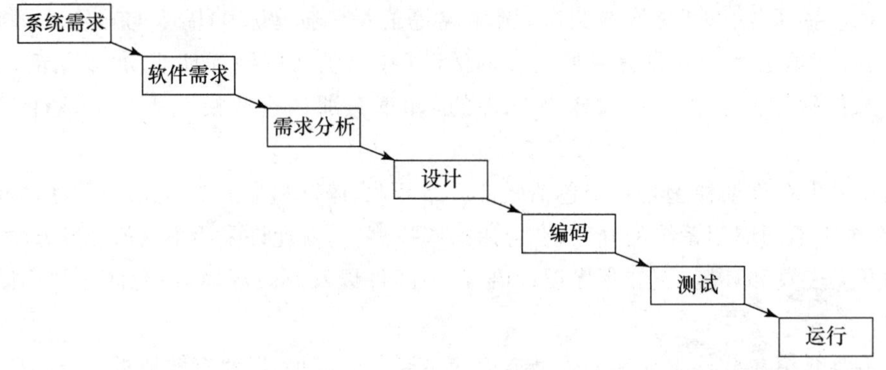

图 2.5 初始的瀑布模型

这一模型规定了各开发阶段的活动：系统需求、软件需求、需求分析、设计、编码、测试和运行，并且自上而下具有相互衔接的固定顺序；还规定了每一阶段的输入，即工作对象，以及本阶段的工作成果，作为输出传入到下一阶段。

实践表明，各开发阶段间的关系并非完全是自上而下的线性关系，时常出现需要返回前一阶段的情况，于是在初始的瀑布模型的基础上，形成了目前人们熟知的如图 2.6 所示的瀑布模型。

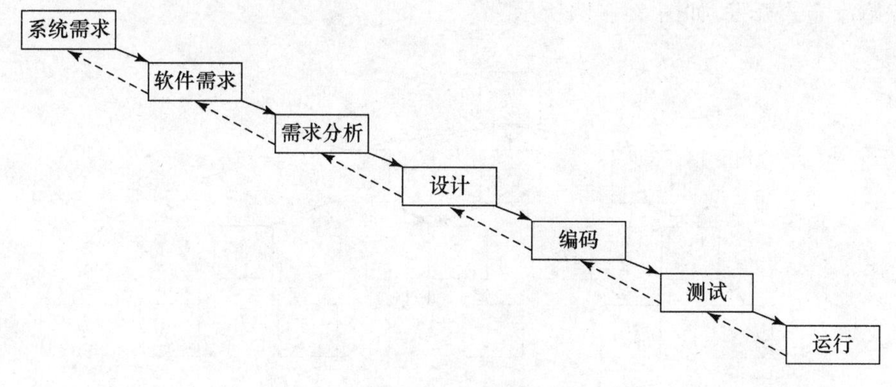

图 2.6 瀑布模型

尽管目前存在一些不同形式的变种，但各种形式的变种之间并无本质差别。

多年来，瀑布模型得以广泛流行，这是因为它在支持结构化软件开发、控制软件开发的复杂性、促进软件开发工程化等方面起着很大作用。

瀑布模型的提出，对软件工程的主要贡献为：

① 在决定系统怎样做之前，存在一个需求阶段，它鼓励对系统做什么进行规约。

② 在系统构造之前，存在一个设计阶段，它鼓励规划系统结构。

③ 在每一阶段结束时进行评审，从而允许获取方和用户的参与。

④ 前一步可以作为下一步被认可的、文档化的基线。并允许基线和配置早期接受控制。

瀑布模型体现了一种归纳的开发逻辑，既假定一个阶段 P 为真，而下一个阶段 Q 为真，那么必有 $P \wedge Q$ 为真。因此该模型可用于如下情况，即若在开发中，向下、渐进的路径占具支配地位，也就是说，需求已被很好地理解，并且开发组织非常熟悉为实现这一模型所需要的过程。

在大量的软件开发实践中，瀑布模型逐渐暴露出一些问题。其中最为突出的缺点是，无法通过开发活动澄清本来不够确切的软件需求，这样就可能导致开发出的软件并不是用户真正需要的软件，无疑要进行返工或不得不在维护中纠正需求的偏差，为此必须付出高额的代价。尤其是，随着软件开发项目规模的日益庞大，该模型的不足所引发的问题显得更加严重。具体地说，瀑布模型的问题主要是：

① 要求客户能够完整、正确和清晰地表达他们的需求；并要求开发人员一开始就要理解这一应用。

② 由于需求的不稳定性，使设计、编码和测试阶段都可能发生延期；并且当接近项目结束时，出现了大量的集成和测试工作。

③ 在开始的阶段中，很难评估真正的进度状态；并且直到项目结束之前，都不能演示系统的能力。

④ 在一个项目的早期阶段,过分地强调了基线和里程碑处的文档;并可能需要花费更多的时间,用于建立一些用处不大的文档。

2.2.3 增量模型

继瀑布模型之后,增量模型是第一个提出的又一种软件生存周期模型。该模型意指需求可以分组,形成一个一个的增量,并可形成一个结构,如图 2.7(a)所示;在这一条件下,可对每一增量实施瀑布式开发,如图 2.7(b)所示。

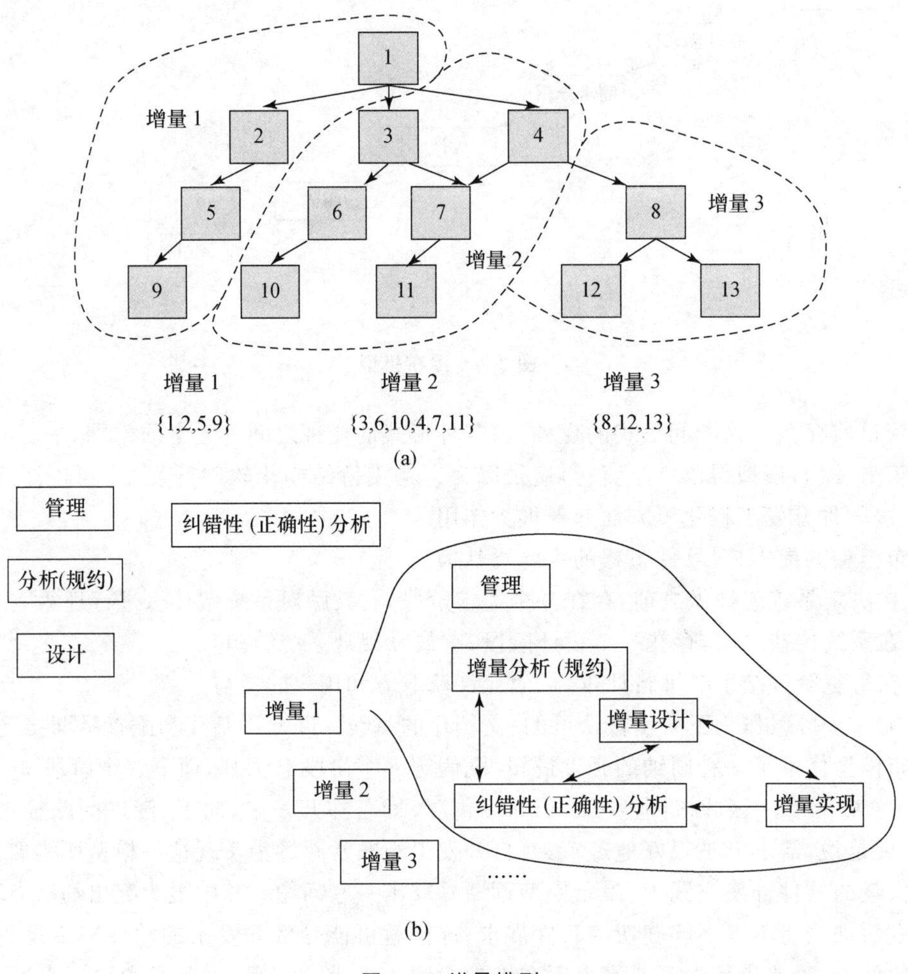

图 2.7 增量模型

图 2.7 表明,在给出整个系统需求的体系结构基础上,首先完整地开发系统的一个初始子集,例如包含需求子集{1,2,5,9}的版本,发布并予运行;继之,根据这一子集,建造一个更加精细的版本,例如包含需求子集{{1,2,5,9},{3,6,10,4,7,11}}的版本,如此不断地进行系统的增量开发。其中,{1,2,5,9}和{3,6,10,4,7,11}等均称为系统的一个增量。在每一增量的开发中,使用如图 2.7 所示的增量分析、增量设计、增量实现和纠错性分析,并配以适当的管理。

可见,该模型有一个前提,即需求可结构化。因此,该模型比较适用"技术驱动"的软件产品开发,常被工业界所采用。例如一个数据库系统,它必须通过不同的用户界面,为不同类型的用户提供不同的功能。在这一情况下,首先把一组具有高优先级的用户功能和界面作为一个增量;以后,陆续构造其他类型用户所需求的增量。

增量模型的突出优点是:

① 第一个可交付版本所需要的成本和时间是较少的,从而可减少开发由增量表示的小系统所承担的风险;

② 由于很快发布了第一个版本,因此可以减少用户需求的变更;

③ 允许增量投资,即在项目开始时,可以仅对一个或两个增量投资。

但是,如果增量模型不适于某些项目或使用有误,则有以下主要缺点:

① 如果没有对用户的变更要求进行规划,那么产生的初始增量可能会造成后来增量的不稳定;

② 如果需求不像早期思考的那样稳定和完整,那么一些增量就可能需要重新开发,重新发布;

③ 由于进度和配置的复杂性,可能会增大管理成本,超出组织的能力。

2.2.4 演化模型

演化模型主要是针对事先不能完整定义需求的软件开发。在用户提出待开发系统的核心需求的基础上,软件开发人员按照这一需求,首先开发一个核心系统,并投入运行,以便用户能够有效地提出反馈,即提出精化系统、增强系统能力的需求;接着,软件开发人员根据用户的反馈,实施开发的迭代过程;每一迭代过程均由需求、设计、编码、测试、集成等阶段组成,为整个系统增加一个可定义的、可管理的子集;如果在一次迭代中,有的需求不能满足用户的要求,可在下一次迭代中予以修正,如图 2.8 所示。

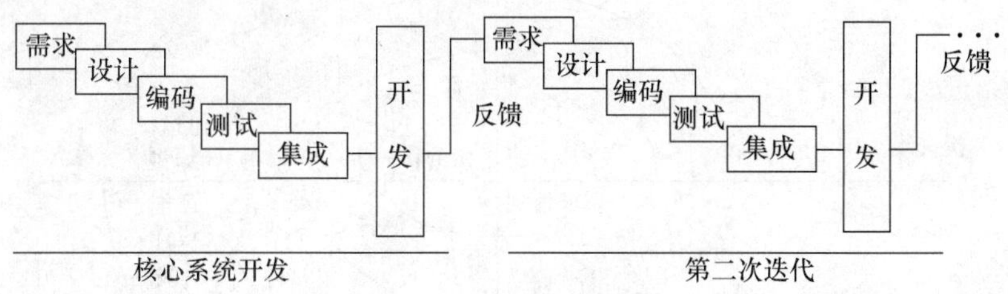

图 2.8 演化模型

可见,演化模型表达了一种有弹性的过程模式,由一些小的开发步组成,每一步历经需求分析、设计、实现和验证,产生软件产品的一个增量,通过这些迭代,最终完成软件产品的开发。

演化模型的主要特征是:

该模型显式地把需求获取扩展到需求阶段,即为了第二个构造增量,使用了第一个构造增量来精化需求。这一精化可以有多个驱动源,例如,如果一个早期的增量已向用户发布,那么用户会以变更要求的方式提出反馈,以支持以后增量的需求开发;或实实在在地开发一个构造增量,及通过演示发现以前还没有认识到的问题。可见,演化模型在一定程度上可以减少软件开发活动的盲目性。

在应用演化模型中,仍然可以使用瀑布模型来管理每一个演化的增量。一旦理解了需求,就可以像实现瀑布模型那样开始设计和编码。

演化模型的不足,主要体现为:在演化模型的使用中,即使很好地理解了需求或设计,但也很容易弱化需求分析阶段的工作。往往在项目开始时,就需要考虑所有需求源的重要性和风险,并对这些源进行可用性评估,这样才能识别和界定不确定的需求,并识别第一个增量中所包含的需求。这就要求,不论采用什么软件生存周期模型,均不能弱化需求分析工作,并要形成相应的文档。

2.2.5 螺旋模型

螺旋模型是在瀑布模型和演化模型的基础上,加入两者所忽略的风险分析所建立的一种软件开发模型。该模型是由 TRW 公司 B. W. 鲍姆(Barry W. Boehm)于 1988 年提出的。

软件风险是任何软件开发项目中普遍存在的问题,不同项目其风险有大有小。在制订软件开发计划时,系统分析员必须回答:项目的需求是什么,需要投入多少资源以及如何安排开发进度等一系列问题。然而,若要他们当即给出准确无误的回答是不容易的,甚至几乎是不可能的。但系统分析员又不可能完全回避这一问题。凭借经验的估计给出初步的设想便难免带来一定风险。实践表明,项目规模越大,问题越复杂,资源、成本、进度等因素的不确定性就越大,承担项目的风险也越大。风险是软件开发不可忽视的潜在不利因素,它可能在不同程度上损害到软件开发过程和软件产品的质量。驾驭软件风险的目标是在造成危害之前,及时对风险进行识别、分析,采取对策,进而消除或减少风险的损害。

螺旋模型如图 2.9 所示。

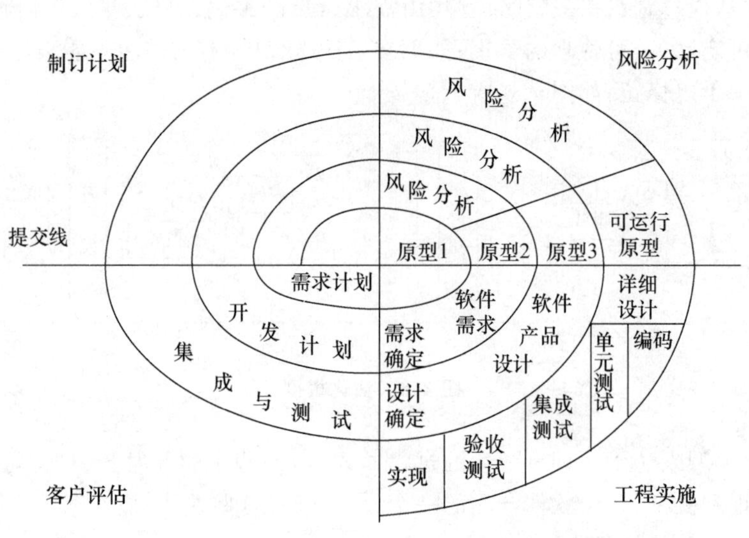

图 2.9 螺旋模型

由图 2.9 可见,在笛卡尔坐标的四个象限上,分别表达了四个方面的活动,即:① 制订计划——确定软件目标,选定实施方案,弄清项目开发的限制条件;② 风险分析——分析所选方案,考虑如何识别和消除风险;③ 工程实施——实施软件开发;④ 客户评估——评价开发工作,提出修正建议。

沿螺线自内向外每旋转一圈便开发出一个更为完善的、新的软件版本。例如,在第一圈,确定了初步的目标、方案和限制条件以后,转入右上象限,对风险进行识别和分析。如果风险分析表明,需求具有不确定性,那么在右下的工程实施象限内,所建的原型会帮助开发人员和客户,考虑其他开发模型,并把需求做进一步修正。

客户对工程成果做出评价后,给出修正建议。在此基础上需再次规划,并进行风险分析。在每一圈螺线的风险分析后,做出是否继续下去的判断。假如风险过大,开发者和用户无法承受,项目就有可能终止。多数情况下沿螺线的活动会继续下去,自内向外逐步延伸,最终得到所期望的系统。图 2.10 给出了螺旋模型的另一图示。

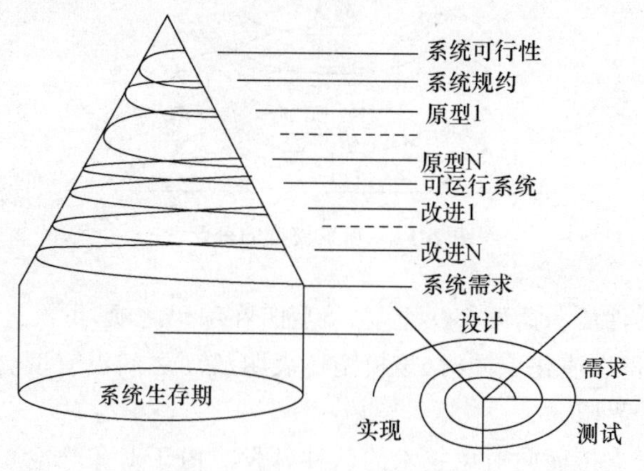

图 2.10 螺旋模型的另一图示

如果对所开发项目的需求已有了较好的理解或较大的把握,便可采用普通的瀑布模型,那就只需要经历单圈螺线;如果对所开发项目的需求理解较差,需要开发原型,甚至需要不止一个原型的帮助,那就需要经历多圈螺旋线。在需要多圈螺旋线的情况下,外圈的开发包含了更多的活动,例如评估、规划等。

该模型吸收了 T. Gilb 提出的软件工程"演化"概念,使得开发人员和客户对每个演化层出现的风险均有所了解,并继而做出反应。与其他模型相比,螺旋模型的优越性较为明显,适合于大型、质量要求高的软件开发。但要求许多客户接受和相信演化方法并不容易,其中需要具有相当丰富的风险评估经验和专门知识;一旦项目风险较大,又未能及时发现,那么势必造成重大损失。

由上可见:

① 螺旋模型关注解决问题的基本步骤,即标识问题,标识一些可选方案,选择一个最佳方案,遵循动作步骤,并实施后续工作。其一个突出特征是,在开发的迭代中实际上只有一个迭代过程真正开发了可交付的软件。

② 与演化模型和增量模型相比,同样使用了瀑布模型作为一个嵌入的过程—即分析、设计、编码、实现和维护的过程,并且在框架和全局体系结构方面是等同的。但是,螺旋模型所关注的阶段以及它们的活动是不同的,例如增加了一些管理活动和支持活动。尽管增量模型也有一些管理活动,但它是基于以下假定:需求是最基本的、并且是唯一的风险源,因而在螺旋模型中,增大了决策和降低风险的空间,即扩大了增量模型的管理范围。

③ 如果项目的开发风险很大,或客户不能确定系统需求,在更广泛的意义上来讲,还包括一个系统或系统类型的要求,这时螺旋模型就是一个好的生存周期模型。

2.2.6 喷泉模型

喷泉模型体现了软件创建所固有的迭代和无间隙的特征,如图 2.11 所示。

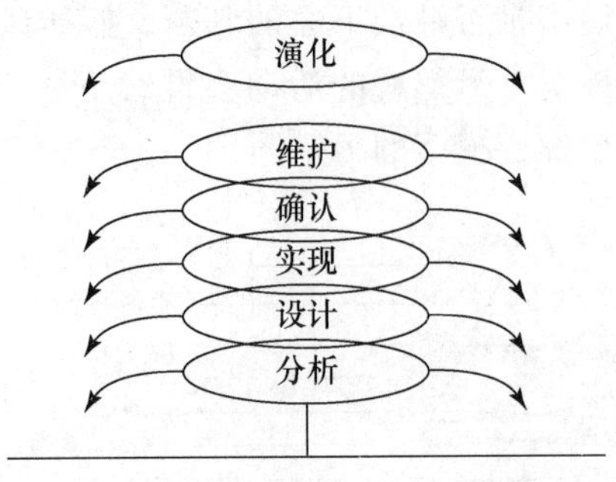

图 2.11 喷泉模型的表示

这一模型表明了软件活动需要多次重复。例如,在编码之前,再次进行分析和设计,其间,添加有关功能,使系统得以演化。同时,该模型还表明活动之间没有明显的间隙,例如在分析和设计之间没有明显的界限。

喷泉模型主要用于支持面向对象技术的软件开发。由于对象概念的引入,使分析、设计、实现之间的表达没有明显间隙。

2.3 软件项目生存周期过程的规划与控制

2.3.1 概念:软件项目生存周期过程

软件项目的生存周期过程规划与控制是软件项目管理的一项重要工作。没有过程规划,就没有技术上和管理上的后续工作;没有过程控制,就不可能是有效的软件工程。

就一个项目而言,无论是软件项还是硬件项,在其开发上的演化一般被称为该项目的生存周期。通常,一个项目的开发往往始于一个想法,依其服务情况,不断地进行改进。

在一个项目的生存周期中,每一个任务(例如 Design)都通过一个或多个过程的方式来完成的,所有这些相关过程的组合,称为软件项目生存周期过程。在这一定义中,关注开发产品所需要的工程技术和管理技术活动,从规约 (Specification)一直到验收(Acceptance)。

尽管在实践中,每一项软件工程都有自己特定的软件开发过程,但软件开发风范(paradigms)主要有五种:

① 瀑布(waterfall)风范:以瀑布模型为基础而形成的软件项目生存周期过程。

② 迭代(iterative)风范:也称为演化(evolutionary)风范,以演化模型、增量模型和喷泉模型为基础而形成的软件项目生存周期过程。

③ 螺旋(spiral)风范:以螺旋模型为基础而形成的软件项目生存周期过程。

④ 转换(transformational)风范:以待开发系统的形式化需求规约为基础,通过一系列转换,将需求规约转化为它的实现而形成的软件项目生存周期过程;其中,如果需求规约发生变化的话,可以重新应用这些转换, 对其实现进行更新。

⑤ 第四代(fourth generation)风范：围绕特定语言和工具，描述待开发系统的高层，并自动生成代码的软件项目生存周期过程。然而，这些特定语言和工具往往限制了开发中对其他技术的选择，并且为了完成软件产品，还必须开展大量设计和实现工作，因此这些技术只是在一些特定领域得以应用，例如数据库应用系统的开发。

2.3.2 软件项目生存周期过程的规划

在供应过程的规划活动中明确指出：

"任务 2：如果合同中没有规定采用什么软件生存周期模型，那么供方就应确定或选择一个适合于该项目的范围、规模和复杂度的软件生存周期模型，并应从软件生存周期过程标准中所述的过程、活动和任务中进行选择，并将它们映射到所选择的软件生存周期模型。

任务 3：供方应为关于项目的计划建立适当的需求，例如需要的资源以及需方的参与等。

任务 4：一旦建立了有关规划的需求，供方就应该考虑：

(a) 是否利用内部资源来开发该软件产品或提供软件服务；

(b) 是否通过分包合同来开发该软件产品或提供软件服务；

(c) 是否从内部或外部来获得现货软件产品；

(d) 是否采用(a)、(b)、(c)的组合。

并针对以上每一种选择给出风险分析。

任务 5：供方应基于有关规划的需求和以上的选择，制订项目管理计划并形成文档。"

可见，规划一个软件项目生存周期过程，就是要选择一个合适的软件生存周期模型，在此基础上，选择一些要实施的工作，包括工程技术活动和任务，工程支持与工程管活动和任务，并考虑这些工作所需要的方法、工具和能力。因此，软件项目生存周期过程的规划可分为 3 个主要阶段：

① 软件生存周期模型的选择

依据项目范围、规模和复杂度，选择一个合适的软件生存周期模型(the Software Life Cycle Model, SLCM)，作为发布、支持产品所需要的一个全局过程网，其中包含需要完成的活动、任务及其定序。

② 对所选择的软件生存周期模型的精化

通过应用剪裁过程，选择项目所需要的过程、活动和任务，并将它们映射到所选择的软件生存周期模型中，形成该软件项目的生存周期过程。

③ 软件项目生存周期过程的实现

考虑可用的组织过程资产，将其应用到软件项目生存周期过程中，形成相应的过程计划。

1. 第一阶段：软件生存周期模型的选择

该阶段的目标为，为软件项目选择一个合适的软件生存周期模型。

在实际工程中，可供选择的 4 个主要软件生存周期模型如下：

(1) 瀑布模型；(2) 增量模型；(3) 演化模型；(4) 螺旋模型。

由于选择一个合适的软件生存周期模型，是一项十分重要的任务。因此一般应遵循特定的步骤。其基本步骤如下：

第一步,分析每一软件生存周期模型的优缺点,标识可用于开发项目的 SLCM,其中应考虑组织中可用的、支持 SLCM 的管理系统和工具,因为可支持一个特定 SLCM 的管理系统和工具,有可能不能充分满足该项目的进度。

第二步,在所期望的最终系统和开发环境中,标识那些会影响 SLCM 选择的属性。例如,需求是否容易变化和受影响的,工具能否支持项目需要,项目是否存在特定的技术风险,系统是否是一个被充分理解的系统等。

第三步,标识为选择生存周期模型所需要的外部或是内部的任何约束。例如,来自客户合同上的需求,或关键开发技能的缺乏,特别是客户强制的、具有里程碑的程序进度,以及使一个特定的应用框架或关键构件成为有用的一个策略决策等。

第四步,基于以往的经验和组织能力,评估初选的 SLCM。这一评估开始应基于以上列出的三步的结果,然后检验使用该组织的经验和能力的实际情况。一个组织项目数据库的创建和维护以及规范的政策和规程,对这一评估将发挥极大的辅助作用。

第五步,选择最能满足项目属性和约束的 SLCM。

在以上五步进行中,每当做出任何一个重要决策时,就应建立相应的文档,并进行评估。为了进行这一评估,其开始点是,过程设计人员要为项目建立特定的准则,而且结构设计人员和工程项目负责人应该认同这些准则。一般来说,对所选择的生存周期模型,其评估准则包括:

(1) 对可能遇到的风险,该模型的承受能力;

(2) 开发组织访问最终用户的范围;

(3) 是否很好地定义了已知需求,有多少没有认识的需求;

(4) 早期(部分)功能的重要性;

(5) 问题内在的复杂性,以及可能作为其候选解决方案的内在复杂性;

(6) 预测的需求改变频率和粒度,以及提出需求改变可能的时间(注意:这一问题的评估是非常困难的);

(7) 应用的成熟程度,这涉及需求,通过讨论了解目前市场上正在开发的类似系统的成熟程度,包括那些与该系统相关的基本系统或与之交互的系统的成熟度;

(8) 筹集资金的可能性以及优先考虑的投资;

(9) 进度和预算的灵活性(即在一个给定的周期,是否必须保证资金的入/出,增量的递交时间是否可以修改,以及到达的最优成本和最小风险);

(10) 在短期和长期内,满足进度和预算的紧迫程度;

(11) 开发组织规范的软件过程和工具,以及它们适应该模型要求的程度;

(12) 组织的管理能力、系统和模型要求之间的匹配。

在评估中,应特别清楚以下事实:即其中做出任何一个主观的决定,都有可能是错误的,这些错误的潜在结果既包括立即可呈现的也包括以后体现的。这必须被看作是该评估过程的一部分。在一些情况下,以上事实的考虑可以改变最终的选择;在有些情况下,这类风险应在风险管理计划中列出。

2. 第二阶段:精化所选择的软件生存周期模型

第二阶段的主要目标是,应用剪裁过程,依据所选择的 SLCM 需求和项目需求,选择项目所需要的过程、活动和任务,并将它们映射到所选择的软件生存周期模型中,形成该软件项目生存周期过程,即对所选择的软件生存周期模型进行精化。

为了实现以上目标,可分为以下三步:

第一步,应用剪裁过程,确定该项目所需要的活动和任务。

剪裁过程包括标识项目环境,请求输入,选择过程、活动和任务,将剪裁决定和理由形成文档等四个活动,依次叙述如下。

(1) 标识项目环境

该活动只有一项任务,即:

标识影响剪裁工作的项目环境特征。项目环境特征可能是:生存周期模型;当前的系统生存周期活动;系统和软件需求;组织的方针、规程和策略;系统、软件产品或服务的规模、关键性和类型;以及涉及的人员数量和参与方。

(2) 请求输入

该活动只有一项任务,即:

从受剪裁决定影响的那些组织中,包括用户、支持人员、签订合同的官员、潜在的投标者等,提出输入请求。

(3) 选择过程、活动和任务

该活动包括三项任务:

① 确定要执行的过程、活动和任务,其中包括需要编写的文档以及负责这些过程、活动和任务的人员。

② 在合同中规定那些在①中确定的、但在软件生存周期过程标准中未规定的过程、活动和任务;通过对生存周期组织过程的评估,确定相关组织是否能够提供这些过程、活动和任务。

③ 仔细考虑本标准中表述的各个任务,确定对于给定的项目或业务范围是否应当保留或删除一些任务。

(4) 将剪裁决定和理由形成文档

该活动只有一项任务,即:

将所有的剪裁决定以及作出决定的理由形成文档。

活动(1)和活动(2)是为了确定所选择的 SLCM 需求和项目需求;活动(3)是在活动(1)和活动(2)的基础上,来确定项目所需要的活动和任务。确定项目所需要的活动和任务,这是管理的责任,因为确定项目的每一个任务涉及到成本和进度评估和管理,即必须考虑项目的完成时间和对它们状态的监控。因此,一般应基于风险、费用、日程、性能、规模、关键性等因素,确定保留软件生存周期标准中哪些任务,删除哪些任务;并且在确定任务的工作中,所考虑的任务一般应是可分配给项目组成员的、定义良好的工作,一些相关的工作通常组合在一起形成活动,通常称之为"工作包"。

剪裁过程是一个项目过程设计人员的一项具有挑战性的工作,这是由于不存在两个完全相同的项目,并且组织的方针和规程、获取方法和策略、项目规模和复杂性、系统需求和开发方法以及其他事物的变化都将影响到系统的获取、开发、运行或维护的方式。图 2.12 针对一些特定业务领域(例如航空、核能、医药、军事、国家或者组织),给出进行初始剪裁的指导,在此基础上,可以进行进一步的剪裁。

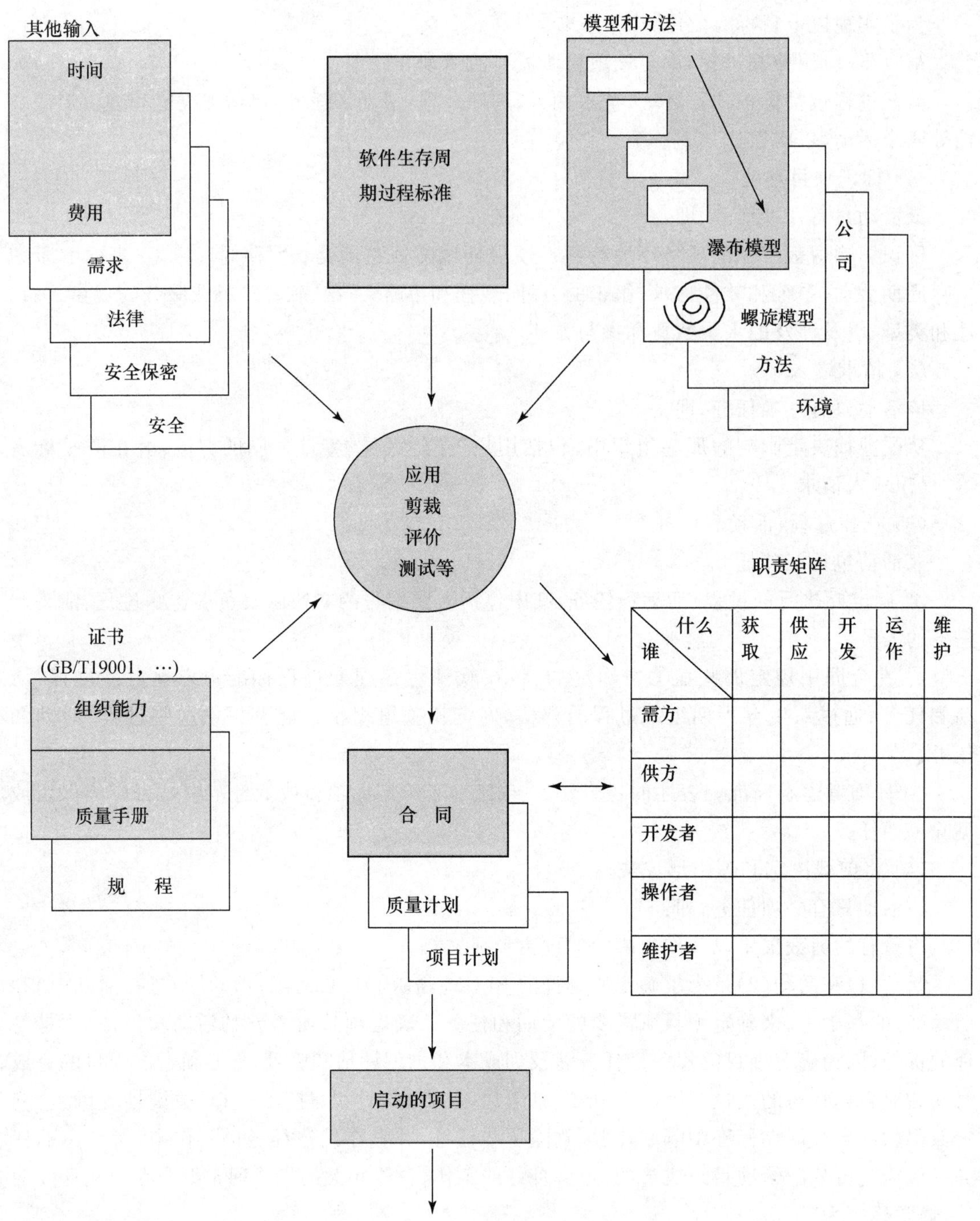

图 2.12　12207 标准的应用示例

剪裁决定和理由包括以下方面：

① 组织方针　确定与项目相关的、可用的组织方针，比如，有关计算机语言、安全保密性和硬件保存等方面的需求和风险管理。这样，就应保留那些与这些方针有关的过程、活动和任务。

② 获取策略 确定与项目相关的、可用的获取策略，比如，合同类型，承包方，涉及的分包方，参与验证和确认的机构，需方参与承包方的程度，以及对承包方的能力评估。这样，这样，就应保留那些与这些获取策略有关的过程、活动和任务。

③ 支持概念 确定与项目相关的、可用的支持概念，比如，预期的支持期限、变更程度以及需方或供方是否将予以支持等。如果软件产品将有较长的支持生存期，或者预期将发生重大变更，就应该考虑所有文档编制需求，并建议自动生成文档。

④ 生存周期模型 确定与项目相关的、可用的生存周期模型，比如，瀑布模型、演化模型、构造模型、预先规划的产品改进模型以及螺旋模型等。所有这些模型都描述一些确定过程和活动以及执行方式。在此基础上，把本标准的生存周期活动映射到所选择的模型中。

⑤ 参与方 确定或标识项目中的参与方，比如，需方、供方、开发者、分包方、验证机构、确认机构、维护者和人员数量。要考虑与两个参与方(例如，需方与开发者，供方与验证或确认机构)之间的组织接口有关的所有需求。涉及许多(几十或几百)人的大型项目需要大量的管理监督和控制。对于大型项目，内部的和独立的评估、评审、审核和审查以及数据收集都是重要的工具。对于小型项目，这些控制可能是多余的。

⑥ 系统生存周期活动 确定与项目相关的、可用的当前系统生存周期活动，比如，需方的项目启动，供方的开发和维护。某些场景：

(a) 需方正在启动或确定系统需求。可能进行了需求和设计的可行性研究和原型制作，可能开发了原型的软件代码，这些代码在今后按合同进行软件产品开发时可能使用，也可能用不到。可能编制了系统需求和初步的软件需求。在这些情况下，在应用剪裁过程中，就不应把标准中的开发过程作为需求(但可以一个作指南)，可能不需要严格的评估，也可能不需要联合评审和审核。

(b) 开发者正在按合同生产软件产品。在这种情况下，在应用剪裁过程中，就应该考虑是否需要所有的开发过程。

(c) 维护者正在修改软件产品。要考虑维护过程。可能将开发过程的某些部分作为子过程使用。

⑦ 系统层特性 确定相关的、可用的系统层特性，比如，子系统和配置项的数量。如果系统有许多子系统或配置项，就应该针对每个子系统和配置项仔细地剪裁开发过程，应该考虑所有接口和集成的需求。

⑧ 软件层特性 确定相关的、可用的软件层特性，比如，软件项的数量，软件产品的类型、规模和关键性以及技术风险。如果软件产品有许多软件项、构件和软件单元，就应该针对每一软件项仔细剪裁开发过程，应该考虑所有接口和集成的需求。

确定所涉及的软件产品类型，因为不同类型的软件产品可能要求不同的剪裁决策，例如：

(a) 新的开发。在应用剪裁过程中，应考虑所有软件过程，特别是开发过程。

(b) 使用现成的软件产品。在这种情况下，开发过程就可能是多余的，而应对该软件产品的性能、文档、专利、用途、所有权、担保、许可权和未来的支持等进行评估。

(c) 修改现成的软件产品。在这种情况下，可能就不使用文档过程，而应根据关键性和预期的未来变更，伴随维护过程来使用开发过程；应对该软件产品有关的性能、文档、专利、所有权、用途、担保、许可权和未来的支持等进行评估。

(d) 嵌入或集成到一个系统中的软件或固件。由于这样的软件产品是一个系统的一部分,因此就应该考虑开发过程中那些与该系统有关的活动,例如系统体系结构设计等,其中仅需选择一些具有动词"执行"或"支持"的活动。如果软件或固件产品在未来不可能进行修改,那么就应该仔细检查文档需要的范围。

(e) 独立的软件产品。由于这种软件产品不是系统的组成部分,因此就不需要考虑开发过程中那些与系统有关的活动,例如系统体系结构设计等,而应仔细检查文档需要,特别是文档的维护。

(f) 非交付的软件产品。由于这样的项不涉及获取、供应甚至开发,因此只需考虑开发过程中的活动(1)之任务 5。然而,如果需方决定为了将来的运行和维护而需要这一软件产品的话,那么就应该按上述(b)或(c)来处理之。

⑨ 其他因素　系统越是依赖软件产品正确工作和及时完成,那么就越要通过测试、评审、审核、验证、确认等手段来加强管理上的控制。反之,对非关键的或小型的软件产品进行过多的管理上的控制,可能就需要更大的成本。

软件产品的开发可能有技术风险。如果应用的软件技术不成熟,所开发的软件产品是前所未有的或是复杂的,或软件产品包含安全保密或其他关键需求,那么可能需要严格的规格说明、设计、测试和评估,并且独立的验证和确认可能就是重要的。

按照剪裁过程的第 3 个活动"选择过程、活动和任务"的任务②,除了考虑软件生存周期过程标准中的过程、活动和任务,还要考虑合同中规定的、但在软件生存周期过程标准(1995 年版)中没有规定的过程、活动和任务,并需要进行必要的评估。在现代软件开发中,这样的活动和任务主要有:原型构造、商业构件和框架的复用。

(a) 原型与原型构造

显式地规划如何使用一个或多个演化的增量,这作为一个明确的需求揭示工具,必然是软件生存周期模型的发展。遵循其他工程领域所使用的术语,我们把这样的一个增量称为一个原型。(注:尽管原型可以由用户以某一受限的方式使用,但不能把原型看作是一个具有完备功能的增量。)

原型在软件开发中有以下作用:

- 揭示那些以后将在具有完备功能的、可交付的、可支持的增量中予以实现的需求。
- 可以用于为一个项目或一个项目的某些部分,确定技术、成本和进度的可能性。例如,原型有助于回答以下问题:

□ 一个新的开发环境或工具,是否能够满足客户成本和进度约束?

□ 一个被安装的、可用的软/硬件基础设施,是否可以支持客户新的性能和能力需求?

□ 是否能够创建这一产品,即这是可行的吗?

原型构造,有时它也被称为快速应用开发(Rapid Application Development,RAD)。主要适用于那些具有较多用户界面和数据库的系统开发中。使用原型构造需要相应 RAD 方法和工具的支持。近年来,由于 VB(Visual Basic)、Delphi、NET 等开发环境的出现,原型构造这一术语得到了广泛的应用,使用这些工具几乎可以无缝地建造原型和最终系统。

原型构造的基本步骤如下:

● 首先给出一个原型的目标陈述，其中包括为实现这一目标所需要的特定需求。

● 随后进行设计。其中应选择一组可用的工具，用于实现该系统的原型，而后当设计完成之后，开发人员就建造这一原型，即实现对客户可见的或强调一个关键技术风险的那些方面。

● 最后，通过某种形式，对原型进行评估。评估方法通常是把原型交给客户进行试用，其目的为：

□ 揭示客户界面的需求。

□ 通过客户与一个原型系统的交互，提出反馈，明确或揭示客户的功能和性能需求。

随后，开发人员可依据这一反馈，基于所使用的生存周期模型，再将这些需求精化并实现之。

原型构造在实际应用中，存在着如下的风险：

● 用户和开发人员不能很好地判断将一个原型变成一个具有完整功能的系统需要多少工作。

● 由于客户看到的是一个精化、复杂的用户界面，于是他们就可能认为系统开发的大部分工作已经完成。

● 一旦由于感觉构造的原型看起来似乎是相当成功的，这样，原型就有可能以一种无规划的方式“成长”，以至于超出了系统的期望或要求，为了最终版本，耗尽进度、资金和人力，付出了很高的代价。换言之，它违背了所指出的计划，即它是第一个增量的交付。

● 可能发生原型开发组与最终产品开发组之间的交流和学习不能是充分的，例如原型构造组是一个独立组织功能的一部分，如市场策划。另外，原型开发所使用的工具与整个开发工作所使用的工具可能无法实现互操作。

● 不论在性能方面还是在能力方面，都无法对原型进行度量，以确定实现的程度。

● 有时，由于原型并没有必要支持系统所有功能，因此原型实际执行的功能(它所实现的)可能甚至好于一个可交付的功能。在这种情况下，从原型到整个系统的进行中，客户就有可能会遗漏一些事情，而说明这种情况又可能是非常困难的。

解决上述风险的基本途径是，原型开发组应在项目早期标识并监控以上这些风险，即使对它们实施了管理，所有这些风险也可能发生到一定程度，但关键的问题是它们必须被识别并被管理。

(b) 商业构件和框架的复用

现代软件系统的创建趋势是，使用商业应用框架和商业构件，或复用组织内部已开发的构件和框架，当然，也复用组织的实践和规程。这一趋势的出现，有以下 3 个原因：

市场和成本的竞争压力；

交付环境的日趋复杂和标准化，例如 Internet；

产品线工程的出现，其中系统地规划和实施：多个相关软件产品的开发和演化，那些可复用的设计和实现，用于产品线的所有产品。

就框架的使用而言，可能需要实施一些相关的活动，例如：框架的选择，为此，就需要在项目生存周期的早期(例如在承约项目的成本和进度之前)实施原型构造：

● 如果开发组织使用一个新的商业应用框架来建造一个产品，那么就需要开发一个原型，以获得框架使用的经验，并检验该框架对这一应用的适应性。

● 如果使用的框架是组织内部开发的,那么也需要开发一个原型,以评估该框架对应用开发的适应性。

就构件的使用而言,如果使用内部开发的构件或市场购买的构件,作为新系统的组成部分,那么就必须在项目早期评估这些构件的适应性。例如:

● 如果产品的的很大部分都涉及与用户的交互,那么就应该仔细地评估实现图形用户界面的构件,以确保它们支持所要求的功能。在需求文档开发之后,就应进行这一评估。

● 如果一个商业构件为产品提供较少的但是很关键的部分,那么就应该在设计阶段之前或期间对其进行评估,一旦发现构件不适合该产品,就要建造一个构件或在一些可选的构件中获得一个构件。

构件和框架的复用,需要考虑如下问题:

● 如果存在一些构件或框架,即使这些资源正在用于一个产品的开发,那么也应该对它们进行评估。评估过程应在生存周期模型过程中予以明确地表达。在某些情况下,评估过程可能在很大程度上影响生存周期模型的选择或生成,如选择螺旋模型,而不选择增量模型。

● 使用已存在的构件,除了会引起一个项目生存周期结构上的改变,还可能极大地影响个体的技术过程。例如,如果复用的构件表示了该产品的重要部分,那么单元测试工作量的百分比就会相对地减少,但集成该部分的工作量就会增大。同样,由于必须建立或修改子过程,以确保设计与任何可复用的框架或构件是一致的,因此设计过程将是有效的。

在应用剪裁过程中,应注意以下两个问题:

第一个问题:对开发过程的剪裁。

由于开发过程可被具有不同目的的不同参与方使用,因此对开发过程进行剪裁,应该考虑以下两方面的问题:

● 如果一个软件产品,要被嵌入到或集成到一个系统中,那么就要考虑该过程中的所有活动,并要阐明是否要求开发者执行或支持诸如系统需求分析、系统体系结构设计等活动;

● 如果一个产品是一个独立的软件产品,那么就不必考虑诸如系统需求分析、系统体系结构设计等活动。

第二个问题:对有关评价活动的剪裁。

参与一个项目生存周期的任何活动或过程的人,都要对自己的或他人的软件产品和活动进行评估。

在 12207 标准中,把评估分为 5 类,即基本过程的评估、验证和确认、联合评审和审核、改进过程中的过程评价。前 4 类评估是在项目级进行的,而最后一类是在组织级进行的。

应该根据项目或组织的范围、规模、复杂性和关键性,对这些评估进行选择和剪裁。其中:

● 基本过程中的评估任务,是由指定人员在相应过程的执行中日常进行的;

● 验证和确认,是由需方、供方或某独立方进行的,该评估不重复其他评估,也不代替其他评估,而是对它们进行补充;

● 联合评审和审核,是联合按照事先商定的日程,对产品和活动的状况以及符合性进行评估,并以审核方和被审核方的联合会议形式进行;

● 质量保证是由那些与开发软件或实施过程无直接责任的人员独立进行的,目的是为了保障软件产品和软件过程符合合同要求并遵循已确立的计划,该过程可以使用上述三种评估的结果作为输入,并可协调以上三种评估活动;

● 改进过程中过程评价，起结果作为组织改进过程的依据，以便对其过程进行自我改进和有效管理，其中在对过程进行改进中不考虑项目需求或合同需求。

第二步，确定每一个活动或任务在软件项目生存周期过程中的实例数目。

通过剪裁过程的应用，确定了该软件项目所需要的过程、活动和任务。继之，要为每一个活动或任务，标识创建多少个实例才是合适的。

如果一个活动被许多人多次执行，那么就应该在相关工具和培训资料方面给予合适的投资。如果一个活动被多个其他活动使用或引用，那么就需要把这些活动之间的接口设计为能够支持多重使用。

以这一方式，可以把活动分为被引用的活动、单实例活动或多实例活动。其中：

(1) 被引用的活动：是由其他多个不同的活动所调用或使用的活动，这些调用可以是并发的。当被引用的活动完成之后，结果返回引用方。被引用的活动类似于规程或例程。例如，“开始复审”、“实施配置控制”以及“实现模块代码”等，都是被引用的活动。

(2) 多实例活动：可以被其他多个活动所使用，例如“管理项目”和“实现子系统代码”等。

(3) 单实例活动：仅在 SLC 中出现一次，而且只有在它接收到所有的输入之后，才产生所有必要的输出。例如瀑布模型中的“实施系统测试”。

第三步，确定活动的时序关系，并检查信息流。

在这一步中，确定所有活动在一个时间线上的“位置”，但它们并不需要实际的日期。这样，既确定了活动之间的次序，同时又标识了它们之间的任一依赖。其中，还需要考虑并发的活动和任务。

当一个工作程序经过其所选择的生存周期时，一些过程之间的重叠几乎是不可避免的，不论这一重叠是规划的还是没有规划的。例如 1，在需求是非常清楚的情况下，出于成本和进度的考虑，选择了通常的瀑布模型，这也不能排除并发的可能性。假定一个子系统的详细设计在另一个子系统之前完成，并且这两个子系统之间的接口是稳定的，那么就可以提前对已完成详细设计的那个子系统进行编码，从而导致一个系统的详细设计阶段和编码阶段的并发。例如 2，在所有生存周期模型的反向流(即对已完成的一个文档或其他产品须做改变)中，也可能隐含地存在一些并发。

使用并发的基本要求包括：

(1) 要求组织的管理必须有能力支持并发，包括进度安排、成本控制、状态跟踪和配置管理系统，包括技术复审机制和任何设计工具。

(2) 如果两个子系统同时处在同样的开发阶段，那么就要求严格监控这两个子系统之间的界面。

围绕并发的使用，存在以下两个重要的问题：

(1) 并发程度。较低的并发的程度可能使是偶然的，只有少量反向改变的要求；而较高的并发程度可能是一个增量正在设计，而前面那个增量正在集成。这两种情况，对技术系统和管理系统的需求是非常不同的。

(2) 并发的管理。一旦出现并发，就要很好地进行规划。其中应重视由于使用并发所出现的这些问题。

可见，通过以上三步，可为一个项目建立了如图 2.13 所示的开发逻辑。

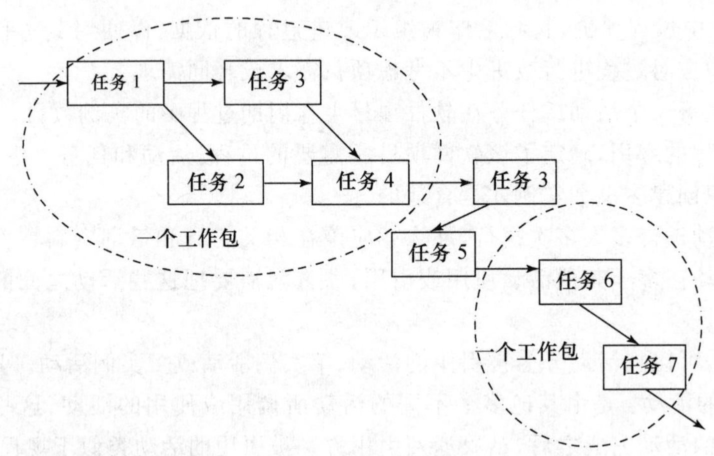

图 2.13 软件项目生存周期过程示例

3. 第三阶段：软件项目生存周期过程的实现

该阶段的目标为：将组织的过程资产应用到精化的项目软件生存周期中。

现存的组织过程资产和能力一般包括：

政策	标准
规程	已有的 SLCP
度量	工具
方法学	

这些已制度化的组织资产，包括过程资产，提供了该组织客观拥有的能力，直接关系到项目生存周期过程的建立和执行，可以极大地减少实现项目生存周期过程的风险。

在规划一个软件项目生存周期过程中，可以恰当地使用之，把它们作为生存周期过程中的成分，如图 2.14 所示。

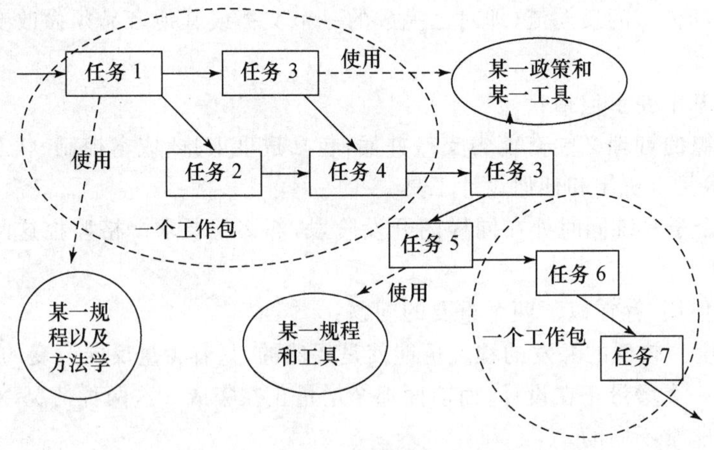

图 2.14 软件项目生存周期过程实现示例

其中，应当注意，如果把一些不适合的能力和资产引入到一个项目中，可能会为项目带来一系列的问题。

一般情况下，在规划了软件项目生存周期过程之后，就应以此为基础来编制软件生存周期管理计划。

软件生存周期管理计划（the software life cycle management plan，SLCMP）用于定义和管理软件开发过程的基本机制，其内容和格式一般如下：

1. 概述
   1.1 目的、范围和目标。结合项目过程，描述文档的目的和目标。
   1.2 假设和约束条件。描述任何影响和限制项目过程的假设和约束；例如，合同的过程需求。
   1.3 可交付的类。描述项目正在开发的任何可交付的类和类型。目的是促进开发不同类所需的明确的过程或子过程。
   1.4 可交付产品之间的进度依赖。描述可交付产品进度之间的逻辑关系，这一关系将影响开发过程（不同可交付的产品）之间的关系。
2. 参考资料
   给出为了理解所需要的资料，或那些影响计划内容的资料。
3. 定义
   定义文档中使用的特定术语。
4. 与其他计划的关系
   描述 SLCMP 和其他计划之间的关系，并界定计划之间的接口，以及通过判断这些计划之间不符的内容，确定使用的先后模式。
5. 过程的全局描述
   描述整个项目软件开发的途径，包括：
   (a) 项目可交付的产品，包括相关的各个类；
   (b) 影响或启动项目软件开发过程的外部数据或过程；
   (c) 识别并描述对任何可以集成到项目中或成为项目一部分的内部或外部所开发的软件项；
   (d) 标识为限定发布这些软件项所使用的软件过程；
   (e) 一个过程流网络，表示单个过程是如何与项目可交付产品的开发相互影响和作用的；
   (f) 描述每一个过程的输入和输出，充分描述开发过程之间的关系；
   (g) 每一个过程的简要描述，有助于充分理解项目整体的软件开发过程。
6. 过程描述
   详细描述每一个过程，包括过程或过程的输入、输出或其他数据项所遵循的标准。
   这一描述应包括：
   (a) 过程的输入；
   (b) 过程的输出；
   (c) 过程的目标，以及过程的详细描述，包括任意中间产品和子过程；
   (d) 过程和子过程所需要的度量；

(e) 实现和维护过程所需的培训和工具;
(f) 实现和维护过程所需的任意关键的组织资产;
(g) 过程面临的风险。

7. 过程管理。描述管理过程所使用的途径,包括:
(a) 如何获得和维护实施过程所需要的、关键的组织资产、工具和其他设施;
(b) 实现过程所需要的培训;
(c) 如何使用过程度量来管理过程;
(d) 监控和响应过程风险的途径;
(e) 管理单一过程和一组相关过程所使用的特定方法;
(f) 影响过程流网络的分析,重点关注过程计划的一次失败所产生的负面影响。

8. 计划维护和管理
描述维护和管理计划所使用的途径,包括对计划的改变所需要的复审和认可,包括用户的认可。还应给出标识修订计划要求所使用的准则。

对于一个项目而言,一般还存在一些对支持生存周期过程具有重要作用的其他计划,例如:
(1) 软件工程管理计划(the software engineering management plan, SEMP);
(2) 软件配置管理计划(the software configuration management plan, SCMP);
(3) 软件质量保证计划(the software quality assurance plan, SQAP);
(4) 软件验证和确认计划(the software verification and validation plan, SVVP);
(5) 软件度量计划(the software metrics plan, SMP)。

对于任何一个产品、项目和组织来说,一些计划的实质内容可能也包含在另一些计划中,因此,在项目的早期,所面临的重要决策是:
(1) 如何分离这些计划所涵盖的主题;
(2) 如何标识和管理计划之间接口;
(3) 如何实现相互重叠最少的目标;
(4) 如何保证整体的一致性和内聚。

例如,在 SEMP 中应给出生存周期过程的概述,并详细说明项目生存周期过程与项目进度的关系。同样,SLCMP 必须清晰地描述如何使用配置管理系统,如何支持特定处的开发过程,但没有重复 SCMP 的内容。相反,使用 SLCMP 所描述的过程,SCMP 必须标识配置控制面板,而没有重复那个文档中的有关信息。

在项目的早期阶段,分配这些计划所包含的范围是一个重要的决策。要基于项目目标的要求和合同上的需求,谨慎地做出这一决策。

2.3.3 软件项目生存周期过程的监控

软件项目生存周期的监控,涉及监查软件项目生存周期过程的执行情况,并与规划的过程进行比较,在发现问题时采取相应的措施。

1. 监查软件生存周期过程的执行情况

在项目实施中，应及时监查软件生存周期过程的执行情况，以确保软件开发是按规划、高效进行的。以下数据源，有助于过程的监查：

(1) 进展与进度。对进展和进度的跟踪可以揭示过程的偏离、不期望的过程范围增大、工具或资源等问题。

(2) 质量数据。对质量数据趋势的检查可以用于确定软件实现组是否遵循期望的生存周期过程。

(3) 设计、编码和测试计划复审的记录和动作。对其检查可以用于确定过程是否产生预期结果，即正在实施的过程是否有效。

(4) 变更要求和测试异常报告。对变更要求和测试异常报告的检查可提供对过程有效程度的深入了解，也能确定配置管理系统的负载是否在可支持的范围内。

(5) 关键资源的有效使用。有时，这可以检测出计划中存在的隐性偏离。

(6) 与项目组成员的交谈。与项目组成员进行正式或者非正式的对话，了解过程的运作情况。他们的观点，一旦由描述的客观数据所支持，那么对发现过程问题、寻找过程改善的机会是非常有价值的。

以上的信息源必须予以定期的监查，但并不需要经常进行，以至于成为一种繁杂的工作。

由于对生存周期过程的监控必然带来额外的进度评估，因此应按基本的周期对进度进行修正。一个一般的原则是，在一个特定的生存周期过程中，每当进展到其进度的10%或者20%，就应该进行一次检查。例如，对一个中等规模的产品来说，设计过程进行到20%、40%和60%时，都要对已完成的工作进行检查。原因是如果完成的工作少于20%，不可能产生足够的有效数据，但是如果超过了60%，一旦发现问题，改变设计过程已经太晚了，以至于会产生灾难性错误。

2. 与规划进行比较，必要时进行调整

利用以上信息，软件程序管理人员和过程设计人员应与规划的过程进行比较，确定是否需要变更生存周期和所要求的过程。

一旦通过监查发现项目生存周期过程并没有按预期实施，那么软件程序管理人员和过程设计人员就要对可能采取必要的措施进行调整，这些措施包括：

① 当变更的负面影响可能超过带来的好处时，其措施为：按规划的过程继续执行。

② 如果只因初始培训不充分或组织制度不够严格，导致过程没有按预期实施，其措施为：强化过程。

③ 如果过程只需要进行少量调整(如，核对表的修订或同级复审过程的调整)，就可以修改之，其措施为：调整过程。

④ 如果一个过程根本就存在缺陷(如，只集成了系统的10%，但用于监控性能的工具集却消耗了90%的处理资源)，那么其措施为：过程替换。

在实际工作中，根据特定情况，可以采用以上四种措施的某一组合。

对过程变更的每一抉择，都应按以下几方面，评估过程改变所造成的影响。

① 所要求的"返工"。在有的情况下，一个改变只影响当前进行的过程步。而很多时候，可能需要重新实施该过程前面一些阶段的工作。无论是哪一种情况，都要考虑一个过程改变对进度和成本的影响。

② 资源需求。进行过程改变可能会增加或者减少资源的需求,包括人员、硬件和工具。必须考虑由生存周期过程的改变所产生的全部成本,以及为获得这些资源所需要的时间。

③ 实施时间。如果一个项目采用演化或螺旋生存周期模型,并在前面一个迭代周期中已标识了过程改变的要求,那么最好把这一改变推迟到下一个迭代周期。这样就可以用有序的方式进行这一改变。

④ 对项目和用户的益处。建立并实施生存周期过程的理由,是为了向用户交付一个产品,这是占主导的一个考虑,因此对那些与项目和用户益处相关的因素,都要进行评估。

⑤ 员工情绪。进行一个过程改变,特别是进行一个重要的改变,可能会对员工的情绪产生负面影响。当这一改变涉及到组织里那些有威信的人,包括员工、管理人员和专家,其影响尤其严重。虽然这些顾虑不应该停止项目管理人员和结构设计师进行正确的改变,但是需要认真地考虑实现这一改变的时间。如果向项目人员(他们可能是首先发现问题的员工)进行了正确、合适的说明,那么才能真正地实现这一改变。

在对项目进展中的一个过程进行一个变更时,必须十分谨慎,因为对生命周期过程的一个不合适的变更,可能会打乱整个工作程序,影响技术工作和人员情绪。另一方面,即使实现一个合理的变更,也只有当项目组成员都认识到这一需要时,才能最终有助于开发工作。因此,依据进行变更的时刻,需要实施以下全部或一部分工作。

① 围绕一个初期的主要问题,与客户进行讨论。

② 客观的、理性地向项目有关成员宣布变更的需求。

③ 过程变更的规划。过程变更规划的工作包括:确定过程变更的时间、需要的资源和培训:可能需要返工的项;对软件规划文档的任何改变,(过程、进度);涉及到的合同或业务需求(必须与客户协商);标识并冻结所涉及的配置项;规划必要返工;标识不需要改变的、可以继续工作的范围。过程变更的进度必须包括获得和实现所需要的资源和培训的时间和活动。对一个增加的成分或改变的成分,必须确定要做哪个(以上描述的)监查活动。

④ 实现改变。执行这一改变计划,继续关注并保持与项目成员的交流。

2.4 本章小结

本章紧紧围绕软件过程这一主题,讲解了三方面的内容。

一是介绍了国际标准《ISO/IEC 软件生存周期过程 12207-1995》。软件生产涉及三大类过程:基本过程、支持过程和组织过程。每类过程又包含一些确定的过程,例如基本过程包括获取过程、供应过程、开发过程、运行过程和维护过程。每一过程又是由一组确定的活动定义的,例如开发过程包括系统需求分析、系统体系结构设计、软件需求分析、软件体系结构设计、软件详细设计、软件编码和测试、软件集成等 13 个活动。并给出了完成这些过程的判定准则。

通俗一点说,该标准告知人们,软件开发一般可能需要“干哪些活”。

二是介绍了几种在实际软件工程中可采用的软件生存周期模型,包括最早提出的瀑布模型,以及而后提出的增量模型、演化模型、螺旋模型和喷泉模型等;分析了这些模型的优缺点,并给出了它们的适用情况以及在应用中注意的问题。这些模型作为过程框架,为一个软件项目生存周期过程的规划提供了指导。

三是讲解了一个软件项目生存周期过程的规划和监控。依据供应过程中的“规划”活动,一个软件项目生存周期过程规划包括三个阶段。第一阶段的目标是选取一个适合该项目特点的软件生存周期模型；第二阶段的目标确定项目需要的过程、活动和任务，并将它们映射到所选取的软件生存周期模型中，形成软件项目生存周期过程（即开发逻辑）及相应的文档；第三阶段的目标是针对已形成软件项目生存周期过程，配以适当的组织过程资产，使软件项目生存周期过程成为一个可实施的过程。

本章内容之间的关系如图 2.15 所示。

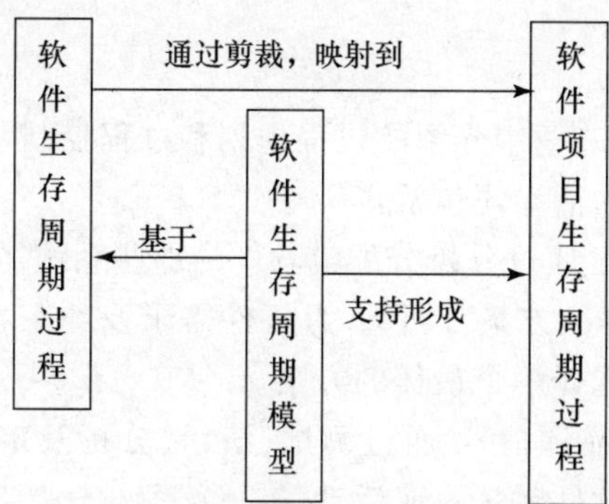

图 2.15　本章内容之间的基本关系

通过以上三方面内容的讲解，企图使读者了解作为一名过程设计人员，应掌握哪些基本知识，并初步能够运用这些知识为一个软件项目设计相应的生存周期过程。

软件工程的一条原则是，采取适宜的软件开发风范。因此，设计一个软件项目生存周期过程是一项具有挑战性的工作，直接涉及求解软件的逻辑问题，对项目的成功与否将起到至关重要的作用，正如本章首语所言：“开发逻辑，是获取正确软件的关键。”

习　题　二

1. 基本概念：软件生存周期、软件生存周期过程、软件生存周期模型、软件项目生存周期过程。
2. 何谓基本过程，并举例说明之。
3. 何谓支持过程，并举例说明之。
4. 何谓组织过程，并举例说明之。
5. 何谓验证和确认，并简述它们之间的区别。
6. 简述瀑布模型以及可适应的情况，为什么？
7. 简述演化模型以及可适应的情况，为什么？
8. 简述增量模型的优缺点。
9. 简述螺旋模型以及与其他模型之间的主要区别。
10. 简述规划一个软件项目生存周期过程的三个阶段。
11. 为什么说规划一个软件项目生存周期过程对过程设计人员来说是一项挑战性工作？
12. 简述原型构造在软件开发中的作用。
13. 简述软件生存周期、软件生存周期过程、软件生存周期模型、软件项目生存周期过程之间的基本关系。

第三章　软件需求与软件需求规约

不论是自顶向下的软件开发，还是自底向上的软件开发，正确定义问题，是解决问题的前提。

按照系统工程的观点，第二章中介绍的过程规划和过程控制，是软件工程中的一些系统工程活动，除此之外，系统工程的活动还包括：

① 需求分析(问题定义)：通过分析分配给软件的那些系统需求，确定软件需求。

② 软件体系结构设计(解决方案分析)：为软件需求及约束，确定一组解决方案，进行实例研究，分析可能的方案，并选择一个最佳的方案。

③ 验证、确认及测试(产品评估)：通过测试、演示、分析及审查等方式，评估最终产品和文档。其中包括一些必要的软件系统集成活动。

不管采用何种软件生存周期模型，软件开发过程都要基于软件需求，即需求是产品/系统设计、实现以及验证的基本信息源。软件需求以一种技术形式，描述了一个产品应该具有的功能、性能和性质。可见，软件需求是任何软件工程项目的基础。

3.1　需求与需求获取

3.1.1　需求定义

一个需求是一个“要予构造”的陈述，描述了待开发产品(或项)功能上的能力、性能参数或者其他性质。例如：系统必须有能力支持1000个以上的并发用户，平均响应时间应该小于1秒，最大响应时间应小于5秒；系统必须有能力存储平均操作连续100天所产生的事务。

对于单一一个需求，必须具有如下5个基本性质：

① 必要的(necessary)，即该需求是用户所要求的；

② 无歧义的(unambiguous)，即该需求只能用一种方式解释；

③ 可测的(testable)，即该需求是可进行测试的；

④ 可跟踪的(traceable)，即该需求可从一个开发阶段跟踪到另一个阶段；

⑤ 可测量的(measurable)，即该需求是可测量的。

对于需求以上5个性质的验证，可采用不同活动和技术。例如，验证需求是不是歧义的，一般可采用需求复审。验证需求是不是可测的，可在标识任何所需要的数据和设施的基础上，开发一个测试概念。验证需求是不是可测量的，可通过检验一个特征是否存在，但需要考虑设计、实现和测试阶段所发生的各种情况。可见，可测性通常从属于可测量性，是可测量性的更详细的元素。

确定一个单一需求的陈述是否满足5个性质，尽管这一工作复杂耗时，但可以产生更好的、清晰的需求陈述。

3.1.2 需求分类

软件需求可以分为以下几类：

① 功能需求；

② 性能需求；

③ 外部接口需求；

④ 设计约束；

⑤ 质量属性。

其中，有时把性能、外部接口、设计约束和质量属性这4类需求统称为非功能需求。

1. 功能需求

功能需求规约了系统或系统构件必须执行的功能。例如：系统应该对所有已销售的应纳税商品计算销售税；系统应能够产生月销售报表。

除了对要执行的功能给出一个陈述外，需求还应该规约如下内容：

(1) 关于该功能输入的所有假定，或为了验证该功能输入，有关检测的假定。

(2) 功能内的任一次序，这一次序是与外部有关的。

(3) 对异常条件的响应，包括所有内部或外部所产生的错误。

(4) 需求的时序或优先程度。

(5) 功能之间的互斥规则。

(6) 系统内部状态的假定。

(7) 为了该功能的执行，所需要的输入和输出次序。

(8) 用于转换或内部计算所需要的公式。

一般来说，功能需求是整个需求的主体，即没有功能需求，就没有性能、外部接口、设计约束和质量属性等非功能需求。但非功能需求可作用于一个或多个功能需求，如图3.1所示。

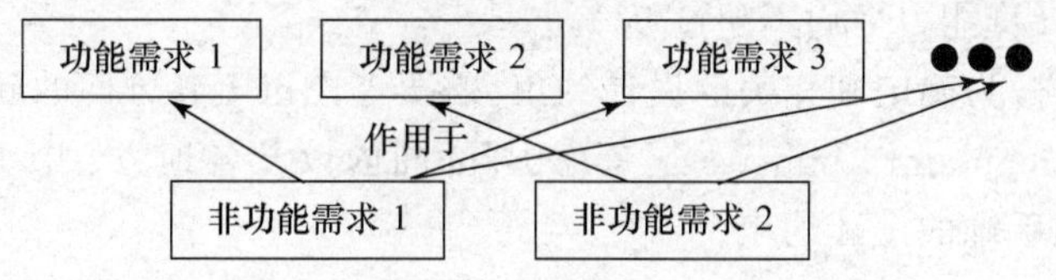

图3.1 功能需求与非功能需求的关系

2. 性能需求

性能需求(performance requirement)规约了一个系统或系统构件必须具有的性能特性。例如：系统应在5分钟内计算出给定季度的总销售税；系统应支持100个Windows 95/NT工作站的并行访问。

性能需求隐含了一些满足功能需求的设计方案，经常对设计会产生一些关键的影响。例如，对于一个给定大小的记录集合进行排序的功能需求而言，关于排序时间的性能需求将确定选择哪种算法是可行的。

3. 外部接口需求

外部接口需求(external interface requirement)规约了系统或系统构件必须与之交互的硬件、软件或数据库元素，其中也可能规约其格式、时间或其他因素等。例如：账户接收系统必须为月财务状况系统提供更新信息,其中月月财务状况系统是要构建的系统;引擎控制系统必须正确处理从飞行控制系统接收来的命令,并符合特定接口控制文档中的规定。

外部接口需求可以分为以下主要几类:

(1) 系统接口(system interfaces):描述一个应用如何与系统的其他应用进行交互。

(2) 用户接口(user interfaces):描述软件产品和用户之间接口的逻辑特性,即这类接口需求应规约对给定用户所显示的数据、要从用户那里得到的数据以及用户如何控制该用户接口。

(3) 硬件接口(hardware interfaces):描述软件系统与硬件设备之间的交互,以实现对硬件设备的响应和控制,其中应描述所要求的支持和协议类型。

(4) 软件接口(software interfaces):描述与其他软件产品(例如,数据管理系统、操作系统或数学软件包)进行的交互。

(5) 通信接口(communications interfaces):描述待开发系统与通信设施(例如:局域网)之间的交互。如果通信需求包含了系统必须使用的网络类型(例如:TCP/IP,Microsoft WindowsNT,Novell),那么有关类型的信息就应包含在该需求描述中。

(6) 内存约束(memory constraints):描述易失性存储和永久性存储的特性和限制,特别应描述它们是否被用于与一个系统中其他处理的通信。

(7) 操作(operation):描述用户如何使系统进入正常和异常的运行,以及在系统正常和异常运行下如何与系统进行交互,其中应描述在用户组织中的操作模式,包括交互模式和非交互模式;描述每一模式的数据处理支持功能;描述有关系统备份、恢复和升级功能方面的需求。

(8) 地点需求(site adaptation requirements):描述系统安装以及如何调整一个地点,以适应新的系统。

4. 设计约束

设计约束是一种需求,它限制了软件系统或软件系统构件的设计方案的范围。例如:系统必须用C++或其他面向对象语言编写,并且系统用户接口需要菜单;任取1秒,一个特定应用所消耗的可用计算能力平均不超过50%。

对产品开发而言,为确定其相关的设计约束,需要考虑以下各方面的问题:

(1) 法规政策(regulatory policies):考虑国际、国内以及各地方、组织的法律法规。根据各种不同政策,发现系统的设计约束。

(2) 硬件限制(hardware limitations):考虑技术上和经济上的限制,发现系统的设计约束,其中技术上的限制是由当今科技发展情况确定的,包括诸如处理速度、信号定序需求、存储容量、通信速度以及可用性等。

(3) 与其他应用的接口(interfaces to other applications):考虑与其他应用的接口,发现对新系统的设计约束。例如,当外部系统处于一个特定状态时,可能就要禁止新系统某些确定的操作。

(4) 并发操作(parallel operations):考虑从/至一些不同的源,并发地产生或接收数据的要求,发现相关的设计约束,其中必须清晰地给出有关时间的描述。

(5) 审计功能(audit functions):考虑数据记录或事务记录的需要,例如对用户修改数据需要记录其执行以便复审、发现相应的设计约束。

(6) 控制功能(control functions):考虑对系统进行远程控制,以及考虑对其他外部软件以及内部过程进行控制的需要,以发现相应的设计约束。

(7) 高级语言需求(higher order language requirements)：考虑开发中需要采用一种特定的高级语言来编写系统，以发现相应的设计约束。

(8) 握手协议(signal handshake protocols)：通常用于硬件和通信控制软件，特别当给出特定的时间约束时，一般就要把"握手协议"作为一项设计约束。

(9) 应用的关键程度(criticality of the application)：考虑是否存在潜在的人员损失/伤害，或潜在的财政巨大损失，发现相应的设计约束。在许多生物医学、航空、军事或财务软件中，一般存在这一类设计约束。

(10) 安全和保密(safety and security)：考虑有关系统的安全要求，发现相应的设计约束，其中保密需求通常涉及身份验证、授权和加密(数据保护)等。

在做需求工作中，应当认识到，就约束的本意来说，对其进行权衡或调整是相当困难的，甚至是不可能的。设计约束与其他需求的最主要差别是，它们必须予以满足。因此许多设计约束将对软件项目规划、所需要的成本和工作产生直接影响。

5. 质量属性

质量属性(quality attribute)规约了软件产品必须具有的一个性质是否达到质量方面一个所期望的水平。例如：

(1) 可靠性：是指软件系统在指定环境中没有失败而正常运行的概率。

(2) 存活性：是指当系统的某一部分系统不能运行时，该软件继续运行或支持关键功能的可能性。

(3) 可维护性：是指发现并改正一个软件故障或对特定的范围进行修改所要求的平均工作。

(4) 用户友好性：是指学习和使用一个软件系统的容易程度。

应当认识到，规约可设计的、可测量的质量属性是一件非常困难的任务。

3.1.3 需求发现技术

发现初始需求的常用技术，包括：

1. 自悟(introspection)

需求人员把自己作为系统的最终用户，审视该系统并提出问题："如果是我使用这一系统，则我需要……"。

适用条件：需求人员不能直接与用户进行交流，自悟似乎是一种切实可行的、比较有吸引力的方法。

成功条件：若自悟是成功的，需求人员必须具有比最终用户还要多的应用领域和过程方面的知识，并具有良好的想象能力。

2. 交谈(individual interviews)

为了确定系统应该提供的功能，需求人员通过提出问题，用户回答，直接询问用户想要的是一个什么样的系统。

成功条件：这种途径成功与否依赖于：

(1) 需求人员是否具有"正确提出问题"的能力；

(2) 回答人员是否具有"揭示需求本意"的能力。

存在的风险：在交谈期间需求可能不断增长，或是以前没有认识到的合理需求的一种表现，说是"完美蠕行"(creeping elegance)病症的体现，以至于很难予以控制，可能导致超出项目成本和进度的限制。

应对措施：项目管理人员和客户管理人员应该定期地对交谈过程的结果进行复审。其中具有挑战的问题是，判断：

(1) 什么时候对这一增长划界；

(2) 什么时候将这一增长通知客户。

3. 观察(observation)

通过观察用户执行其现行的任务和过程，或通过观察他们如何操作与所期望的新系统有关的现有系统，了解系统运行的环境，特别是了解要建的新系统与现存系统、过程以及工作方法之间必须进行的交互。尽管了解的这些信息可以通过交谈获取，但"第一手材料"一般总是能够比较好地"符合现实"的。

存在的风险：

(1) 客户可能抵触这一观察。其原因是他们认为开发者打扰了他们的正常业务。

(2) 客户还可能认为开发者在签约之前，就已经熟悉了他们的业务。

4. 小组会(group session)

举行客户和开发人员的联席会议，与客户组织的一些代表共同开发需求。其中：

(1) 通常是由开发组织的一个代表作为首席需求工程师或软件工程项目经理，主持这一会议。但还可以采用其他形式，这依赖于其应用领域和主持人的能力。主持人的作用主要是掌握会议的进程。

(2) 必须仔细地选择该小组的成员，不仅要考虑他们对现存的和未来运行环境的理解程度，还要考虑他们的人品。

这种途径的优点主要有以下三点：

① 如果会议组织得当，可很快地标识出一些需求。

② 可使需求开发人员在一次会议中能够对一个给定的需求得到多种观点，从而不但可节省与个人交谈的时间，还可节省联系他们的时间。

③ 有关需求不同观点之间的冲突，可以揭示需求中存在的问题，也有助于客户在其内部达成一致。

5. 提炼(extraction)

复审技术文档，例如：有关需要的陈述，功能和性能目标的陈述，系统规约接口标准，硬件设计文档等，并提出相关的信息。

适用条件：提炼方法是针对已经有了部分需求文档的情况。依据产品的本来情况，可能有很多文档需要复审，以确定其中是否包含相关联的信息。有时，也可能只有少数文档需要复审。

在许多项目中，在任何交谈、观察、小组会或自悟之前，应该对该项目的背景文档进行复审，还应对系统规约进行复审，同时了解相关的标准和政策。

对于以上提到的各种发现初始需求的技术，在应用中应注意以下四个问题：

第一个问题：在任意特定的环境中，每项技术都有其自己的优点和不足。在实施上述任何一项技术时，都可以辅以其他方法，例如原型构造，在举行小组会时可以使用原型，方便人员之间的交流。

第二个问题：依据需求工程人员的技能和产品、合同的实际情况，往往需要"组合"地使用这些技术来开发初始需求。

第三个问题：执行需求发现这项活动的人，其技能水平将对这项活动的成功具有重大的影响。

最后一个问题：大型复杂项目和一些有能力的组织，在开发需求文档时，往往使用系统化的需求获取、分析技术和工具，例如面向对象方法，提供了系统化、自动化的功能，并可逐一验证单一需求所具有的5个性质，验证需求规约是否具有3.2.2小节所述的4个性质。

3.2　需求规约(SRS)及其格式

3.2.1　定义

需求规约是一个软件项/产品/系统所有需求陈述的正式文档，它表达了一个软件产品/系统的概念模型。

3.2.2　基本性质

一般来说，需求规约应具有以下4个基本性质：

(1) 重要性和稳定性程度(Ranked for importance and stability)。即可按需求的重要性和稳定性，对需求进行分级，例如：基本需求、可选的需求和期望的需求。

(2) 可修改的(modifiable)。即在不过多地影响其他需求的前提下，可以容易地修改一个单一需求。

(3) 完整的(complete)。即没有被遗漏的需求。

(4) 一致的(consistent)。即不存在互斥的需求。

并且，就其中的功能需求，还应考虑：① 功能源；② 功能共享的数据；③ 功能与外部界面的交互；④ 功能所使用的计算资源。

3.2.3　需求规约(草案)格式

在获取以上初始需求的基础上，可采用IEEE标准830-1998所给出的格式，完成一个完整的需求文档草案的编制工作，如表3.1所示。

表3.1　需求规约基本格式

1. 引言
   - 1.1　目的
   - 1.2　范围
   - 1.3　定义，缩略语
   - 1.4　参考文献
   - 1.5　概述
2. 总体描述
   - 2.1　产品概述
   - 2.2　产品功能
   - 2.3　用户特性
   - 2.4　约束
   - 2.5　假设和依赖
3. 特定需求

   附录

   索引

表 3.1 中,第三部分“特定需求”是文档的技术核心。一般来说,应根据不同类型的系统来构造这一部分,其中可能会涉及到以下一些模板:

模板 1:根据系统运行模式,把第三部分划分为一些小节,并在一个小节中给出系统性能的规约。

模板 2:通过一种可选的模式划分,把第三部分划分为一些小节,其中每种模式的性能包含在该模式的规约中。

模板 3:根据用户类,把第三部分划分为一些小节,其中每类用户执行的功能包含在该类用户的描述中。

模板 4:按对象,把第三部分划分为一些小节,在每一小节中给出该对象所关联的功能。

模板 5:根据系统层的特征,把第三部分划分为一些小节,其中,对任意给定的功能需求,可以分布于若干个特征。

模板 6:根据激发(stimulus),把第三部分划分为一些小节,其中给出响应每一激发所执行的功能的规约。

模板 7:按一个功能层次,把第三部分划分为一些小节,其中,功能的规约是根据它们在信息流上的活动、信息流上所执行的处理以及通过该信息流的数据。

模板 8:根据用户类、功能和特征,把第三部分划分为一些小节。

还可能给出其他组织方式。最终所选定的格式,应适合组织的经验、应用及环境、表达需求所使用的语言等。

3.2.4 表达需求规约(规格说明书)的三种风格

在获取 SRS(草案)期,一般应使用非形式化语言来表达需求规约。

1. 非形式化的规约

即以一种自然语言来表达需求规约,如同使用一种自然语言写了一篇文章。其中:可以不局限于该语言通常所约定的任何符号或特殊限制(例如文法和词法),但要为那些在一个特定语境中所使用的术语提供语义定义,一般情况下,该语境与通常使用该术语的语境是有区别的。

在对需求进行技术分析期间,一般应采用半形式化语言来表达需求规约。

2. 半形式化的规约

即以半形式化符号体系(包括术语表、标准化的表达格式等)来表达需求规约。因此,半形式化规约的编制应遵循一个标准的表示模板(一些约定)。其中:

(1) 术语表明确地标识了一些词,可以基于某一种自然语言;

(2) 标准化的表达格式(例如数据流图、状态转换图、实体关系图、数据结构图以及过程结构图等)标识了一些元信息,支持以更清晰的方式系统化地来编制文档。

应用中,不论是词还是标准化的表达格式,在表达上均必须遵循一些约定,即应以一种准确和一致的方式使用之。

对于质量(特别是安全性)要求比较高的软件产品/系统,一般应采用形式化语言来表达需求规约。

3. 形式化规约

即以一种基于良构数学概念的符号体系来编制需求规约,一般往往伴有解释性注释的支持。其中:

(1) 以数学概念用于定义该符号体系的词法和语义;

(2) 定义了一组支持逻辑推理的证明规则,并支持这一符号体系的定义和引用。

在应用以上三种风格来表达需求规约中,应注意以下两个问题:

第一个问题:软件系统本来就是复杂的,因此没有必要把系统的规约或实现"束缚"于某一技术上,即可以同时使用多种技术分析用户需求,并建立相应的文档。例如,假定一个软件系统可能需要一个数据库、一些通信构件和一个关键控制部分。其中,有关数据库的需求,可以使用一个实体关系图;对于那些通信构件的需求,就可以使用一个状态变迁图;而对于关键控制部分,就可能需要使用形式化符号。适宜地使用多种可用的方法,就有可能实现高质量SRS的目标。

第二个问题:确定什么样的需求规约表达方式,这是组织或项目经理的责任,并负责监督需求开发过程的状态和进展,保证其结果符合项目规定的质量、预算和进度。

3.2.5　需求规约的作用

需求规约的作用可概括为以下4点:

(1) 需求规约是软件开发组织和用户之间一份事实上的技术合同书,是产品功能及其环境的体现。

(2) 对于项目的其余大多数工作,需求规约是一个管理控制点。

(3) 对于产品/系统的设计,需求规约是一个正式的、受控的起始点。

(4) 需求规约是创建产品验收测试计划和用户指南的基础,即基于需求规约一般还会产生另外两个文档——初始测试计划和用户系统操作描述。

① 初始测试计划。初始的测试计划应包括对未来系统中的哪些功能和性能指标进行测试,以及达到何种要求。在以后阶段的软件开发中,对这个测试计划要不断地修正和完善,并成为相应阶段文档的一部分。

在系统开发早期,设计一个软件测试计划是十分必要的。大量的统计数字表明,在系统开发早期,发现并修改一个错误的代价往往很低,越到系统开发的后期,改正同样错误所花费的代价越高。例如,假设在需求分析阶段检测并改正一个错误的代价为1个单位,那么到了软件测试阶段检测并改正同样的错误所花费的代价,一般需要10个单位,而到软件发布后的代价就可能高达100个单位。所以,尽可能地在系统开发的早期进行软件测试,就可以较小的代价检测出需求规格说明书中不可避免的错误。

② 用户系统操作描述。从用户使用系统的角度来描述系统,相当于一份初步的用户手册。内容包括:对系统功能和性能的简要描述,使用系统的主要步骤和方法,以及系统用户的责任,等等。

在软件开发的早期,准备一份初步的用户手册是非常必要的,它使得未来的系统用户能够从使用的角度检查、审核目标系统,因此比较容易判断这个系统是否符合他们的需要。为了书写这样的文档,也会迫使系统分析员从用户的角度来考虑软件系统。有了这份文档,审查和复审时就更容易发现不一致和误解的地方,这对保证软件质量和项目成功是很重要的。

需求规约和项目需求是两个不同的概念,如上所述,需求规约是软件开发组织和用户之间一份事实上的技术合同书,即关注产品需求,回答"交付给客户的产品/系统是什么";而项目需求是客户和开发者之间有关技术合同——产品/系统需求的理解,应记录在工作陈述SOW中或其他某一项目文档(例如,项目管理计划)中,即关注项目工作与管理,回答“开发组要做的是什么”。因此,需求规约不能实现以下两个作用:

第一,它不是一个设计文档。它是一个“为了”设计的文档。

第二,它不是进度或规划文档,不应该包含更适宜包含在工作陈述(SOW)、软件项目管理计划(SPMP)、软件生存周期管理计划(SLCMP)、软件配置管理计划(SCMP)或软件质量保证计划(SQAP)等文档中的信息。即在需求规约中不应给出:项目成本、交付进度、报告规程、软件开发方法、质量保证规程、配置管理规程、验证和确认规程、验收规程和安装规程等。

3.3 本章小结

本章首先介绍了需求的定义,即“一个需求是一个“要予构造”的陈述,描述了待开发产品(或项)功能上的能力、性能参数或者其他性质”,并指出了需求的5个必备的基本性质:① 必要的,即该需求是用户所要求的;② 无歧义的,即该需求只能用一种方式解释;③ 可测的,即该需求是可进行测试的;④ 可跟踪的,即该需求可从一个开发阶段跟踪到另一个阶段;⑤ 可测量的,即该需求是可测量的。需求的5个基本性质可作为需求发现和评估的基础。

其次,介绍了需求的分类。软件需求可以分为功能、性能、外部接口、设计约束和质量属性。其中,有时把性能、外部接口、设计约束和质量属性这4类需求统称为非功能需求,并给出了功能需求和非功能需求的基本关系。

然后,介绍了5种常用的需求发现技术:自悟、交谈、观察、小组会和提炼,并指出采用系统化方法,例如结构化方法和面向对象方法,可使发现的需求基本满足以上5个性质。

最后,详细地介绍了需求规约(SRS)及其格式。其中,不仅给出了需求规约的定义、需求规约的基本性质和需求规约的格式,而且还介绍了表达需求规约的三种风格:非形式化的规约、半形式化的规约和形式化规约。

需求规约的作用可概括为以下4点:① 需求规约是软件开发组织和用户之间一份事实上的技术合同书,是产品功能及其环境的体现;② 对于项目的其余大多数工作,需求规约是一个管理控制点;③ 对于产品/系统的设计,需求规约是一个正式的、受控的起始点;④ 需求规约是创建产品验收测试计划和用户指南的基础。

由此可见,正如本章首语所言,在软件开发中,“正确定义问题,是解决问题的前提”。

习 题 三

1. 解释以下术语:

   (1) 软件需求;

   (2) 非功能需求;

   (3) 需求规约。

2. 简述软件需求的分类。
3. 简述需求与需求规约的基本性质。
4. 有哪几种常用的初始需求捕获技术?
5. 简述软件需求规约的内容和作用。
6. 简述需求规约和项目需求的不同。

第四章　结构化分析方法

分析是系统化地使用信息，对一个问题的估算。结构化分析方法是进行这一估算的思维工具。

在第二章中，通过介绍国际标准12207，告诉我们在软件开发中要做哪些工作；进而又通过介绍软件生存周期模型，为我们提供了组织开发工作的框架；最后，通过对特定的软件工程过程规划的讲解，为我们提供了定义项目过程的指导。第三章简单介绍了需求与需求规约，并就其中的初始需求发现，介绍了几种基本技术。特别提到，大型复杂项目和一些有能力的组织，在开发需求文档时，往往使用系统化的需求获取、分析技术和工具，以支持获取的需求具有3.1.1小节所述的5个基本性质，获取的需求规约具有3.2.2小节所述的4个基本性质。从本章开始，一直到第七章，均讲解有关这一方面的知识，其中主要介绍结构化方法、面向对象方法。

在进行软件系统/产品的需求工作中，通常面临三大挑战：

(1) 问题空间理解

随着计算机在社会各方面不断广泛和深入的应用，在大多数情况下，软件开发人员不甚了解用户业务以及应用，但开发工作又要求他们必须把握和深入理解之，否则很难开发出一个有质量的、满足用户要求的系统/产品。因此，问题空间的理解是软件开发人员所面临的一大挑战。

(2) 人与人之间的通信

软件开发中的各类过程、活动和任务，一般是由具有不同知识、技能的各种人员承担的，他们之间的有效沟通，是获取高质量的开发质量和产品质量的保障，例如，需求分析人员在整个分析过程中需要与用户进行沟通，以确保正确地理解问题，获取有价值的需求规约；软件设计人员在整个设计期间，需要与需求分析人员进行必要的沟通，以确保产品/系统的设计符合所确定的需求；管理人员在整个项目进行期间，需要与开发人员进行及时沟通，以确保项目进度符合规划要求；等等。因此，人与人之间的通信是软件开发人员所面临的又一大挑战。

(3) 需求的变化性

一般来说，软件需求一般处于不断的变化之中。导致需求变化的因素很多，主要包括：用户、竞争者、协调人员、审批人员和技术人员。正如Gerhard Fisher于1989年指出的那样：我们不得不接受不断变化着的需求这个现实生活中的事实。需求的变化性，直接影响各类人员的开发行为，例如分析员为了有效地应对需求变化，可能将采用半形式化的甚至形式化的手段来规约需求。可见，需求的变化性是软件开发人员所面临的又一大挑战。

为了应对以上三大挑战，支持需求工作目标的实现，一种好的需求技术应具有以下基本特征：

(1) 提供方便通信的机制，例如在不同开发阶段，使用对相关人员易于理解的语言；

(2) 鼓励需求分析人员使用问题空间的术语思考问题,编写文档;

(3) 提供定义系统边界的方法;

(4) 提供支持抽象的基本机制,例如"划分"、"映射"等;

(5) 为需求分析人员提供多种可供选择的方案;

(6) 提供特定的技术,适应需求的变化等。

并在技术方面开展了一系列有意义的研究,提出了一系列分析方法,典型的方法包括结构化方法、面向数据结构的软件开发方法以及近年来流行的面向对象方法等。

结构化方法是由 Edward Yourdon,Tom DeMarco 等人于 20 世纪 70 年代中后期提出的,是一种系统化的软件开发方法,其中包括结构化分析方法、结构化设计方法以及结构化程序设计方法。本章主要介绍结构化分析方法。

一般意义上来说,分析是针对一个问题,系统化地使用信息对该问题的一个估算。可见,就软件需求分析而言,其目标是给出"系统必须做什么"的一个估算,即需求规格说明——以一种系统化的形式,准确地表达用户的需求,其中应不存在二义性和不一致性等问题。这样的需求规格说明可作为开发组织和客户关于"系统必须做什么"的一种契约,并作为以后开发工作的基础。

为了实现以上的分析目标,作为支持需求分析的结构化分析方法,应给出一些基本术语,支持表达分析中所需要使用的信息;应给出表达系统模型的工具,支持表达系统功能形态;应给出过程指导,支持如何系统化地使用相关信息来建造系统模型。

4.1 基本术语

为了支持表达分析中所使用的信息,作为系统模型中的基本构造块,结构化分析方法提出了以下 5 个术语:数据流、加工、数据存储、数据源和数据潭。

1. *数据流*

在计算机软件领域中,可以把数据定义为客观事物的一种表示。例如,"学生成绩"是学生有关学习情况的一种表示。信息是具有特定语义的数据。据此可知,数据是信息的载体。

在结构化分析方法中,数据流是数据的流动,数据流表示为

$$\longrightarrow$$

数据流可以给出标识,一方面用来表达在分析所使用信息,另一方面用来区分其他信息。例如图 4.1 所示的即为数据流示例。

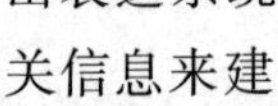

$$\xrightarrow{\text{学生成绩}}$$

图 4.1 数据流示例

该标识是一个名词或名词短语,并且往往直接使用实际问题空间中的概念,这样可以使该数据具有一定的语义,例如"大一学生成绩"。

2. *加工*

加工是对数据进行变换的单元,即它接受输入的数据,对其进行处理,并产生输出。

在结构化分析方法中,加工表示为

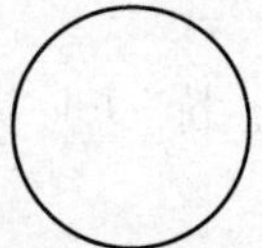

在使用这一术语来表达信息时，往往需要使用问题空间的概念，给出加工的标识，而且一般采用“动宾”结构。例如图 4.2 所示的即为加工示例。

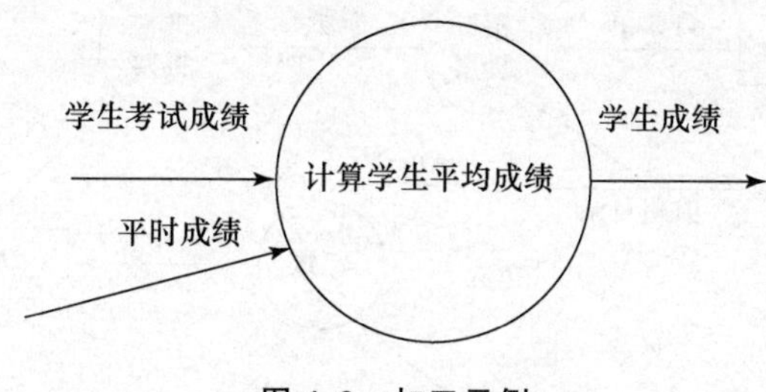

图 4.2 加工示例

3. 数据存储

数据存储是数据的静态结构，表示为

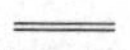

═══

在使用这一术语来表达信息时，往往需要使用问题空间的概念，给出数据存储的标识。例如图 4.3 所示的即为数据存储示例。

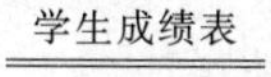

学生成绩表

图 4.3 数据存储示例

有了以上 3 个概念，对表达系统功能而言就是完备的，但是，如果没有清楚地界定系统边界，就有可能对系统做什么的语义理解产生歧义。例如一个小皮包，如果把它放在你的衣服口袋中，你可以说它是一个钱包，具有装钱的功能；但是如果把它扔到垃圾箱中，你可能就要说它是一件废物，不具有装钱功能。为了避免这类问题的产生，结构化分析方法引入了以下两个术语，即数据源和数据潭，以便用于定义系统的语境。

4. 数据源和数据潭

数据源是数据流的起点；数据潭是数据流的归宿地。数据源和数据潭是系统之外的实体，可以是人、物或其他软件系统。它们均用一个矩形

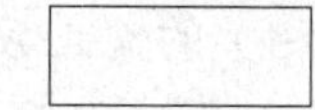

表示之。

引入数据源和数据潭这两个术语的目的是为了表示系统的环境，可以使用它们和相关数据流来定义系统的边界。

在使用这两个术语来表达信息时，往往也需要使用问题空间的概念给出其标识。例如图 4.4 所示的即为数据源和数据潭示例。

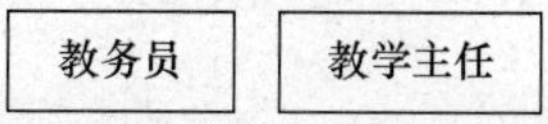

教务员	教学主任

图 4.4 数据源和数据潭示例

4.2 模型表示

需求分析的首要任务是建立系统功能模型,为此结构化分析方法给出了一种表达功能模型的工具,即数据流图(dataflow diagram),简称 DFD 图,如图 4.5 所示。

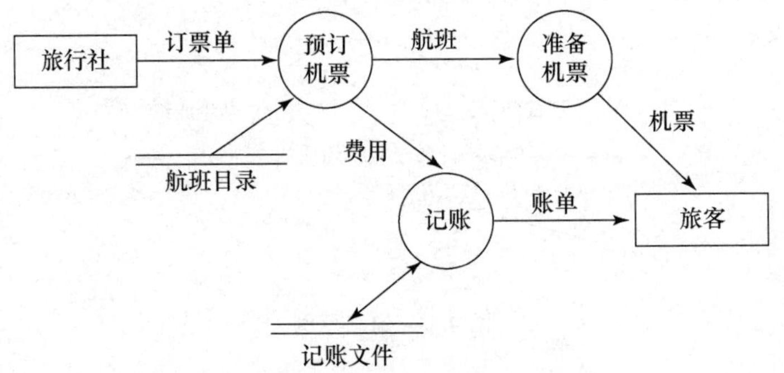

图 4.5 一个飞机票预订系统的数据流图

简单地说,DFD 图是一种描述数据变换的图形化工具,其中包含的元素可以是数据流、数据存储、加工、数据源和数据潭等。图 4.5 中的"订票单"、"航班"、"费用"、"账单"、"机票"等都是数据流;"预订机票"、"准备机票"、"记账"等都是加工;"航班目录"、"记账文件"等都是数据存储;"旅行社"是数据源;"旅客"是数据潭。

如果把任何软件系统都视为一个数据变换装置,它接受各种形式的输入,通过变换产生各种形式的输出,那么数据流图就是一种表达待建系统功能模型的工具。

在 DFD 图中,数据流起到连接其他实体(加工、数据存储、数据源和数据潭)的作用,即数据流可以从加工流向加工;可以从数据源流向加工,或从加工流向数据潭;可以从加工流向数据存储,或从数据存储流向加工。在应用中,数据流和数据存储一般需要给出标识,而对流入或流出数据存储的数据流,一般不需要给出它们的标识。

加工之间可以有多个数据流,这些数据流之间可以没有任何直接联系,数据流图也不表明它们的先后次序。

加工是数据变换单元,因此不能只有输入数据流而没有输出数据流,也不可能只有输出数据而没有输入数据。另外,通过一个加工相关的输入数据和输出数据,可以进一步定义该加工的语义。

在实际应用中,对于一个比较大的软件系统,如果采用一张 DFD 图来描述系统的功能,自然会出现层次不清、难以理解的情况,因此往往需要多层次的数据流图。参见以下讲解的例子。

4.3 建模过程

为了支持系统地使用信息来创建系统功能模型,结构化分析方法给出了建模的基本步骤。该过程属于一种"自顶向下,功能分解"风范。

1. 第一步：建立系统环境图，确定系统语境

经过需求获取阶段的工作，按照系统工程的观点，分析人员一般可以比较容易地确定系统的数据源和数据潭，以及与这些数据源和数据潭相关的数据流，结果称为系统环境图。例如，图 4.5 所示的飞机票预订系统，其顶层数据流图如图 4.6 所示。其中，对于最顶层的“大加工”，其标识一般采用待建系统的名字。

图 4.6　一个飞机票预订系统的顶层数据流图

可见，结构化方法是通过系统环境图来定义系统语境的。

2. 第二步：自顶向下，逐步求精，建立系统的层次数据流图

在顶层数据流图的基础上，按功能分解的设计思想，进行“自顶向下，逐步求精”，即对加工（功能）进行分解，自顶向下地画出各层数据流图，直到底层的加工足够简单，功能清晰易懂，不必再继续分解为止。

图 4.7 给出了系统分层数据流图的示例，层次的编号是按顶层、0 层、1 层、2 层……的次序编排的。顶层数据流图即系统环境图，标出了系统的边界；0 层数据流图是对顶层数据流图中包含的惟一加工的细化，0 层数据流图中包含 3 个加工，而加工 2 和加工 3 又被 1 层数据流图所细化。有时为方便起见，称这些图互为“父子”关系，即顶层数据流图是 0 层数据流图的“父图”，0 层数据流图是 1 层包含的所有数据流图的“父图”；反过来，0 层数据流图是顶层数据流图的“子图”，1 层包含的所有数据流图是 0 层图的“子图”。除顶层数据流图外，其他各层数据流图都是某一父图的子图，这些数据流图统称为数据流子图或简称为子图。

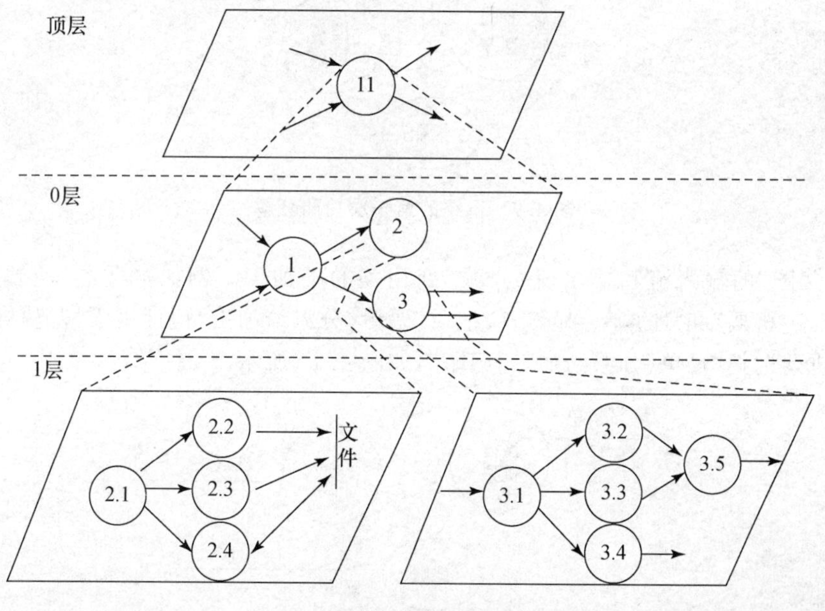

图 4.7　系统分层数据流图示意

可见,一个系统数据流图的一般结构如图 4.8 所示。

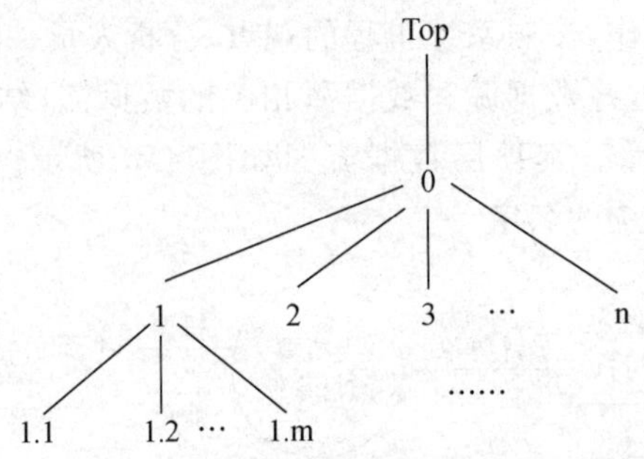

图 4.8 数据流图的一般结构

为了便于管理,从 0 层开始就要对数据流图以及其中的加工进行编号,并在整个系统中应是惟一的。一般应按下述规则为分层数据流图和图中的加工进行编号:

(1) 顶层数据流图以及其中惟一加工均不必编号。

(2) 由于 0 层通常只有一个子图,因此该子图的层号为 0,而其中每一加工的编号分别为:0.1,0.2,0.3,…。

(3) 以后各层,其子图层号为上一层(父层)的加工号;而该层中的加工编号为:子图层号,后跟一个小数点,再加上该加工在子图中的顺序号,例如 1.1,1.2,1.3,…(见图 4.7),即加工编号由相应的子图号、小数点、加工在子图中的顺序号组成。

由“父图”生成“子图”的一般步骤如下:

① 将“父图”的每一加工按其功能分解为若干个子加工——子功能。例如,图 4.6 所示的飞机票预订系统,可以将顶层的加工分解为 3 个子加工,即“预订机票”、“准备机票”和“记账”,如图 4.9 所示。

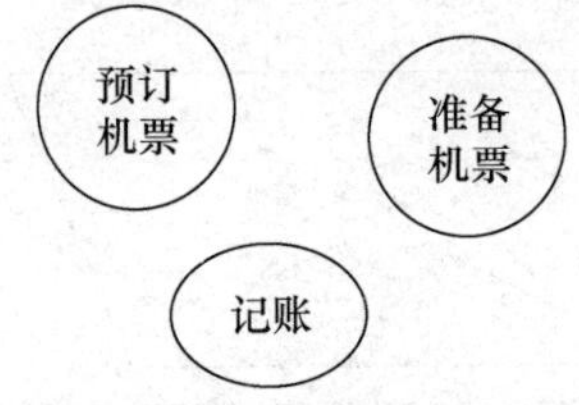

图 4.9 系统的第一次功能分解

② 将“父图”的输入流和输出流“分派”到相关的子加工。例如,“父图”有输入流“订票单”,有输出流“机票”和“账单”。显然,应把“订票单”分派给加工“预订机票”,把“机票”分派给加工“准备机票”,把“账单”分派给加工“记账”,如图 4.10 所示。

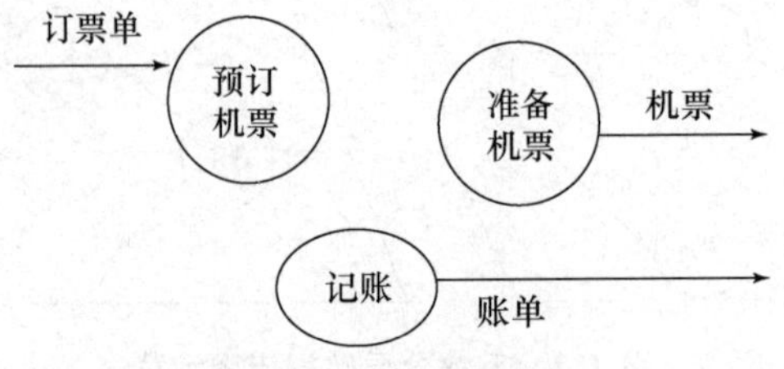

图 4.10 数据流的分派

③ 在各加工之间建立合理的关联,必要时引入数据存储,使之形成一个“有机的”整体,如图 4.11 所示。

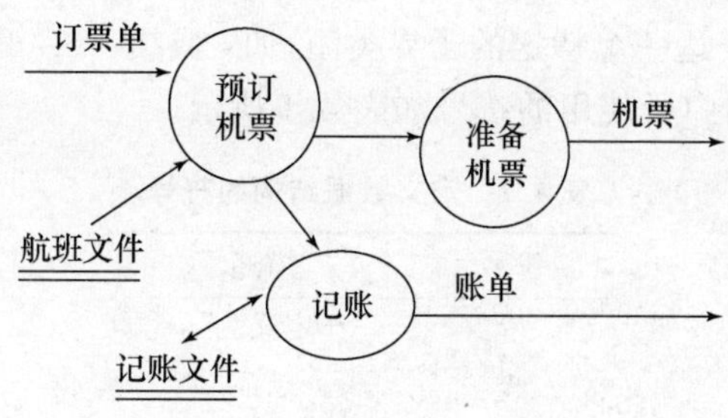

图 4.11　文件引入与精化

通过以上①②③三个步骤,就可创建一个系统的 DFD 图,这是建模的一项重要工作。但是,如果没有给出系统 DFD 图中各数据流、数据存储的结构描述,没有给出各加工更详细的语义描述,就不可能为以后的设计提供充分、可用的信息。因此,需求建模的步骤还包括:定义数据字典,用于表达系统中数据结构;给出加工小说明,用于表达每个加工输入与输出之间的逻辑关系。

3. 第三步:定义数据字典

该步的目标为:依据系统的数据流图,定义其中包含的所有数据流和数据存储的结构,直到给出构成以上数据的各数据项的基本数据类型。

如前所述,数据是对客体的一种表示,而且所有客体均可用如图 4.12 所示的三种基本结构表示之。这三种结构是顺序、选择和重复。

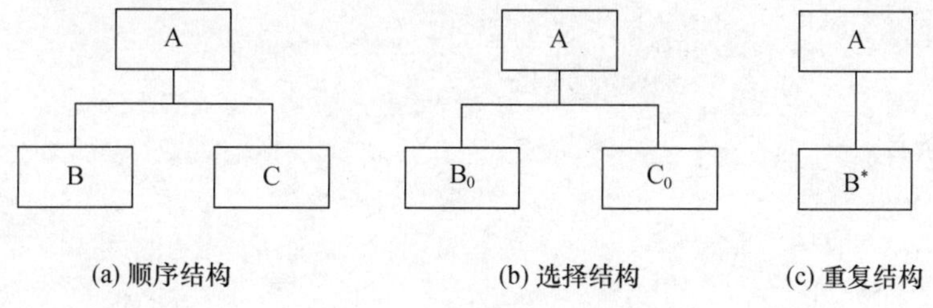

图 4.12　数据的基本结构

图 4.12 中,顺序结构是指:数据 A 是由数据 B 和数据 C 顺序构成的,例如,“学生成绩”是由“姓名”、“性别”、“学号”、“科目”和“成绩”构成的;选择结构是指数据 A 或是由数据 B_0 定义的或是由数据 C_0 定义的,即数据 B 不可能同时是 B_0 和 C_0,例如,“性别”是“男”或是“女”;重复结构是指数据 A 是由多个重复出现的数据 B 构成的,例如“学生成绩表”是由多个“学生成绩”构成的。

基于“所有客体均可用三种基本结构表示”这一结论,结构化分析方法引入了三个结构符:+、|、{},分别表示以上三种数据结构。例如,可以将“学生成绩”、“性别”和“学生成绩表”分别表达为:

学生成绩=姓名+性别+学号+科目+成绩;

性别=男|女;

学生成绩表={学生成绩}。

其中的“=”号表达的是“定义为”。

除了以上三个基本结构符之外,为了方便地表达DFD图中各种数据结构,还可以引入其他结构符。例如: m..n,表达一个特定的子界类型,如: 成绩=0..100。

综上,在定义数据结构中所使用的符号如表4.1所示。

表4.1 定义数据结构的符号

符号	描述
=	定义为
+	顺序
|	选择
{ }	重复
m..n	子界

在数据字典中,为了使定义的数据结构便于理解和阅读,一般按三类内容来组织,即数据流条目、数据存储条目和数据项条目。详见如下:

数据字典

数据流条目

A=……

B=……

……

数据存储条目

C=……

D=……

……

数据项条目

E=……

F=……

……

其中,数据流条目给出DFD中所有数据流的结构定义;数据存储条目给出DFD中所有数据存储的结构定义;数据项条目给出所有数据项的类型定义。

4. 第四步: 描述加工

该步的目标为: 依据系统的数据流图,给出其中每一加工的小说明。由于需求分析的目的是定义问题,因此对DFD中的每一加工只需给出加工的输入数据和输出数据之间的关系,即从外部来“视察”一个加工的逻辑。

在一个分层的数据流图中,由于上层的加工通过细化而被分解为一些下层的、更具体的加工,因此只要说明了最底层的“叶”加工(是指那些没有对之进行进一步分解的加工),就可以理解上层的加工。当然,如果为了更便于理解,也可以在小说明中包括对上层加工的描述,以概括下层加工的功能。

如果一个加工的输入数据和输出数据之间的逻辑关系比较简单,可以使用结构化自然语言予以表述;如果一个加工的输入数据和输出数据之间的逻辑关系比较复杂,可以采用一定的工具，例如判定表或判定树等，以避免产生不一致的理解。

(1) 结构化自然语言

结构化自然语言是介于形式语言和自然语言之间的一种语言。它虽然没有形式语言那样严格，但具有自然语言简单易懂的特点，同时又避免了自然语言结构松散的缺点。

结构化自然语言的语法通常分为内外两层，外层语法描述操作的控制结构，如顺序、选择、循环等，这些控制结构将加工中的各个操作连接起来。内层语法没有什么限制，一般使用自然语言描述。

(2) 判定表

判定表是用以描述加工的一种工具，通常用来描述一些不易用自然语言表达清楚或需要很大篇幅才能表达清楚的加工。例如，在飞机票预订系统中，在旅游旺季的7～9、12月份，如果订票超过20张，优惠票价的15%；20张以下，优惠5%；在旅游淡季的1～6、10、11月份，订票超过20张，优惠30%；20张以下，优惠20%。对于这样复杂的逻辑关系，就可采用如表4.2所示的判定表来说明之。

表 4.2

旅游时间	7～9、12月		1～6、10、11月	
订票量	⩽20	>20	⩽20	>22
折扣量	5%	15%	20%	30%

一个判定表由四个区组成，如表4.3所示。其中，Ⅰ区内列出所有的条件类别，Ⅱ区内列出所有的条件组合，Ⅲ区内列出所有的操作，Ⅳ区内列出在相应的组合条件下，某个操作是否执行或执行情况。例如，在表4.2中，Ⅰ区的条件类别有两个：旅游时间和订票量，Ⅱ区内列出所有四种条件组合，Ⅲ区内只有一个操作，Ⅳ区标明在某种条件组合下操作的执行情况。

表 4.3

Ⅰ	条件类别	Ⅱ	条件组合
Ⅲ	操作	Ⅳ	操作执行

当描述的加工由一组操作组成，而且是否执行某些操作或操作的执行情况又取决于一组条件时，用判定表来描述这样的加工就是比较合适的。表4.4是使用判定表的另一个例子。

表 4.4

考试总分	⩾620	⩾620	<620	<620
单科成绩	有满分	有不及格	有满分	有不及格
发升级通知书	Y	Y	N	N
发免修单科通知书	N	N	Y	N
发留级通知书	N	N	Y	Y
发重修单科通知书	N	Y	N	N

(3) 判定树

判定树也是一种描述加工的工具。判定表4.2可用图4.13的判定树等价表示之。

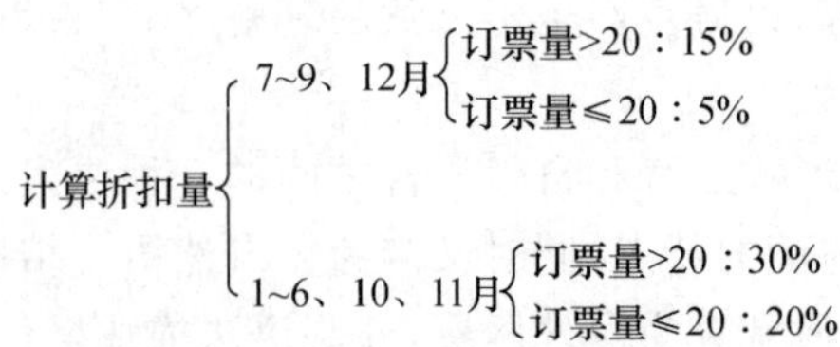

图 4.13 同判定表 4.2 等价的判定树

判定表 4.4 可用图 4.14 的判定树等价表示之。

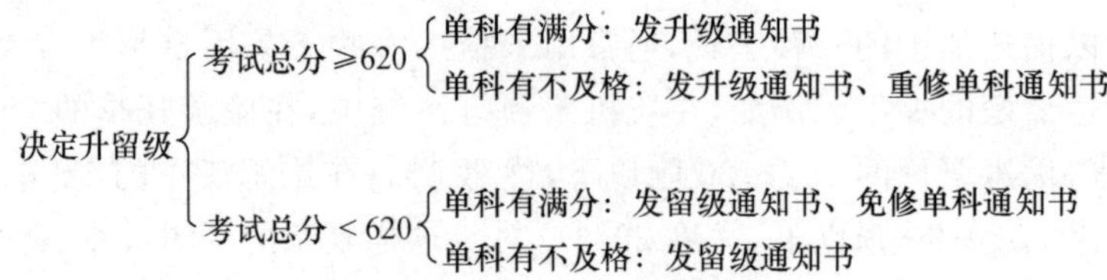

图 4.14 同判定表 4.4 等价的判定树

对一个加工的说明，在保证对加工的描述是清晰易懂的前提下，可以自由选择描述手段。既可以独立地使用结构化自然语言、判定表、判定树等，也可以组合地使用这些工具。

4.4 实例研究

1. 图书管理系统的需求陈述

这里给出一个非常简化的图书管理系统的例子，旨在说明结构化分析方法及其应用。

图书管理系统旨在用计算机对图书进行管理，主要涉及 5 个方面的工作：新书入库、读者借书、读者还书、图书注销以及查询某位读者的借书情况、某种图书和整个图书的库存情况。

(1) 在购入新书时，图书管理人员为购入的新书编制图书卡片，包括分类目录号、流水号(要保证每本书都有惟一的流水号，即使同类图书也是如此)、书名、作者、内容摘要、价格和购书日期等信息，并写入图书目录文件中；

(2) 在读者借书时，读者首先填写借书单，包括姓名、学号、欲借图书分类目录号等信息，然后管理人员将借书单输入系统，继之系统检查该读者号是否有效，若无效，则拒绝借书；否则进一步检查该读者所借图书是否超过最大限制数(此处我们假设每位读者同时只能借阅不超过五本书)，若已达到最大限制数(此处为五本)，则拒绝借书；否则读者可以借出该书，登记图书分类目录号、读者号和借阅日期等，写入到借书文件中；

(3) 在读者还书时，读者填写还书单，由管理人员将其输入系统后，系统根据其中的学号，从借书文件中读出该读者的借阅记录，获取该书的还书日期，判定该图书是否逾期，以便按规定做出相应的罚款；

(4) 在对一些过时或无继续保留价值的图书进行注销时，管理人员从图书目录文件中删除相关的记录；

(5) 当图书馆领导等提出查询要求时，系统应依据查询要求，分别给出相应的信息。

其中假定，“为购入的新书编制图书卡片”、“读者首先填写借书单”等功能均由人工实现。

2. 系统功能模型的建立

(1) 顶层数据流图的建立

依据以上的需求陈述，该系统的数据源和数据潭有：图书管理人员、图书馆领导、读者以及时钟(向系统提供必要的时间信息)。其中系统有 3 个数据源，即图书管理人员、图书馆领导和时钟；有 3 个数据潭，即图书管理人员、图书馆领导和读者(读者或借到他所需要的图书，或由于逾期还书而得到一个罚款单)。可见，图书馆领导既是数据源又是数据潭。该系统的顶层数据流图如图 4.15 所示。

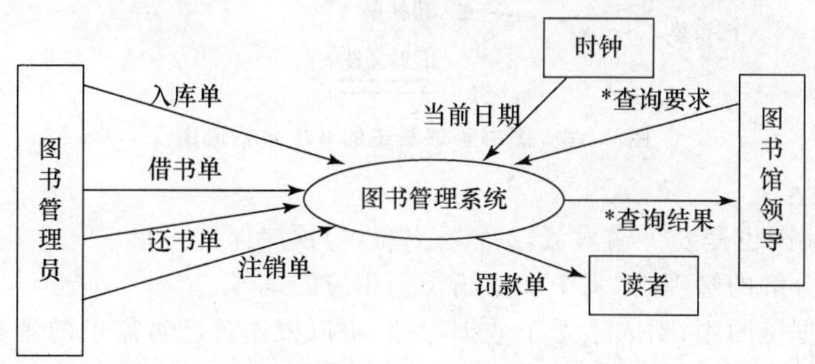

图 4.15　图书管理系统的顶层数据流图

图 4.15 中，入库单代表新书入库的业务工作要求；而借书单、还书单、注销单分别代表借书、还书以及注销废书的业务工作要求。查询要求和查询结果可分别定义为

查询要求＝[读者学号|图书流水号|书库编号]

注：读者学号、图书流水号、书库编号分别代表查询某位读者的借书情况、某种图书库存情况以及图书库存情况的查询要求。

查询结果＝某读者借书情况|某种图书库存情况|图书的库存情况

可进一步定义其中数据的结构，例如：

某种图书库存情况＝书名＋流水号＋数量

该顶层数据流图表明，该系统有 6 个输入流和 2 个输出流，它们连同相关的数据源和数据潭，定义了该系统的边界，形成该系统的环境。

(2) 自顶向下，逐层分解

在顶层数据流图的基础上，首先按各类人员的业务需求，对顶层加工“图书管理系统”进行分解，可形成如下两项功能：

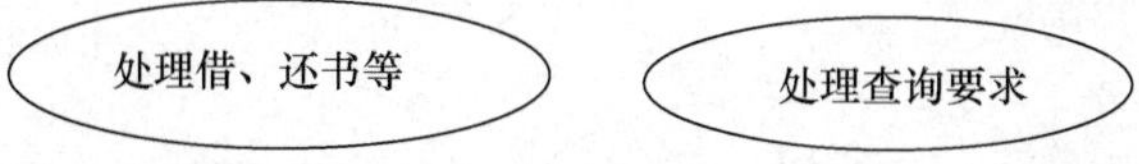

继之，将顶层数据流图的输入流、输出流分配到各个加工，可形成如下形式：

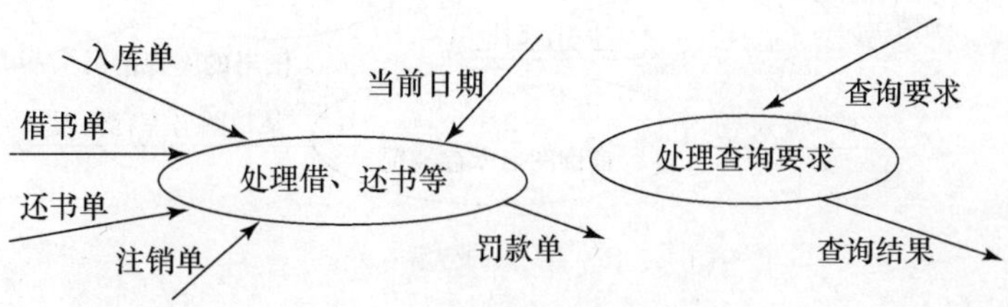

注意,在分派数据流中,可以省略各数据流的源和潭。

而后,引入两个文件:借书文件和图书目录文件,将两大部分功能联系起来,如图 4.16 所示。从而形成了所谓的 0 层数据流图。

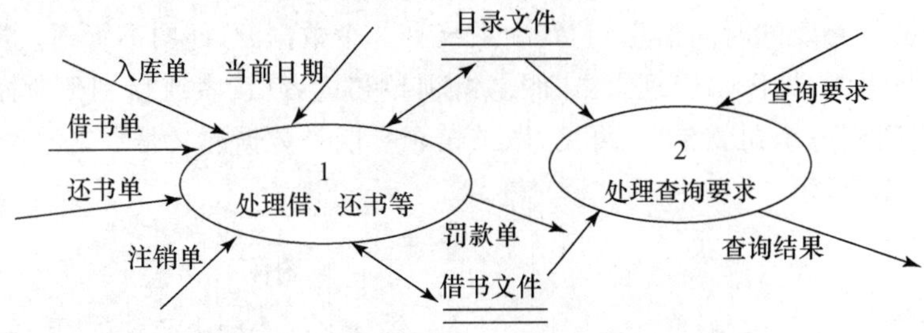

图 4.16　图书管理系统的 0 层数据流图

需要提及的是:

① 0 层数据流图也是 6 个输入流,2 个输出流,与顶层保持一致。

② 为了以后分解的管理,为每个加工给予了相应的编号。

③ 在 0 层数据流图中,引入了 2 个数据存储,可以根据自己对需求的理解,引入 1 个或多个数据存储,这对问题定义而言并不是十分重要的,但这关系到数据库设计问题。会形成对以后设计的约束。

是否需要进一步对 0 层数据流图进行分解,这取决于在 0 层数据流图中定义的各个加工是否功能单一、容易理解。就此例而言,可以对它们进一步分解,加工 1 的分解如图 4.17(a)所示;加工 2 的分解如图 4.17(b)所示。

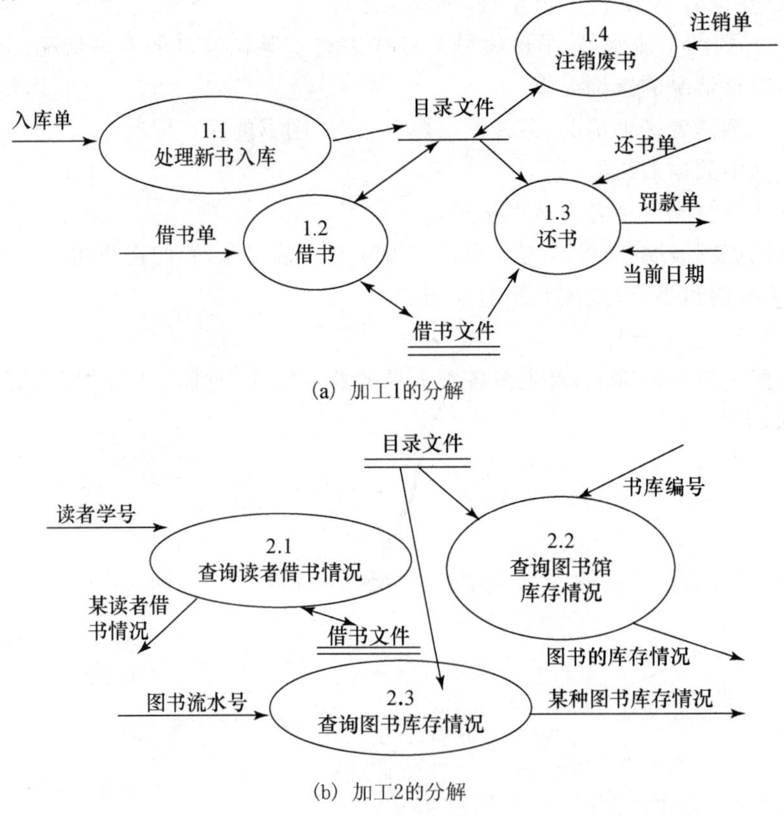

(a) 加工1的分解

(b) 加工2的分解

图 4.17　加工的分解

至此，如果认为每一个加工是单一的、可理解的，就可以停止进一步的分解，形成系统1层数据流图，也是最终的数据流图。否则，对需要分解的加工继续进行分解，形成系统2层数据流图。

注意，加工2的分解结果，有3个输入，即读者学号、书库编号以及图书流水号，而顶层中只有1个输入，即查询要求；并且，有3个输出，而顶层中只有1个输出。表面上看，分解后与顶层的输入和输出没有保持一致。实际上，在顶层上对"查询要求"和"查询结果"已标注"*"号，表明它们是"把包"数据，并在相应的数据字典中分别给出了它们的定义，即：

查询要求=[读者学号|图书流水号|书库编号]

查询结果=某读者借书情况|某种图书库存情况|图书的库存情况

因此，分解后与顶层的输入和输出仍然是保持一致的。

3. 建立系统的数据字典

就以上例子而言，其数据字典如下：

数据流条目

查询要求=[读者学号|图书流水号|书库编号]

读者学号=年级编号+[1..5000]

图书流水号=图书类号+[1..10000]

书库编号=[A|B|C|D|E]

查询结果=某读者借书情况|某种图书库存情况|图书的库存情况

某读者借书情况=姓名+借书数目

某种图书库存情况=书名+图书流水号+库存数目

图书的库存情况=书库编号+图书类号+库存数目

入库单=图书类号+图书流水号+书名+作者+内容摘要+单价+购书日期

借书单=姓名+学号+书名+图书类号+借书日期

还书单=姓名+学号+书名+图书类号

注销单=图书类号+图书流水号+书名+价格+购书日期+单价

罚款单=图书类号+书名+单价+借书日期+逾期天数+罚款金额

数据存储条目

借书文件={借书单}

目录文件={入库单}+库存量

数据项条目

略

4. 给出加工小说明

描述一个加工，一般遵循如下：

加工编号：给出加工编号

加工名：给出该加工的标识

输入流：给出该加工的所有输入数据流

输出流：给出该加工的所有输出数据流

加工逻辑：采用结构化自然语言其他工具，给出该加工输入数据和输出数据之间的关系

由于本例中的加工逻辑比较简单，采用结构化自然语言即可。例如：加工2.1查询读者借书情况，可描述以下：

加工编号：2.1

加工名：查询读者借书情况

输入流：读者学号

输出流：某读者借书情况

加工逻辑：begin 根据读者学号，在借书文件中获取该学生的借书记录；准备输出流中的数据，并输出之

End.

4.5 应用中注意的问题

以上集中讨论了建立系统功能模型的结构化分析方法，但在实际应用中，必须按照数据流图中所有图形元素的用法正确使用之，例如一个加工必须既有输入又有输出；必须准确地定义数据流和数据存储；必须准确地描述每一个"叶"加工，例如在一个加工小说明中，必须说明其如何使用输入数据流，如何产生输出数据流，如何选取、使用或修改数据存储。另外，还应注意下面的一些问题：

(1) 模型平衡问题

① 系统 DFD 中每个数据流和数据存储都要在数据字典中予以定义，并且数据名一致；

② 系统 DFD 中最底层的加工必须在小说明中予以描述，并且加工名一致；

③ 父图中某加工的输入输出(数据流)和分解这个加工的子图的输入输出(数据流)必须完全一致，特别是保持顶层输入数据流和输出数据流在个数上、在标识上均是一样的。

④ 在加工小说明中，所使用的数据流必须是在数据字典中定义的，并且名字一致。

(2) 信息复杂性控制问题

①上层数据流可以打包，例如实例研究中数据流"查询要求"就是一个打包数据，并以 * 号作一特殊标记。上、下层数据流之间的对应关系通过数据字典予以描述。

② 为了便于人的理解，把一幅图中的图元个数尽量控制在 7±2 个以内(Miller，1956)。

③ 检查与每个加工相关的数据流，是否有着太多的输入/输出数据流，并寻找可降低该加工接口复杂性的、对数据流进行划分的方法(有时一个加工有太多的输入输出数据流与同一层的其他加工或抽象层次有关)。

④ 分析数据内容，确定是否所有的输入信息都用于产生输出信息；相应地，由一个加工产生的所有信息是否都能由进入该加工的信息导出。

根据以上关于结构化分析方法的介绍和实例研究，我们可以得出：

① 该方法看待客观世界的基本观点是：信息系统是由一些信息流构成的，其功能表现为信息在不断的流动，并经过一系列的变换，最终产生人们需要的结果。

② 为了支持系统分析员描述系统的组成成分，规约系统功能，结构化方法基于"抽象"这一软件设计基本原理，通过给出数据流概念，支持进行数据抽象；通过给出数据存储概念，支持对系统中数据结构的抽象；通过给出加工概念，支持系统功能的抽象。而且这 3 个概念就描述系统的功能而言是完备的，即客观世界的任何事物均可规约为其中之一。

③ 为了使系统分析员能够清晰地定义系统边界，同样基于抽象这一原理，给出了数据源和数据潭这两个概念，支持系统语境的定义。

④ 为了控制系统建模的复杂性，基于逐步求精这一软件设计基本原理，给出了建模步骤，即在建立系统环境图的基础上，自顶向下逐层分解。可见，抽象和分解是结构化分析方法采用的两个基本手段。

⑤ 为了支持准确地表达系统功能模型，给出了相应一组模型表达工具，其中包括：DFD图、数据结构符、判定表和判定树等。其中，DFD图可用于图形化地描述系统功能；数据结构符可用于定义DFD中的数据结构；判定表和判定树等可用于说明DFD中每一加工输入和输出之间的逻辑关系。

结构化方法由于其简单易懂、容易使用，且出现较早，所以在20世纪70年代、80年代甚至到目前的个别应用领域，得到广泛的应用。

4.6　需求分析的输出

一旦得到了系统功能模型，就可以基于该模型所表达的系统功能需求来进一步规约其他需求，例如性能需求、外部接口需求、设计约束和质量属性需求等，形成如下结构的系统需求规格说明书：

××××××系统需求规格说明书

1. 引言

1.1　编写目的

说明编写本需求分析规格说明书的目的。

1.2　背景说明

(1) 给出待开发的软件产品的名称；

(2) 说明本项目的提出者、开发者及用户；

(3) 说明该软件产品将做什么，如有必要，说明不做什么。

1.3　术语定义

列出本文档中所用的专门术语的定义和外文首字母组词的原词组。

1.4　参考资料

列出本文档中所引用的全部资料，包括标题、文档编号、版本号、出版日期及出版单位等，必要时注明资料来源。

2. 概述

2.1　功能概述

叙述待开发软件产品将完成的主要功能，并用方框图来表示各功能及其相互关系。

2.2　约束

叙述对系统设计产生影响的限制条件，并对下一节中所述的某些特殊需求提供理由，如管理模式、硬件限制、与其他应用的接口、安全保密的考虑等。

3. 数据流图与数据字典

3.1 数据流图

3.1.1 数据流图 1

(1) 画出该数据流图

(2) 加工说明

(a) 编号

(b) 加工名

(c) 输入流

(d) 输出流

(e) 加工逻辑

(3) 数据流说明

3.1.2 数据流图 2

……

3.2 数据字典

3.2.1 文件说明

说明文件的成分及组织方式。

3.2.2 数据项说明

以表格的形式说明每一数据项,格式如下表所示:

名称	类型	含义	度量单位	有效范围	精度

4. 接口

4.1 用户接口

说明人机界面的需求,包括:

(1) 屏幕格式;

(2) 报表或菜单的页面打印格式及内容;

(3) 可用的功能键及鼠标。

4.2 硬件接口

说明该软件产品与硬件之间各接口的逻辑特点及运行该软件的硬件设备特征。

4.3 软件接口

说明该软件产品与其他软件之间接口,对于每个需要的软件产品,应提供:

(1) 名称;

(2) 规格说明;

(3) 版本号。

5. 性能需求

5.1 精度

逐项说明对各项输入数据和输出数据达到的精度,包括传输中的精度要求。

5.2 时间特征

定量地说明本软件的时间特征，如响应时间、更新处理时间、数据传输、转换时间、计算时间等。

5.3　灵活性

说明本软件所具有的灵活性，即当用户需求（如对操作方式、运行环境、结果精度、时间特性等的要求）有某些变化时，本软件的适应能力。

6. 属性

6.1　可使用性

规定某些需求，如检查点、恢复方法和重启动性，以确保软件可使用。

6.2　保密性

规定保护软件的要素。

6.3　可维护性

规定确保软件是可维护的需求，如模块耦合矩阵。

6.4　可移植性

规定用户程序、用户接口的兼容方面的约束。

7. 其他需求

7.1　数据库

说明作为产品的一部分来开发的数据库的需求。如：

(1) 使用的频率；

(2) 访问的能力；

(3) 数据元素和文件描述；

(4) 数据元素、记录和文件的关系；

(5) 静态和动态组织；

(6) 数据保留要求。

7.2　操作

列出用户要求的正常及特殊的操作，如：

(1) 在用户组织中各种方式的操作；

(2) 后援和恢复操作。

7.3　故障及处理

列出可能发生的软件和硬件故障，并指出这些故障对各项性能指标所产生的影响及对故障的处理要求。

如第三章所述，在实际软件工程中，每个开发组织可根据相关的标准和从事的开发领域，规定自己组织的软件需求分析规格说明书的格式。

需求分析规格说明书是需求分析阶段产生的一份最重要的文档，它以一种一致的、无二义的方式准确地表达用户的需求。

4.7　需求验证

需求分析阶段的工作结果是开发软件系统的重要基础。大量统计数字表明，软件系统中15%的错误起源于错误的需求。一般来说，需求中的错误类型如表4.5所示。

表 4.5　需求中发现的错误类型[Davis 1990]

类型	百分比(%)
不正确的事实	40
遗漏	31
不一致	13
歧义性	5
错位	2
其他	9

为了发现需求中的错误,确保软件开发成功,提高质量和降低费用,一旦对目标系统提出一组需求之后,就应该对这些需求进行必要的验证。

一般说来,应按第三章所述,验证需求规格说明书中的每一单一需求是否满足五个性质,即必要性、无歧义性、可测性、可跟踪性、可测量性;验证需求规格说明是否满足四个性质,即重要性和稳定性程度、可修改性、完整性和一致性。

除了以上需要验证的需求特性外,在必要时还需要验证其他特性,例如设计无关性,即需求规格说明书中陈述的需求没有指定实现需求的一种特定软件结构或算法。

为了实现对以上需求特性的验证,就目前验证技术的发展情况来说,往往可根据待开发系统的特点,采用不同的验证技术。

在软件整个开发过程中,发现错误的方法如表 4.6 所示。

表 4.6　发现错误的方法[Davis 1990]

方法	发现错误的百分比(%)
审查	65
单元测试	10
评估	10
集成	5
其他	10

关于各种发现错误的技术,可参阅有关资料。

就软件开发而言,一定要清楚:尽管对需求进行了大量的验证工作,但就大多数情况来说,仍然不存在十全十美的需求规格说明!

4.8　本章小结

参见 5.4 节中结构化分析部分的总结。

习　题　四

1. 解释以下术语:

(1) 需求分析;

(2) 用况;

(3) 数据流图。

2. 举例说明用况之间的三种关系。

3. 简单回答以下问题：

(1) 用况如何显露其功能？

(2) 以结构化分析方法建立的系统模型由哪些部分组成？每一部分的基本作用是什么？

(3) 结构化分析方法为了表达系统模型，给出了几个基本概念？它们是如何表示的？

(4) 为什么说只引入操作符“+”，“|”，“{}”，在表达数据结构上是完备的？

(5) 在画出每一个加工时，应注意哪些问题？

4. 举例说明结构化方法给出的控制复杂性机制。

5. 简述系统需求规格说明书的基本结构。

6. 试分析结构化方法在建造系统模型中存在的问题。

7. 针对自己给出的问题陈述，建立该问题的用况模型。

8. 针对以下给出的问题陈述：

在要建立的某商场简化的管理信息系统中，

(1) 库房管理员负责

① 输入、修改、删除入/出库商品信息(品名，编号，生产厂家，数量，单价，入/出库日期)，

② 打印库房商品库存清单(品名，编号，库存量，库存金额)；

(2) 销售员负责

① 登入商品销售信息(品名，编号，销售量，单价)，

② 输入、修改、删除入前台的商品信息(品名，编号，生产厂家，数量，单价，入库日期)，

③ 打印前台商品库存清单(品名，编号，库存量，库存金额)；

(3) 部门经理随机查询或打印统计报表

① 日、月销售金额，

② 日、月库存情况(品名，编号，库存量，库存金额)，

③ 日、月前台库存情况(品名，编号，库存量，库存金额)，

④ 年销售金额统计表、年库存误差统计表。

请用结构化方法，建立该系统的模型。

第五章　结构化设计

软件设计是定义满足需求所需要的结构。结构化设计方法是从事软件设计的一种工具。

需求分析的主要任务是完整地定义问题，确定系统的功能和能力。该阶段主要包括需求获取、需求规约和需求验证，最终形成系统的软件需求规格说明书，其中主要成分是系统功能模型。

设计阶段的主要任务是在需求分析的基础上，定义满足需求所需要的结构，即针对给定的问题，给出其软件解决方案，即确定"怎么做"。

软件设计可以采用多种方法，如结构化设计方法、面向数据结构的设计方法、面向对象的设计方法等。本章主要讨论结构化设计方法。

为了控制软件设计的复杂性，定义满足需求所需要的结构，结构化设计又进一步分为总体设计和详细设计。其总体设计的目标是建立系统的模块结构，即系统实现所需要的软件模块——系统中可标识的软件成分，以及这些模块之间的调用关系。但在这时，每一模块均是一个"黑盒子"，其细节描述是详细设计的任务。

5.1　总体设计的目标及其表示

总体设计阶段的基本任务是把系统的功能需求分配给一个特定的软件体系结构。表达这一软件体系结构的工具很多，主要有：

1. Yourdon 提出的模块结构图

Yourdon 提出的模块结构图如图 5.1 所示。

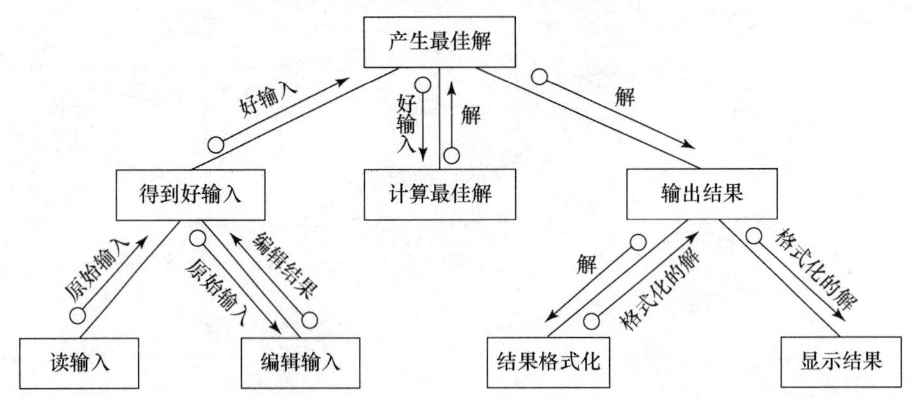

图 5.1　模块结构图的例子

模块结构图是一种描述软件"宏观"结构的图形化工具。图 5.1 中每个方框代表一个模块，框内注明模块的名字或主要功能。连接上下层模块的线段表示它们之间的调用关系。处于较高层次的是控制(或管理)模块,它们的功能相对复杂而且抽象;处于较低层次的是从属模块,它们的功能相对简单而且具体。因此,即使使用线段而不使用带箭头的线段,也不会在模块之间调用关系这一问题上产生二义性。依据控制模块的内部逻辑,一个控制模块可以调用一个或多个下属模块;同时,一个下属模块也可以被多个控制模块所调用,即尽可能地复用已经设计出的低层模块。

在模块结构图中,还可使用带注释的箭头线来表示模块调用过程中传递的信息(参见图5.1)。其中,尾部是空心圆的箭头线标明传递的是数据信息,尾部是实心圆的箭头线标明传递的是控制信息。

进一步,使用这一模块结构图,还可以表示模块的选择调用或循环调用。当模块 M 中某个判定为真时调用模块 A,为假时调用模块 B,如图 5.2 所示。图 5.3 表示模块 M 循环调用模块 A、B 和 C。

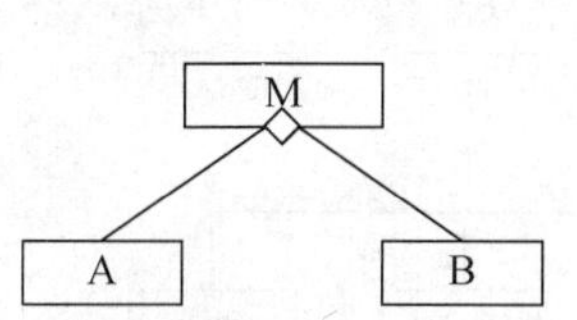

图 5.2 判定为真时调用 A,为假时调用 B

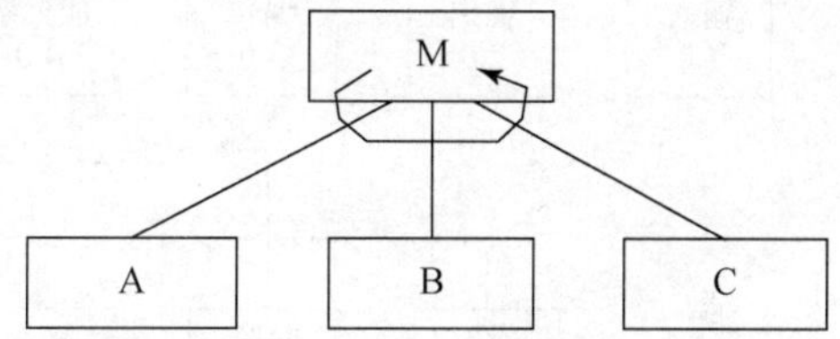

图 5.3 模块 M 循环调用模块 A、B、C

模块结构图是系统的一个高层“蓝图”,允许设计人员在较高的层次上进行抽象思维,避免过早地陷入特定的条件、算法和过程步等实现细节。

2. 层次图

层次图主要用于描绘软件的层次结构(参见图 5.4)。图中的每个方框代表一个模块,方框间的连线表示模块的调用关系。就这个例子而言,最顶层的方框代表正文加工系统的主控模块,它调用下层模块完成正文加工的全部功能;第二层的每个模块控制完成正文加工的一个主要功能,例如“编辑”模块通过调用它的下属模块可以完成六种编辑功能中的任何一种。

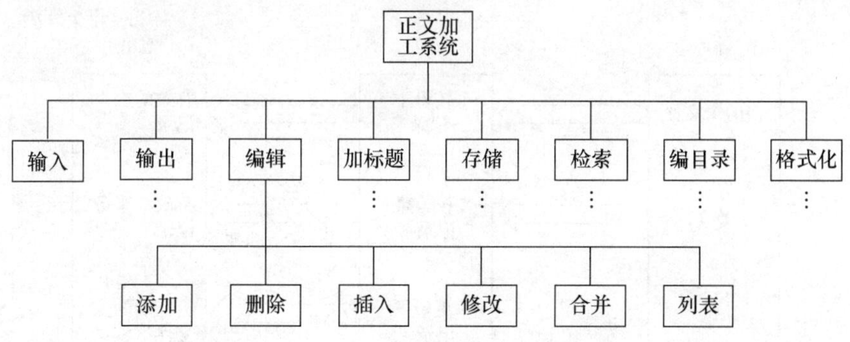

图 5.4 正文加工系统的层次图

层次图很适合在自顶向下设计软件的过程中使用。

在使用层次图中,应注意以下 3 点:

(1) 在一个层次中的模块,对其上层来说,不存在模块的调用次序问题。虽然多数人习惯于按调用次序从左到右绘画模块,但并没有这种规定。

(2) 层次图不指明怎样调用下层模块。

(3) 层次图只表明一个模块调用哪些模块。

3. HIPO 图

HIPO 是由美国 IBM 公司提出的,其中 HIPO 是“层次图+输入/处理/输出”的英文缩写。实际上,HIPO 图由 H 图和 IPO 图两部分组成的。H 图就是上面所讲的层次图。但是,为了使 HIPO 图具有可跟踪性,除 H 图(层次图)最顶层的方框之外,在每个方框都加了编号,如图 5.5 所示。

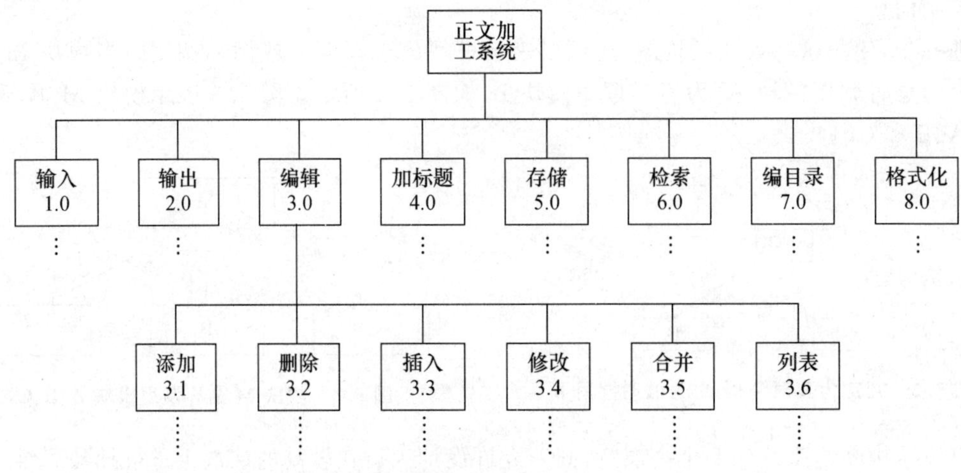

图 5.5　带编号的层次图(H 图)

其编号规则如下:第一层中各模块的编号依次为 1.0、2.0、3.0…;如果模块 2.0 还有下层模块,那么下层模块的编号依次为 2.1、2.2、2.3…;如果模块 2.2 又有下层模块,那么下层模块的编号依次为 2.2.1、2.2.2、2.2.3…,以此类推。

对于 H 图中的每个方框,应有一张 IPO 图,用于描述这个方框所代表的模块的处理逻辑,如图 5.6 所示。

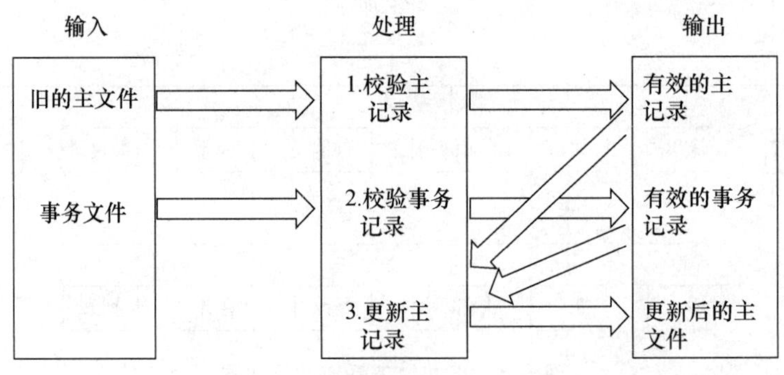

图 5.6　IPO 图的一个例子

图 5.6 是一个主文件更新的例子。IPO 图的基本形式是在左边的框(输入框)中列出有关的输入数据,在中间的框(处理框)中列出主要的处理以及处理次序,在右边的框(输出框)中列出产生的输出数据。另外,还用类似向量符号(箭头线)清楚地指出数据通信的情况。可见,

IPO图使用的符号既少又简单,能够方便地描述输入数据、数据处理和输出数据之间的关系。

值得强调的是,HIPO图中的每张IPO图内都应该明显地标出它所描绘的模块在H图中的编号,以便跟踪了解这个模块在软件结构中的位置。

在进行结构化设计的实践中,如果一个系统的模块结构图相当复杂,可以采用层次图对其进行进一步的抽象;如果为了对模块结构图中的每一模块给出进一步描述,可以配一相应的IPO图。

5.2 总体设计

如上所述,为了规约高层设计,结构化设计方法引入了2个基本术语:模块和模块调用。简单地说,模块是软件中可标识的成分;而调用是模块之间的一种关系。这2个术语形成了高层设计的术语空间。

如何将需求分析所得到的系统DFD图映射为设计层面上的模块和模块调用,这是结构化设计方法所要回答的问题。为此,该方法在分类DFD的基础上(见5.2.1小节),基于自顶向下、功能分解的设计原则,定义了两种不同的"映射",即变换设计和事务设计。其基本步骤是,首先将系统的DFD图转化为初始的模块结构图(见5.2.2小节),继之,再基于"高内聚低耦合"这一软件设计原理,通过模块化,将初始的模块结构图转化为最终的、可供详细设计使用的模块结构图(MSD)(见5.2.3小节)。

系统/产品的模块结构图以及相关的全局数据结构和每一模块的接口,是软件设计中的一个重要制品,是系统/产品的高层设计"蓝图"。

5.2.1 数据流图的类型

通过大量软件开发的实践,人们发现,无论被建系统的数据流图如何复杂,一般总可以把它们分成2种基本类型,即变换型数据流图和事务型数据流图。

1. 变换型数据流图

具有较明显的输入部分和变换(或称主加工)部分之间的界面、变换部分和输出部分之间界面的数据流图,称为变换型数据流图,如图5.7所示。

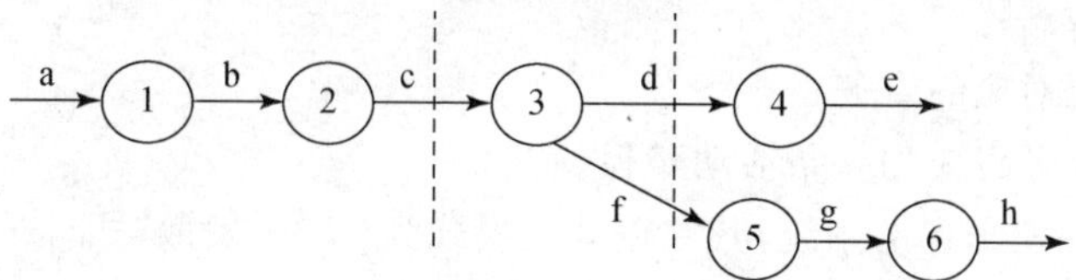

图5.7 变换型数据流图

图5.7中,左边那条虚线是输入与变换之间的界面,右边那条虚线是变换与输出之间的界面。为了叙述方便,将穿越左边那条虚线的输入(如图5.7中标识为C的输入),称为逻辑输入;而将穿越右边那条虚线的输出(如图5.7中标识为d、f的输出),称为逻辑输出。相对应地,将标识为a的输入,称为物理输入;而将标识为e、h的输出称为物理输出。

可见,该类DFD所对应的系统,在高层次上来讲,由3部分组成,即处理输入数据的部分、数据变换部分以及处理数据输出部分。数据首先进入"处理输入数据部分",由外部形式转换为系统内部形式;然后进入系统的"数据变换部分",将之变换为待输出的数据形式;最后由处理数据输出部分,将待输出的数据转换为用户需要的数据形式。

由上可知,对具有变换型数据流图的系统而言,数据处理工作分为3块,即获取数据、变换数据和输出数据,如图5.8所示。因此可以说,变换型数据流图概括而抽象地表示了这一数据处理模式,其中数据变换是这一数据处理模式的核心。

图 5.8 变换型数据流图所表示的数据处理模式

根据变换型数据流图所表示的数据处理模式,可以很容易得出:其对应的软件体系结构(有时也称高层软件结构)应由"主控"模块以及与该模式3个部分相对应的模块组成。就图5.7所示的数据流图而言,该系统的高层软件结构如图5.9所示。

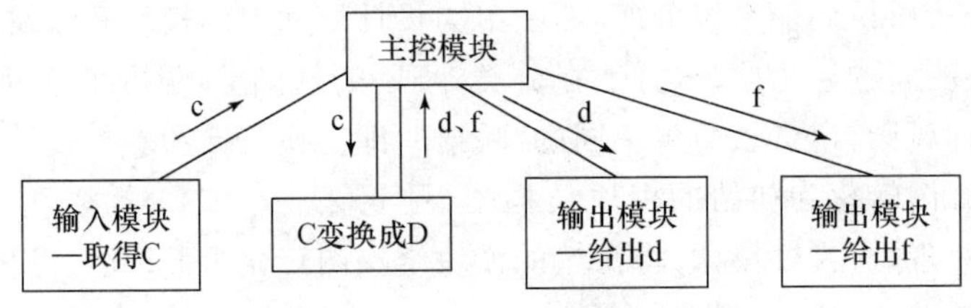

图 5.9 系统的高层软件结构

图5.9所示的例子的数据流图中,因为有1个逻辑输入C,因此只有1个输入模块;又因为有2个逻辑输出d和f,因此处理输出部分就有2个输出模块,1个输出模块给出d,1个输出模块给出f。

2. 事务型数据流图

当数据流图具有与图5.10类似的形状时,即数据到达一个加工T,该加工T根据输入数据的值,在其后的若干动作序列(称为一个事务)中选出一个来执行,这类数据流图称为事务型数据流图。

在图5.10中,处理T称为事务中心,它完成下述任务:

(1) 接收输入数据;

(2) 分析并确定对应的事务;

(3) 选取与该事务对应的一条活动路径。

事务型数据流图所描述的系统,其数据处理模式为"集中-发散"式。

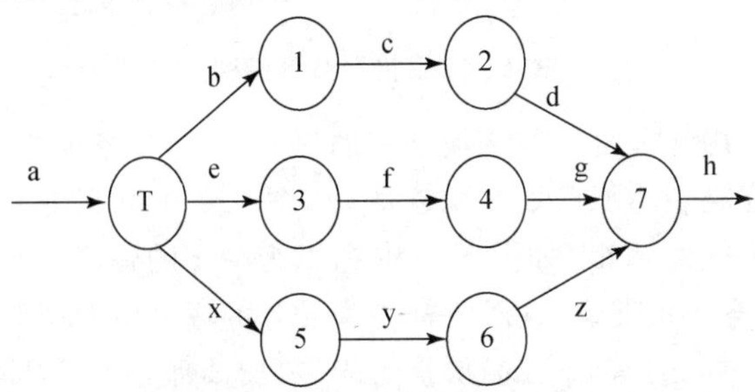

图 5.10 事务型数据流图

针对图 5.10 所示的事务型数据流图，其高层的软件结构如图 5.11 所示。其中，每一路径完成一项事务处理并且一般可能还要调用若干个操作模块。而这些模块又可以共享一些细节模块。因此，事务型数据流图可以具有多种形式的软件结构。

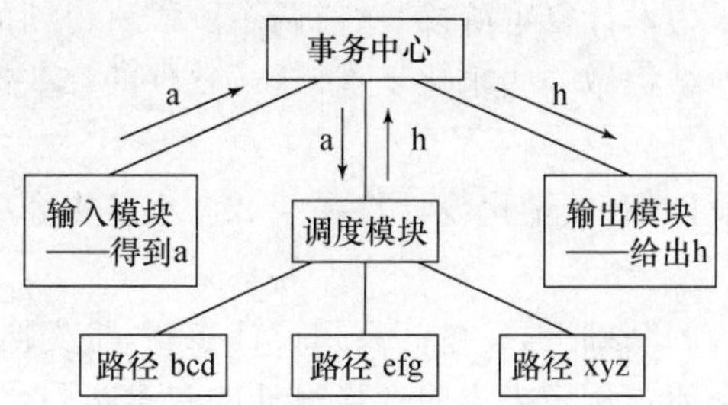

图 5.11　事务型数据流图对应的高层软件结构

在实际应用中，任何软件系统从本质上来说都是信息的变换装置，因此，原则上所有的数据流图都可以归为变换型。但是，如果其中某些部分具有事务型数据流图的特征，那么就可以把这些部分按照事务型数据流图予以处理。

5.2.2　变换设计与事务设计

结构化设计方法基于"自顶向下，功能分解"的基本原则，针对两种不同类型的数据流图，分别提出了变换设计和事务设计。其中变换设计的目标是将变换型数据流图映射为模块结构图，而事务设计的目标是将事务型数据流图映射为模块结构图。为了控制该映射的复杂性，它们首先将系统的数据流图映射为初始的模块结构图，而后再运用在实践中提炼出来的、实现"高内聚低耦合"的启发式设计规则，将初始的模块结构图转换为最终可供详细设计使用的模块结构图。设计过程如图 5.12 所示。

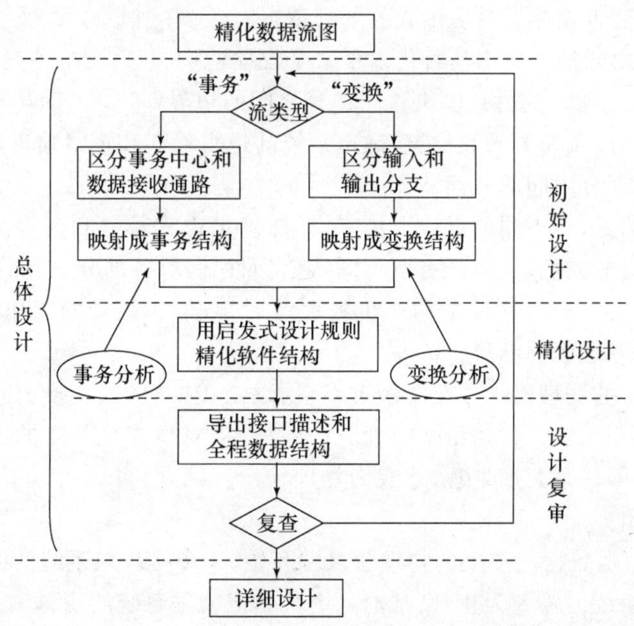

图 5.12　结构化设计方法的设计过程

由图 5.12 可知,总体设计由 7 步组成,有时分为 3 个阶段。第一阶段为初始设计,在对给定的数据流图进行复审和精化的基础上,将其转换为初始的模块结构图。第二阶段为精化设计,依据模块“高内聚低耦合”的原则,精化初始的模块结构图,并设计其中的全局数据结构和每一模块的接口。第三阶段为设计复审阶段,对前两个阶段所得到的高层软件结构进行复审,必要时还可能需要对该软件结构做一些精化工作,这对软件的一些性质,特别是对软件质量的提高将产生非常大的影响。

本节中主要讲解初始设计,有关精化设计将在 5.2.3 小节中介绍。

1. 变换设计

变换设计是在需求规约的基础上,经过一系列设计步骤,将变换型数据流图转换为系统的模块结构图。下面通过一个简单例子来说明变换设计的基本步骤。

假设汽车数字仪表板将完成下述功能:

- 通过模-数转换,实现传感器和微处理器的接口;
- 在发光二极管面板上显示数据;
- 指示速度(公里/小时)、行驶的里程、油耗(公里/升)等;
- 指示加速或减速;
- 超速报警:如果车速超过 55 公里/小时,则发出超速报警铃声。

并假定通过需求分析之后,该系统的数据流图如图 5.13 所示。

图 5.13 中:sps 为转速的每秒信号量;$\overline{\text{sps}}$为 sps 的平均值;△sps 为 sps 的瞬时变化值;rpm 为每分钟转速;mph 为每小时米数;gph 为每小时燃烧的燃料体积(加仑);m 为行驶里程数。其变换设计的基本步骤如下:

(1) 第 1 步:设计准备——复审并精化系统模型

对已建的系统模型进行复审,一是为了确保系统的输入数据和输出数据符合实际情况而复审其语境;二是为了确定是否需要进一步精化系统的 DFD 图而复审其内容,主要包括:

① 该数据流图是否表达了系统正确的处理逻辑;

② 该数据流图中的每个加工是否代表了一个规模适中、相对独立的功能等。

(2) 第 2 步:确定输入、变换、输出这三部分之间的边界

根据加工的语义以及相关的数据流,确定系统的逻辑输入和逻辑输出,即确定系统输入部分、变换部分和输出部分之间的界面。

其中值得注意的是,对不同的设计人员来说,在确定输入部分和变换部分之间,以及变换部分和输出部分之间的界面,可能会有所不同,这表明他们对各部分边界的解释有所不同。一般来说,这些不同通常不会对软件结构产生太大的影响,但对该步的工作应做仔细认真的思考,以便形成一个比较理想的结果。

从输入设备获得的物理输入一般要经过编辑、数制转换、格式变换、合法性检查等一系列预处理,最后才变成逻辑输入传送给变换部分。同样,从变换部分产生的逻辑输出,它要经过数制转换、格式转换等一系列后处理,才成为物理输出。因此,可以用以下方法来确定系统的逻辑输入和逻辑输出。

关于逻辑输入:从数据流图上的物理输入端开始,一步一步向系统的中间移动,一直到数据流不再被看作是系统的输入为止,则其前一个数据流就是系统的逻辑输入。也就是说,逻辑输入就是离物理输入端最远的,但仍被看作是系统输入的数据流。例如上例中的△sps、rpm、

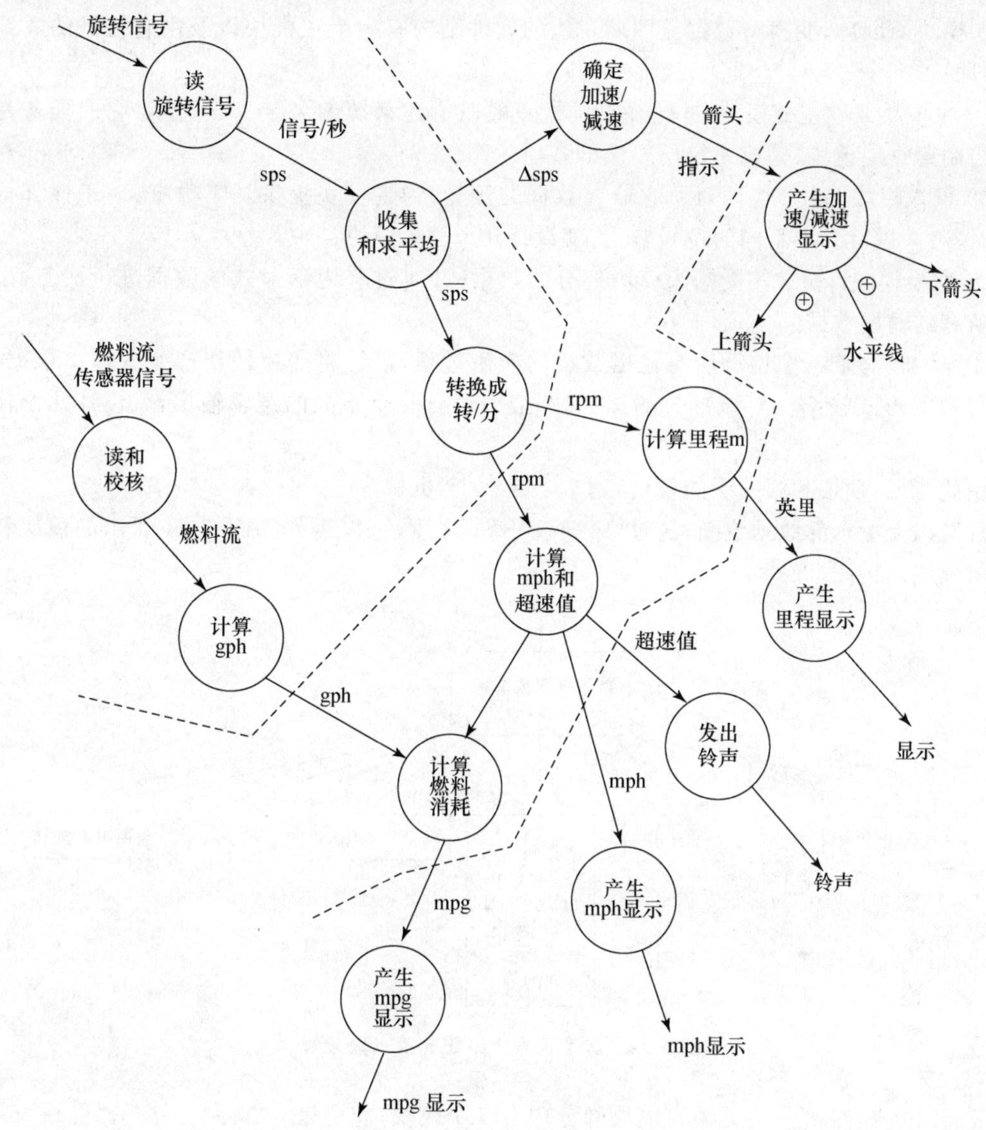

图 5.13 数字仪表板系统数据流图

gph 等都是逻辑输入。从物理输入端到逻辑输入,构成系统的输入部分。

关于逻辑输出:从物理输出端开始,一步一步向系统的中间移动,就可以找到离物理输出端最远的,但仍被看作是系统输出的数据流,它就是系统的逻辑输出,例如上例中的 mpg、mph、超速值等都是逻辑输出。从逻辑输出到物理输出端,构成系统的输出部分。

(3) 第 3 步:第一级分解——系统模块结构图顶层和第一层的设计

高层软件结构代表了对控制的自顶向下的分配,因此所谓分解就是分配控制的过程。其关键是确定系统树形结构图的根或顶层模块,以及由这一根模块所控制的第一层模块,即"第一级分解"。

根据变换型数据流图的基本特征,显然它所对应的软件系统应由输入模块、变换模块和输出模块组成。并且,为了协调这些模块的"有序"工作,还应设计一个所谓的主模块,作为系统

的顶层模块。因此,变换型数据流图所对应的软件结构有一个主模块以及由它控制的3部分组成,即:

① 主模块或称主控模块:位于最顶层,一般以所建系统的名字为其命名,它的任务是协调并控制第一层模块,完成系统所要做的各项工作。

② 输入模块部分:协调对所有输入数据的接受,为主模块提供加工数据;对于该部分的设计,一般来说有几个不同的逻辑输入,就设计几个输入模块。

③ 变换模块部分:接受输入模块部分的数据,并对这些内部形式的数据进行加工,产生系统所有的输出数据(内部形式)。

④ 输出模块部分:协调所有输出数据的产生过程,最终将变换模块产生的输出数据,以用户可视的形式输出。对该部分的设计,一般来说有几个不同的逻辑输出,就设计几个输出模块。

由此可见,顶层和第一层的设计,基本上是一个"机械"的过程。

针对以上所示的数据流图,经过"第一级分解"之后,可以得到如图5.14所示的顶层和第一层的模块结构图。

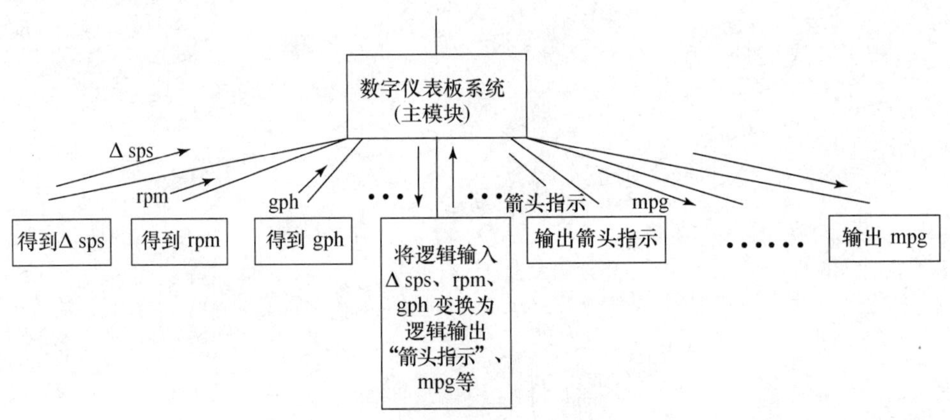

图 5.14 数字仪表板系统的第一级分解

图5.14中,在第一层的输入模块部分中有3个模块,它们是:"得到△sps"、"得到 rpm"、"得到 gph";输出部分有5个输出模块,它们是:"输出指示箭头"、"输出英里"、"输出超时值"、"输出 mph"、"输出 mpg"。

(4) 第4步:"第二级分解"——自顶向下,逐步求精

第二级分解通过一个自顶向下逐步细化的过程,为每一个输入模块、输出模块和变换模块设计它们的从属模块。一般来说:

① 对每一输入模块设计其下层模块。输入模块的功能是向调用它的上级模块提供数据,因此它必须有一个数据来源。如果该来源不是物理输入,那么该输入模块就必须将其转换为上级模块所需的数据。因此,一个输入模块通常可以分解为两个下属模块:一个是接收数据模块(也可以称为输入模块);另一个是把接收的数据变换成它的上级模块所需的数据(通常把这一模块也称为变换模块),如图5.15(a)所示。

继之,对下属的输入模块以同样方式进行分解,直到一个输入模块为物理输入,则细化工作停止。

在输入模块的细化中，一般可以把它分解为“一个输入模块和一个变换模块”。但是，对于一些具体情况，要进行特定的处理，例如：

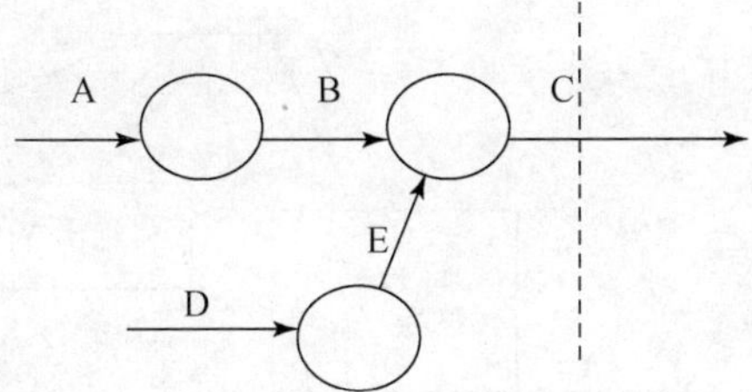

该输入部分有一个逻辑输入，根据上述第一级分解，对应第一层的一个输入模块——得到C。但这一模块有两个数据来源，一个是B，一个是E，因此对这一模块的分解就有3个下属模块，其中2个是输入模块，如图5.15(b)所示。

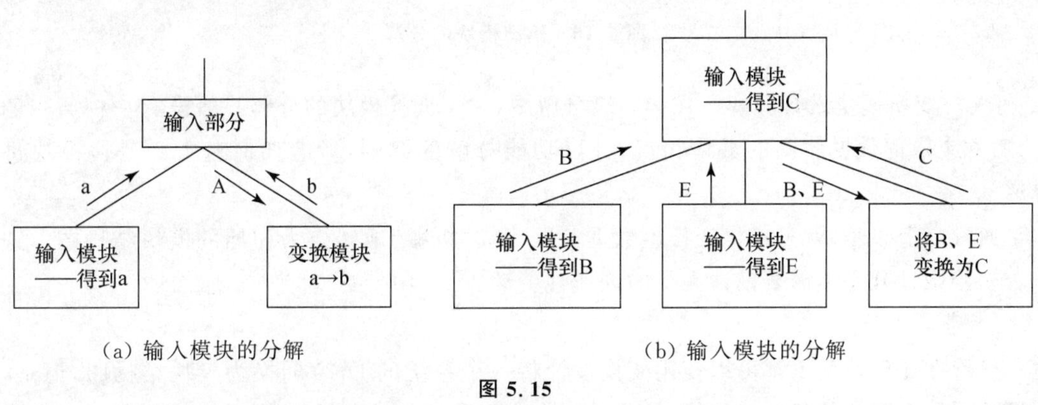

(a) 输入模块的分解　　(b) 输入模块的分解

图 5.15

由图5.15(b)可以看出，对于每一输入模块的第二级分解，基本上也是可以“机械”进行的。

② 对每一输出模块进行分解。如果该输出模块不是一个物理输出，那么，通常可以分解为2个下属模块：一个将得到的数据向输出形式进行转换，另一个是将转换后的数据进行输出。例如：

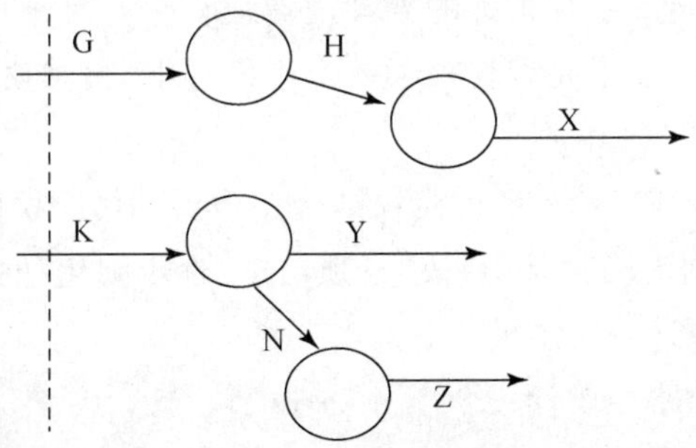

该输出部分有两个逻辑输出，因此通过第一级分解后有2个输出模块，通过第二级分解后，得到的模块结构图如图5.16所示。

由该例可以看出，对于每一输出模块的第二级分解，基本上也是可以“机械”进行的。

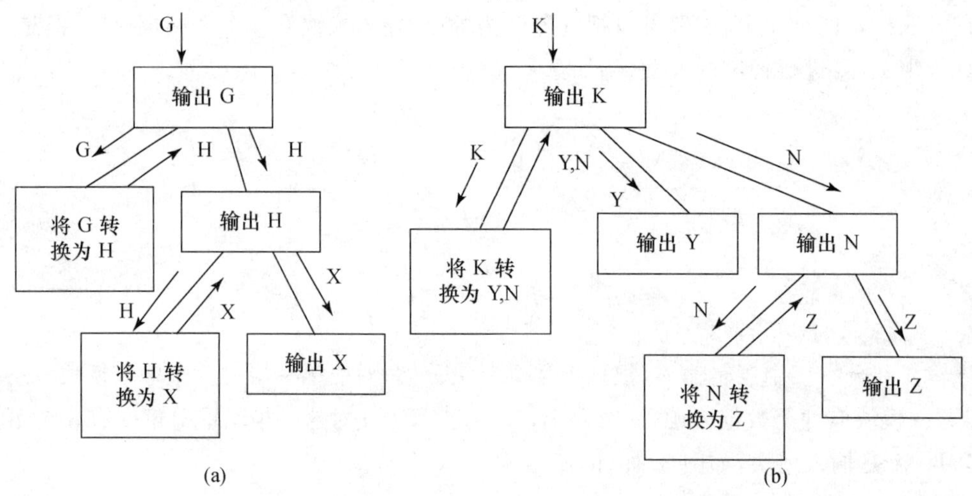

图 5.16　输出模块的分解

③ 对变换模块进行分解。在第二级分解中,关于变换模块的分解一般没有一种通用的方法,通常应依据数据流图的具体情况,并以功能分解的原则,考虑如何对中心变换模块进行分解。

通过以上 4 步,就可以将变换型数据流图比较“机械”地转换为初始的模块结构图。这意味着初始设计几乎不需要设计人员的创造性劳动。

2. 事务设计

尽管在任何情况下都可以使用变换设计将一个系统的 DFD 转换为模块结构图,但是,当数据流图具有明显的事务型特征时,也就是有一个明显的事务处理中心时,则比较适宜采用事务设计。

事务设计的步骤和变换设计的步骤大体相同,即:

(1) 第 1 步:设计准备——复审并精化系统模型

对已建的系统模型进行复审,一是为了确保系统的输入数据和输出数据符合实际情况而要复审其语境,二是为了确定是否需要进一步精化系统的 DFD 图而要复审其内容,主要包括:

① 该数据流图是否表达了系统正确的处理逻辑;

② 该数据流图中的每个加工是否代表了一个规模适中、相对独立的功能等。

(2) 第 2 步:确定事务处理中心

(3) 第 3 步:“第一级分解”——系统模块结构图顶层和第一层的设计

事务设计同样是以数据流图为基础,按“自顶向下,逐步细化”的原则进行的。

① 首先,为事务中心设计一个主模块;

② 然后,为每一条活动路径设计一个事务处理模块;

③ 一般来说,事务型数据流图都有输入部分,对其输入部分设计一个输入模块;

④ 如果一个事务型数据流图的各活动路径又集中于一个加工,如图 5.17(a)所示,则为此设计一个输出模块;如果各活动路径是发散的,如图 5.17(b)所示,则在第一层设计中就不必为其设计输出模块。

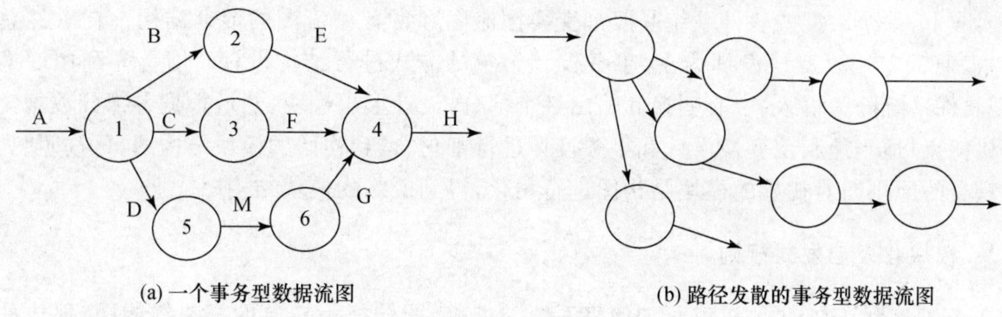

(a) 一个事务型数据流图　　(b) 路径发散的事务型数据流图

图 5.17

针对图 5.17(a)所示的数据流图，经第一层设计后，可以得到如图 5.18 所示的模块结构图。

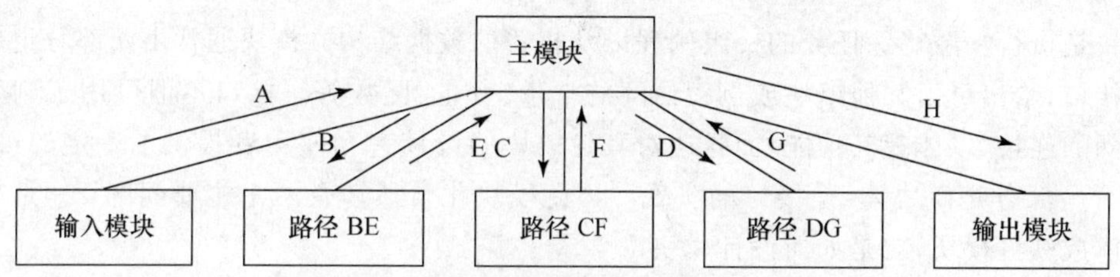

图 5.18　事务型数据流图的高层模块设计

(4) 第 4 步："第二级分解"——自顶向下，逐步求精

关于输入模块、输出模块的细化，如同变换设计对输入模块、输出模块的细化。关于各条活动路径模块的细化，则要根据具体情况进行，没有特定的规律可循。就图 5.17(a)而言，对应的初始模块结构图如图 5.19 所示。

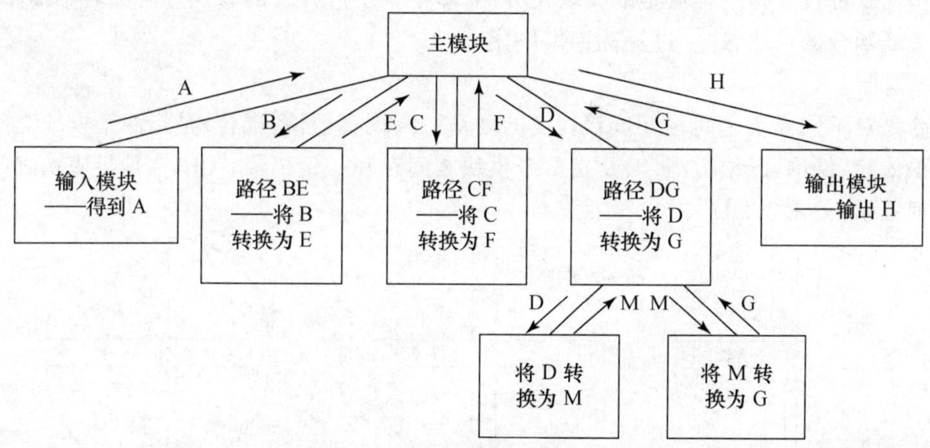

图 5.19　事务型数据流图的第二级分解

至此就完成了初始的总体设计，如同变换设计一样，几乎"机械"地产生了系统的一个初始模块结构图。

实践中,一个大型的软件系统一般是变换型流图和事务型流图的混合结构。在软件总体设计中,通常采用以变换设计为主、事务设计为辅的方式进行结构设计。即首先利用变换设计,把软件系统分为输入、中心变换和输出 3 个部分,设计上层模块,然后根据各部分数据流图的结构特点,适当地利用变换设计和事务设计进行细化,得到初始的模块结构图,再按照"高内聚低耦合的原则",对初始的模块结构图进行精化,得到最终的模块结构图。

5.2.3 模块化及启发式规则

在 5.2.2 小节中,主要讲解了如何将系统的 DFD 图转换为初始的模块结构图,那么如何基于初始的模块结构图,产生最终可供详细设计人员使用的高层模块结构,这是本节所要回答的问题,即如何实施精化设计。该步的目标是:基于模块"高内聚低耦合"的原则,提高模块的独立性。

1. 模块化

模块是执行一个特殊任务的一组例程以及相关的数据结构。模块通常由两部分组成。一部分是接口,给出可由其他模块或例程访问的常量、变量、函数等。接口不但可用于刻画各个模块之间的连接,以体现其功能,而且还对其他模块的设计者和使用者提供了一定的可见性。模块的另一部分是模块体,是接口的实现。因此模块化自然涉及两个主要问题:一是如何将系统分解成软件模块,二是如何设计模块。

针对第一个问题,结构化设计采用了人们处理复杂事物的基本原则——"分而治之"和"抽象",在进行系统分解中,自顶向下逐步求精,其中"隐蔽"了较低层的设计细节,只给出模块的接口,如此对系统进行一层一层地分解,形成系统的一个模块层次结构。

针对第二个问题,采用一些典型的设计工具,例如伪码、问题分析图(PAD)以及 N-S 图等,设计模块功能的执行机制,包括私有量(只能由本模块自己使用的)及实现模块功能的过程描述。

结构化软件设计是一种典型的模块化方法,即把一个待开发的软件分解成若干简单的、具有高内聚低耦合的模块,这一过程称为模块化。

(1) 耦合

耦合是对不同模块之间相互依赖程度的度量。高耦合(紧密耦合)是指两个模块之间存在着很强的依赖;低耦合(松散耦合)是指两个模块之间存在一定依赖;无耦合是指模块之间根本没有任何关系(见图 5.20)。

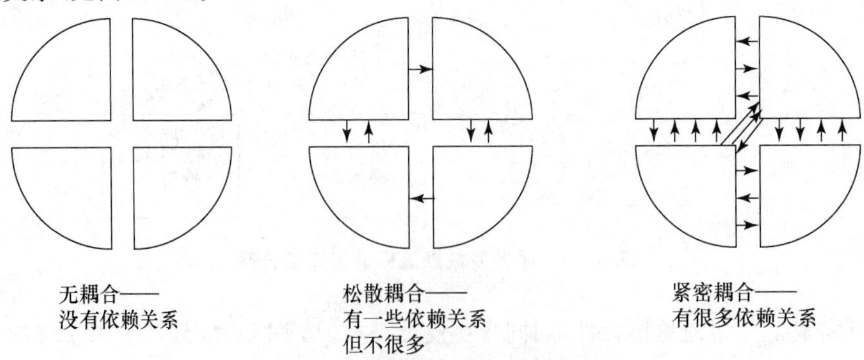

图 5.20 模块间的耦合程度

① 产生耦合的主要因素

● 一个模块对另一个模块的引用，例如，模块 A 调用模块 B，那么模块 A 的功能依赖于模块 B 的功能；

● 一个模块向另一个模块传递数据，例如，模块 A 为了完成其功能需要模块 B 向其传递一组数据，那么模块 A 依赖于模块 B；

● 一个模块对另一个模块施加控制，例如，模块 A 传递给模块 B 一个控制信号，模块 B 执行的操作依赖于控制信号的值，那么模块 B 依赖于模块 A；

② 耦合类型

下面，按从强到弱的顺序给出几种常见的模块间耦合类型：

● 内容耦合。当一个模块直接修改或操作另一个模块的数据时，或一个模块不通过正常入口而转入到另一个模块时，这样的耦合被称为内容耦合。内容耦合是最高程度的耦合，应该尽量避免使用之。

● 公共耦合。两个或两个以上的模块共同引用一个全局数据项，这种耦合被称为公共耦合，如图 5.21 所示。

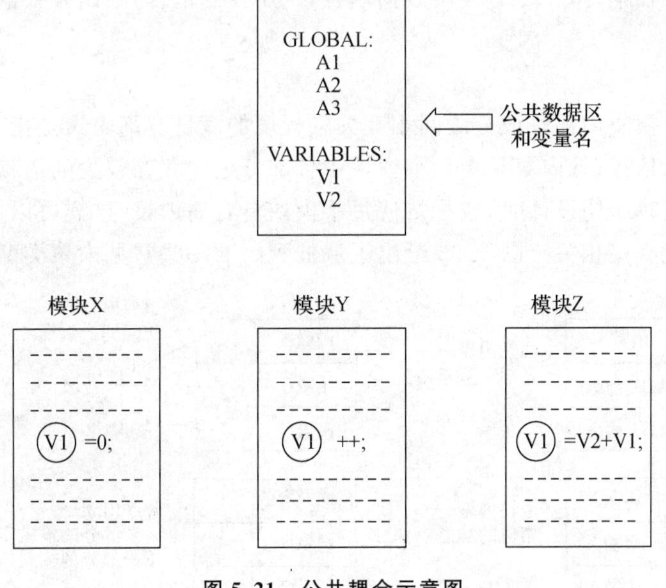

图 5.21　公共耦合示意图

在具有大量公共耦合的结构中，确定究竟是哪个模块给全局变量赋了一个特定的值是十分困难的。

● 控制耦合。一个模块通过接口向另一个模块传递一个控制信号，接收信号的模块根据信号值而进行适当的动作，这种耦合被称为控制耦合。

在实际设计中，可以通过保证每个模块只完成一个特定的功能，这样就可以大大减少模块之间的这种耦合。

● 标记耦合。若一个模块 A 通过接口向两个模块 B 和 C 传递一个公共参数，那么称模块 B 和 C 之间存在一个标记耦合，如图 5.22 所示。

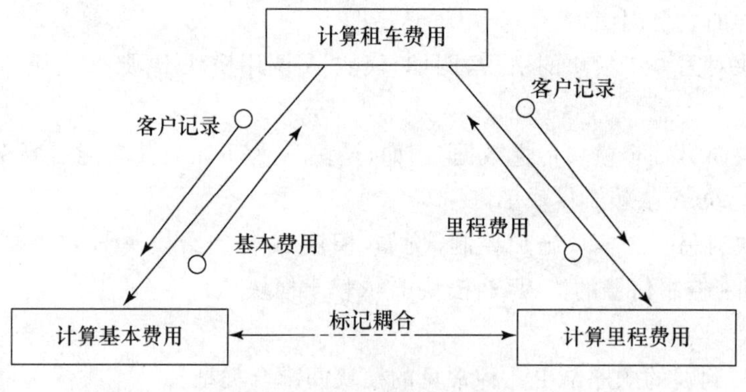

图 5.22　标记耦合的例子

● 数据耦合。模块之间通过参数来传递数据,那么被称为数据耦合。数据耦合是最低的一种耦合形式,系统中一般都存在这种类型的耦合,因为为了完成一些有意义的功能,往往需要将某些模块的输出数据作为另一些模块的输入数据。

耦合是影响软件复杂程度和设计质量的一个重要因素,在设计上我们应采取以下原则:如果模块间必须存在耦合,就尽量使用数据耦合,少用控制耦合,限制公共耦合的范围,尽量避免使用内容耦合。

(2) 内聚

内聚是对一个模块内部各成分之间相互关联程度的度量。高内聚是指一个模块中各部分之间存在着很强的依赖;低内聚是指一个模块中各部分之间存在较少的依赖。

在进行系统模块结构设计时,应尽量使每个模块具有高内聚,这样可以使模块的各个成分都与该模块的功能直接相关。图 5.23 给出了从低到高的一些常见内聚类型。

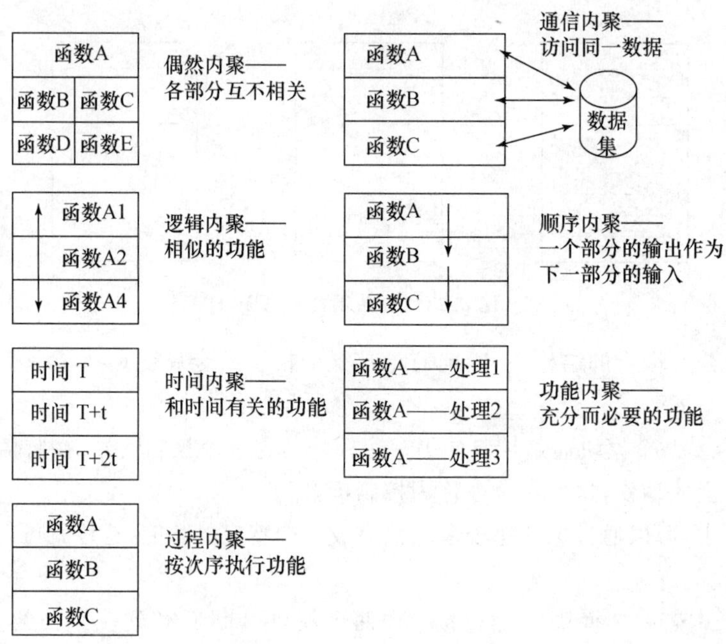

图 5.23　一些常见的内聚类型

图 5.23 中：

① 偶然内聚

如果一个模块的各成分之间基本不存在任何关系，则称为偶然内聚。例如，有时在编写一段程序时，发现有一组语句在两处或多处出现，于是把这组语句作为一个模块，以减少书写工作量，但这组语句彼此间没有任何关系，这时就出现了偶然内聚。

因为这样的模块一般没有确定的语义或很难了解它的语义，那么当在一个应用场合需要对之进行理解或修改时，就会产生相当大的困难。事实上，系统中如果存在偶然内聚的模块，那么对系统进行修改所发生的错误概率比其他类型的模块高得多。

② 逻辑内聚

几个逻辑上相关的功能被放在同一模块中，则称为逻辑内聚。例如，一个模块读取各种不同类型外设的输入（包括卡片、磁带、磁盘、键盘等），而不管这些输入从哪儿来、做什么用，因为这个模块的各成分都执行输入，所以该模块是逻辑内聚的。

尽管逻辑内聚比偶然内聚低一些，但逻辑内聚的模块各成分在功能上并无关系，即使局部功能的修改有时也会影响全局，因此这类模块的修改也比较困难。

③ 时间内聚

如果一个模块完成的功能必须在同一时间内执行（例如，初始化系统或一组变量），但这些功能只是因为时间因素关联在一起，则称为时间内聚。

时间内聚在一定程度上反映了系统的某些实质，因此比逻辑内聚高一些。

④ 过程内聚

如果一个模块内部的处理成分是相关的，而且这些处理必须以特定的次序执行，则称为过程内聚。

使用程序流程图作为工具设计软件时，常常通过研究流程图确定模块的划分，这样得到的往往是过程内聚的模块。

⑤ 通信内聚

如果一个模块的所有成分都操作同一数据集或生成同一数据集，则称为通信内聚，如图 5.24 所示。

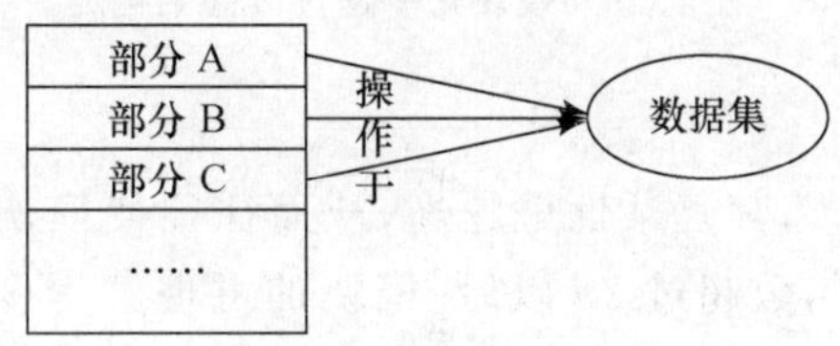

图 5.24　通信内聚示意

在实际设计中，这样的处理有时是很自然的，而且也显得很方便，但是出现的通信内聚经常破坏设计的模块化和功能独立性。

⑥ 顺序内聚

如果一个模块的各个成分都与同一个功能密切相关，而且一个成分的输出作为另一个成分的输入，则称为顺序内聚。

如果这样的模块不是基于一个完整功能关联在一起的，那么就有很可能破坏模块的独立性。

⑦ 功能内聚

最理想的内聚是功能内聚,模块的所有成分对于完成单一的功能都是基本的。功能内聚的模块对完成其功能而言是充分必要的。

内聚和耦合是密切相关的,同其他模块存在高耦合的模块常意味着是低内聚的,而高内聚的模块常意味着该模块同其他模块之间是低耦合的。在进行软件设计时,应力争做到高内聚、低耦合。

2. 启发式规则

不论是变换设计还是事务设计,都涉及了一个共同的问题,即"基于高内聚低耦合的原理,采用一些经验性的启发式规则,对初始的模块结构图进行精化,形成最终的模块结构图"。

人们通过长期的软件开发实践,总结出一些实现模块"高内聚低耦合"的启发式规则,主要包含:

(1) 改进软件结构提高模块独立性

针对系统的初始模块结构图,在认真审查分析的基础上,通过模块分解或合并,改进软件结构,力求降低耦合提高内聚,提高模块独立性。例如,假定在一个初始模块结构图中,模块 A 和模块 B 都含一个子功能模块 C,即:

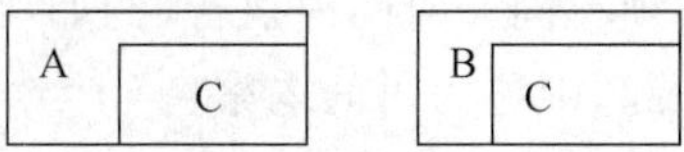

这时就应该考虑是否把模块 C 作为一个独立的模块,供模块 A 和 B 调用,形成图 5.25 所示的新的结构。

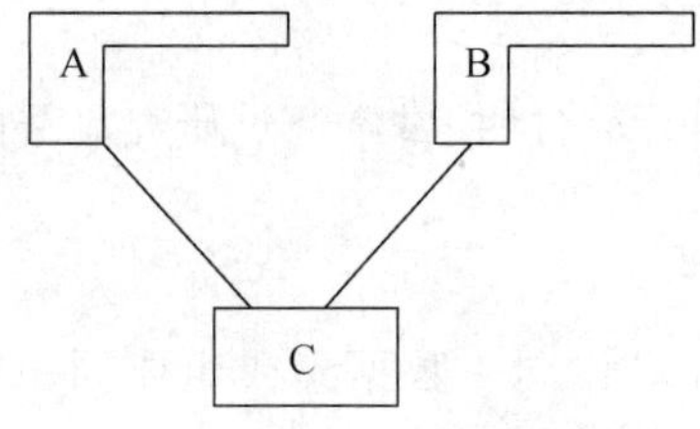

图 5.25 模块化—通过改变结构

(2) 力求模块规模适中

一般来说,模块规模越大,其复杂性就越高,从而往往使模块之间的耦合度增高。经验表明,当一个模块包含的语句数超过 30 以后,模块的可理解程度迅速下降。对于规模较大的模块,在不降低模块独立性的前提下,通过分解使其具有适中的规模,可以提高模块之间内聚,降低模块之间的耦合。实践中,一个模块的语句最好能写在一页纸内(通常不超过 60 行)。

但要注意,如果模块过小的话,有时会出现开销大于其有效操作的情况,而且可能由于模块数目过多可使系统接口变得复杂,因此往往需要考虑是否把过小的模块合并到其他模块之中,特别是如果一个模块,只有一个模块调用它时,通常可以把它合并至上级模块中去。

(3) 力求深度、宽度、扇出和扇入适中

在一个软件结构中,深度表示其控制的层数,如图 5.26 所示。

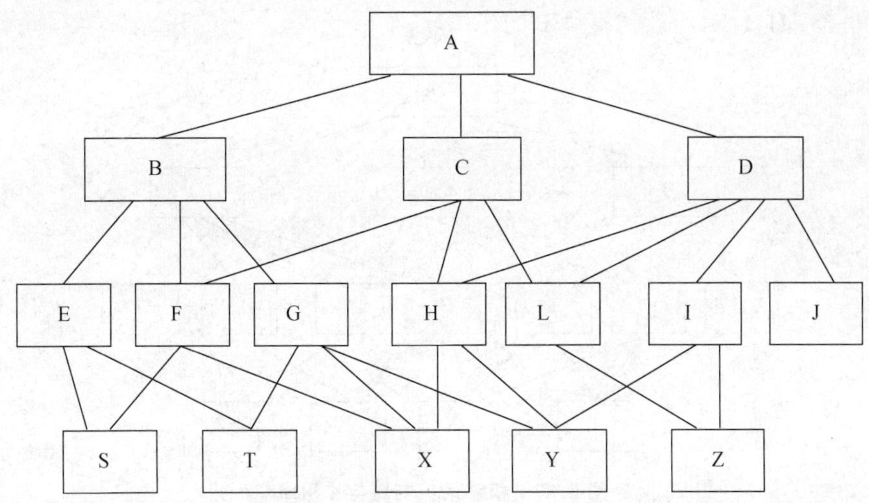

图 5.26　模块结构图中的深度、宽度、扇出和扇入

图 5.26 中，模块结构的深度为 3，宽度为 7；模块 D 的扇入为 1，而扇出为 4。

深度往往能粗略地标志一个系统的规模和复杂程度，与程序规模之间具有一定的对应关系，当然这个关系是在一定范围内变化的。如果深度过大，就应该考虑是否存在一些过分简单的管理性模块，能否适当合并。

在一个软件结构中，宽度是指同一个层次上模块总数的最大值。例如图 5.26 所表达的模块结构，其宽度为 7。一般说来，宽度越大系统越复杂。而对宽度影响最大的因素是模块的扇出。

模块扇出是一个模块直接控制(调用)的下级模块数目。如上图中的模块 D，其扇出为 4。

如果一个模块的扇出过大，这意味着它需要控制和协调过多的下级模块，因而该模块往往具有较为复杂的语义。如果一个模块的扇出过小(例如总是 1)，则意味着该模块功能过分集中，往往是一个功能较大的模块，也会导致该模块具有复杂的语义。经验表明，一个设计得好的典型系统，其平均扇出通常是 3 或 4(扇出的上限通常是 5～9)。

实践中，模块的扇出太大，一般是因为缺乏中间层次，因此应该适当增加中间层次的控制模块；对于模块扇出太小的情况，可以把下级模块进一步分解成若干个子功能模块，甚至可以把分解后的一些子模块合并到它的上级模块中去。当然，不论是分解模块或是合并模块，一般需要尽量符合问题结构，且不违背“高内聚低耦合”这一模块独立性原则。

一个模块的扇入表明有多少个上级模块直接调用它，如上图中的模块 X，其扇入为 3。扇入越大则共享该模块的上级模块数目越多，这是有好处的，但是，不能违背模块独立性原则而单纯追求高扇入。

通过对大量软件系统的研究，发现设计得很好的软件结构，通常顶层模块扇出比较大，中间层模块扇出较小，而底层模块具有较大的扇入，即系统的模块结构呈现“葫芦”形状。

(4) 尽力使模块的作用域在其控制域之内

模块的控制域是指这个模块本身以及所有直接或间接从属于它的模块的集合。例如，在图 5.27 中模块 B 的控制域是 B、E、F、G、T、X、Y 等模块的集合。模块的作用域是指受该模块内一个判定所影响的所有模块的集合。例如，假定模块 F * 中有一个判定，影响了模块 H、I、

X、Z,那么集合{ H,I,X,Z}就是模块 F 的作用域。

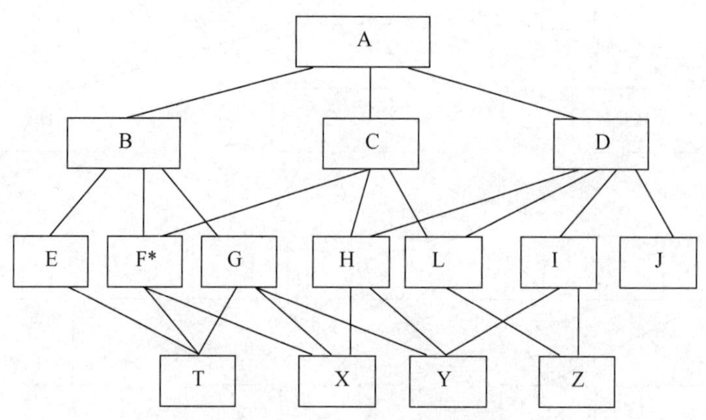

图 5.27　模块的控制域与作用域

在一个设计得很好的系统中,所有受判定影响的模块应该都从属于做出判定的那个模块,即在该模块的控制域之内。例如,如果图 5.27 中模块 F* 做出的判定只影响模块 T 和 X,那么就符合这一规则。

如果一个模块的作用域不在其控制域内,这样的结构一方面难于理解,另一方面还会产生较为复杂的控制耦合,即为了使该模块的判定能影响到它的作用域的那些模块中的处理过程,通常需要在该模块中给一个标记,以表明判定的结果,而且还要通过相关的其他模块,把这个标记传递给它所影响的那些模块。

若出现一个模块的作用域不在其控制域的情况,则应:或把该模块移到上一个层次,或把那些在作用域内但不在控制域内的模块移到控制域内,以此修改软件结构,尽量使该模块的作用域是其控制域的子集。对此,一方面要考虑实施的可能性,另一方面还要考虑修改后的软件结构能否更好地体现问题的本来结构。

(5) 尽力降低模块接口的复杂度

模块之间接口的复杂度是可以区分的,例如,如果模块 A 给模块 B 传递一个简单的数值,而模块 C 和模块 D 之间传递的是数组,甚至还有控制信号,那么模块 A 和 B 之间的接口复杂度就小于模块 C 和 D 之间的接口复杂度。

复杂或不一致的接口是紧耦合或低内聚的征兆,是软件发生错误的一个主要原因,因此应该仔细设计模块接口,使得信息传递简单并且与模块的功能一致,以提高模块的独立性。

例如,求一元二次方程的根的模块 QUAD-ROOT(TBL,X),其中用数组 TBL 传送方程的系数,用数组 X 回送求得的根。这种传递信息的方式就不利于对这个模块的理解,不仅在维护期间容易引起混淆,在开发期间也可能发生错误。如果采用如下形式:

QUAD-ROOT(A,B,C,ROOT1,ROOT2)。其中 A、B、C 是方程的系数,ROOT1 和 ROOT2 是算出的两个根,这种接口可能是比较简单的。

(6) 力求模块功能可以预测

一般来说,一个模块的功能是应该能够预测的。例如,如果我们把一个模块当做一个黑盒子,也就是说,只要输入的数据相同就产生同样的输出,这个模块的功能就是可以预测的。但对那种其内部状态与时间有关的模块，采用同样方法就很难预测其功能，因为它的输出可能要取决于所处的状态。由于其内部状态对于上级模块而言是不可见的，所以这样的模块既不易理解又难于测试和维护。

如果一个模块只完成一个单独的子功能，显然呈现出很高的内聚；但是，如果一个模块过强地限制了局部数据规模，过分限制了在控制流中可以做出的选择或者外部接口的模式，那么这种模块的功能就势必相当局限。如果在以后系统使用中提出对其进行修改时，代价是很高的，为此，在设计中往往需要增强其功能，扩大其使用范围，提高该模块的灵活性。

以上列出的启发式规则，多数是经验总结，但在许多场合下可以有效地改善软件结构，对提高软件质量，往往具有重要的参考价值。

综上可知，针对已经得到的系统初始模块结构图，在变换设计和事务设计的第 5 步中，应根据模块独立性原则对其进行精化，其中可采用以上介绍的启发式规则，使模块具有尽可能高的内聚和尽可能低的耦合，最终得到一个易于实现、易于测试和易于维护的软件结构。可见，精化系统初始模块结构图是软件设计人员的一种创造性活动。

5.2.4　实例研究

现以上面给出的数字仪表板系统为例，说明如何对初始的模块结构图进行精化，最终形成一个可供详细设计使用的模块结构图。

1. 输入部分的精化

针对数字仪表板系统的输入部分，其初始的模块结构图如图 5.28 所示。

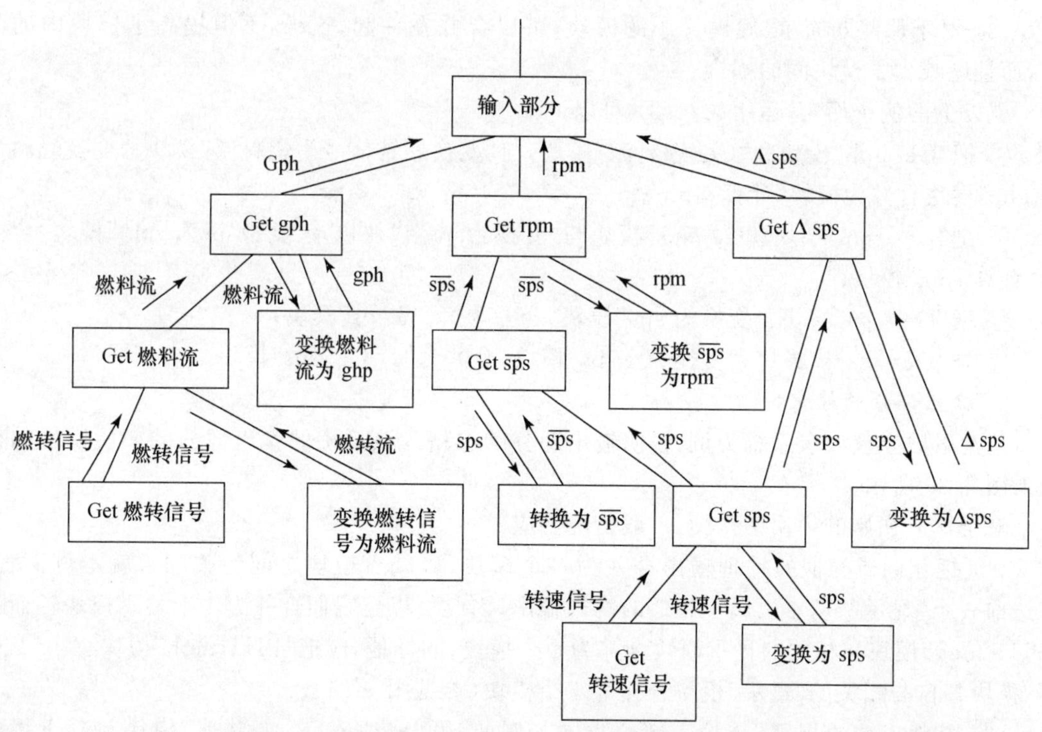

图 5.28　数字仪表板系统输入部分的初始模块结构图

针对这一实例,使用启发式规则1,并考虑其他规则,可以将上述的模块结构图精化为如图5.29所示的模块结构图。

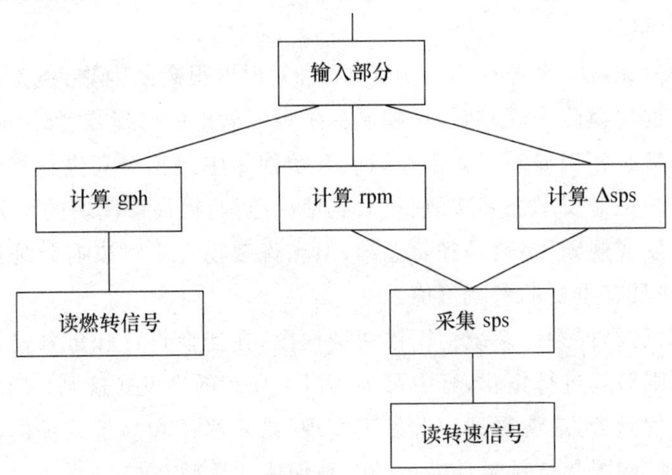

图 5.29　输入部分——精化的模块结构图

由上得知,在精化输入部分中,通常是:

(1) 为每一物理输入设计一个模块,如“读转速信号”、“读燃转信号”。

(2) 对那些不进行实际数据输入的输入模块,且输入的数据是预加工或辅助加工得到的结果,应将它们与其他模块合并在一起。例如,Get gph 模块和 Get 燃料流模块就是这样的输入模块,不需为这样的输入模块设计专门的软件模块。

(3) 对于那些既简单、规模又小的模块,可以合并在一起,这样,不但提高了模块内的联系,而且还减少了模块间的耦合。

就以上的例子而言,运用(2)、(3) 可以:

① 把“Get gph”模块和“Get 燃料流”模块,与“变换燃转信号为燃料流”模块、“变换燃料流为 ghp”模块合并为模块“计算 Gph”;

② 把“Get rpm”模块、“Get $\overline{\text{sps}}$”模块与“变换为$\overline{\text{sps}}$”模块以及“变换$\overline{\text{sps}}$为 rpm”模块,合并为“计算 rpm”模块;

③ 把“Get sps”模块、“变换为 sps”模块,合并为“采集 sps”模块;

④ 把“Get △sps”模块、“变换为△sps”模块,合并为“计算△sps”模块。

2. 输出部分的精化

还是以数字仪表板系统为例,说明输出部分的求精。该系统的输出部分的初始模块结构图如图5.30所示。

对于这一初始的模块结构图,一般情况下应:

(1) 把相同或类似的物理输出合并为一个模块,以减少模块之间的关联。就本例而言:左边前3个“显示”,基本上属于相似的物理输出,因此可以把它们合并为1个显示模块。而将“PUT mpg”模块和相关的显示模块合并为1个模块;同样地,应把“PUT mph”模块、“PUT 里程”模块各自与相关的“显示”模块合并为1个模块(参见图5.31)。

(2) 其他求精的规则,与输入部分类同。例如,可以将“PUT 加/减速”模块与其下属的2个模块合并为1个模块,将“PUT 超速量”模块与其下属的2个模块合并为1个模块。

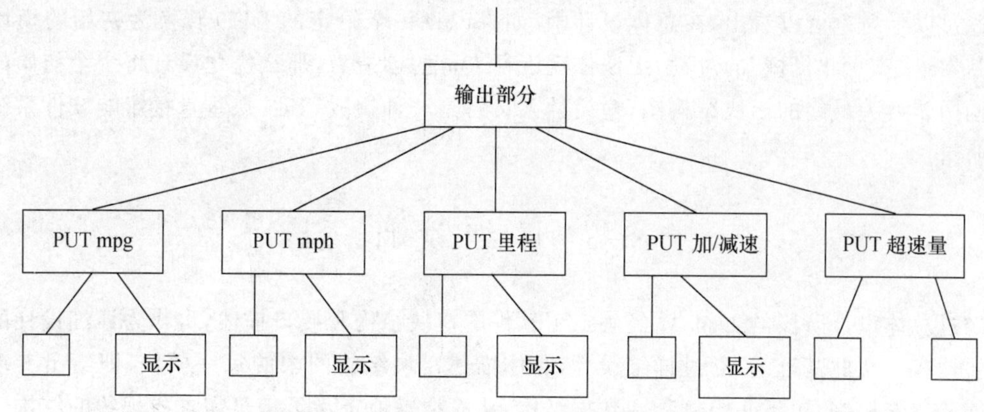

图 5.30　数字仪表板系统输出部分的初始模块结构图

通过以上求精之后，数字仪表板系统的输出部分的软件结构如图 5.31 所示。

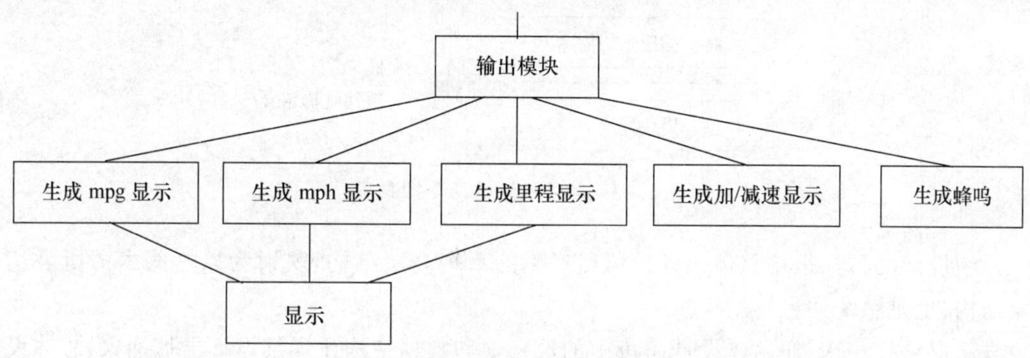

图 5.31　输出部分——精化的模块结构图

3. 变换部分的精化

对于变换部分的求精，如前所述，这是一项具有挑战性的工作。但是，其中主要是根据设计准则，并要通过实践，不断地总结经验，才能设计出合理的模块结构。就给定的数字仪表板系统而言，如果把"确定加/减速"的模块放在"计算速度 mph"模块下面，则可以减少模块之间的关联，提高模块的独立性。通过这一求精，对于变换部分，就可以得到如图 5.32 所示的模块结构图。

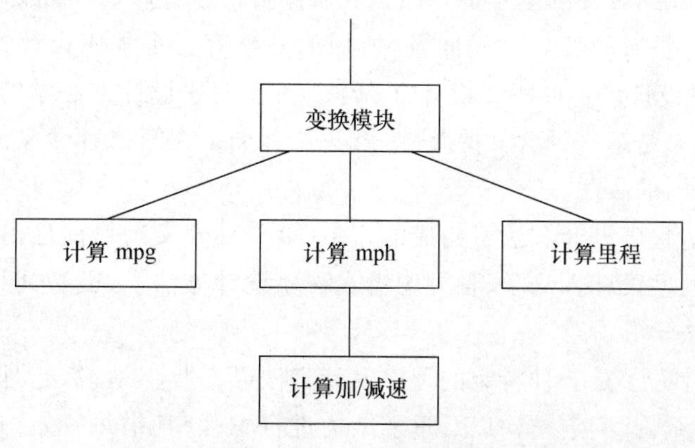

图 5.32　变换部分——精化的模块结构图

通过以上讨论可以看出,在总体设计中,如果说将一个给定的 DFD 转换为初始的模块结构图基本上是一个"机械"的过程,无法体现设计人员的创造力,那么优化设计将一个初始的模块结构图转换为最终的模块结构图,对设计人员将是一种挑战,其结果将直接影响软件系统开发的质量。

5.3 详细设计

经过总体设计阶段的工作,已经确定了软件的模块结构和接口描述,可作为详细设计的一个重要输入。在此基础上,通过详细设计,具体描述模块结构图中的每一模块,即给出实现模块功能的实施机制,包括一组例程和数据结构,从而精确地定义了满足需求所规约的结构。

具体地说,详细设计又是一个相对独立的抽象层,使用的术语包括输入语句、赋值语句、输出语句以及顺序语句、选择语句、重复语句等,如图 5.33 所示。

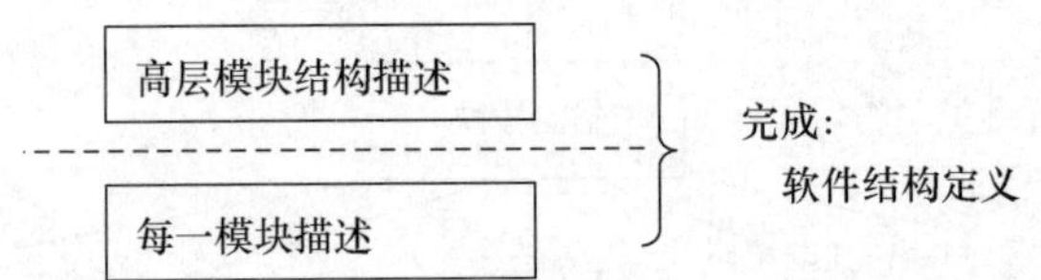

图 5.33 软件设计的两个抽象层

详细设计的目标是将总体设计阶段所产生的系统高层结构,映射为以这些术语所表达的低层结构,也是系统的最终结构。

与高层结构相比,在总体设计阶段中的数据项和数据结构比详细设计更加抽象;总体设计阶段中的模块,只声明其作用或功能,而详细设计则要提供实现该模块过程或功能的算法。

5.3.1 结构化程序设计

一般意义上来说,程序设计方法学是以程序设计方法为研究对象的学科(第一种含义)。它主要涉及用于指导程序设计工作的原理和原则,以及基于这些原理和原则的设计方法和技术,着重研究各种方法的共性和个性、各自的优缺点。一方面要涉及到方法的理论基础和背景,另一方面也要涉及到方法的基本体系结构和实用价值。程序设计方法学的第二种含义是,针对某一领域或某一领域的特定一类问题,所用的一整套特定程序设计方法所构成的体系。例如,基于 Ada 程序设计语言的程序设计方法学。关于程序设计方法学的两种含义之间的基本关系是,第二种含义是第一种含义的基础,第一种含义是在第二种含义的基础上的总结、提高,上升到原理和原则的高度。

作为一整套特定程序设计方法所构成的体系(第二种含义),目前已出现多种程序设计方法学,例如,结构化程序设计方法学、各种逻辑式程序设计方法学、函数式程序设计方法学、面向对象程序设计方法学等。

结构化程序设计方法是一种特定的程序设计方法学。具体地说,它是一种基于结构的编程方法,即采用顺序结构、判定结构以及重复结构进行编程,其中每一结构只允许一个入口和一个出口。可见结构化程序设计的本质是使程序的控制流程线性化,实现程序的动态执行顺序符合静态书写的结构，从而增强程序的可读性，不仅容易理解、调试、测试和排错，而且给程序的形式化证明带来了方便。

编程工作为一演化过程，可按抽象级别依次降低，逐步精化，最终得出所需的程序。通常采用自顶向下、逐步求精，使所编写的程序只含顺序、判定、重复三种结构，这样可使程序结构良好、易读、易理解、易维护，并易于保障及验证程序的正确性。因此可以说，采用结构化程序设计方法进行编程，旨在提高编程（过程）质量和程序质量。

结构化程序设计的概念最早由 E. W. Dijkstra 在 60 年代中期提出，并在 1968 年著名的 NATO 软件工程会议上首次引起人们的广泛关注。1966 年，C. Bohm 和 G. Jacopini 在数学上证明了只用三种基本控制结构就能实现任何单入口单出口的程序，这三种基本控制结构是“顺序”、“选择”和“循环”。Bohm 和 Jacopini 的证明给结构化程序设计技术奠定了理论基础。

“顺序”、“选择”和“循环”三种结构可用流程图表示（见图 5.34）。实际上，用顺序结构和循环结构（又称 DO-WHILE 结构）完全可以实现选择结构（又称 IF-THEN-ELSE 结构），因此，理论上最基本的控制结构只有两种。

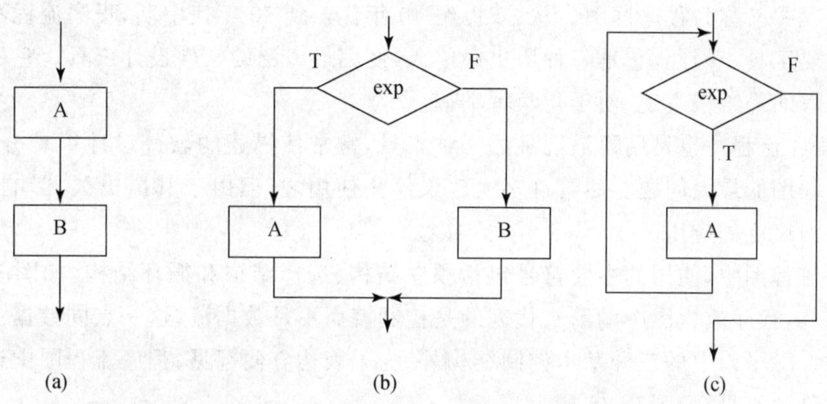

(a) 顺序结构，先执行A再执行B；(b) IF-THEN-ELSE 型选择(分支)结构；
(c) DO-WHILE 型循环结构

图 5.34　三种基本控制结构

与此同时，结构化程序设计技术作为一种新的程序设计思想、方法和风格，也开始引起工业界的重视。1971 年，IBM 公司在纽约时报信息库管理系统的设计中使用了结构化程序设计技术，获得了巨大的成功，于是开始在整个公司内部全面采用结构化程序设计技术，并介绍给了它的许多用户。IBM 在计算机界的影响为结构化程序设计技术的推广起到了推波助澜的作用。

既然顺序结构、选择结构和循环结构是结构化程序设计的核心，它们组合使用可以实现任意复杂的处理逻辑，那么如何看待除此之外的其他控制结构，例如无条件转移语句 GOTO，这又成为人们关注的新问题。

1968 年，ACM 通信发表了 Dijkstra 的短文“GOTO Statement considered harmful”，认为 GOTO 语句是构成程序结构混乱不堪的主要原因，一切高级程序设计语言应该删除 GOTO 语句。自此开始了关于 GOTO 语句的学术讨论，其实质是：程序设计首先是讲究结构，还是讲究效率。好结构的程序不一定是效率最高的程序。结构化程序设计的观点是要求设计好结构的程序。在计算机硬件技术迅速发展的今天,人们已普遍认为,除了系统的核心程序部分以及其他一些有特殊要求的程序以外,在一般情况下,宁可牺牲一些效率,也要保证程序有一个好的结构。

5.3.2 详细设计工具

详细设计的主要任务是给出软件模块结构中各个模块的内部过程描述,也就是模块内部的算法设计。我们这里并不打算讨论具体模块的算法设计(感兴趣的读者可以参考 N. Wirth 所著的 Algorithms＋Data Structures＝Programs 一书),而是讨论这些算法的表示形式。详细设计工具通常分为图形、表格和语言三种,无论是哪类工具,对它们的基本要求都是能提供对设计的无歧义的描述,包括控制流程、处理功能、数据组织以及其他方面的实现细节等,以便在编码阶段能把这样的设计描述直接翻译为程序代码。下面我们介绍一些典型的详细设计工具。

1. 程序流程图

程序流程图又称为程序框图。从 20 世纪 40 年代末到 70 年代中期,程序流程图一直是软件设计的主要工具。因此,它是一种历史最悠久、使用最广泛的软件设计工具。它的主要优点是对控制流程的描绘很直观,便于初学者掌握。

但是,程序流程图也是用得最混乱的一种工具,常常使描述的软件设计很难分析和验证。这是程序流程图的最大问题。尽管许多人建议停止使用之,但由于其历史久,影响大,因此至今仍得到相当广泛的应用。

在程序流程图中,使用的主要符号包括顺序结构、选择结构和循环结构,如图 5.34 所示。值得注意的是,程序流程图中的箭头代表的是控制流而不是数据流,这一点同数据流图中的箭头是不同的。除了以上的三种基本控制结构外,为了表达方便起见,程序流程图中还经常使用其他一些等价的符号,如图 5.35 所示。

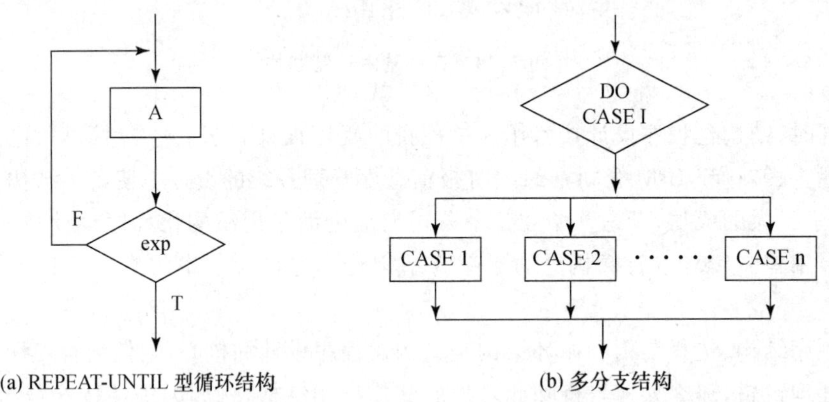

(a) REPEAT-UNTIL 型循环结构　　(b) 多分支结构

图 5.35　其他常用的控制结构

程序流程图的主要缺点是:

(1) 不是一种逐步求精的工具,它诱使程序员过早地考虑程序的控制流程,而不去考虑程序的全局结构;

(2) 所表达的控制流,往往不受任何约束可随意转移,从而会影响甚至破坏好的系统结构设计;

(3) 不易表示数据结构。

2. 盒图(N-S 图)

早在 20 世纪 70 年代初,Nassi 和 Shneiderman 出于一种不允许违背结构化程序设计的考虑,提出了盒图,又称为 N-S 图。其中对每次分解,只能使用图 5.36 中所示的(a)、(b)和(d) 3 种符号,分别表达 3 种控制结构:顺序、选择和重复。并且,为了设计上表达方便,引入了它们的变体(c)和(e)。

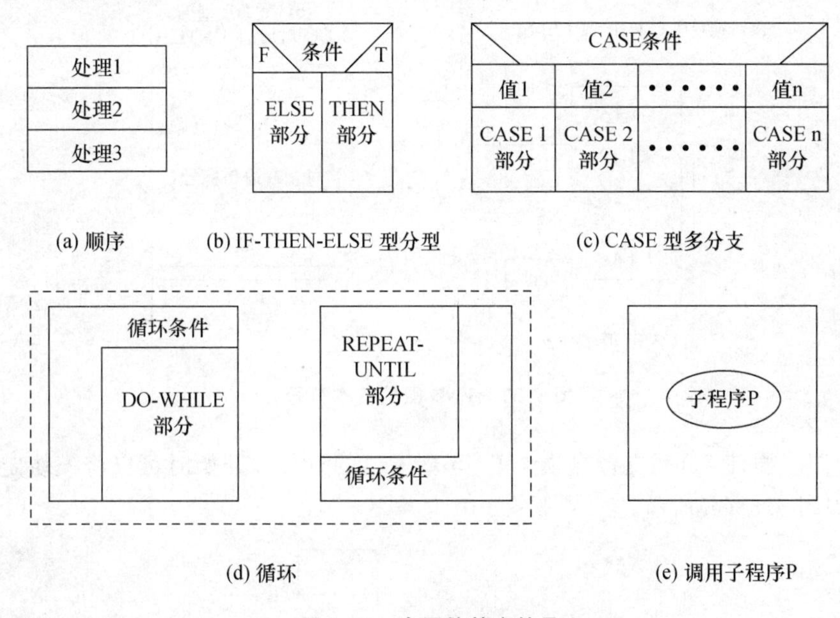

图 5.36 盒图的基本符号

采用盒图对一个模块进行设计时,首先给出一个大的矩形,然后为了实现该模块的功能,再将该矩形分成若干个不同的部分,分别表示不同的子处理过程;这些子处理过程又可以进一步分解成更小的部分,其中每次分解都只能使用图 5.34 给出的基本符号,最终形成表达该模块的设计。可见,盒图支持"自顶向下逐步求精"的结构化详细设计;并且由于其以一种结构化方式,严格地限制控制从一个处理到另一个处理的转移,因此以盒图设计的模块一定是结构化的。

3. PAD 图

PAD 是英文"Problem Analysis Diagram"的缩写,是日本日立公司于 1973 年首先提出的,并得到一定程度的推广应用。PAD 图采用二维树形结构图来表示程序的控制流,其基本符号如图 5.37 所示。

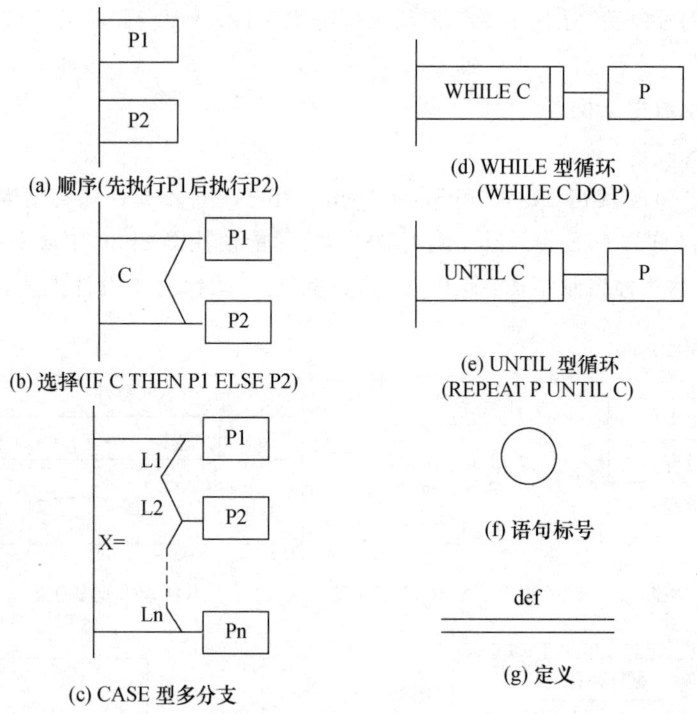

图 5.37　PAD 图的基本符号

如 N-S 图一样,PAD 图支持自顶向下、逐步求精的设计。开始时可以将模块定义为一个顺序结构,如图 5.38(a)所示。

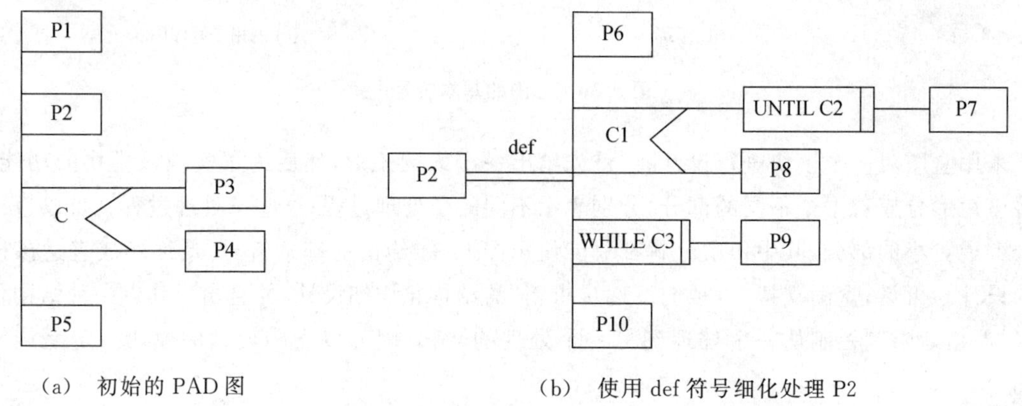

(a)　初始的 PAD 图　　　　(b)　使用 def 符号细化处理 P2

图 5.38

随着设计工作的深入,可使用"def"符号逐步增加细节,直至完成详细设计,如图 5.38(b)所示。

可见,采用 PAD 图所设计的模块一定是结构化的,并且所描述的程序结构也是十分清晰的,即图中最左边的竖线是程序的主线,是第一层控制结构;随着程序层次的增加,PAD 图逐渐向右延伸,每增加一个层次,图形向右扩展一条竖线,竖线的条数总是程序的控制层次数。从而使 PAD 图所表现出的处理逻辑,易读、易懂、易记,模块从图中最左边上端的节点开始执行，自上而下从左向右顺序执行。

不论是盒图还是PAD图，都为高级程序设计语言（例如FORTRAN、COBOL、PASCAL和C等）提供了一整套相对应的图形符号，从而将PAD图和N-S图转换成对应的高级语言程序就比较容易，甚至这种转换可用软件工具自动完成，因此可节省人工编码工作，有利于提高软件可靠性和软件生产率。

4. 类程序设计语言(PDL)

类程序设计语言（Program Design Language，简称PDL）也称为伪码，在20世纪70年代至80年代，人们设计了多种不同的PDL，是一种用正文形式表示数据结构和处理过程的设计工具。

PDL是一种“混合”语言，一方面，PDL借用某种结构化程序设计语言（如PASCAL或C）的关键字作为语法框架，用于定义控制结构和数据结构；另一方面，PDL通常使用某种自然语言（如汉语或英语）的词汇，灵活自由地表示实际操作和判定条件。例如：

```
procedure inorder(bt:bitree):
  bebin
     inistack(s); push(s,bt);
  while not empty(s) do
     begin
     while gettop(s)=nil do push(s,gettop(s) . lch);
     p:=pop(s);
  if not empty(s) then
    begin
        visite(gettop(s)); p:=pop(s); push(s,p . rch)
    end
  end
  end;
```

其中，关键字的固定语法，提供了结构化控制结构、数据说明和模块化的手段，并且有时为了使结构清晰和可读性好，通常在所有可能嵌套使用的控制结构的头和尾都有关键字，例如“if…fi（或endif）”等。自然语言的自由语法，例如“inistack(s)”和“not empty(s)”等，用于描述处理过程和判定条件。

PDL不仅可以作为一种设计工具，还可以作为注释工具，直接插在源程序中间，以保持文档和程序的一致性，提高了文档的质量；

可以使用普通的正文编辑程序或文字处理系统，很方便地完成PDL的书写和编辑工作。已存在一些PDL处理工具，可以自动由PDL生成程序代码。

PDL的主要问题是不如图形工具那样形象直观，并且当描述复杂的条件组合与动作间的对应关系时，不如判定表或判定树那样清晰简单。

另外，前面介绍过的IPO图、判定树和判定表等也可以作为详细设计工具。

5. 设计规约

在完成软件设计之后，应产生设计规约，完整准确地描述满足系统需求规约中所有功能以及它们之间的关系等的软件结构。设计规约通常包括概要设计规约和详细设计规约，分别为相应设计过程的输出文档。

(1) 概要设计规约

概要设计规约指明高层软件体系结构,其主要内容包括:

① 系统环境,包括硬件、软件接口、人机界面、外部定义的数据库及其与设计有关的限定条件等。

② 软件模块的结构,包括模块之间的接口及其设计的数据流和主要数据结构等。

③ 模块描述,包括模块接口定义、模块处理逻辑及其必要的注释等。

④ 文件结构和全局数据文件的逻辑结构,包括记录描述、访问方式以及交叉引用信息等。

⑤ 测试需求等。

概要设计规约是面向软件开发者的文档,主要作为项目管理人员、系统分析人员与设计人员之间交流的媒体。

(2) 详细设计规约

详细设计规约是对软件各组成分内部属性的描述。它是概要设计的细化,即在概要设计规约的基础上,增加以下内容:

① 各处理过程的算法;

② 算法所涉及的全部数据结构的描述,特别地,对主要数据结构往往包括与算法实现有关的描述。

详细设计规约主要作为软件设计人员与程序员之间交流的媒体。

随着软件开发环境的不断发展,概要设计与详细设计的内容可以有所变化。下面给出可供参考的设计规约格式。

1. 引言

1.1 编写目的

说明编写本软件设计说明书的目的。

1.2 背景说明

(1) 给出待开发的软件产品的名称;

(2) 说明本项目的提出者、开发者及用户;

(3) 说明该软件产品将做什么,如有必要,说明不做什么。

1.3 术语定义

列出本文档中所用的专门术语的定义和外文首字母组词的原词组。

1.4 参考资料

列出本文档中所引用的全部资料,包括标题、文档编号、版本号、出版日期及出版单位等,必要时注明资料来源。

2. 总体设计

2.1 需求规定

说明对本软件的主要输入、输出、处理的功能及性能要求。

2.2 运行环境

简要说明对本软件运行的软件、硬件环境和支持环境的要求。

2.3 处理流程

说明本软件的处理流程,尽量使用图、文、表的形式。

2.4　软件结构

在 DFD 图的基础上，用模块结构图来说明各层模块的划分及其相互关系，划分原则上应细到程序级(即程序单元)，每个单元必须执行单独一个功能(即单元不能再分了)。

3. 运行设计

3.1　运行模块的组合

说明对系统施加不同的外界运行控制时所引起的各种不同的运行模块的组合，说明每种运行所经历的内部模块和支持软件。

3.2　运行控制

说明各运行控制方式、方法和具体的操作步骤。

4. 系统出错处理

4.1　出错信息简要说明每种可能的出错或故障情况出现时，系统输出信息的格式和含义。

4.2　出错处理方法及补救措施

说明故障出现后可采取的措施，包括：

(1) 后备技术。当原始系统数据万一丢失时启用的副本的建立和启动的技术，如周期性的信息转储；

(2) 性能降级。使用另一个效率稍低的系统或方法(如手工操作、数据的人工记录等)，以求得到所需结果的某些部分；

(3) 恢复和再启动。用建立恢复点等技术，使软件再开始运行。

5. 模块设计说明

以填写模块说明表的形式，对每个模块给出下述内容：

(1) 模块的一般说明，包括名称、编号、设计者、所在文件、所在库、调用本模块的模块名和本模块调用的其他模块名；

(2) 功能概述；

(3) 处理描述，使用伪码描述本模块的算法、计算公式及步骤；

(4) 引用格式；

(5) 返回值；

(6) 内部接口，说明本软件内部各模块间的接口关系，包括：

(a) 名称，

(b) 意义，

(c) 数据类型，

(d) 有效范围，

(e) I/O 标志；

(7) 外部接口，说明本软件同其他软件及硬件间的接口关系，包括：

(a) 名称，

(b) 意义，

(c) 数据类型，

(d) 有效范围，

(e) I/O 标志，

(f) 格式,指输入或输出数据的语法规则和有关约定,

(g) 媒体;

(8) 用户接口,说明将向用户提供的命令和命令的语法结构,以及软件的回答信息,包括:

(a) 名称,

(b) 意义,

(c) 数据类型,

(d) 有效范围,

(e) I/O 标志,

(f) 格式,指输入或输出数据的语法规则和有关约定,

(g) 媒体。

附:模块说明表

模块说明表　　制表日期:　　年　月　日

<table>
<tr><td colspan="4">模块名:</td><td colspan="2">模块编号:</td><td colspan="2">设计者:</td></tr>
<tr><td colspan="4">模块所在文件:</td><td colspan="4">模块所在库:</td></tr>
<tr><td colspan="8">调用本模块的模块名:</td></tr>
<tr><td colspan="8">本模块调用的其他模块名:</td></tr>
<tr><td colspan="8">功能概述:</td></tr>
<tr><td colspan="8">处理描述:</td></tr>
<tr><td colspan="8">引用格式:</td></tr>
<tr><td colspan="8">返回值:</td></tr>
<tr><td></td><td>名称</td><td>意义</td><td>数据类型</td><td>数值范围</td><td colspan="3">I/O标志</td></tr>
<tr><td>内部接口</td><td></td><td></td><td></td><td></td><td colspan="3"></td></tr>
<tr><td></td><td>名称</td><td>意义</td><td>数据类型</td><td>I/O标志</td><td>格式</td><td>媒体</td><td></td></tr>
<tr><td>外部接口</td><td></td><td></td><td></td><td></td><td></td><td></td><td></td></tr>
<tr><td>用户接口</td><td></td><td></td><td></td><td></td><td></td><td></td><td></td></tr>
</table>

5.4 结构化方法小结

第四章和第五章比较详细地介绍了结构化方法,包含结构化需求分析方法和结构化软件设计方法。下面对结构化方法做一小结。

(1) 正如第四章和第五章首语所言,“分析是系统化地使用信息,对一个问题的估算。”“软件设计是定义满足需求所需要的结构”。结构化方法作为一种特定的软件开发方法学,是从事系统分析和软件设计的一种思维工具。

(2) 结构化方法看待客观世界的基本观点是:一切信息系统都是由信息流构成的,每一信息流都有其自己的起点——数据源,有自己的归宿——数据潭,有驱动信息流动的加工。因此,所谓信息处理主要表现为信息的流动。

(3) 结构化方法遵循了人们解决问题的一般途径,即对那些非结构和半结构的问题,通常采用已掌握的知识,建造它们的模型,给出相应的解决方案,如图 5.39 所示。其中,使用数学作为工具,对一个特定的问题,建造了一个模型:$Y=x*x+5$。

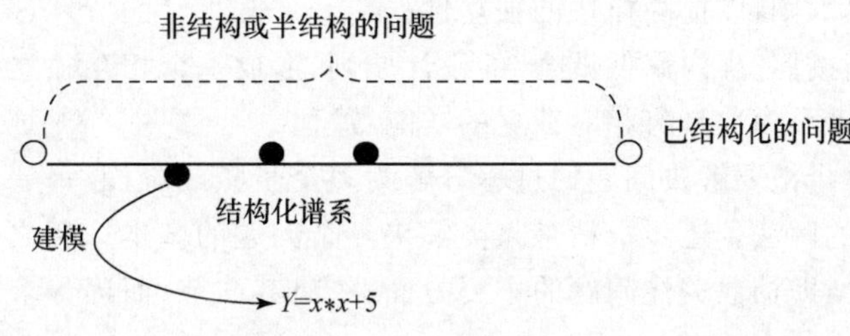

图 5.39　解决问题的一般途径

当采用一定技术验证后,表明该模型与实际问题只有可以忽略的“距离”,那么我们可以说,这一问题已经得到解决;如果该模型与实际问题有不可忽略的“距离”,那么我们或修改模型,重新验证,或说这一问题暂时是不可求解的。

(4) 所谓模型,简单地说,就是任意一个抽象,其中包括系统的一些基本能力、特性以及所描述的各个方面。进一步地说,模型是在特定意图下所确定的角度和抽象层上,对一个物理系统的描述,给出系统内各模型元素以及它们之间的语义关系,通常还包含对该系统边界的描述。因此,采用结构化方法建立的系统功能模型,是为了获得该系统需求的目的,从系统功能的角度,在需求层上,对待开发系统的描述,包括系统环境的描述。

(5) 结构化方法为了支持系统建模和软件求解,基于一些软件设计原理或原则,给出了完备的符号,给出了自顶向下、逐层分解的过程指导和相应的模型表示工具,如图 5.40 所示。

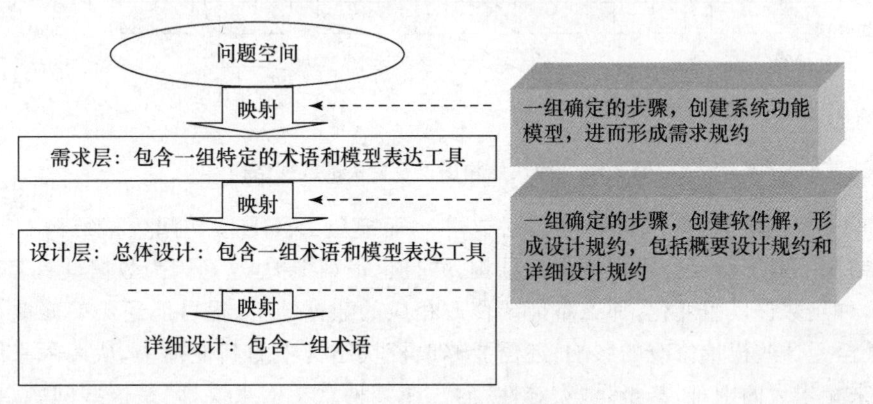

图 5.40　结构化方法知识结构

为了支持系统功能建模,紧紧围绕“问题分离”、“过程抽象”、“数据抽象”等基本原理,结构化分析方法提出了以下5个概念:数据源、数据潭、数据流、加工和数据存储,并给出了相应的表示。其中,术语“数据流”和“数据存储”支持对系统数据的抽象,“加工”支持系统功能/过程的抽象;术语“数据源”、“数据潭”以及相关的数据流支持对系统环境的描述。应该说,这些概念对于规约软件系统的功能是完备的,即它们可以“覆盖”客观世界的一切事物,并且这些概念的语义还相当简单,容易理解和掌握。

为了支持软件求解,紧紧围绕“功能/过程抽象”、“逐步求精”和“模块化”等基本软件设计原理或原则,给出了模块、模块调用等概念以及相应的表示,给出了模块结构图、PAD图、N-S图、伪码等设计工具,给出了自顶向下、功能分解的过程指导——变换设计和事务设计,并给出了实现模块化的基本准则,以提高模块的独立性。

所谓模块化是指按照“高内聚低耦合”的设计原则,形成一个相互独立但又有较少联系的模块结构的过程,使每个模块具有相对独立的功能/过程。

所谓逐步求精是指把要解决问题的过程分解为多个步骤或阶段,每一步是对上一步结果的精化,以接近问题的解法。逐步求精是人类解决复杂问题的基本途径之一。抽象和逐步求精是一对互补的概念,即抽象关注问题的主要方面,忽略其细节;而逐步求精关注低层细节的揭示。

(6) 软件方法学是以软件方法为研究对象的学科。主要涉及指导软件设计的原理和原则,以及基于这些原理、原则的方法和技术。狭义的软件方法学也指某种特定的软件设计指导原则和方法体系。

(7) 从软件方法学研究的角度,结构化方法仍然存在一些问题,其中最主要的问题是仍然没有“摆脱”冯·诺依曼体系结构的影响,捕获的“功能(过程)”和“数据”恰恰是客观事物的易变性质,并由此建造的系统结构很难与客观实际系统的结构保持一致,如图5.41所示。

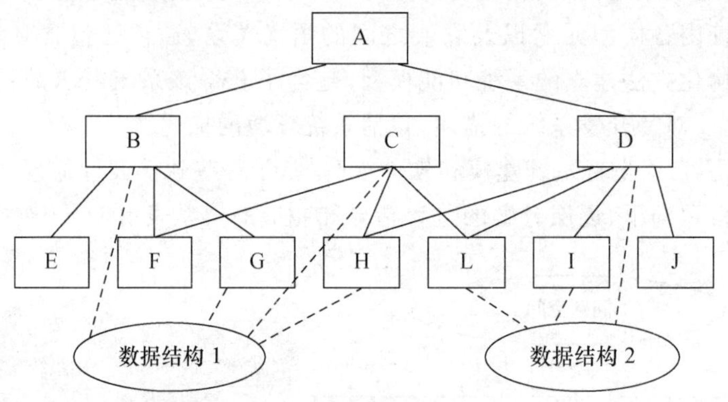

图5.41 模块结构图以及相关的数据结构

图5.41中,模块B、G、C、H访问数据结构1,而模块L、I、D、J访问数据结构2。显然,这样的模块结构一般不会保持客观系统的结构,并且也很难维护,这是因为数据具有客观事物的易变属性,一旦数据发生变化,那么不但要修改相应的数据结构,很可能还需要修改相关的那些模块,甚至受这些模块修改的影响,还需要修改模块结构中的其他模块,从而为系统的验证和维护带来相当大的困难,甚至是“灾难性”的。在某种意义上来讲,就是这些问题,促使了面向对象方法学的产生和发展。

习　题　五

1. 解释以下术语：

变换型数据流图

事务型数据流图

模块

模块耦合

模块内聚

模块的控制域

模块的作用域

2. 简答以下问题：

(1) 结构化方法总体设计的任务及目标；

(2) 结构化方法详细设计的任务及目标；

(3) 变换设计与事务设计之间的区别；

(4) 提出启发式规则的基本原理；

(5) 为什么说结构化分析与结构化设计之间存在一条“鸿沟”；

(6) 依据一个系统的DFD,将其转换为MSD的基本思路。

3. 举例说明变换设计的步骤。

4. 举例说明事务设计的步骤。

5. 把下面的DFD图转换为初始的MSD图。

(1)

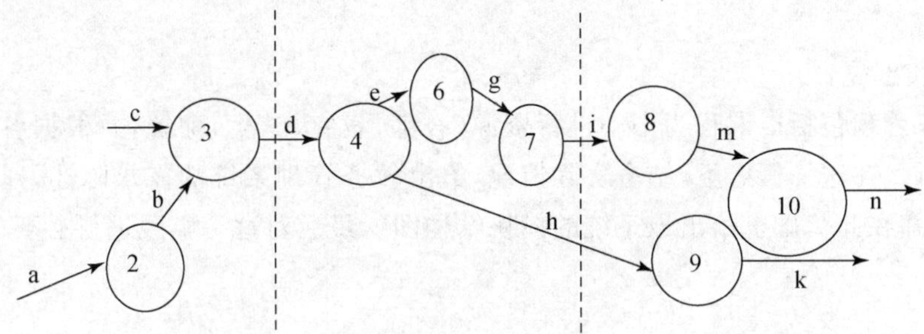

其中,竖虚线表示输入、变换、输出之间的界面。

(2)

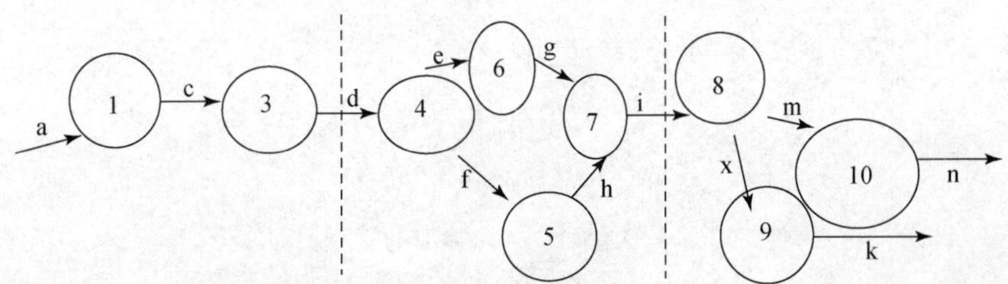

其中,竖虚线表示输入、变换、输出之间的界面;变换部分为一个事务型数据流图。

6. 把下面的程序流程图转换为PAD、N-S图和伪码。

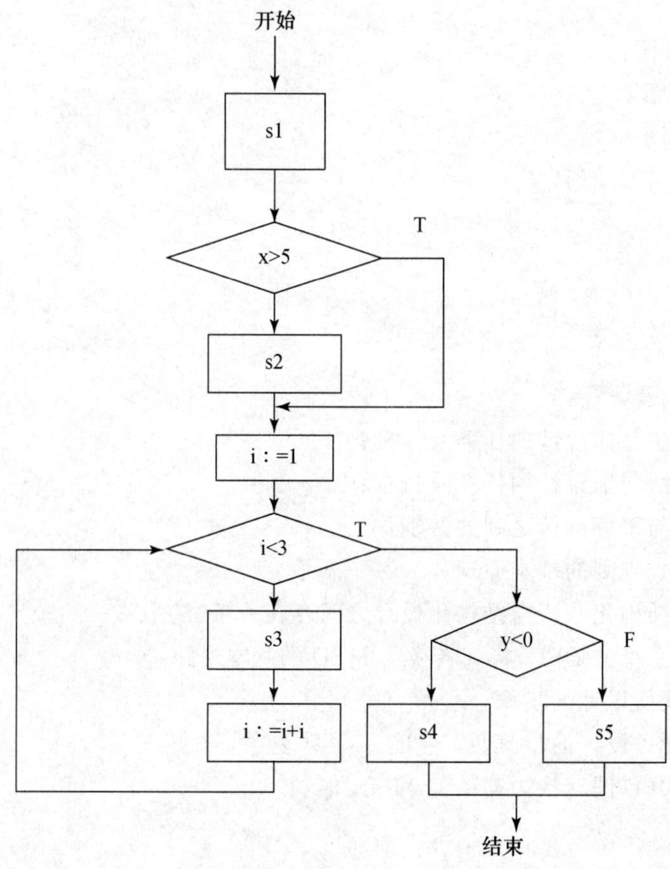

7. 综合实践题：

假定教务管理包括以课程为中心进行资源(教师、教室、学生)配置,并根据各科考试成绩进行教学分析。在这一假定下,结合实际情况,给出教务管理系统的需求陈述,建立该系统的结构化模型,并在此基础上给出该系统的模块结构图。最后对这一实践进行必要的总结。

第六章　面向对象方法——UML

UML 作为一种图形化语言，紧紧围绕“面向对象方法是一种以客体和客体关系来创建系统模型的系统化软件开发方法学”，给出表达客体、客体关系的术语，并给出了表达模型的工具。

自 20 世纪 80 年代以来，面向对象方法发展迅速，目前已经成为软件开发的主流方法。

长期以来，关于如何建造一个软件系统中的模块，先后出现了四种基本观点。第一种观点，是以“过程”或“函数”来构造一个模块，使每一模块实现一项功能；第二种观点，是围绕一个数据结构来构造一个模块，使每个模块实现该数据结构上的操作；第三种观点，是围绕一类事件来构造一个模块，使每一模块能够识别该类事件并对该类事件作出响应；第四种观点是，围绕问题域中的一个客体为来构造一个模块，使每一模块实现该客体对系统承担的责任。

可见，目前所说的面向对象基本上属于第四种观点，认为“客观世界是由对象组成的，对象有其自己的属性和活动规律；对象之间的相互依赖和相互作用，构成了现存的各式各样的系统”。因此，在构造软件系统时就应充分运用人类认识客观世界、解决实际问题的思维方式和方法，这样一方面可以使计算机软件的结构与所要解决的问题结构保持一致，另一方面又可使软件系统的结构是相对稳定的，因为问题域中的客体是相对稳定的。

简言之，面向对象方法是一种以客体和客体之间关系来建造系统模型的一种系统化方法。

面向对象方法源于面向对象编程语言。20 世纪 60 年代后期，在 Simula-67 语言中就出现了类和对象的概念，类作为语言的一种机制用来封装数据和相关操作。70 年代前期，A. Kay 在 Xerox 公司设计出了 Smalltalk 语言，并于 1980 年推出了商品化的 Smalltalk-80，这标志着面向对象的程序设计已进入实用阶段。随后，出现了一系列面向对象编程语言，如 C++、object-C、Clos、Eiffel 等。

自 80 年代中期到 90 年代，有关面向对象技术的研究重点已经从语言转移到需求分析与设计方法，并提出了一些面向对象开发方法和设计技术。其中具有代表性的工作有：Grade Booch 提出的面向对象开发方法(1986 年)；Peter Coad 和 Edward Yourdon 提出的面向对象分析(OOA)和面向对象设计(OOD)；Jim Rumbaugh 等提出的 OMT 方法；B. Hendeson-Sellers 和 J. M. Edwards 提出的面向对象软件生存周期的“喷泉”模型以及面向对象系统开发框架等。期间，在方法学方面形成了两大主流学派，第一大主流学派可称之为以“方法(method)”驱动的方法学。其基本思想是：在给出模型化概念的基础上，明确规定进行的步骤，并在每一步中给出实现策略。其典型代表为 P. Coad 等提出的面向对象分析(OOA(1990))和面向对象设计(OOD(1991))。这一学派的主要优点是：容易学习和掌握；其主要缺点是：不够灵活，不能有效地应对开发中出现的新问题。第二大主流学派可称之为以“模型(model)”驱动的方法学。其基本思想是：以给定的一组模型化概念为基础，以模型构造(model construction)为驱动，捕获系统知识，建立一组规范的系统目标模型，其中不明确规定实现这些目标的步骤，但给出一些必要的指导。其典型代表为：Rumbaugh 的 OMT(1991)和 Embley 的 OSA(面向对象系统分析,1992)等。这一学派的主要优点是：比较灵活;其主要缺点是：与 Peter Coad 和 Edward Yourdon 提出的 OOA 相比,不易学习和掌握。

在面向对象技术的发展中,一个重要的里程碑是 UML(Unified Modeling Language)。在 1995 年的 OOPSA 会议上,Grade Booch、Jim Rumbaugh 公布了他们的统一方法(0.8 版);1996 年,Grade Booch、Jim Rumbaugh 以及 Ivar Jacobson "三友",将他们的统一建模语言命名为 UML;1997 年,Rational 公司发布了 UML 文档 1.0 版,作为 OMG 的建议方案;1998 年,在合并不同建议的基础上,OMG 以其结果 UML 1.1 版作为一个正式的标准。从此以后,于 1999 年,RTF 发布了 1.3 版,2000 年 9 月,发布了 1.4 版,2003 年 3 月,发布了 2.0 版。

UML 的出现,受到学术界和产业界的极大关注。正如我国著名学者徐家福教授在《UML 精粹》序中所说,"在建模语言方面,UML 已成为一种绘制面向对象设计图的标准工具,并已传播到非面向对象领域","统一建模语言 UML 乃软件设计与需求规约语言。论述语言之优劣,有用户、设计、实现等观点。这些观点既有区别,又有联系。UML 问世以来,褒贬不一,但其应用广泛,成绩显著,实为具有代表性之建模语言。"

UML 是一种可视化语言,可用于(1) 规约系统的制品;(2) 构造系统的制品;(3) 建立系统制品的文档。这意味着 UML 可作为软件需求规约、设计和实现的工具。

UML 作为一种一般性的语言,支持对象方法和构件方法;其应用范围为所有应用领域,例如航空航天、财政、通信等,并且可应用于不同的实现平台,例如 J2EE、.NET 等,如图 6.1 所示。

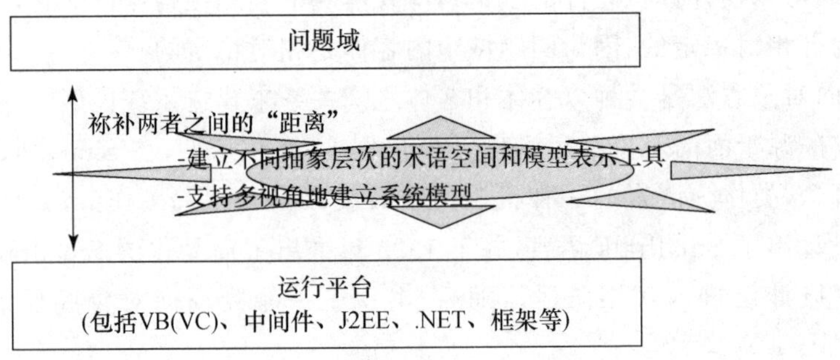

图 6.1　UML 的应用范围示意

因此,UML 给出了方法学中不同抽象层次术语以及模型表达工具,或说 UML 给出规约软件系统/产品的术语表和表达格式,是方法学的重要组成部分,如图 6.2 所示。

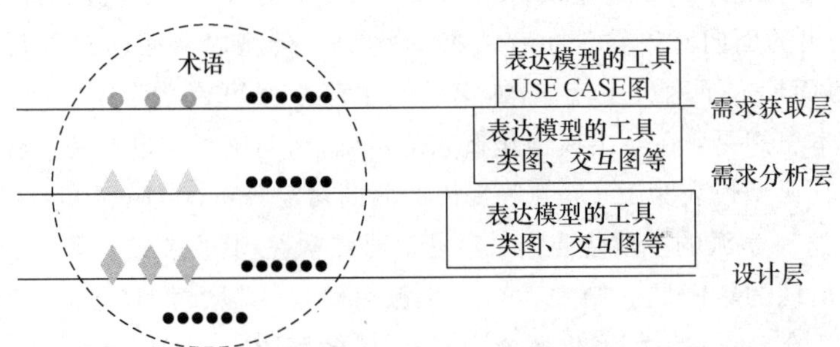

图 6.2　UML 在方法学中的角色

本章紧紧围绕以下三个问题进行讨论，即：

① UML 提供哪些术语，用于表达客观世界中的各式各样的事物；

② UML 提供哪些术语，用于表达客观世界中各式各样事物之间的关系；

③ UML 提供哪些工具，用于表示达客观世界中各种系统的模型。

6.1　表达客观事物的术语

按照 UML 的观点，客观世界的一切事物（客体），包括软件设计中的产物，可分为八大范畴，如图 6.3 所示。

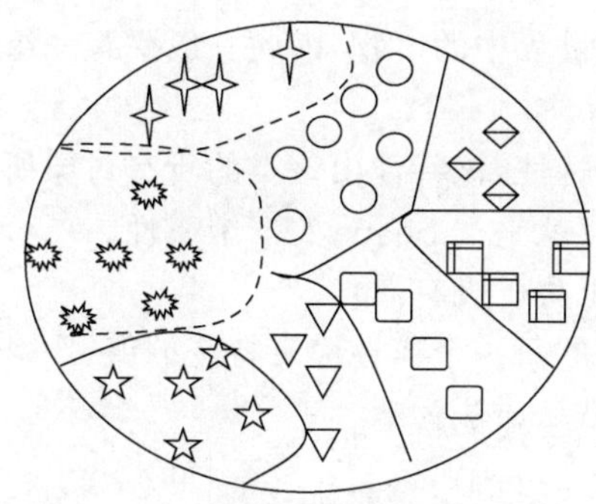

图 6.3　UML 对客观实体的分类

从语言学的角度，为了规约这八大范畴的客体，UML 引入了八个术语，即类、接口、协作、用况、主动类、构件、制品和节点，给出它们的含义和表示。UML 把它们统称为类目(classifier)，作为元信息，以便对客观世界的一切客体进行模型化。并且，为了增强对客体语义的表达，还引入一些特定的机制，例如多重性、限定符等。

另外，为了描述客体之间的关系，UML 引入了四个术语，即关联、泛化、实现和依赖，作为元信息，用于对一切客体之间的关系进行模型化。

因此，有时把以上两类术语统称为模型化概念，目的是为了支持在系统分析、设计和实现中表达所要使用的信息。

除了这两类术语之外，为了控制信息组织的复杂性，UML 还引入了用于组织特定对象结构的包。做一类比，一个包相当一个可管理的"预制块"。

最后，为了使建造的系统模型容易理解，UML 引入了表达注释的术语——注解，用于对模型增加一些辅助性说明。

本节主要讲述表达客观事物的术语。

6.1.1　类与对象(class)

类是一组具有相同属性、操作、关系和语义的对象的描述。对象是类的一个实例。

通常把类表示为具有三个栏目的矩形，每个栏目分别代表类名、属性和操作，如图 6.4 所示。

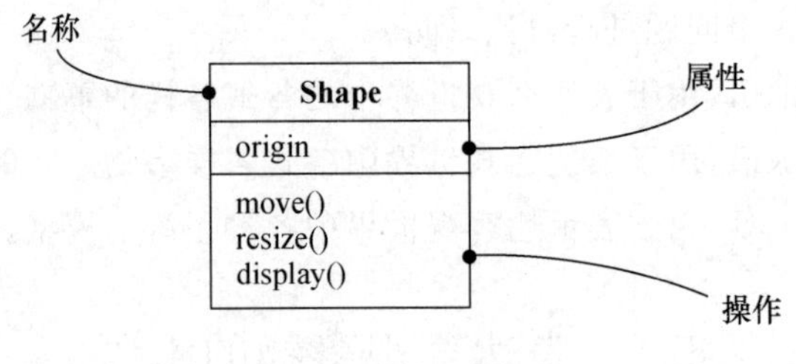

图 6.4 类的一种表示

其中,类名使用黑体字,以大写字母开始,位于第一栏的中央。类可以是抽象类,即没有实例的类。其类名采用斜体字。

由于类主要用于抽象客观世界中的事物,因此一般要有一组属性和操作。

1. 类的属性(attribute)

类的属性是类的一个命名特性,该特性由该类的所有对象所共享,是用于表达对象状态的数据。例如,图 6.4 中的 origin 就是类 Shape 的一个属性。

一个类可以有多个属性,也可以没有属性。

类的一个对象对其所属类的每一个属性应有特定的值。

在一个类中,表达属性的默认语法为

```
[可见性] 属性名 [‘:’类型][‘[’多重性‘]’]
                [‘=’初始值][{‘,’性质串}]
```

例如:

```
+ origin:Point = (0,0)
# visibility:Boolean
- xptr:XWindowPtr
```

其中,

(1) 可见性

指明该属性是否可以被其他类(类目)所使用。可见性的值可以为:

+公有的	该属性可供其他类(类目)使用之
#受保护的	该属性只有其子类(类目)才能使用之
-私有的	该属性只有本类的操作才能使用之
~包内的	该属性只有在同一包中声明的类(类目)才能使用之

另外,可以使用关键字 public、protected 和 private,表示属性可见性分别是公有的、受保护的和私有的。例如:

```
    public
       a:integer;
       b:real;
protected
   c:integer;
private
   e:real;
   f:integer;
```

引入“可见性”的目的,是为了支持信息隐蔽这一软件设计原则。所谓信息隐蔽是指在每个模块中所包含的信息(包括具有特定语义的数据和具有特定语义的处理过程)不允许其他不需要这些信息的模块访问。信息隐蔽是实现模块低耦合的一种有效途径。但是,如果一个模块中的所有信息都是不可见的,即该模块是“绝对”信息隐蔽的,那么这种模块对系统而言也绝对是毫无意义的。

(2) 属性名

属性名是一个表示属性名字的标识串。通常以小写字母开头,左对齐。

(3) 类型

类型是对属性实现类型的规约,与具体实现语言有关。例如:

name: String

其中,“name”是属性名,而“String”是该属性的类型。

(4) 多重性

多重性用于表达属性值的数目,即该类实例的这一特性可以具有的值的范围。例如:

colors[3]: Color

points[2.. *]: Point

多重性是可以省略的。在省略的情况下,意指多重性是 1..1,即属性只含一个值。如果多重性是 0..1,就有可能出现空值。例如:

name[0..1]: String

这样的声明就允许属性“name”为空值或空串。

(5) 初始值

初始值是与语言相关的表达式,用于为新创建的对象赋予初始值,如图 6.5 所示。

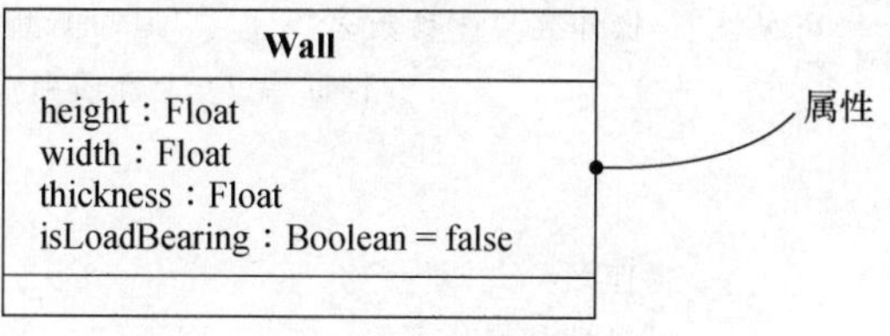

图 6.5　属性的初始值

对象的构造函数可以参数化或修改默认的初始值。初始值是可选的。如果不声明属性的初始值,那么就要省略语法中的等号。

(6) 性质串

如果说“类型”、“多重性”以及“初始值”都是围绕一个属性的取值而给出的,那么“性质串”是为了表达该属性所具有的性质而给出的。例如:

a: integer = 1{frozen}

其中,“frozen”是一个性质串,表示属性是不可以改变的。如果没有对一个属性给出这一性质串,那么就认为该属性是可以改变的。

如同其他计算机语言一样,属性也有其作用范围。为此 UML 把属性分为两类,即类范围的属性和对象范围的属性。所谓类范围的属性是指该属性被该类所有对象所共享。在 UML 中,通过在属性名和类型表达式之下画出一条线段的方式,表示该属性是类范围的属性,如图 6.6 所示。如果没有声明一个属性是类范围的属性,那么它就是实例范围的属性。

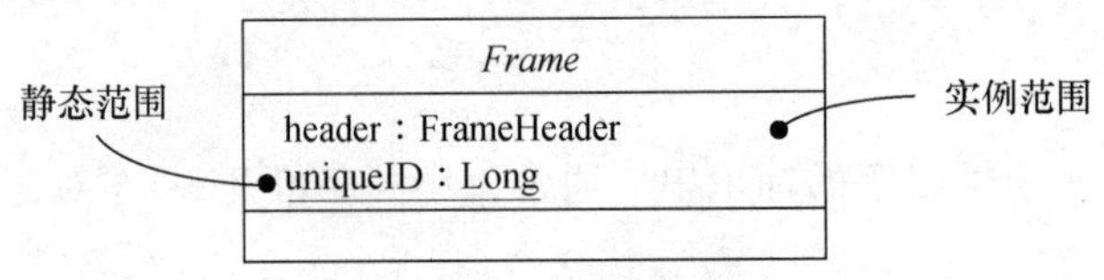

图 6.6　类范围的属性

2. 类的操作(operation)

操作是对一个类中所有对象要做的事情的抽象,如图 6.7 所示。

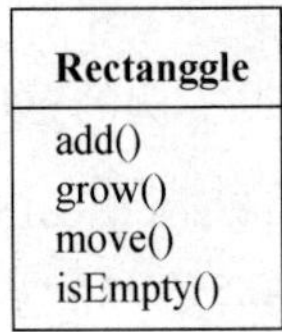

图 6.7　类的操作

操作可以被其他对象所调用,调用一个对象上的操作可能会改变该对象的数据或状态。因此从另一角度来说,操作是对外提供的一个服务。

一个类可以有多个操作,也可以没有操作。操作可以是抽象操作,即在类中没有给出实现的操作。

表达操作的完整语法格式为:

[可见性]　操作名['('参数表')'[':'返回类型]
[性质串{',' 性质串}]

例如:

display	操作名
+ display	可见性和操作名
set (n : Name, s : String)	操作名和参数
getID ( ) : Integer	操作名和返回类型
restart ( ) {gaurded}	操作名和特性

其中,

(1) 可见性

如同属性的可见性一样,其值可以为:

+公有的	该操作可供其他类(类目)访问之
#受保护的	该操作只有其子类(类目)才能访问之
-私有的	该操作只有本类的操作才能访问之
~包内的	该操作只有在同一包中声明的类(类目)才能访问之

另外,可以使用关键字 public、protected 和 private,表示操作可见性分别是公有的、受保护的和私有的。

(2) 操作名

操作名是该操作的标识,是一正文串。通常是以小写字母开头的动词或动词短语,左对齐,例如 restart()。如果是动词短语的话,除第一个字母外,其余每个词的第一个字母为大写,例如 isEmpty()。若操作是一个抽象操作,则以斜体字表示之。

(3) 参数表

给出该操作的参数。一个操作可以有参数表,也可以没有。如果有参数表的话,其语法为

[方向]参数名:类型[= 默认值]

方向是对输入/输出的规约,其取值可以为:

in	输入参数,不能修改之
inout	输入参数,为了与调用者进行信息通信,可能要对之进行修改
out	输出参数,为了与调用者进行信息通信,可能要对之进行修改

类型是实现类型的(与语言有关)规约

默认值是一个值表达式,用最终的目标语言表示。该项是可选的

(4) 返回类型

返回类型是对操作的实现类型或操作的返回值类型的规约,它与具体的实现语言有关。如果操作没有返回值(例如 C++ 中的 void),就省略冒号和返回类型。当需要表示多个返回值时,可以使用表达式列表。

根据实际问题的需要,可以省略全部的参数表和返回类型,但不能只省略其中的一部分。

(5) 性质串

给出应用于该操作的特性值。该项是可选的,但若省略操作的特性串,就必须省略括号。UML 提供了以下标准的特性值:

leaf	指明该操作是"叶子"操作
abstract	指明该操作是抽象操作
query	指明该操作的运行不会改变系统状态,即是完全没有副作用的纯函数
sequential	指明在该类对象中,一次仅有一个控制流;当出现多个控制流时,就不能保证该对象的语义和完整性
guarded	指明执行该操作的条件,实现操作调用的顺序化,即一次只能调用对象的一个操作,以保证在出现多控制流的情况下,对象具有的语义和完整性
Concurrent	指明来自并发控制流的多个调用可以同时作用于一个对象的任何一个并发操作,而所有操作均能以正确的语义并发进行。并发操作必须设计成:在对一个对象同时进行顺序的或监护的操作情况下仍能正确地执行
static	指明该操作没有关于目标对象的隐式参数,其行为如同传统的全局过程

在以上给出的标准特性值中,一些是用于表达操作的并发语义的,例如 guarded、Concurrent 等,这些特性是一些仅与主动对象、进程或线程有关的特性。如果没有给出并发语义的说明,那么就认为操作是顺序执行的。

如类的属性一样,操作也分为类范围的操作和对象范围的操作。对于类范围的操作,是通过在操作名和类型表达式串之下画一条线段表示之,否则就是实例范围的操作。

在实际应用中,可以把一个类表达为如图 6.8 所示的三种形式。

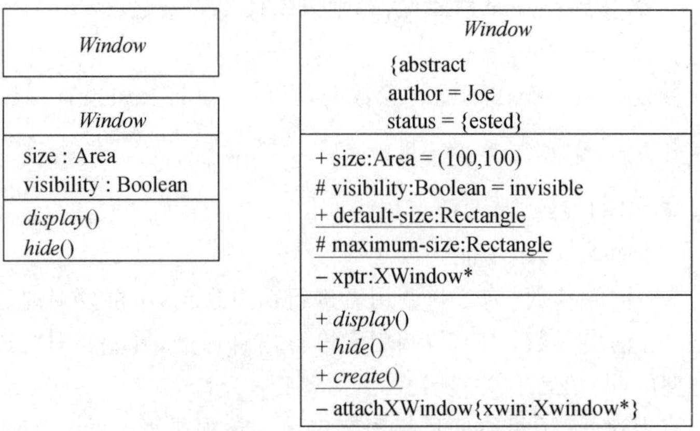

图 6.8 类的三种表示法

其中,左上方的图没有显示类的细节,左下方的图显示了类的一定细节,右边的图显示了类的更多细节。并且根据类所在的应用场景,其类名可以采用如图 6.9 所示的形式。其中,一种是简单名,另一种是受限名。

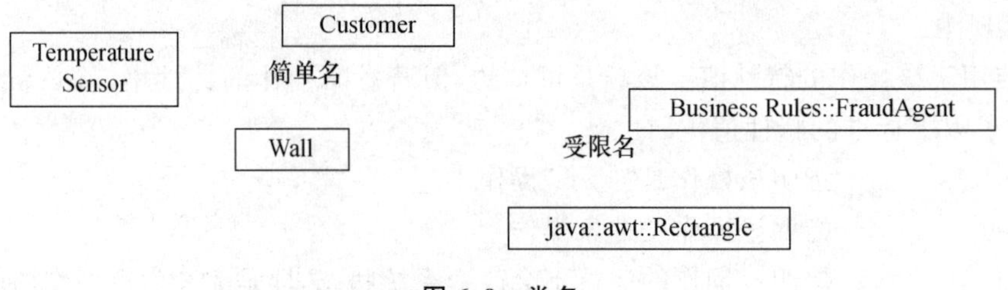

图 6.9 类名

在实际应用中,可以根据需要给出如图 6.10 所示的对象表示。

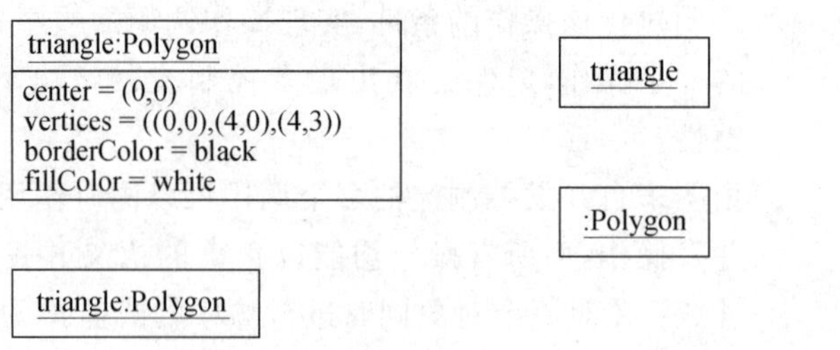

图 6.10 对象的表示

图 6.10 中左上方图表明,类 Polygon 的对象 triangle 有 4 个属性,且每一属性均有初值,但没有操作;左下方图表明,类 Polygon 的一个对象,名为 triangle,但没有给出属性信息;右上

方图仅表明有一个对象，其名字为 triangle；右下方图表明，是类 Polygon 的对象，但该对象是匿名的。

可见，在表达一个对象中，使用了该对象所属的类名，并在类名和对象名之下有一条下划线。其中，可以省略对象名，在这种情况下，需要保留冒号和类名，这表示该对象是给定类的一个匿名对象；可以不显示对象的类（和冒号一起），也可以不显示整个属性栏，还可以不显示对其值不感兴趣的属性。

3. 关于类语义的进一步表达

在实际应用中，如果仅仅给出一个类的名字、属性和操作，由此所表达的语义仍不能很好地满足以后设计需要的话，还可以对该类的语义做进一步地描述。

下面给出几种在实际工作中可采用的、增强类语义的描述技术：

(1) 详细叙述类的职责(responsibility)，如图 6.11 所示。

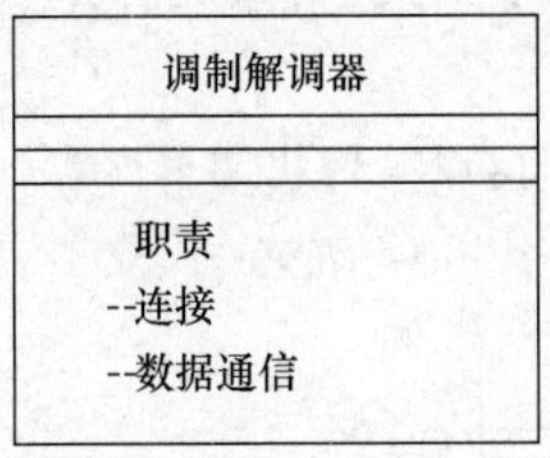

图 6.11　类的责任示例

该描述技术是指以正文的形式，给出该类在系统中所承担的任务和责任。显然这是一种非形式化的语义描述技术。

通过定义类的职责，可以表达一个类的目的，这往往是对类进行模型化的起点。在此基础上，可以进一步定义类的属性和操作。例如：为了实现调制解调器(modem)的责任——连接和数据通信，可以定义以下四个操作：

```
modem
{ public void dial (string pno);
          public void hangup ();
          public void send (char c);
          public void recv ();
          }
```

其中，操作“public void dial (string pno)”和“public void hangup ()”用于实现责任“连接处理”；而操作“public void send (char c)”和“public void recv ()”用于实现责任“数据通信”，并标识了它们所需要的属性。

在采用这种技术为一个类增加有关“目的”方面的信息时，若想使该类具有良好结构，一般应遵循单一职责原则(SRP)，即就一个类而言，应仅有一个引起它变化的原因。这条原则通常被称为内聚性原则。在实际应用中，一个类一般至少要有一个职责，但最多也只能是当时所能考虑到的几个。如果责任过多，势必为以后由于需求的变更而带来维护上的困难。

(2) 通过类的注解和/或操作的注解,以结构化文本的形式和/或编程语言,详述注释整个类的语义和/或各个方法,如图 6.12 所示。

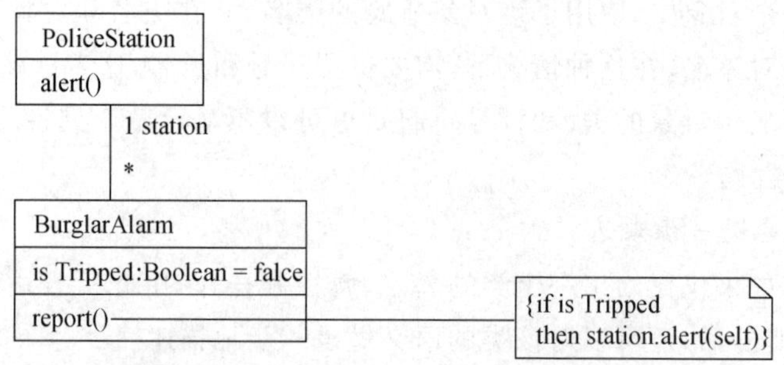

图 6.12 通过注解来表达操作的语义

在这个例子中,通过注解,以结构化文本或编程语言,给出操作“report()”的方法,来增加该类的语义信息。

(3) 通过类的注解或操作的注解,以结构化文本形式,详细注释各操作的前置条件和后置条件,甚至注释整个类的不变式,如图 6.13 所示。

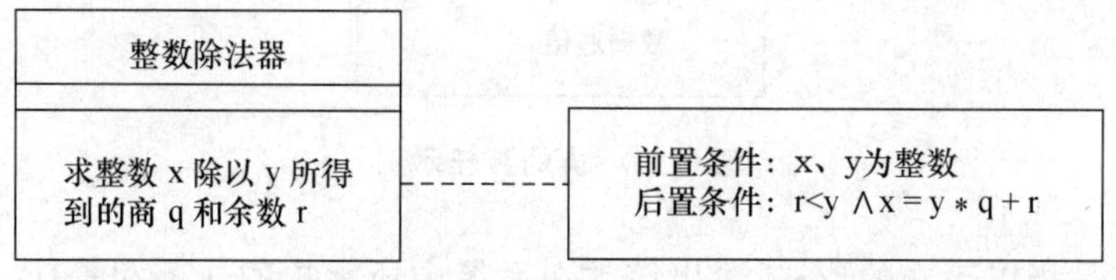

图 6.13 通过前置条件和后置条件来表达类的不变式

在这一例子中,通过类的注解,给出了类“整数除法器”的前置条件和后置条件,并给出了该类的不变式 $x = y * q + r$。

另外,如果熟悉 OCL(对象约束语言)的话,可以使用这样的形式化语言,详述各操作的前置条件和后置条件,甚至注释整个类的不变式。

(4) 详述类的状态机。例如:在嵌入式系统中,可以把一个控制器作为一个类,该类的控制行为可用状态图表示,如图 6.14 所示。

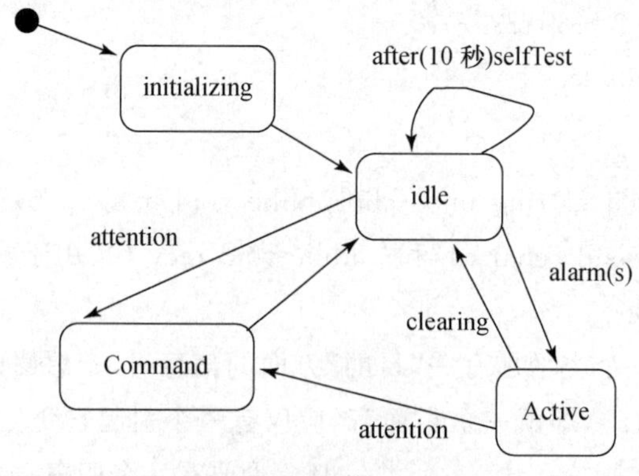

图 6.14 控制器的状态图

图 6.14 中，在该状态图的休眠状态上，有一个由时间事件触发的自转移，意指每隔 10 秒，接受传感器的 alarm 事件。该状态图没有终止状态，意指该控制器不间断地运行。

关于状态图的详细内容可参见 6.5 节模型表达工具。

(5) 详述类的内部结构。详细内容可参见有关类的活动图。

(6) 详述一个体现类的协作，如图 6.15 所示。

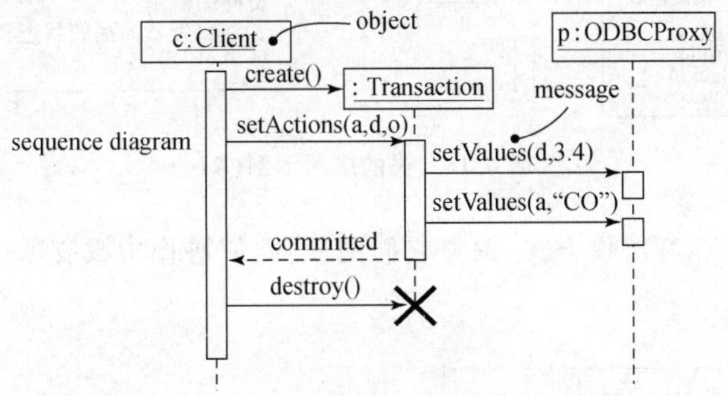

图 6.15 类与其他类的协作

图 6.15 中，类"Transaction"的一个对象"：Transaction"，是由类"Client"的一个对象"：Client"创建的，而后向"：Transaction"发送消息，而对象"：Transaction"为了完成自己的任务，又向类"ODBCProxy"的一个对象"：ODBCProxy"发送消息，并当完成任务后向对象"：Client"发送消息"committed"。

关于交互图的详细内容可参见 6.5 节模型表达工具。

由上可见，类的语义表达，其粗细程度取决于所采用的描述手段。应用中到底需要表达到何种程度，这取决于建模的意图。例如，如果是为了与最终用户和领域专家沟通，那么就可以采用较低的形式化手段；如果是为了支持正向和逆向工程，即需要在模型和代码之间进行转换，那么就应该采用较高的形式化手段；如果是为了对模型进行推理，证明其正确性，那么就应该采用很高的形式化手段。但应当特别注意，即使采用形式化程度低的手段，这并不意味着不精确，而是意味着不够完整、不够详细。

在实际应用中，往往需要针对系统中的不同抽象，对以上描述技术进行必要的组合。

4. 类在建模中的主要用途

在建立系统模型中，问题中的大量信息均可用类来规约之，形成系统模型中具有特定结构的成分。具体地说，类的作用主要有三：

(1) 模型化问题域中的概念(词汇)。例如，可以把一个产品交易中"客户"、"订单"、"发票"、"仓储"等概念，模型化为产品交易系统中的类，如图 6.16 所示。

至于如何模型化问题域中的概念，将在下一章中讲解。

(2) 建立系统的职责分布模型。建立系统职责分布模型的目标是：均衡系统中每一个类的职责，使其完成一件事情，以避免类过大或过小。如果一个类过大，则使该类难于复用；如果一个类过小，则使该类难于理解和管理。为了实现这一目标，应做以下工作：

① 为了完成某些行为，标识一组紧密协同工作的类，并标识其中每个类的责任集。

② 从整体上观察这些类，把其中职责过多的类分解为一些较小的抽象，而把职责过于琐碎的类合并为一个较大的类，继之重新分配职责。

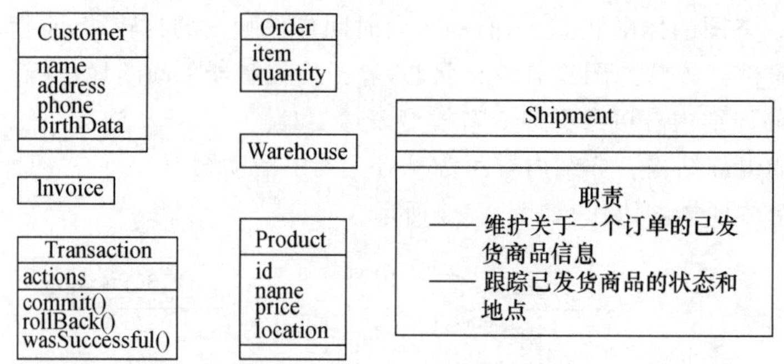

图 6.16　类的应用示例(A)

③ 考虑这些类的相互协作方式,调整它们的职责,使协作中没有哪一个类的职责过多或过少,如图 6.17 所示。

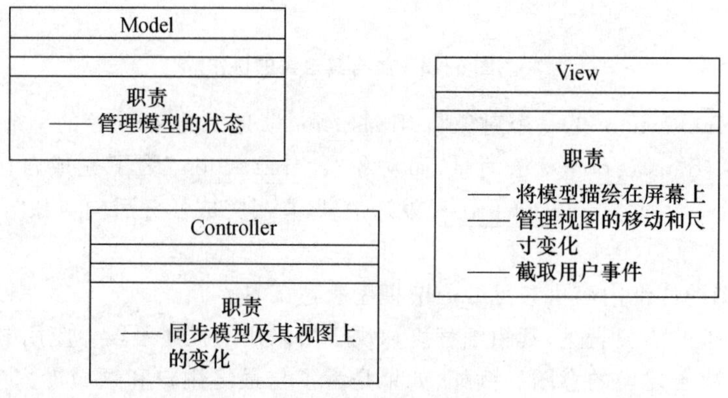

图 6.17　类的应用示例(B)

(3) 模型化建模中使用的基本类型。基本类型是指整型、实型、字符型以及相关的数组类型、记录类型、枚举类型等。对基本类型进行模型化,主要应做以下工作:

① 如果需要对类型或枚举类型进行抽象时,可使用适当衍型类来表示。

② 当需要详细描述与该类型相关的值域时,可使用约束,如图 6.18 所示。

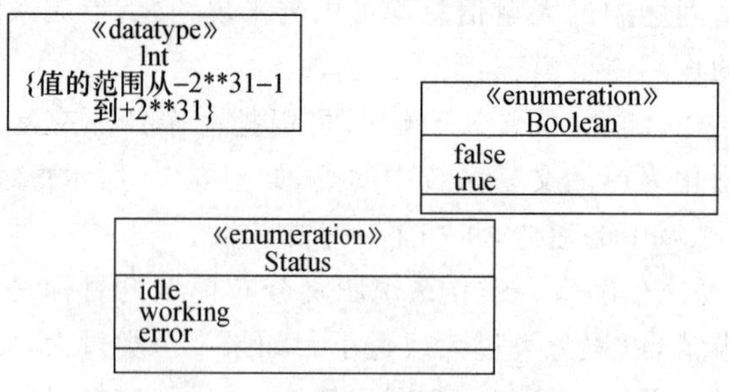

图 6.18　类的应用示例(C)

在系统建模中,由于类是使用最多的一个术语,因此应使系统中的每一个类成为符合以下条件的结构良好的类:

③ 明确抽象了问题域或解域中某个有形事物或概念。

④ 包含了一个小的、明确定义的职责集，并能很好地实现之。

⑤ 清晰地分离了抽象和实现。

6.1.2　接口(interface)

接口是操作的一个集合，其中每个操作描述了类、构件或子系统的一个服务。接口表示通常如图 6.19 所示。

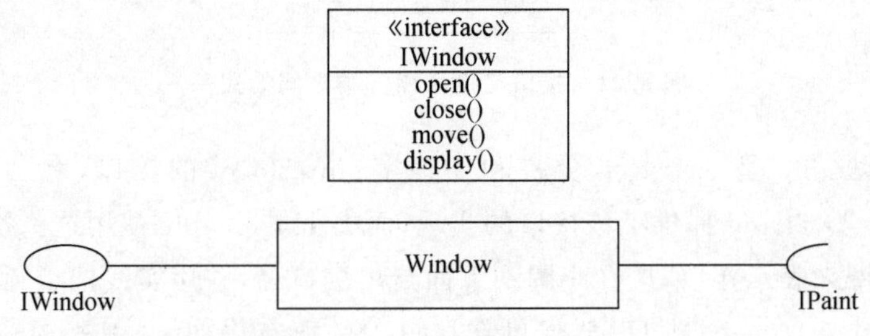

图 6.19　接口表示示例

该图表明，接口可用两种形式表示之，一种是采用具有分栏和关键字《interface》的矩形符号来表示，一种是采用小圆圈来表示。其中，左边的圈表示由类提供的接口，简称供接口；右边的半圈表示类需要的接口，简称需接口。

从第二种表示可以看出，接口的基本作用是模型化系统中的“接缝”。换言之，通过声明一个接口，表明一个类、构件、子系统为其他类、构件、子系统提供了所需要的、且与实现无关的行为；或表明一个类、构件、子系统所要得到的、且与实现无关的行为。

接口均有一个名字。根据实际应用场景，可以使用简单名，也可以使用受限名，如图 6.20 所示。

图 6.20　接口名示例

如果需要显示接口中操作列表的话，就应该使用矩形来表示接口，而不应使用小圆圈来表示接口。

如果采用具有分栏和关键字《interface》的矩形符号来表示接口，就要在操作分栏中给出该接口所支持的操作列表。此时该接口的属性栏是空的。

实现接口的类(类目)与该接口之间是一种实现关系，用带有实三角箭头的虚线表示之。使用接口的类(类目)和该接口之间是一种使用关系，用带有《use》标记的虚线箭头表示之，如图 6.21 所示。

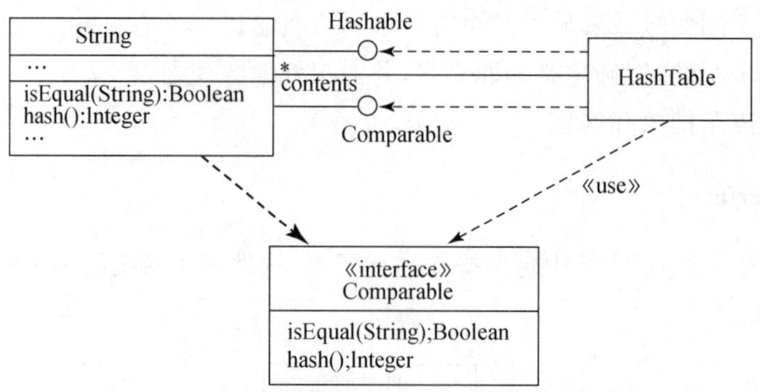

图 6.21 接口与提供操作类之间的关系

图 6.21 中 Comparable 是一个具有分栏和关键字《interface》的接口,有 2 个操作,分别是 isEqual 和 hash。类 String 提供了该接口的实现,而类 HashTable 使用这一接口。

若采用小圆圈来表示接口,应在小圆圈下面给出接口名,并用实线把小圆圈连接到支持它的类目上。这意味着这一类(类目)要提供在接口中的所有操作,一般来说,这些操作是该类(类目)操作的一个子集。用指向小圆圈的虚线箭头,把使用或需要该接口所提供的操作的类(类目)连到小圆圈。

依据系统建模的需要,可以对接口采用一定手段,进一步增强其语义的表达。其实用的主要手段有:

(1) 可对接口的每一操作给出前置条件和后置条件,并为相关的整个类或构件给出不变式;甚至还可使用 OCL 形式化地描述其语义。

(2) 可以使用状态机来描述接口的预期行为。

(3) 可以使用一系列的交互图和协作,详细描述接口的预期行为。

在建立系统模型中,若使用接口对系统中那些"接缝"进行模型化时,应注意以下问题:

(1) 接口只可以被其他类目使用,而其本身不能访问其他类目。

(2) 接口描述类(构件或子系统)的外部可见操作,通常是该类(构件或子系统)的一个特定有限行为。这些操作可以使用可见性、并发性、衍型、标记值和约束来修饰。

(3) 接口不描述其中操作的实现,也没有属性和状态。据此可见,接口在形式上等价于一个没有属性、没有方法而只有抽象操作的抽象类。

(4) 接口之间没有关联、泛化、实现和依赖,但可以参与泛化、实现和依赖,如图 6.22、图 6.23 所示。

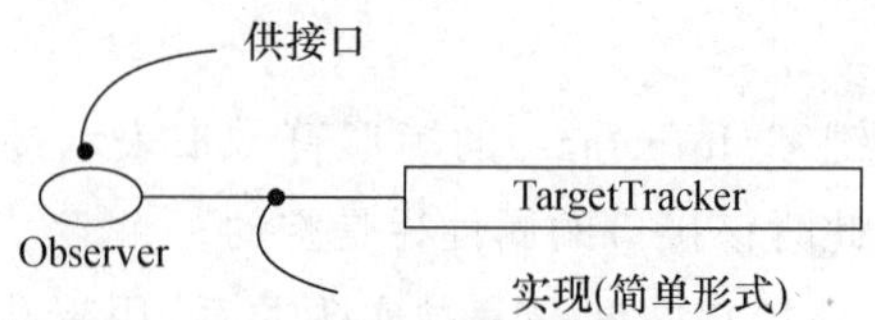

图 6.22 接口参与实现示例

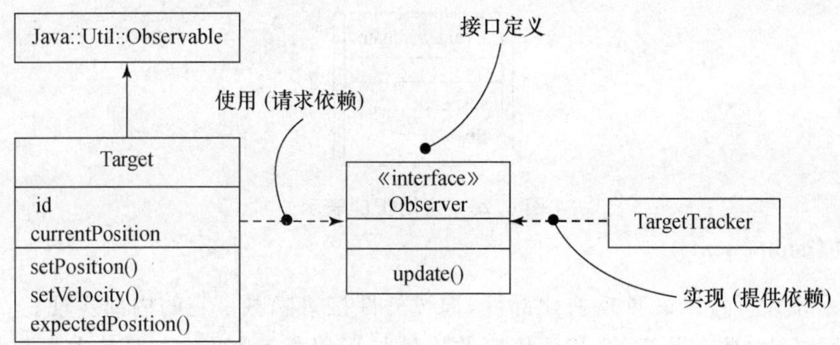

图 6.23　接口参与泛化示例

以上,比较详细地介绍了 UML 中用于规约客观事物的两个重要术语：类和接口,除此之外,还有 6 个可抽象描述客观事物的术语,它们是：协作、用况、主动类、构件、制品和节点。下面只对这些术语作一概念性的介绍,在介绍其他内容而使用它们时,再对之进行较为详细的讲解。

6.1.3　协作(collaboration)

协作是一个交互,涉及交互三要素：交互各方、交互方式以及交互内容。交互各方之间的相互作用,提供了某种协作性行为。

可见,可以通过协作来刻画一种由一组特定元素参与的、具有特定行为的结构。这组特定元素可以是给定的类或对象,因此,协作可以表现系统实现的构成模式。

在 UML 中,协作表示为虚线椭圆,如图 6.24 所示。

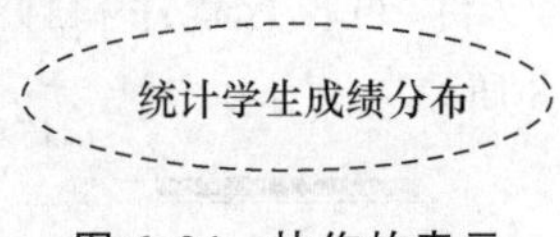

图 6.24　协作的表示

6.1.4　用况(use case)

用况是对一组动作序列的描述,系统执行这些动作应产生对特定参与者有值的、可观察的结果。

用况一般用于模型化系统中的行为,是建立系统功能模型的一个重要术语。通过协作可以对用况所表达的系统功能进行细化。

在 UML 中,把用况表示为实线椭圆,如图 6.25 所示。

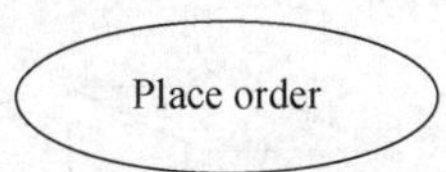

图 6.25　用况的表示

6.1.5　主动类(active class)

主动类是一种至少具有一个进程或线程的类。由此可见,主动类能够启动系统的控制活动,并且,其对象的行为通常是与其他元素行为并发的。

在 UML 中,主动类的表示与类的表示相似,只是多了两条竖线,如图 6.26 所示。

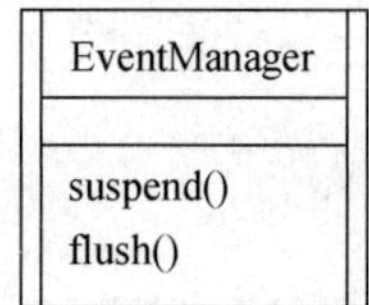

图 6.26　主动类的表示

6.1.6　构件(component)

构件是系统设计中的一种模块化部件,通过外部接口隐藏了它的内部实现。

在一个系统中,具有共享的、相同接口的构件是可以相互替代的,但其中要保持相同的逻辑行为。构件是可以嵌套的,即一个构件可以包含一些更小的构件。

在 UML 中,构件表示如图 6.27 所示。

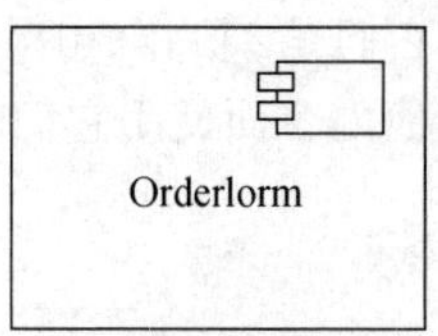

图 6.27　构件的表示

6.1.7　制品(artifact)

制品是系统中包含物理信息(比特)的、可替代的物理部件。

制品通常代表对源代码信息或运行时的信息的一个物理打包,因此在一个系统中,可能存在不同类型的部署制品,例如源代码文件,可执行程序和脚本。

在 UML 中,制品表示如图 6.28 所示。

图 6.28　制品的表示

6.1.8　节点(node)

节点是在运行时存在的物理元素,通常表示一种具有记忆能力和处理能力的计算机资源。一个构件可以驻留在一个节点中,也可以从一个节点移到另一个节点。

在 UML 中,节点表示如图 6.29 所示。

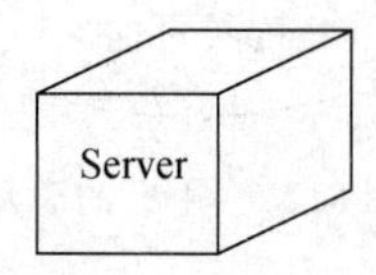

图 6.29　节点的表示

以上介绍了用于抽象客观事物的 8 个术语,它们是:类、接口、协作、用况、主动类、构件、制品、节点。UML 把这些术语统称为类目。在一个 UML 模型中,也可包含它们的一些变体,例如:在 use case 模型中,参与者(actor)是类的变体。类的变体还有信号、实用程序等;主动类的变体有进程和线程等;制品的变体有应用、文档、库、页和表等。

6.2 表达关系的术语

基于面向对象的世界观,"客体之间的相互依赖和相互作用,构成了现存的各式各样的系统",为了表达各类事物之间的相互依赖和相互作用,即为了表达各类事物之间的关系,UML 给出了 4 个术语:

关联(association)

泛化(generalization)

细化(realization)

依赖(dependency)

通过使用这 4 个术语,可以表达类目之间各种具有特定语义的关系,构造一个结构良好的 UML 模型。

6.2.1 关联(association)

关联是类目之间的一种结构关系,是对一组具有相同结构、相同链(links)的描述。链是对象之间具有特定语义关系的抽象,实现之后的链通常称为对象之间的连接(connection),如图 6.30 所示。其中,"Person"和"Company"是两个类,类 Person 中的对象"人"在类 Company 中的对象"公司"中工作。例如,{〈张三,联想〉,〈王五,青鸟〉,〈李四,思科〉,〈王二,联想〉,……},是一个关联,其中的链具有相同结构和相同的语义,即"某某人在某某公司工作",例如〈张三,联想〉意指"张三在联想公司工作"。

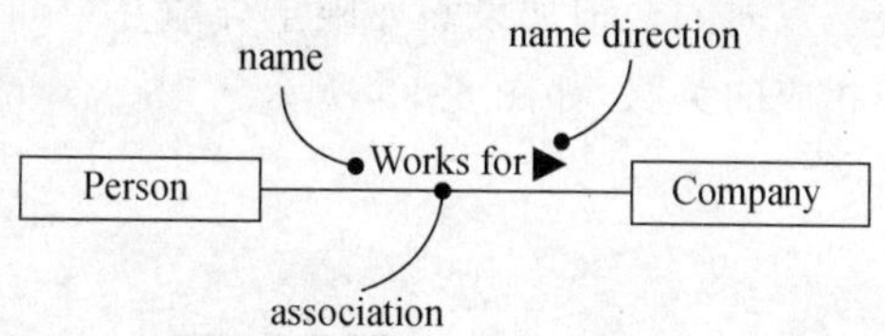

图 6.30 关联示例

关联用一条连接两个类目的线段表示,并可对之命名,例如"Work for"。如果其结构具有方向性,可用一个实心三角形来指示关联的方向。

如果一个关联只连接两个类目,称为二元关联;如果一个关联连接 n 个类目,称为 n 元关联。图 6.31 给出一个三元关联的示例。

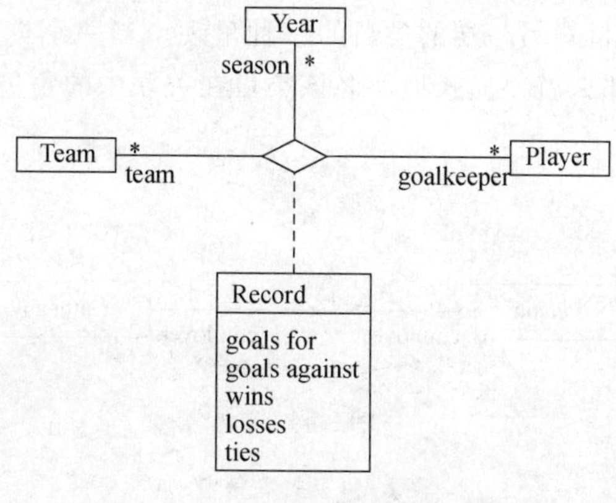

图 6.31 三元关联

从数学的角度来说,关联是具有特定语义的一组偶对的集合,其中每一个偶对是一个链,如图 6.32 所示。

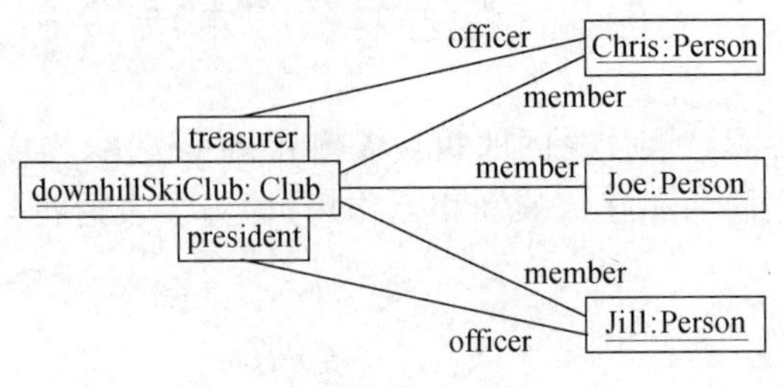

图 6.32　链

与类相比:类是一组具有相同属性、操作、关系和语义的对象的描述;而关联是一组具有相同结构和语义的链的描述。

为了表达关联的语义,UML 采用了以下途径:

(1) 关联名(name)

关联可以有一个名字,用于描述该关联的"内涵",如上图中的"Work for"。

(2) 导航

对于一个给定的类目,可以找到与之关联的另一个类目,这称之为导航。一般情况下,导航是双向的。但如果需要限定导航是单向的,这时就可以通过一个指示方向的单向箭头来修饰相应的关联,如图 6.33 所示。

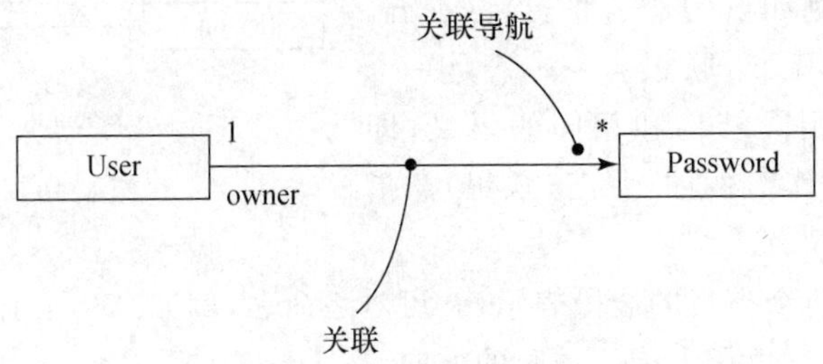

图 6.33　关联的单向导航

(3) 角色(role)

角色是关联一端的类目对另一端的类目的一种呈现。当一个类目参与一个关联时,如果它具有一个特定的角色,那么就要显式地命名该类目在关联中的角色,并把关联一端所扮演的角色称为端点名,如图 6.34 所示。

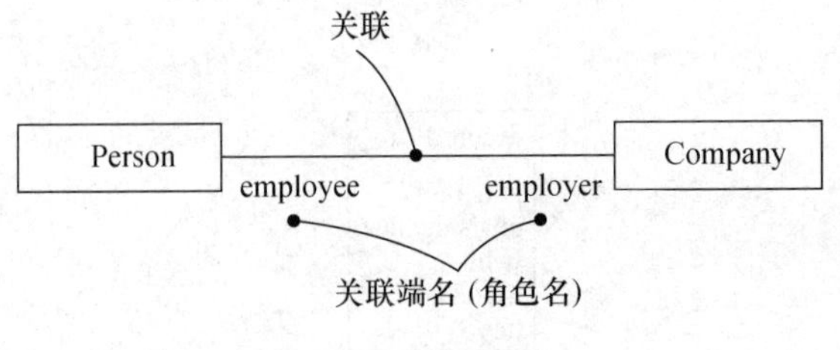

图 6.34　关联角色

一个类目可以在不同的关联中扮演不同的角色，如图 6.35 所示。

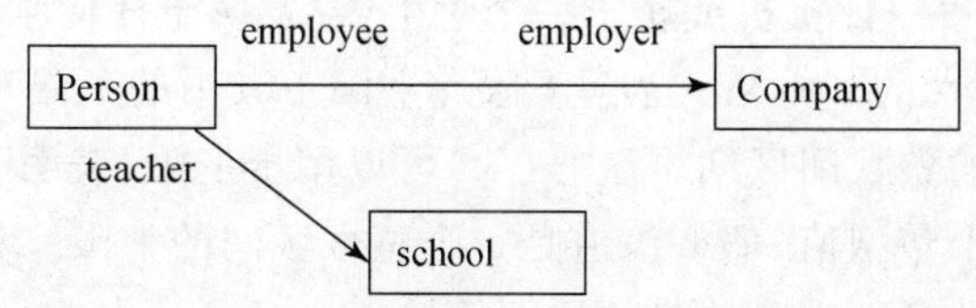

图 6.35　类在关联中的不同角色

其中，类“Person”中的一个对象，就具有 employee 和 teacher 两种角色。

(4) 可见性

通过导航可以找到另一类目的实例，但在有些情况下，需要限制该关联之外的实例通过关联访问相关的对象，如图 6.36 所示。

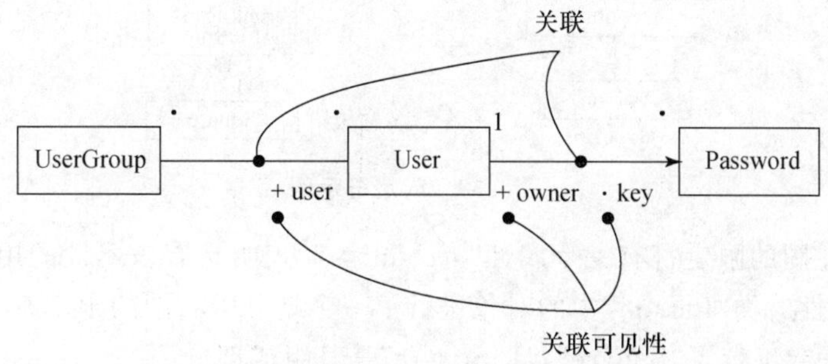

图 6.36　关联的可见性示例

其中，UML 通过在角色名前添加符号＋、－、＃ 和～，来描述该关联的可见性。

＋	公共可见的
－	对该关联之外的任何对象而言，该端的对象是不可见的
＃	该端的对象只有另一端的“子孙”是可访问的
～	在同一包中声明的类是可访问的

(5) 多重性(multiplicity)

类(类目)中对象参与一个关联的数目，称为该关联的多重性，如图 6.37 所示。

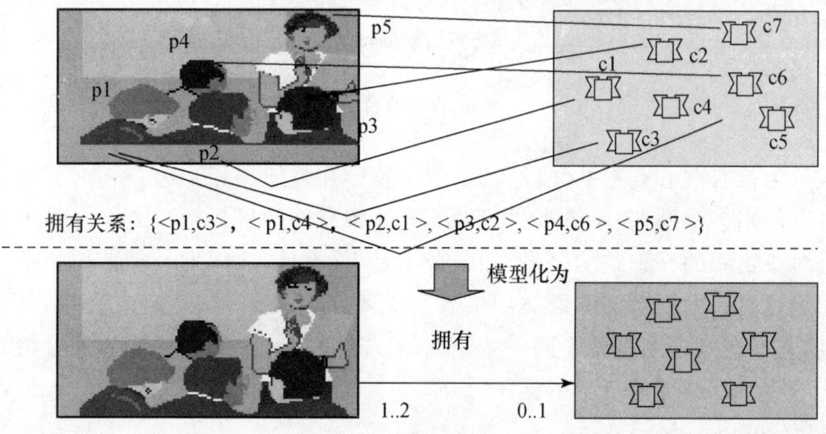

图 6.37　关联的多重性示例

其中,图中的"1..2"和"0..1"都是多重性。"1..2"指出每一学生拥有1台计算机,最多拥有2台计算机;"0..1"指出每一计算机或属于一个学生,或不属于任何学生。

一般来说,表达多重性的基本格式为:下限..上限。其中的下限和上限都是整型值,表达的是一个从下限到上限的整数闭区间。星号(*)可以用于上限,表明不限制上限。

如果多重性只是一个整型值,那么该值是一个整数区间的上限。如果多重性是单个(*),那么它就表明了无穷的非负正整数的范围,即等阶于0..*。多重性0..0是没有实际意义的,表明没有实例能产生。

(6) 限定符(qualifier)

限定符是一个关联的属性或属性表,这些属性的值将对该关联相关的对象集做了一个划分,如图6.38所示。

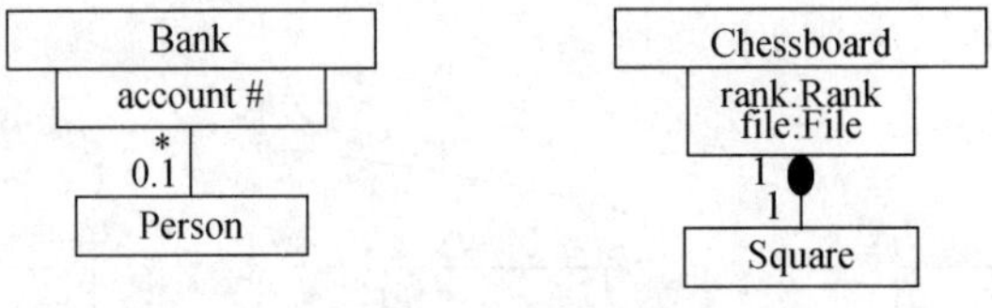

图6.38 限定符示例

图6.38中,左图的限定符有一个属性"account #",表明具有该属性的用户才能参与这一关联。可见,该属性对类"Person"中的对象进行了一个划分。右图的限定符有两个属性,它们与"Chessboard"一起确定了"Square",且"Square"是其组成部分。

(7) 聚合(aggregation)

分类是增强客观实际问题语义的一种手段。通过"一个类(类目)是另一类(类目)的一部分"这一性质,对关联集进行分类,凡满足这一性质的关联,被称为是一个聚合。显然聚合是关联的一种特殊形式,表达的是一种"整体/部分"关系,如图6.39所示。

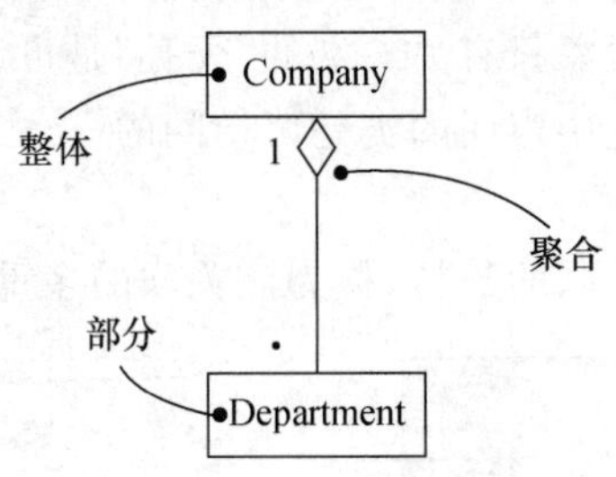

图6.39 聚合示例

聚合表示为带有空心菱形的线段,其中空心菱形在整体类那一边。

聚合可以使用多重性,表示各类(类目)参与该聚合的数目。

聚合是对象之间的一种结构关系,即聚合不是类(类目)之间的一种结构关系。

在应用聚合这一术语对实际问题中的这类关系进行抽象时,一定要注意:不论是整体类还是部分类,它们在概念上是处于同一个层次的。这是把一个实体标识为一个类的属性,还是把它标识为一个"部分类"的基本依据。

(8) 组合(composition)

组合又是聚合的一种特殊形式。如果在一个时间段内,整体类的实例中至少包含一个部分类的实例,并且该整体类的实例负责创建和消除部分类的实例,特别地,如果整体类的实例和部分类的实例具有相同的生存周期,那么这样的聚合称为组合。

根据组合的定义,不难得出以下结论:

① 在一个组合中,组合末端的多重性显然不能超过1;

② 在一个组合中,由一个链所连接的对象而构成的任何元组,必须都属于同一个整体类的对象。

组合表示有三种形式,一种形式是将部分类的名字直接放到整体类的属性栏中;一种是用带有实心菱形的线段,其中实心菱形在整体类那一边;一种形式是将部分类放到整体类的一个栏目中,如图6.40所示。

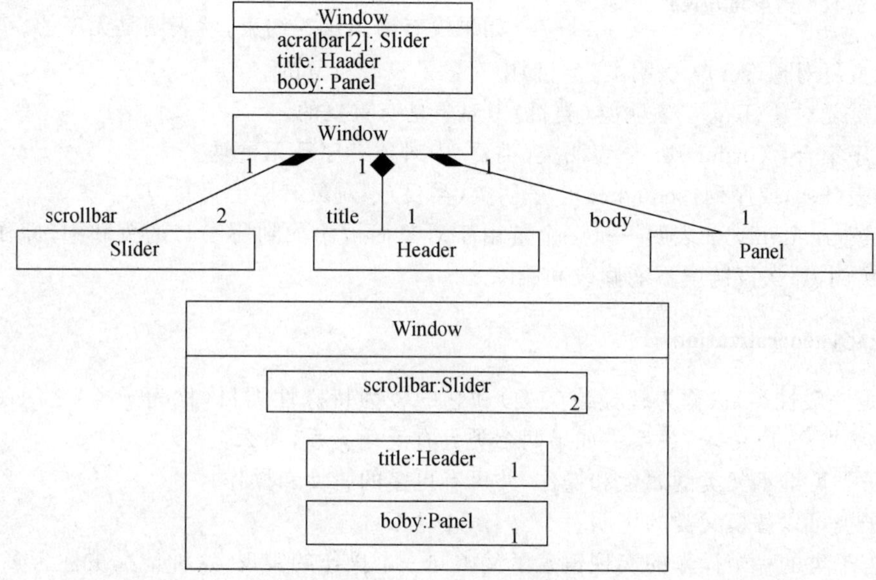

图6.40　组合的表示

(9) 关联类

关联类是一种具有关联和类特性的模型元素。一个关联类,可以被看作是一个关联,但还有类的特性;或被看作是一个类,但有关联的特性,如图6.41所示。

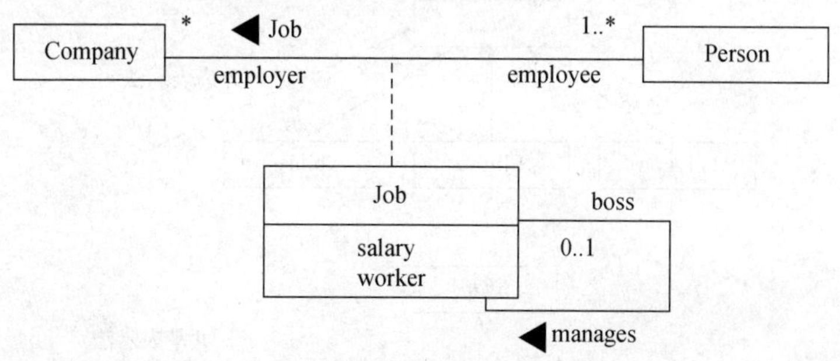

图6.41　关联类示例

其中,类Job是一个关联类,用于进一步表达关联◀Job的语义。

如果关联类只有属性而没有操作或其他关联,名字可以显示在关联路径上,从关联类符号中省去,以强调其"关联性质"。如果它有操作和其他的关联,那么可以省略路径中的名字,并将他们放在类的矩形中,以强调其"类性质"。在关联路径的两端可能都具有通常的附属信息,类符号也可以具有通常的内容,但在虚线上没有附属信息。

尽管把一个关联类画成一个关联(虚线)和一个类,但它仍然是一个单一的模型元素。

(10) 约束

为了进一步描述关联一端类的性质,UML 还给出了 6 个约束:

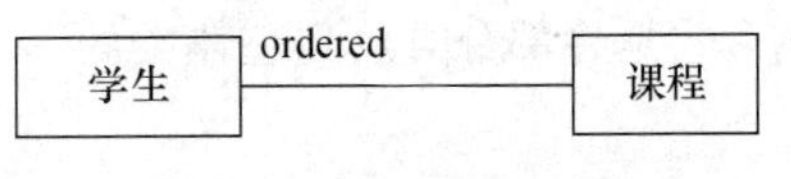

图 6.42　约束"ordered"

① 有序(ordered):表明类(类目)中实例是有序的。例如,如果学生选课是按时间排序的,那么就可以把这一事实标明为"ordered"(见图 6.42)。

如果没有给出这一约束,就表明是无序的。

② 无重复对象(set):表明类(类目)中对象是没有重复的。

③ 有重复对象(bag):表明类(类目)中对象是有重复的。

④ 有序集合:(order set):表明类(类目)中对象有序且无重复。

⑤ 列表(list)或序列(sequence):表明类(类目)中对象有序但可重复。

⑥ 只读(readonly):表明一旦一个链由于对象而被添加到所参与的关联中,即作为该关联的一个实例,那么该链就不能修改和删除之。

6.2.2　泛化(generalization)

泛化是一般性类目(称为超类或父类)和它的较为特殊性类目(称为子类)之间的一种关系,有时称为"is-a-kind-of"关系。如果两个类具有泛化关系,那么:

(1) 子类可继承父类的属性和操作,并可有更多的属性和操作;

(2) 子类可以替换父类的声明;

(3) 若子类的一个操作的实现覆盖了父类同一个操作的实现,这种情况被称为多态性,但两个操作必须具有相同的名字和参数;

(4) 泛化可以存在于其他类目之间创建,例如在节点之间、类和接口之间等。

可见,泛化是一种支持复用的机制。

在 UML 中,把泛化表示成从子类(特殊类)到父类(一般类)的一条带空心三角形的线段,其中空心三角形在父类端,如图 6.43 所示。

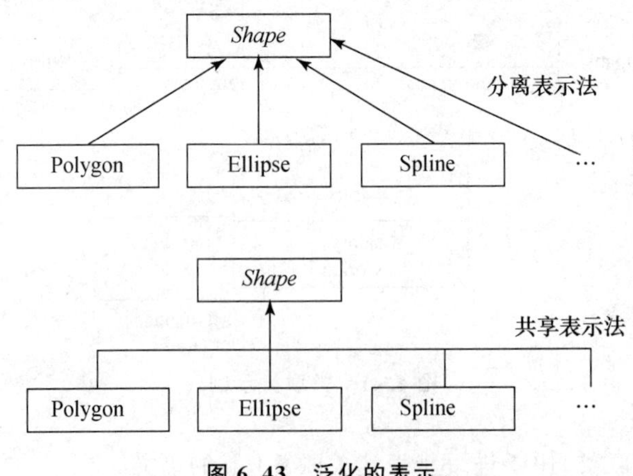

图 6.43　泛化的表示

一个类可以有 0 个、1 个或多个父类。没有父类且最少有一个子类的类被称为根类或基类;没有子类的类称为叶子类,如图 6.44 所示。

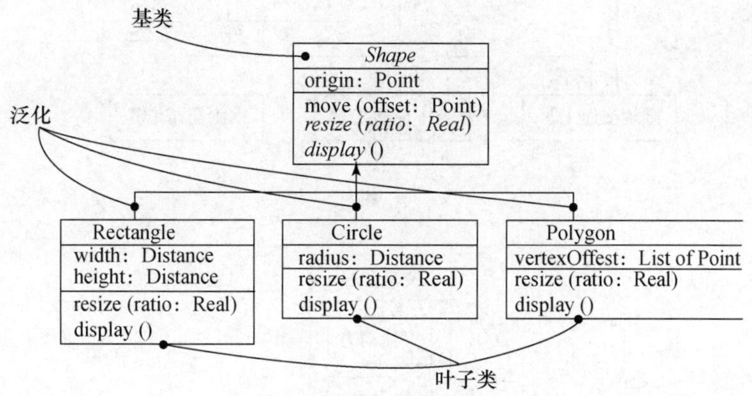

图 6.44　泛化中的基类

如果一个类只有一个父类,则说它使用了单继承;如果一个类有多个父类,则说它使用了多继承,如图 6.45 所示。

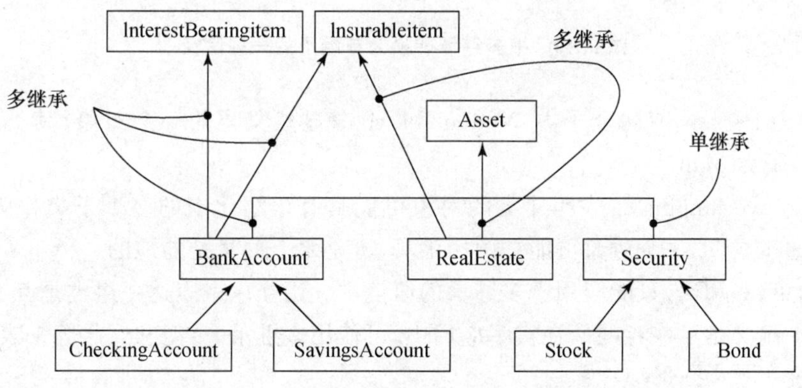

图 6.45　多继承示例

如果一个子类有多个父类,并且这些父类的结构或行为存在重叠,那么就可能产生一系列问题。因此,在大多数实际应用中,为了控制信息组织的复杂性,一般应尽力采用单继承,避免使用多继承。在很多情况里,可以采用委派的方式来代替多继承,即子类仅从一个父类继承,而后通过聚合来获得其他父类的结构和行为。例如:在图 6.46(a)所示的多继承,通过采用委派方式后,形成图 6.46(b)所示的单继承。

但要注意,这种处理方式也带来一个问题,即在语义上失去了其他父类的可替换性。

为了进一步表达泛化的语义,UML 给出了以下四个约束:

(1) 完整(complete):表明已经在模型中给出了泛化中的所有子类,尽管在表达的图形中有所省略,但也不允许增加新的子类。

(2) 不完整(incomplete):表明在模型中没有给出泛化中的所有子类,因此可以增加新的子类。

(3) 互斥(disjoint):表明父类的对象最多允许该泛化中的一个子类作为它的类型。例

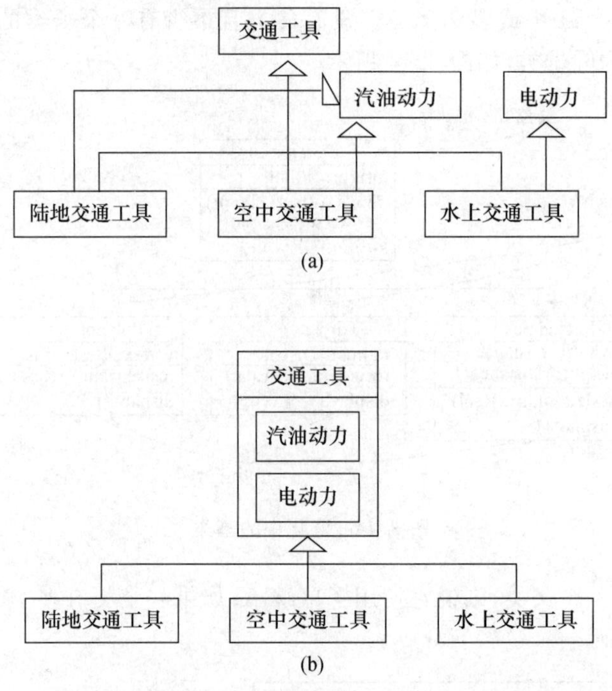

图 6.46 把多继承转换为单继承的一种途径

如,如果父类为 Person,有两个子类 Woman 和 Man,显然父类的一个对象,其类型或是子类 Woman,或是子类 Man。

(4) 重叠(overlapping):表明父类的对象可能具有该泛化中的多个子类作为它的类型。例如,类“交通工具”的一个对象可能是两栖工具,既是水上的又是陆地的。

可见,约束(3)和(4)只能应用于多继承的语境中。用互斥来表达一组类是互不兼容的;用重叠来表达一组类是可兼容的。在实际应用中,可使用多继承、类型和互斥等来表达一个对象类型的动态变更。

6.2.3 细化(realization)

细化是类目之间的语义关系,其中一个类目规约了保证另一个类目执行的契约,如图 6.47 所示。

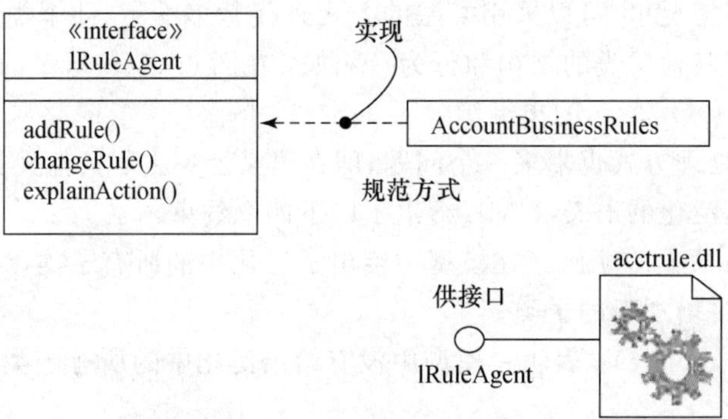

图 6.47 细化示例

在 UML 中，把细化表示为一个带空心三角形的虚线段，如图 6.47 所示。

应用中，一般在以下两个地方会使用细化关系：

(1) 接口与实现它们的类和构件之间；

(2) 用况与实现它们的协作之间。

6.2.4　依赖

依赖是一种使用关系，用于描述一个类目使用另一类目的信息和服务。例如，一个类使用另一个类的操作，显然在这种情况下，如果被使用的类发生变化，那么另一个类的操作也会受到一定影响。

在 UML 中，把依赖表示为一条有向虚线段，如图 6.48 所示。

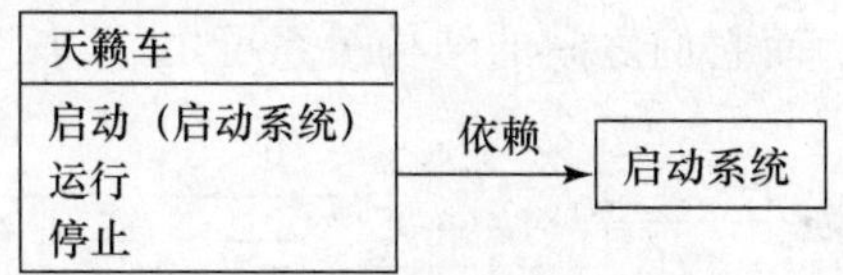

图 6.48　依赖示例

其中，为了说话方便，把箭头那一端的类目称为目标，而把另一端的类目称为源。

为了进一步表达依赖的语义，UML 对依赖进行了分类，并给出了相应的标记。

(1) 绑定(bind)：表明源的实例化是使用目标给定的实际参数来达到的。例如，可以把模板容器类(目标)和这个类实例(源)之间的关系模型化为绑定。其中绑定涉及到一个映射，即实参到形参的映射。

(2) 导出(derive)：表明可以从目标推导出源。例如类 Person 有属性“生日”和“年龄”，假定属性“生日”是具体的，而“年龄”是抽象的，由于“年龄”可以从“生日”导出，因此可以把这两个属性之间的这一关系模型化为导出。

(3) 允许(permit)：表明目标对源而言是可见的。一般情况下，当许可一个类访问另一个类的私有特征时，往往把这种使用关系模型化为允许。

(4) 实例(instanceOf)：表明源的对象是目标的一个实例。

(5) 实例化(instantiate)：表明源的实例是由目标创建的。

(6) 幂类型(powertype)：表明源是目标的幂类型。

(7) 精化(refine)：表明源比目标更精细。例如在分析时存在一个类 A，而在设计时的 A 所包含的信息要比分析时更多。

(8) 使用(use)：表明源的公共部分的语义依赖于目标的语义。

按照 UML 的观点，客观世界一切事物之间的关系都可用依赖来规约之，但为了对各种关系赋予特定的语义，采用分类手段将它们分为四类，如图 6.49 所示。

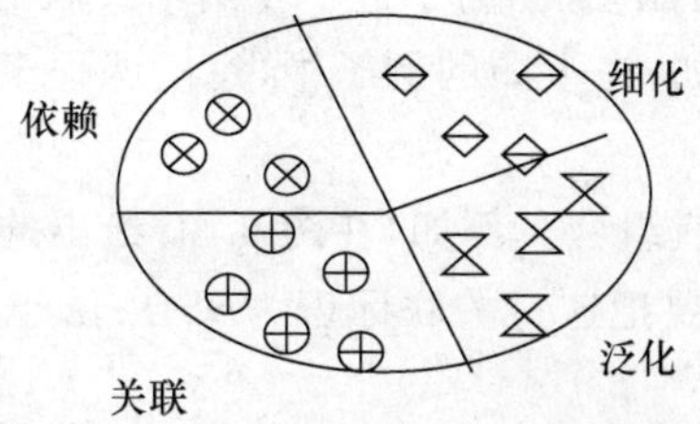

图 6.49　世界一切事物之间关系的分类

即关联、泛化和细化都是一类特定的依赖。如此处理,可以保证 UML 提出的四个术语可以表达客观世界中各种各样的关系,即概念体系的完备性。因此,在系统建模中,为了模型化其中所遇到的关系,应首先使用关联、泛化和细化这三个术语,只有在不能使用它们时,再使用依赖。

以上谈到的 4 个术语,即关联、泛化、细化和依赖,以及它们的一些变体(例如精化、跟踪、包含和扩展等是依赖的变体),可以作为 UML 模型中的元素,用于表达各种事物之间的基本关系。具体地说,用这四个术语,可模型化以下各种关系:

(1) 结构关系

系统中存在大量的结构关系,包括静态结构和动态结构。可以使用"关联"来模型化这样的关系。例如,一个学校有系和学生,每个系又有自己的教员和课程。其中的概念:学校、系、教员和课程,可以用类规约之,而它们之间的结构关系可用"关联"规约之,如图 6.50 所示。

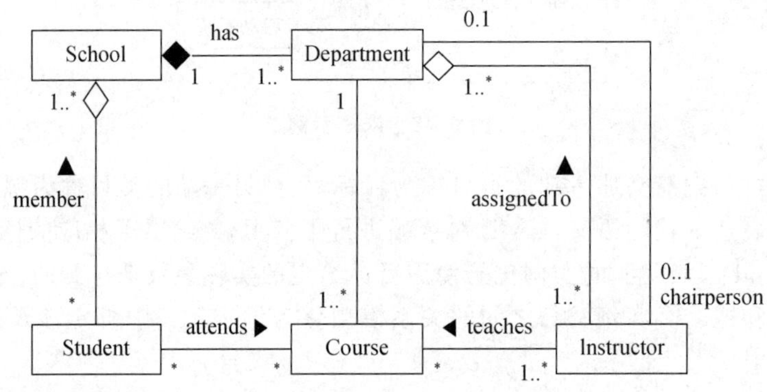

图 6.50 关联的应用示例

在对系统中各种结构关系进行模型化时,可以采用两种驱动方式:

① 以数据驱动。即对所标识的每一个类,如果一个类需要导航到另一个类的对象,那么就要在这 2 个类之间给出一个关联。例如,类"Student"要了解它所要参与的课程,因此就应在"Student"和类"Course"之间给出一个关联,用于描述学生参与的课程;类"Instructor"要知道所教的课程,就要在"Instructor" 和"Course"之间给出一个关联,用于描述教师所教授的课程。

② 以行为驱动。即对所标识的每一个类,如果一个类的对象需要与另一个类的对象进行交互,那么就要在这 2 个类之间给出一个关联。例如,类"Student"需要学习,和教员进行交互,而这种交互是通过听课来实现的,因此就要在类"Student"和类"Course"之间给出一个关联,并在"Course"和"Instructor"之间给出一个关联。

不论是数据驱动的还是行为驱动的,为了进一步给出关联的语义,一般都要:

① 给出关联的多重性。例如,在上图的例子中,每门课程至少有一名教师,而一名教师可以教多门课程。

② 判断该关联是否为聚合或组合。例如,在图 6.50 给出的例子中,若一个学生可以注册在一所或多所学校学习,那么就要把这一关联标识为聚合;由于每个系只能属于一所学校,因此就要把这一关联标识为组合。

注意,在图 6.50 的例子中,"Department"和"Instructor"之间有两个关联,其中一个是聚合。该聚合表明,一个系可以有一名到多名教员,而一名教员可以到一个或多个系工作。另一关联表明,一个系只能有一名教师作系主任。

(2) 继承关系

对于系统中存在的一般/特殊关系,可以使用"泛化"对它们进行规约,如图 6.51 所示。

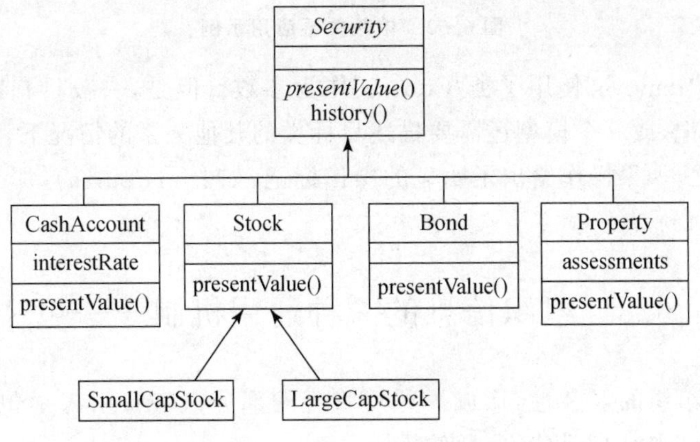

图 6.51 继承关系应用示例

图 6.51 中,斜体字表明是一个抽象类或抽象操作;子类中给出的操作为非斜体字,表明给出了操作的实现。

在对系统中一般/特殊关系进行模型化时,应以共同的责任为驱动,发现一组类中所具有的相同责任,继而抽取其共同责任及其相关的共同属性和操作,作为一个一般类,并标明该一般类和这组类之间的泛化关系。

在模型化系统中的继承关系时,应注意继承的层次不要过深,即多代"子孙",也不要过宽,即多个"父母"。一旦出现这种情况,就要寻找可能的一些中间抽象类。

(3) 精化关系

对于系统中存在的精化关系,可以使用"细化"对它们进行规约。精化关系一般是指两个不同抽象层之间的一种关系,一个抽象层上的一个事物,通过另一抽象层上的术语细化之,增加一些必要的细节。

由于软件分析和设计是一个不断求精的过程,因此经常使用这一术语来表达不同抽象层之间的精化,以体现"自顶向下,逐步求精"的思想。例如,系统需求层的一个用况(use case),可以通过一个协作予以细化,其中使用了系统分析层的类和类之间的关系(见第七章)。于是该用况和这一协作之间的关系,就可以用"细化"来规约之。

可见,在对系统中精化关系进行模型化时,应以一个抽象层中的概念为驱动,使用下一抽象层的概念来对其进行细化。

(4) 依赖关系

人类在认识客观世界中,最常用的构造方法有三:一是分类,二是整体/部分,三是一般/特殊。据此在对系统中存在的各种关系进行模型化时,首先应考虑静态结构问题。如果不是结构关系,不是继承关系,又不是精化关系,那么就要考虑使用"依赖"对之进行规约。例如,如果一个类只是使用另一个类作为它的操作参数,那么显然把这两个类之间的这一关系抽象为依赖最为合宜,如图 6.52 所示。

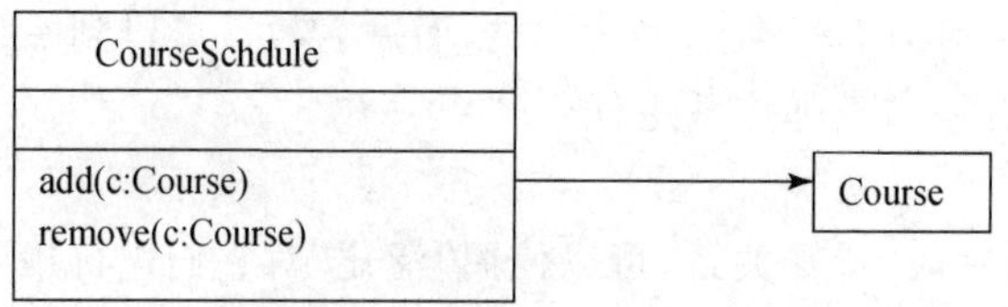

图 6.52　依赖关系应用示例

其中,操作“add”和“remove”使用了类“Course”作为参数。但是,一般只有在操作没有给出或省略明显的操作标记,或一个模型还需要描述目标类的其他关系的情况下,才把其中的关系模型化为依赖,换言之,如果操作给出了明显的操作标记(如上 c:Course),那么一般就不需要给出这个依赖。

6.3　组织信息的一种通用机制——包

为了控制信息组织的复杂性,形成一些可管理的部分,UML 引入了包这一术语。可见,包可以作为“模块化”和“构件化”的一种机制。

包是模型元素的一个分组。一个包本身可以被嵌套在其他包中,并且可以含有子包和其他种类的模型元素。

在 UML 中,把包表示为一个大矩形,并且在这一矩形的左上角还有一个小矩形,如图 6.53 所示。

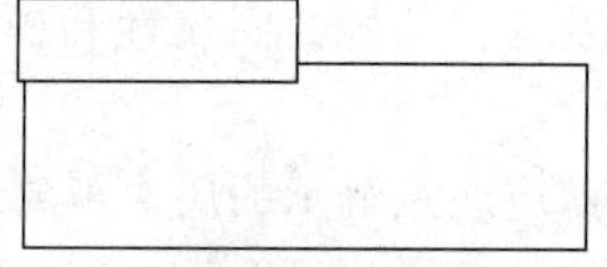

图 6.53　包的表示(a)

通常在大矩形中描述包的内容,而把该包的名字放在左上角的小矩形中,作为包的“标签”。也可以把所包含的元素画在包的外面,通过符号⊕,将这些元素与该包相连,如图 6.54 所示。这时通常把该包的名字放在大矩形中。

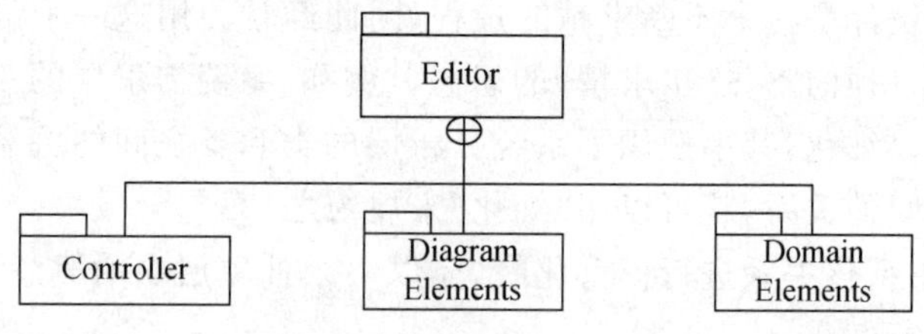

图 6.54　包的表示(b)

通过在包的名字前加上一个可见性符号(+、-、#),来指示该包的可见性。它们分别表示:

+	对其他包而言都是可见的
#	对子孙包而言是可见的
-	对其他包而言都是不可见的

为了模型化包之间的关系，UML 给出了两种依赖：访问和引入，用于描述一个包可以访问和引入其他包。

(1) 访问(access)：表明目标包中的内容可以被源包所引用，或被那些递归嵌套在源包中的其他包所引用。这意味着源包可以不带限定名来引用目标包中的内容，但不可输出之，也不能由此而修改源包名字空间。对于引用内容的具体限制，可通过目标包的可见性来表明。

(2) 引入(import)：表明目标包中即具有适当可见性的内容(名字)被加入到源包的公共命名空间中，这相当于源包对它们做了声明，因此对它们的引用也可不需要一个路径名。

在 UML 中，把“访问”和“引入”这两种依赖表示为从源包到目标包的一条带箭头的线段，并分别标记为《access》和《import》，如图 6.55 所示。

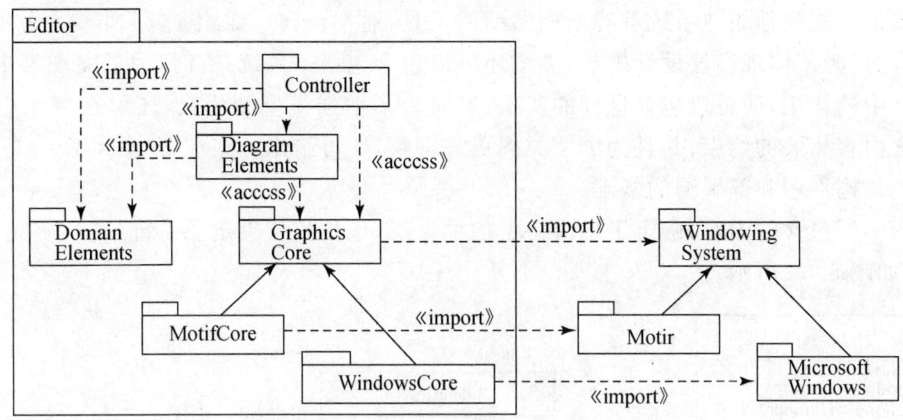

图 6.55　包之间的两种关系

6.4　模型表达工具

6.1 节介绍了用于抽象系统中各类实体的术语，6.2 节介绍了用于抽象系统中各种关系的术语，6.3 节介绍了用于组织信息的一种机制——包，在此基础上，UML 提供了一系列图形化工具，用于组织这些术语所表达的信息，形成软件开发中所需要的各种模型。这些图形化工具如图 6.56 所示。

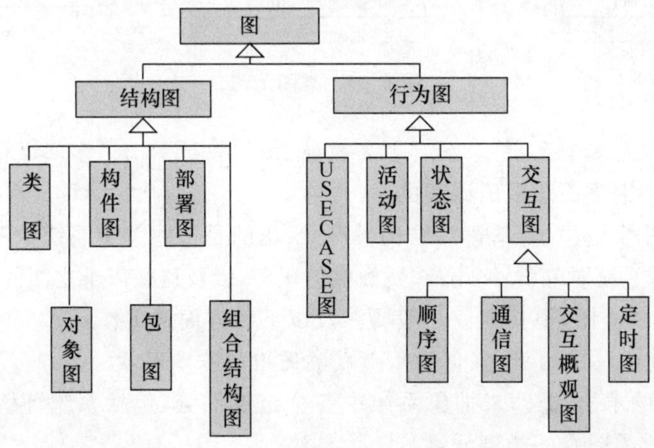

图 6.56　UML 表达模型的图形化工具

可见,UML的图形化工具分为两类,一类是结构图,用于表达系统或系统成分的静态结构模型,给出系统或系统成分的一些说明性信息;一类是行为图,用于表达系统或系统成分的动态结构模型,给出系统或系统成分的一些行为信息,例如行为的功能性信息,行为的交互信息以及行为的生存状态信息。UML通过这些图形化工具,支持建模人员从不同抽象层和不同视角来创建模型。

下面主要介绍其中在软件开发中常用的4种建模工具:类图(class diagram)、用况图(use case diagram)、状态图和顺序图。关于其他图,或在以后内容中做简单介绍,或参见相关文献。

6.4.1 类图

类图是可视化地表达系统静态结构模型的工具,通常包含:类、接口、关联、泛化和依赖关系等。有时,为了体现高层设计思想,类图还可以包含包或子系统;有时,为了突现某个类的实例在模型中的作用,还可以包含这样的实例;有时为了增强模型的语义,还可在类图中给出与其所包含内容相关的约束;并且为了使类图更易理解,还可给出一些注解。

类图是构件图和部署图的基础。

类图中所包含的内容,确定了一个特定的抽象层,该抽象层决定了系统(或系统成分)模型的形态,如图6.57所示。

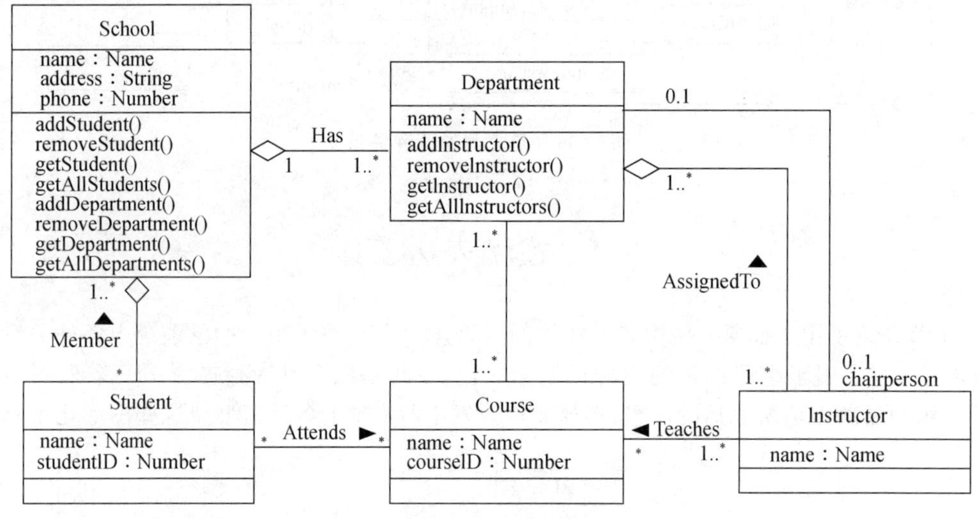

图6.57 类图示例

该图表明,学校有多个系,每个系有多名教员,每位教员承担了多门课程的教学;该学校还有许多学生,每名学生要关注多门课程的学习。

可见,使用类图所表达的系统静态结构模型,给出的是一些关于系统说明性信息,包括系统的一些功能需求,即系统对外(最终用户)所提供的服务,以及这些需求之间的静态结构关系。

创建一个系统的类图,概括地说一般要涉及以下四方面的工作:

1. 模型化待建系统中的概念(词汇),形成类图中的基本元素

使用UML中的术语"类",来抽象系统中各个组成部分,包括系统环境。继之,确定每一类的责任,最终形成类图中的模型元素。

2. 模型化待建系统中的各种关系，形成该系统的初始类图

使用 UML 中表达关系的术语，例如关联、泛化等，来抽象系统中各成分之间的关系，形成该系统的初始类图。

3. 模型化系统中的协作，给出该系统的最终类图

在研究系统中以类表达的某一事物语义的基础上，使用类和 UML 中表达关系的术语，模型化一些类之间的协作，并使用有关增强语义的术语，给出该模型的详细描述。

4. 模型化逻辑数据库模式

对要在数据库中存储的信息，以类作为工具，模型化系统所需要的数据库模式，建立数据库概念模型。

有关创建一个系统类图的细节，可参见第七章 RUP。

6.4.2　用况图

由于"行为"一词的内涵和外延相当宽泛，因此，对行为进行抽象，给出行为结构，即给出系统（或系统成分）的动态性描述，这一直是人们的一个研究课题。

实践经验告诉人们，认识行为的一个有效途径是，一个视角一个视角地对其进行抽象。一般来说，一是从（行为）功能的视角，二是从（行为）交互的视角，三是从（行为）生存周期的视角。为了支持从以上三个视角来认识系统（或系统成分）行为，对行为进行抽象，UML 提供了 7 种图形工具，其中，USE CASE 图支持系统功能的建模，交互图支持系统交互的建模，状态图支持系统生存周期的建模。这是为什么本节只介绍类图、用况图、顺序图（一种交互图）以及状态图的基本理由。

用况图是一种表达系统功能模型的图形化工具，如图 6.58 所示。

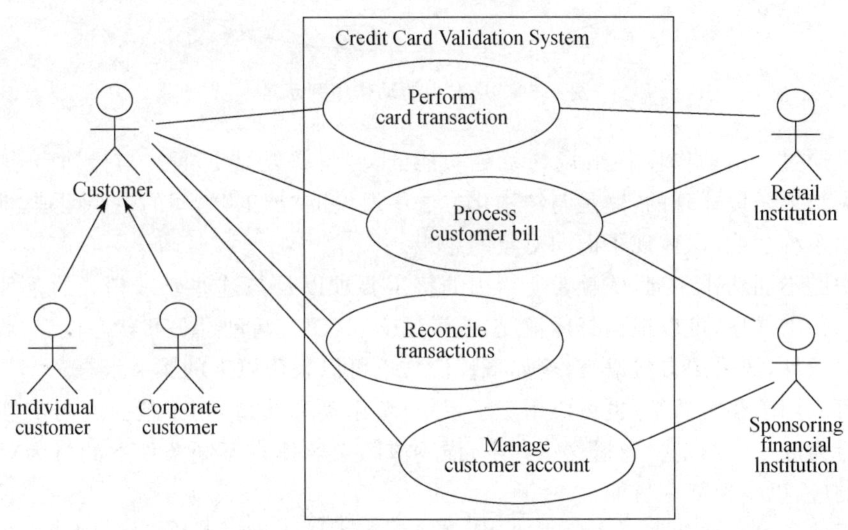

图 6.58　用况图示例

其中，一个用况图通常包含 6 个模型元素，它们是：

主题（subject）

用况（use cases）

参与者（actor）

关联

泛化

依赖

但是,有时为了表达模型中的元素分组,形成一些更大的功能块,还可以包含包;有时为了突现一个用况实例在系统执行中的作用,还可以包含该用况的实例;有时为了增强模型的语义,还可在用况图中给出与其所包含内容相关的约束;并且为了使用况图更易理解,还可给出一些注解。

用况图中所包含的内容,确定了一个特定的抽象层,该抽象层决定了系统(或系统成分)模型的形态。

1. 主题

主题是由一组用况所描述的一个类,例如图 6.58 中以"Credic Card Validation System"所标识的矩形就是一个主题,通常是一个系统或子系统。其中所包含的用况描述了该主题的完整行为,而参与者则表示与该主题进行交互的另一种类。显然,这里所说的主题和参与者均是类的变体。

2. 用况

从外延上来说,用况表达了参与者使用系统的一种方式,例如:"做一次拼写检查","对一个文档建立索引";从内涵上来说,一个用况规约了系统可以执行的一个动作(action)序列,包括该序列的一些可能变体,并对特定的参与者(actor)产生可见的、有值的结果,如图 6.59 所示。

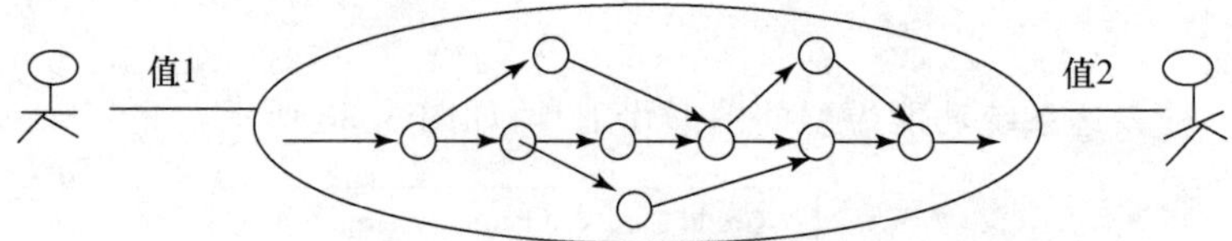

图 6.59 用况中的动作序列示意

用况是通过一组动作序列来规约系统功能的,并且该功能是通过与操作者(actor)之间"交互"可见结果予以体现的,这是与结构化方法中所说的"加工"之间的主要区别,即虽然用况可用于表达系统功能,但体现了面向对象的思想。

用况中的不同动作序列,依赖于所给出的特定要求以及与这些要求相关的条件。因此对一个用况的行为描述,可以根据具体情况,或采用交互(图)、活动(图)和状态机等,或采用前置条件和后置条件,或采用自然语言(例如事件流),也可以采用以上的某一组合。

用况可应用于整个系统,也可应用于子系统、单个类和接口,用于捕获参与交互的各方关于其期望行为的一个约定。通过这一约定,描述该语义实体在不同条件下的行为对参与者一个要求的响应,以实现某一目的。

用况既然是对系统功能行为的描述,且可划分系统与外部实体的界限,因此它是系统开发的起点,是类、对象、操作的源,是系统分析和设计阶段的输入之一;是分析和设计、制订开发计划和测试计划、设计测试用例的依据之一;特别地,应用于子系统的用况是回归测试的最好的源;应用于整个系统的用况是集成测试和系统测试的最好的源。

3. 参与者

参与者表达了一组高内聚的角色,当用户与用况交互时,该用户扮演这组角色。

在 UML 中，把参与者表示为

通常，一个参与者表达了与系统交互的人、硬件或其他系统的角色，其实例以某种特定方式与系统进行交互。

一个实体可以扮演多个参与者，例如一个人既可以是参与者 A，又是参与者 B。一个参与者代表了该实体在一个方面上的角色。

参与者不是实际软件应用的一部分，存在于该应用之外的环境之中。因此，可用参与者来定义系统边界。

参与者之间可以存在泛化关系，如图 6.60 所示。

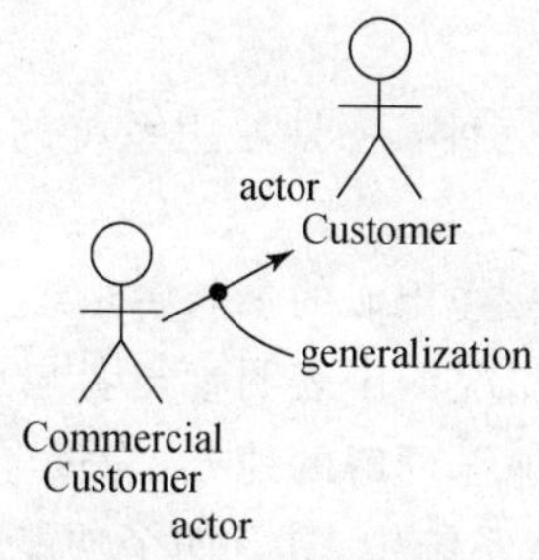

图 6.60　参与者之间的泛化

4. 关联、泛化与依赖

在一个用况图中，关联是一种参与关系，即参与者参与一个用况。例如，参与者的实例与用况的实例相互通信。关联是操作者和用况之间的唯一关系。

在一个用况图中，用况之间可以具有三种关系，即泛化、扩展和包含。泛化是指用况 A 和用况 B 之间具有一般/特殊关系。包含是指用况 A 的一个实例包含用况 B 所规约的行为。扩展是指一个用况 A 的实例在特定的条件下可以由另一用况 B 所规约的行为予以扩展，并依据定义的扩展点位置，B 的行为被插入到 A 的实例中，如图 6.61 所示。

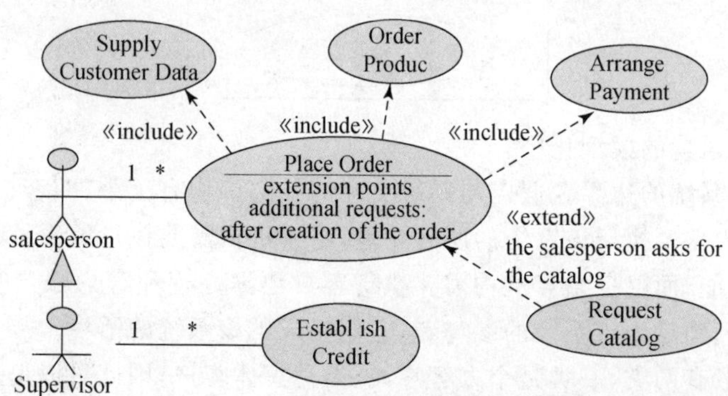

图 6.61　用况之间的包含和扩展

其中包含和扩展是依赖的变体,分别记为《include》和《extend》。

使用用况图可以为系统建模,描述软件系统的功能结构和行为;也可以对业务建模,用于描述企业或组织的过程结构和行为。业务模型与系统模型之间具有“整体/部分”关系。

不论是对系统建模还是对业务建模,根据模型的定义,都涉及两方面的模型化工作,即系统/业务语境模型化和系统/业务需求模型化。其中,在对系统/业务语境进行模型化中,应关注存在于系统周边的参与者,确保只包含那些在其生命周期内所必需的参与者。

(1) 关于对系统/业务语境的模型化

在对系统/业务语境的模型化中,应研究以下四个问题:

① 系统边界的确定,即确定哪些行为是系统的一部分,哪些行为是由外部实体执行的,同时定义主题。其中在标识系统的参与者时,应思考以下问题:谁需要得到系统的帮助,以完成其任务;谁执行系统的功能;系统与哪些硬件设备或其他系统交互;谁执行一些辅助功能进行系统的管理和维护。

这意味着系统参与者大体分为三种:一是使用系统的人;二是与系统交互的其他系统和设备;三是管理、维护系统的人。

② 参与者的结构化处理,即将一些相似的参与者组织为一般/特殊结构。

③ 参与者与用况的交互,即在用况图中表明参与者与系统用况之间的关联。

④ 参与者的语义表达,在需要加深理解的地方,为每个参与者提供一个衍型。

例如,在一个简化的信用卡确认系统中,具有四个功能:信用卡处理,客户票据处理,卡与票据的符合性处理以及客户账户管理,分别对应下图中的四个不同用况。

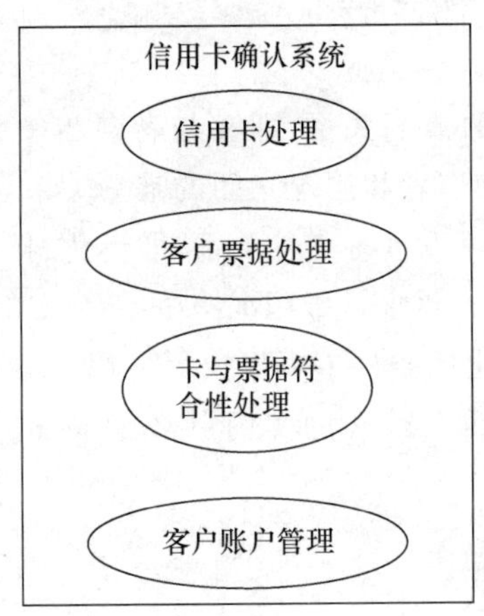

在对这一系统语境的模型化中:

首先要确定该系统的边界。假定与系统交互的外部事物有三个,即客户、零售机构和财务结算机构,其中客户需要执行该系统的所有功能,零售机构需要执行该系统的信用卡处理功能和客户票据处理功能,而财务结算机构需要执行客户票据处理和客户账户管理功能。在这一假定下,可以把它们确定为该系统的参与者,它们构成了该系统的语境。

继之,客户一般有两类,一类是个人客户,一类是集体客户,因此可以形成一个一般特殊结构(见图 6.62)。

最后给出参与者与各个功能之间的关联。

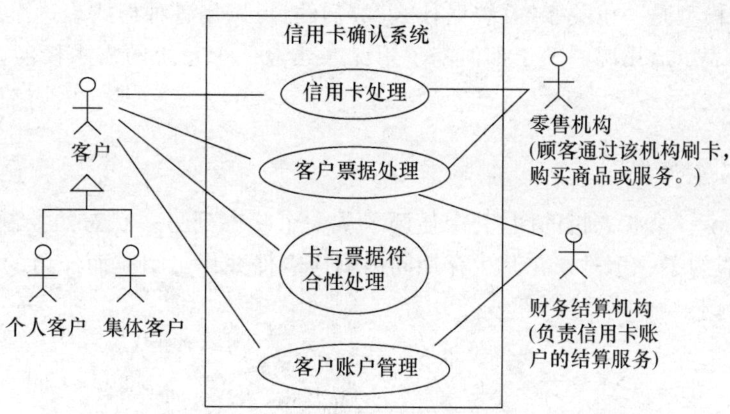

图 6.62 以用况模型化信用卡确认系统语境

(2) 关于系统/业务需求的模型化

在对系统/业务需求模型化中，应关注所需要的系统特征、行为以及有关系统设计等特性。因此应进一步研究以下四个问题：

① 确定系统环境，如关于系统/业务语境模型化所述。

② 确定系统基本用况，即考虑每个参与者所期望或需要的系统行为，并把这些行为规约为相应的用况，如图 6.62 所示。

③ 用况的结构化处理，即分解行为，形成必要的泛化结构和扩展、包含结构。并在用况图中给出各种已确定的关系。

④ 用况的语义表达，即通过注解和约束来修饰用况，特别应给出用况的一些非功能需求。

就上一个例子而言，在已确定的系统环境和基本用况的基础上，进而应进行基本用况的结构化处理问题。在用况"信用卡处理"中，不论是什么信用卡，可能都需要检查信用卡的真伪问题；在用况"客户票据处理"中，不论使用什么货币，可能都需要检查相应账户中存款的数目问题；在用况"客户账户管理"中，都有可能出现网络中断处理问题。因此可以为这些问题给出相应的用况，并用"包含"抽象相应用况之间的关系，如图 6.63 所示。

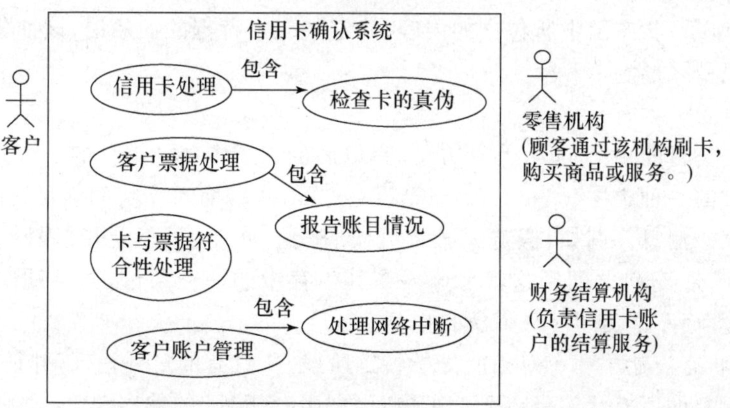

图 6.63 以用况模型化信用卡确认系统功能需求

系统的需求模型是一份关于"系统做什么"的契约,可以用各种形式表达需求,但大多数的系统功能都可以表示成用况。关于如何基于用况来建造一个系统的需求模型,在下一章中将给出更详细的描述。

6.4.3 状态图

状态图是显示一个状态机的图,其中强调了从一个状态到另一状态的控制流。一个状态机是一种行为,规约了一个对象在其生存期间因响应事件并作出响应而经历的状态。图 6.64 给出了状态图示例。

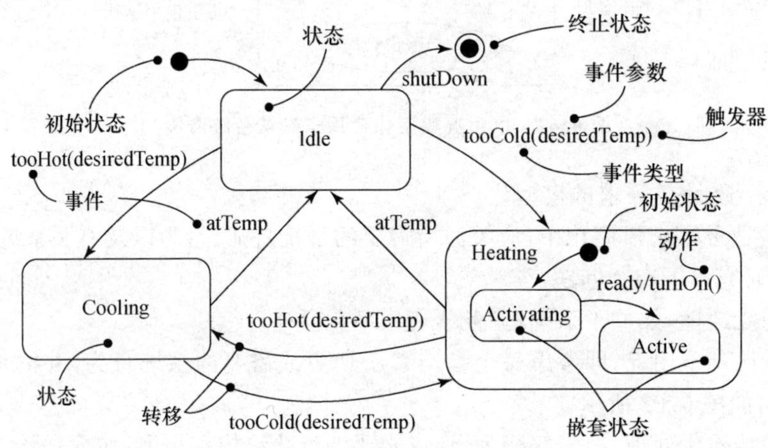

图 6.64 状态图示例

由于状态图基本上是一个状态机中所含元素的一个投影,因此,为了表达一个状态机,通常在一个状态图中包含:状态(包含初始状态,例如图中的"•";最终状态,如图中的"◉";正常状态,如图中的"Idle")、转移(如图中的"——→")及其相关的事件和动作、消息等,可见,一个状态图可以包含一个状态机中任意的、所有的特征(features)。

有时为了增强模型的语义,还可在状态图中给出与其所包含内容相关的约束,并且为了使状态图更易理解,还可给出一些注解。

如图 6.64 所示,状态图中所包含的内容,确定了一个特定的抽象层,该抽象层决定了以状态图所表达的模型之形态。

1. 状态

一个状态是类目的一个实例(为了方便,在以后的叙述中,将"类目的一个实例"简述为"对象")在其生存中的一种条件(condition)或情况(situation),期间该实例满足这一条件,执行某一活动或等待某一消息。例如,假定说某人处于"睡觉"状态,显然意指"眼睛是闭的,心跳在 50 次/分钟至 70 次/分钟之间",这就是该人在其生存中的一种条件,并且期间满足这一条件时,只能做一做梦而不能为了工作而拨打电话。

可见,一个状态表达了一个对象所处的特定阶段、所具有的对外呈现(外征)以及所能提供的服务。一个对象的所有状态是一个关于该对象"生存历程"的偏序集合,刻画了该对象的生存周期。

在 UML 中,通常把一个状态表示成一个具有圆角的矩形,如图 6.65 所示。

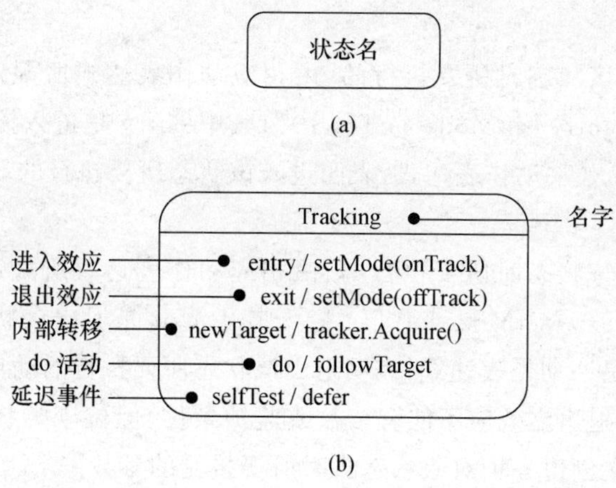

图 6.65 状态的表示

图 6.65(b)具有两个分栏：名字栏和内部转换栏，用于表达有关状态的更详细信息。

UML 把状态分为初态、终态和正常状态，其中初态和终态是两种特殊的状态。初态表达状态机默认的开始位置，用实心圆来表示；终态表达状态机的执行已经完成，用内含一个实心圆的圆来表示，如图 6.66 所示。实际上，初态和终态都是伪状态，即只有名字。从初态转移到正常状态可以给出一些特征，例如监护条件和动作。在以后的叙述中，所说的状态在没有特别说明的情况下指的是正常状态。

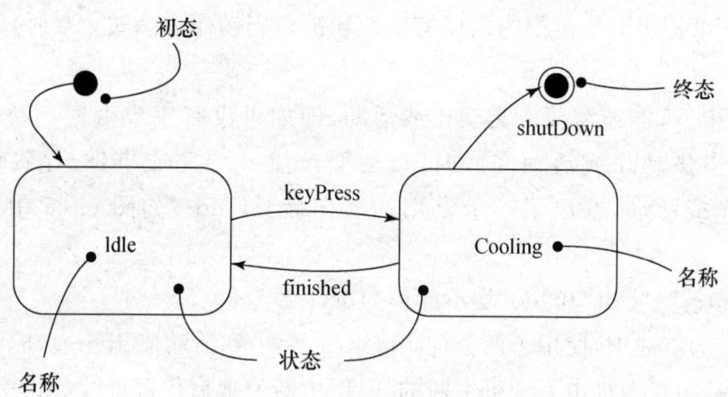

图 6.66 初态、终态和正常状态

从图 6.65(b)中可知，在规约一个状态时，主要涉及以下内容：

(1) 名字

名字是一个标识状态的文本串，作为状态名。在同一张状态图中，不应出现具有相同名的状态。如果没有状态名，那么该状态就是匿名的；在同一张图中的匿名状态是各不相同的状态。

(2) 进入/退出之效应(effect)

为了有效地抽取一个对象的状态，控制其复杂性，UML 在规约一个状态中引入了进入/退出之效应(effect)，即一个状态的进入/退出之效应，是进入或退出该状态时所执行的动作。并且为了表达进入/退出之效应，UML 给出 2 个专用的动作标号：entry 和 exit。

① entry

该标号标识在进入该状态时所要执行的、由相应动作表达式所规定的动作,简称进入动作。例如图 6.65 中的"entry/setMode(onTrack)",其中 entry 是进入该状态的动作标号,而/后的 setMode(onTrack)是一动作表达式,表明进入该状态所要执行的动作。

② exit

该标号标识在退出该状态时所要执行的、由相应动作表达式所规定的动作,简称退出动作。例如图 6.65 中的"exit/setMode(offTrack)",其中 exit 是退出该状态的动作标号,而/后的 setMode(offTrack)是一动作表达式,表明退出该状态所要执行的动作。

一般情况下,进入/退出之效应不能有参数或监护条件,但位于类状态机顶层的进入效应可以具有参数,以表示在创建一个对象状态机时所要接受的参数。

(3) 状态内部转移

状态内部转移是指没有导致该状态改变的内部转移。在此给出对象在这个状态中所要执行的内部动作或活动列表。例如图 6.65 中的"newTarget/trackr.Acquire()",给出在该状态中需要执行的、不影响状态转移的活动。

动作表达式的一般格式为

动作标号'/'动作表达式

其中,动作标号用于标识在该环境下所要调用的动作,而该动作是通过'/'之后的动作表达式来规约的,其中可以使用对象范围内的任何属性和链。当动作表达式为空时,则可省略斜线分隔符。

在一个状态中,可能还需要一类动作或活动,即如果没有完成由这一动作或活动,就一直执行之,并且当该动作或活动完成时,可能会产生一个完成事件,导致该状态的转移。UML 为这类动作或活动,给出了一个专用的动作标号: do。如图 6.65 中所示的"do/followTarget"。

动作标号"entry"、"exit"和"do"均不能作为事件名。

注意,在以上的叙述中,使用了两个词: 动作(action)和活动(activity),应清楚它们之间的区别。一个活动是指状态机中一种可中断的计算,中断处理后仍可继续;而一个动作是指不可中断的原子计算,它可导致状态的改变或导致一个值的返回。可见,一个活动往往是有多个动作组成的。

(4) 组合状态: 如果在一个状态机中引入了另一个状态机,那么被引入的状态机称之为子状态机。子状态是被嵌套在另一状态中的状态。相对地,把没有子状态的状态称为简单状态;而把含子状态的状态称为组合状态。组合状态可包含两种类型的子状态机,即顺序子状态机(非正交)和并发子状态机(正交)。

① 非正交子状态机

非正交子状态机如图 6.67 所示。

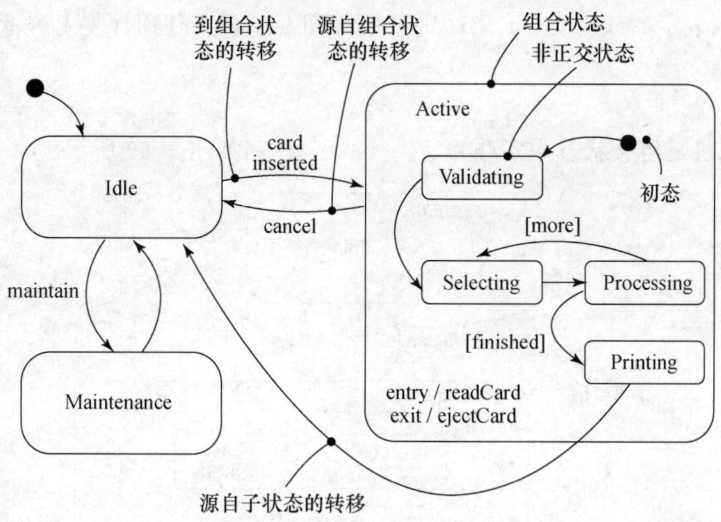

图 6.67 非正交子状态机

图 6.67 中,右边是一个组合状态,包含一些子状态,它们表达了一个非正交状态机。注意,一个被嵌套的、非正交状态机最多有一个子初态和一个子终态。

从一个封闭的组合状态之外的一个源状态(如图 6.67 中的"Idle"),可以转移到该组合状态,作为其目标状态;也可以转移到该组合状态中的一个子状态,作为其目标状态。在第一种情况里,这个被嵌套的子状态机一定有一个初态,以便在进入该组合状态并执行其进入动作后,将控制传送给这一初态。在第二种情况里,在执行完该组合状态的进入动作(如有的话)和该子状态的进入动作后,将控制传送给这一子状态。

离开一个组合状态的转移,其源可以是该组合状态,也可以是该组合状态中的一个子状态。无论哪种情况,控制都是首先离开被嵌套的状态,即执行被嵌套状态的退出动作(如有的话),然后离开该组合状态,即执行该组合状态的退出动作(如有的话)。因此,如果一个转移,其源是一个组合状态,那么该转移的本质是终止被嵌套状态机的活动。当控制到达该组合状态的子状态时,就触发一个活动完成的转移。

对于一个包含非正交子状态机的组合状态而言,有时需要知道在转移出该组合状态之前所执行的那个活动所在的子状态,为此 UML 引入了一个概念——浅历史状态,用于指明这样的子状态,并用 H 来表示之,如图 6.68 所示。

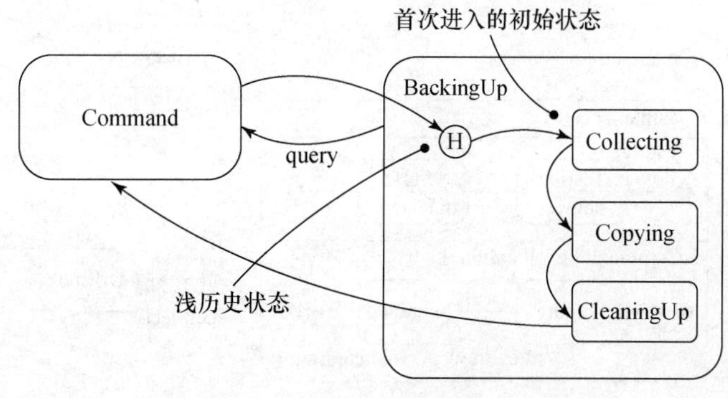

图 6.68 浅历史状态

相对于 H 所表示的浅历史,可用 H＊来表示深历史,即在任何深度上表示最深的、被嵌套的状态。

② 正交子状态机

正交子状态机是组合状态中一些并发执行的子状态,如图 6.69 所示。

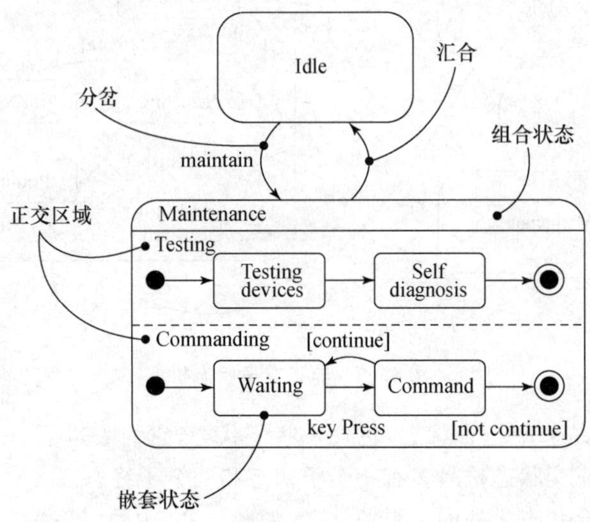

图 6.69　正交子状态机

图 6.69 中,使用虚线段形成了两个正交区域(根据需要,可形成多个正交区域),分别以"Testing"和"Commanding"标记之,并且每个区域均有自己的初态和终态。

这两个正交区域的执行是并行的,相当于存在两个被嵌套的状态机。如果一个正交区域先于另一个到达它的终态时,那么该区域的控制将在该终态等待,直到另一个区域的控制达到自己的终态时,两个区域的控制才汇合成一个控制流。

当一个转移到达具有多个正交区域的组合状态时,控制就被分成多个并发流。当一个转移离开这样的组合状态时,控制就汇成一个控制流。如果所有正交区域均达到它们的终态,或存在一个指示离开组合状态的转移,那么就汇成一个流。为此,UML 给出了两个符号:一个是分岔,一个是汇合,如图 6.70 所示。

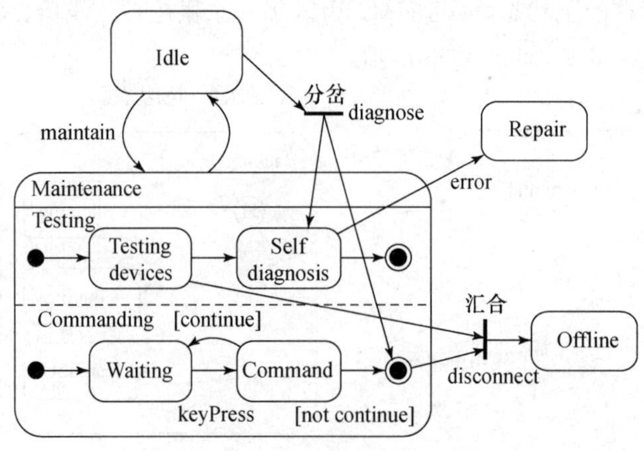

图 6.70　分岔和汇合转移

(5) 被延迟事件

被延迟事件是那些在一个状态中不予处理的事件列表。往往需要一个队列机制,对这样的事件予以推迟并予排队,以便在该对象的另一状态中予以处理。

以上,简述了何谓状态,并讲解了在规约一个系统或对象状态时 UML 所提供的基本术语(包括:名字,进入/退出之效应,状态内部转移,组合状态以及被延迟事件)以及这些术语的使用。下面介绍状态图中第二个基本元素——事件。

2. 事件

一个事件是对一个有意义的发生的规约,该发生有其自己的时空。在状态机的语境下,一个事件就意味着存在一个可能引发状态转移的激励。

事件可分为内部事件和外部事件。内部事件是指系统内对象之间传送的事件,例如溢出异常等;外部事件是指系统和它的参与者之间所传送的事件,如按一下按钮,或传感器的一个中断。

在 UML 中,可以模型化以下 4 种事件:

(1) 信号(signal)

信号是消息的一个类目,是一个消息类型。像类一样,信号可以有属性(以参数形式出现)、操作和泛化。

在实际应用中,可以将信号模型化为 UML 中的衍型类。例如,在图 6.71 中,将信号模型化为具有名字《signal》的衍型类,并以《send》所标识的依赖来表达操作“move” 向《signal》发送特定信号。

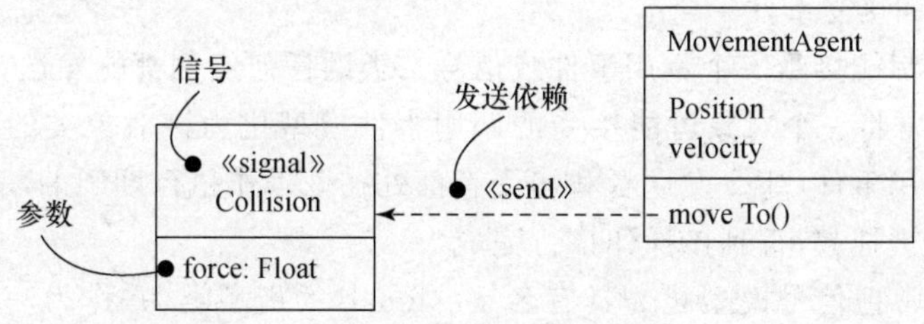

图 6.71　信号的表示

(2) 调用(call)

调用事件表示对象接受到一个操作调用的请求。

在 UML 中,调用事件如图 6.72 所示。

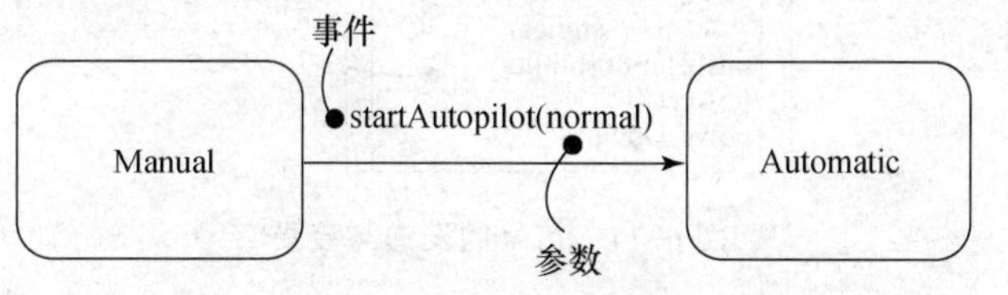

图 6.72　调用事件的表示

一个调用事件可以在类的定义中使用操作定义来规约之,这样定义的操作或触发状态机的一个状态转换,或调用目标对象的一个方法。

与信号事件相比,信号是一种异步事件,而调用一般是同步事件,但可以把调用规约为异步调用;信号通常由状态机处理,而调用事件往往由一个方法来处理。

(3) 时间事件和变化事件

时间事件是表示推移一段时间的事件,如图 6.73 所示。

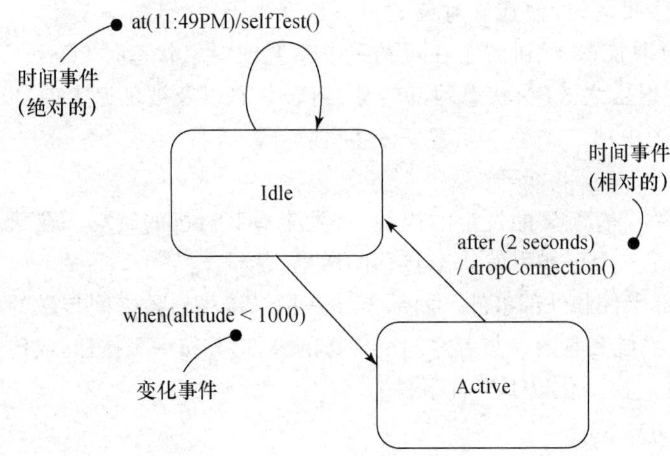

图 6.73 时间事件和变化事件

可见,时间事件是通过时间表达式来规约的,例如:after 2 seconds,at(1 jan 2007,12.00),其中时间表达式可以是很复杂的,也可以是非常简单的。

变化事件是表示状态的一个变化,或表示某一条件得到满足。

(4) 发送事件和接受事件

类的任何实例都能接受一个调用事件或信号。类的任何实例都能发送一个事件或信号。

在 UML 中通常将一个对象可能接受的调用事件模型化为该对象类的一个操作。因此,如果是一个同步调用事件,那么发送者和接受者都处在该操作执行期间的一个汇合点上,即发送者的控制流一直被挂起,直到该操作执行完成。

在 UML 中通常把信号模型化为具有名字《signal》的衍型类,并作为一个类的部分类,如图 6.74 所示。因此,如果是一个信号事件,那么发送者和接受者并不汇合,即发送者发送出信号后并不等待接受者的响应。

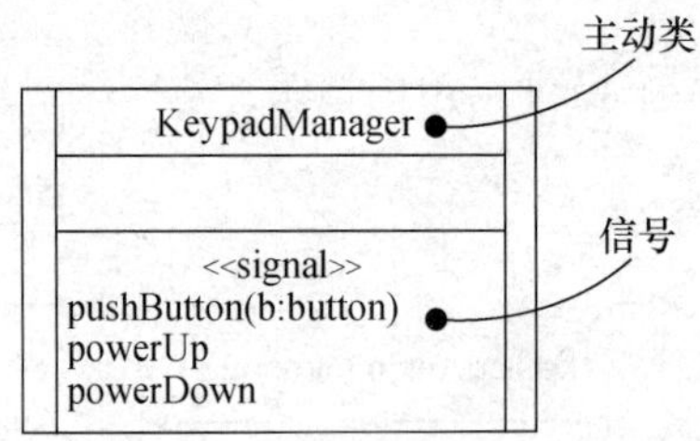

图 6.74 信号的发送与接受

在以上两种情况下,如果没有定义对该事件的响应,那么事件均可能被丢失。事件的丢失,通常可能会引起接受者状态机(如果有的话)的一个状态转移,或引起对一个方法的调用。

3. 状态转移

除以上讲述的状态和事件外,状态转移是状态图的一个重要元素。

状态转换是两个状态间的一种关系,意指一个对象在一个状态中将执行一些确定的动作,当规约的事件发生和规约的条件满足时,进入第二个状态。

描述一个状态转换，一般涉及以下 5 个部分：

(1) 源状态：引发该状态转移的那个状态。

(2) 转移触发器：在源状态中由对象识别的事件，并且一旦满足其监护条件，则使状态发生转移。在同一个简单状态图中，如果触发了多个转移，“点火”的是那个优先级最高的转移；如果这多个转移具有相同的优先级，那么就随机地选择并“点火”一个转移。

(3) 监护(guard)条件：一个布尔表达式，当某个事件触发器接受一个事件时，如果该表达式有值为真，则触发一个转移；若有值为假，则不发生状态转换，并且此时如果没有其他可以被触发的转移，那么该事件就要丢失。

(4) 效应(effect)：一种可执行的行为。例如可作用于对象上的一个动作，或间接地作用于其他对象的动作，但这些对象对那个对象是可见的。

(5) 目标状态：转移完成后所处的那个状态。

在 UML 中，把状态转移表示为从源状态出发、并在目标状态上终止的带箭头的实线。转移可以予以标记，其格式为

事件触发器‘[’监护条件‘]’‘/’　动作表达式

其中，

① 事件触发器：描述带参数的事件。其格式为

事件名‘(’由逗号分隔的参数表‘)’

② 监护条件：通常是一个布尔表达式，其中可以使用事件参数，也可以使用具有这个状态机的对象之属性和链，甚至可在监护条件处直接指定对象可达的某个状态，例如：

“in State1”或“not in State2”。

③ 动作表达式：给出触发转移时所执行的动作，其中可以使用对象属性、操作和链以及触发事件的参数，或在其范围内的其他特征。

动作表达式可以是由一些有区别的、产生事件的动作所组成的动作序列，如发送信号或调用操作。动作表达式的细节与为模型所选择的动作语言有关。

在 UML 中，其状态图是基于 David Harel 提出的表示状态机的符号。但由于 UML 中的概念更侧重于面向对象系统，因此其形式化程度不如 Harel 的符号，而且在一些细节上也有所不同。

由以上讲述的内容可知，为了规约行为的生存周期(是行为结构定义的一种途径)，UML 主要引入了三个术语：状态、事件和状态转移，并给出了一种表达行为生存周期模型的工具——状态图。

4. 建立状态机模型

在实际应用中，使用状态图可以：

(1) 创建一个系统的动态模型，包括有关各种类型对象、各种系统结构(类、接口、构件和节点)的以事件为序的行为。

(2) 创建一个场景的模型，其主要途径是为用况给出相应的状态图。

不论是(1)还是(2)，通常都是对反应型对象(reactive object)的行为进行建模。反应型对象，或称为事件驱动的对象，其行为特征是响应其外部语境中所出现的事件，并作出相应的反应。

反应型对象开始时一般总是处于休眠状态(idle),等待接受一个事件,处理完后又处于休眠状态,等待下一个事件。

对于这一类对象,一应关注它的那些"稳定"状态,二应关注那些触发状态转移的事件以及有关状态转移的动作。

为反应型对象建立一个状态机模型时,其一般步骤为:

① 选择状态机的语境,或是类,或是用况,或是子系统,甚至可以是整个系统。

② 选择其实例(例如类的对象)的初始状态和最终状态,并分别给出初始状态和最终状态的前置条件和后置条件,以便指导以后的建模工作。

③ 标识某一可用的时间段,考虑该实例在此期间内存在的条件,以此判断该实例的其他状态。对此应以该实例的高层状态开始,继之再考虑这些状态的可能的子状态。

④ 判断该实例在整个生存周期内所有状态的有意义的偏序。

⑤ 判断可以触发状态转换的事件。可以逐一从一个合理定序的状态到另一个状态,来模型化其中的事件。

⑥ 为这些状态转移填加动作(作为一个 Mealy 机),或为这些状态填加动作(作为一个 Moore 机)。

⑦ 使用子状态、分支、合并和历史状态等,考虑简化状态机的方法。

⑧ 检查在某一组合事件下所有状态的可达性。

⑨ 检查是否存在死状态,即不存在任何组合事件可以使该实例从这一状态转换到任一其他状态。

⑩ 跟踪整个状态机,检查是否符合所期望的事件次序和响应。

下面给出一个应用实例:创建一个控制器状态机的状态图,其中该控制器负责对一些传感器进行监视。

① 当创建这种控制器的一个对象时,由于要做一些初始化工作,因此该对象首先进入"初始化"(intializing)状态;

② 一旦完成初始化活动后,则自然进入"休眠"(idle)状态;

③ 在休眠状态中,按一定时间间隔,接受传感器的 alarm 事件(具有参数 S,表示相关的传感器),一旦当接收到一个 alarm 事件,或接受到用户发送的 attention 信号,控制就从休眠状态转移到"活化"(Active)状态,或转移到"命令"(Command)状态;

④ 在活化状态中,仅当发生 clearing 事件或需要发送 attention 信号时,分别进入休眠状态或命令状态。

在嵌入式系统中,以上是一种常见的控制行为,其状态图如图 6.75 所示。

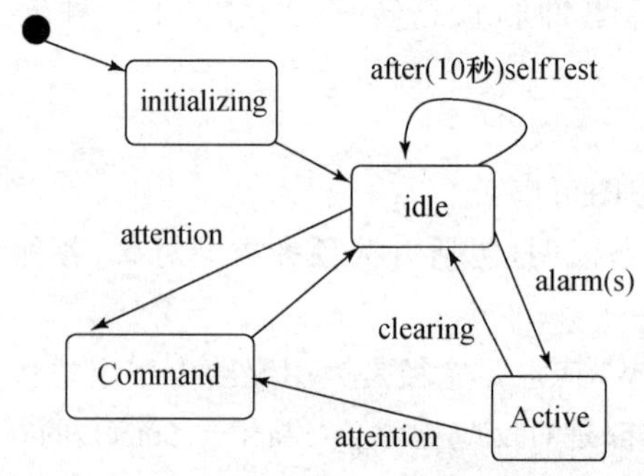

图 6.75 控制器的状态图

在图 6.75 所示的状态图的休眠状态上，有一个由时间事件触发的自转移，意指每隔 10 秒，接受传感器的 alarm 事件。该状态图没有终止状态，意指该控制器不间断地运行。

6.4.4 顺序图

顺序图是一种交互图，由一组对象以及按时间序组织的对象之间的关系组成，其中还包含这些对象之间所发送的消息，如图 6.76 所示。

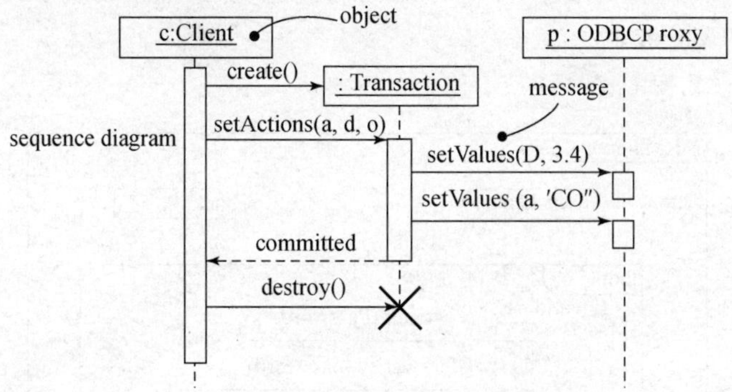

图 6.76 顺序图示例

作为表达交互行为的顺序图，就应该有能力表达交互各方、交互方式以及交互内容。因此在 UML 中，顺序图通常包含参与交互的对象、基本的交互方式(同步和异步)以及消息等。如同其他图一样，有时为了增强模型的语义，还可在顺序图中给出与其所包含内容相关的约束，并且为了使顺序图更易理解，还可给出一些注解。

顺序图中所包含的内容，确定了一个特定的抽象层，该抽象层决定了系统(或系统成分)模型的形态。如图 6.76 所示。

1. 术语解析

下面，就交互中所涉及的基本术语做一简单解析。

(1) 消息

消息是用于表达交互内容的术语。在 UML 中，把消息表示为一条箭头线，从参与交互的一个对象之生命线到另一对象的生命线。如果消息是异步的，则用枝形箭头线表示；如果消息是同步的(调用)，则用实心三角箭头线表示；同步消息的回复用枝形箭头虚线表示，如图 6.77 所示。

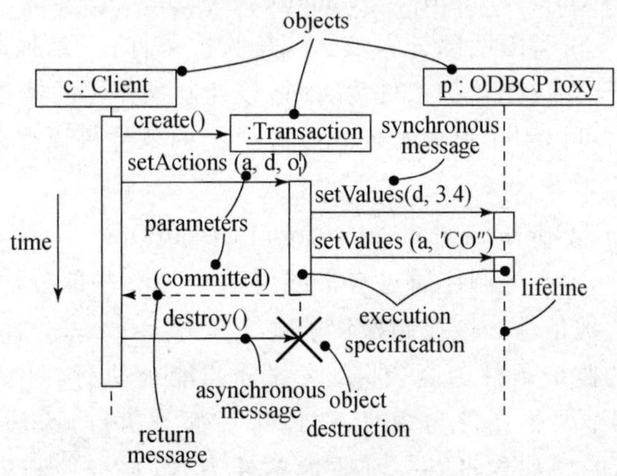

图 6.77 交互中消息的表示

(2) 对象生命线

对象生命线用于表示一个对象在一个特定时间段中的存在。对象生命线被表示为垂直的虚线。如图 6.77 所示。一条生命线上的时序是非常重要的,使消息集合成为一个关于时间的偏序集,从而形成一个因果链。

(3) 聚焦控制(the focus of control)

聚焦控制用于表达一个对象执行一个动作的时间段。聚焦控制表示为细高矩形。根据需要,可以使用嵌套的聚焦控制。

2. 控制操作子(见图 6.78)

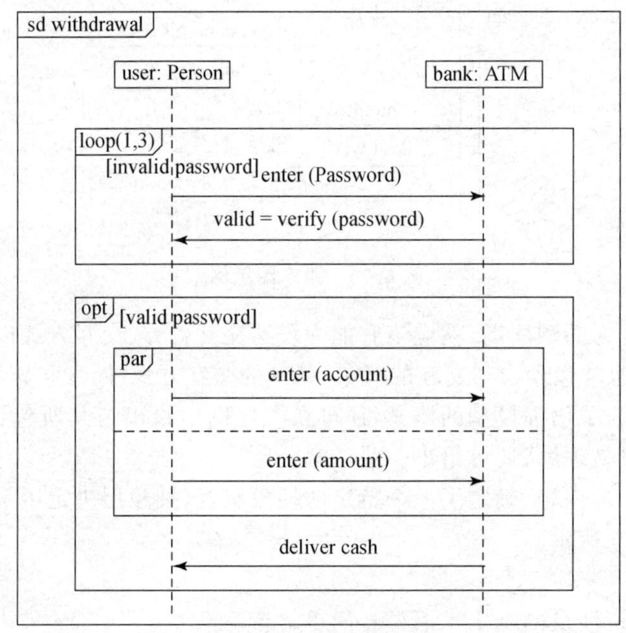

图 6.78　控制操作子

为了控制交互行为描述的复杂性,更清晰地表达顺序图中的复杂控制,UML 给出了 4 种最常使用控制操作子:

(1) 选择执行操作子(Operator for Optional execution)

该控制操作子记为"opr",由两部分组成:一是监护条件;二是控制体。该控制操作子表明,在进入该控制操作子时,仅当监护条件为真时,该控制操作子的体才予以执行。其中,监护条件是一个布尔表达式,可以引用那个对象的属性。监护条件可以出现在该体中任意一个生命线顶端的方括号内。

(2) 条件执行操作子(Operator for Conditional execution)

该控制操作子记为"alt",控制体通过水平线将其分为一些部分,每一部分表示一个条件分支,每一分支有一个监护条件。该控制操作子表明:

① 如果一个部分的监护条件为真,那么该部分才能被执行。但是,最多可执行该控制体中一个部分。如果多个监护条件为真时,选择哪一部分执行,这是一个非确定性的问题,并且其执行可以是不同的。如果没有一个监护条件为真,那么控制将绕过该控制操作子而继续。

② 控制体中可以有一个部分具有一个特定的监护条件[else]，对于这一部分而言，如果没有其他监护条件为真，那么该部分才被执行。

(3) 并发执行操作子(Operator for Parallel execution)

该控制操作子记为“par”，该控制操作子的体通过水平线将其分为多个部分。每一部分表示一个并行计算。在大多数情况下，每一部分涉及不同的生命线。该控制操作子表明：当进入该控制操作子时，所有部分并发执行。

实际上，存在很多情况，它们分解为一些独立的、并发的活动，因此，这是一个非常有用的操作子。但在使用中应当注意，由于在每一部分中，消息的发送/接受是有次序的，而在各部分的并发执行中，消息次序则完全是任意的，因此对于不同计算之间的交互，不应使用这一控制结构。

(4) 迭代执行操作子(Operator for Iterative execution)

该控制操作子记为“loop”。其中一个监护条件出现在控制体中一条生命线的顶端。该控制操作子表明，只要在每一次迭代之前该监护条件为真，那么该控制体就反复执行；当该体上面的监护条件为假时，控制绕过该控制操作子。

6.5　UML 小结

(1) UML 为了支持“概念建模”和“软件建模”，充分运用人类认识客观世界、解决实际问题的思维方式，提供了跨越问题空间到“运行平台”之间丰富的建模元素，如图 6.79 所示。

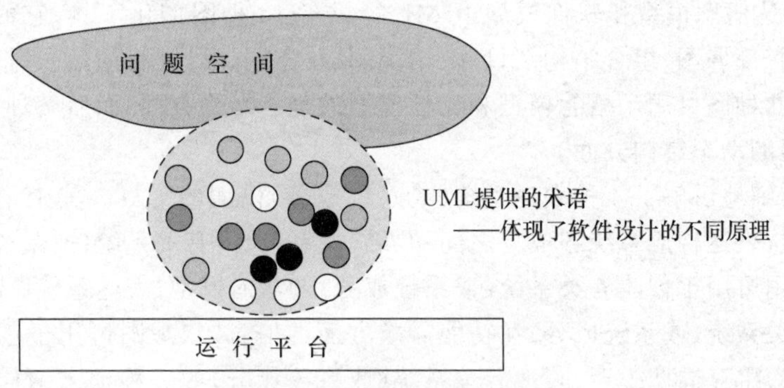

图 6.79　建模术语的范围

并且基于给定的术语，支持不同抽象层次的确定，并提供了相应的模型表示工具(见图 6.80)。

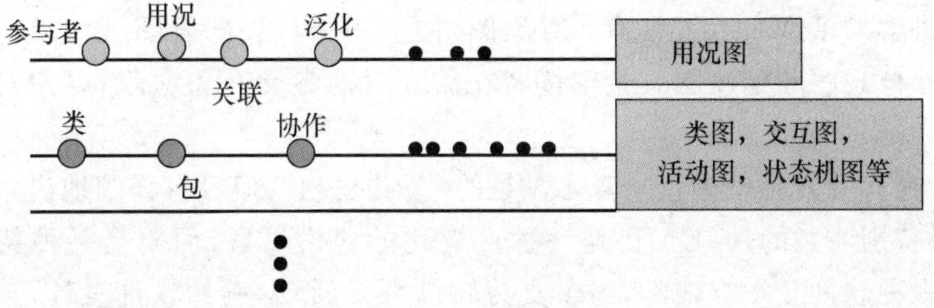

图 6.80　软件开发的抽象层与模型表示工具示意

因此可以说,UML 作为一种图形化语言,紧紧围绕"面向对象方法是一种以客体和客体关系来创建系统模型的系统化软件开发方法学",给出表达客体、客体关系的术语,并给出了表达模型的工具,其主要目的是:支持软件开发人员从不同目的(静态、动态)、针对不同粒度(系统、子系统、类目等),从不同抽象层和从不同视角来创建模型,并建立相应的文档。

(2) 为了支持抽象系统分析和设计中的事物,UML 给出了 8 个基本术语,即:类、接口、协作、用况、主动类、构件、制品、节点,并给出了这些基本术语的一些变体。每个术语都体现着一定的软件设计原理,例如类体现了数据抽象、过程抽象、局部化以及信息隐蔽等原理;用况体现了问题分离、功能抽象等原理;接口体现了功能抽象等。当使用这些术语创建系统模型时,它们的语义就映射到相应的模型元素。

本章中重点讲解了其中的类、接口和用况,简单地说明了一下协作、主动类、构件、制品和节点,希望读者在需要时能进一步参阅有关文献,以便对它们有更深入的了解和使用之。

(3) 为了表达模型元素之间的关系,UML 给出了 4 个术语,即:关联、泛化、细化和依赖,以及它们的一些变体。可以作为 UML 模型中的元素,用于表达各种事物之间的基本关系。这些术语都体现了结构抽象原理,特别是泛化概念的使用,可以有效地进行"一般/特殊"结构的抽象,支持设计的复用。并且为了进一步描述这些模型元素的语义,还给出一些特定的概念和表示,例如给出限定符这一概念,是为了增强关联的语义。

(4) 为了组织以上两类模型元素,UML 给出了包这一术语,在实际应用中,可以把包作为控制信息复杂性的机制。

(5) 为了使创建的系统(或系统成分)模型清晰、易懂,UML 给出了注解这一术语。

(6) 为了表达概念模型和软件模型,UML 提供了 13 种图形化工具,它们是:类图、对象图、构件图、包图、部署图、组合结构图,以及用况图、状态图、顺序图、通信图、活动图、交互概观图,定序图。前 6 种图可用于概念模型和软件模型的静态结构方面;而后 7 种模型可用于概念模型和软件模型的动态结构方面。

本章比较详细地讲解了 4 种表达系统(或系统成分)模型的工具。其中,类图可用于创建系统的结构模型,表达构成系统各成分之间的静态关系,给出有关系统(或系统成分)的一些说明性信息;用况图可用于创建有关系统(或系统成分)的功能模型,表达系统(或系统成分)的功能结构,给出有关系统(或系统成分)在功能需求方面的信息;状态图可用于创建有关系统(或系统成分)的行为生存周期模型,表达有关系统(或系统成分)的一种动态结构,给出有关系统(或系统成分)在生存期间可有哪些阶段、每一阶段可从事的活动以及对外所呈现的特征等方面的信息;顺序图可用于创建有关系统(或系统成分)的交互模型,表达系统(或系统成分)中有关对象之间的交互结构,给出系统(或系统成分)中的一些对象如何协作的信息。

本章没有讲解的模型表示工具有:对象图、构件图、包图、部署图、组合结构图,以及活动图、通信图、交互概观图和定序图。希望读者在需要时能参阅有关文献,以便对它们有所了解和正确使用之。

另外,尽管在有的内容中提及一点 UML 的"公共机制",但没有详细地讲解之。

最后,需要特别注意的是,UML 是一种可视化的建模语言,而不是一种特定的软件开发方法学。作为一种软件开发方法学,为了支持软件开发活动,例如软件设计,至少涉及三方面的内容:一是应定义设计抽象层,即给出该层的一些术语,二是应给出该层的模型表达工具,三是应给出如何把需求层的模型映射为设计层的模型,即过程。可见,UML 仅包括前两方面的内容,即给出了一些可用于定义软件开发各抽象层的术语(符号),给出了各层表达模型的工具。尽管在讲述中提到一点有关应用的内容,例如类的用途以及相关策略,但那是为了获得更好的理解,最多为其应用提供了一些宏观上的指导。在第七章中,我们将介绍面向对象方法学中的第三部分:过程。

习　题　六

1. 解释以下术语,并举例说明。

对象;属性;操作;类;关联;链;泛化;聚合;依赖;状态;事件。

2. 简要回答以下问题:

(1) 对象的构成与表示;

(2) 类图的构成;

(3) 状态图的构成;

(4) 顺序图的构成;

(5) 描述对象之间的关系所使用的概念;

(6) 用况之间有哪几种关系;

(7) 面向对象为什么要从多个侧面建立系统模型。

3. 分析:

(1) 对象操作和对象状态之间的关系。

(2) 引入"操作"以及其同义词"方法"的目的和必要性。

(3) 类与对象之间的关系以及关联与链之间的关系。

(4) 在什么情况下需要建立状态图?

(5) 为什么使用包? 如何划分包?

(6) 在一个继承结构中,一般类与特殊类的状态图相同与否。

(7) 在描述客观事物方面,面向对象方法与结构化方法提取信息的不同角度,以及对建造的系统模型所产生的影响。

(8) 面向对象方法与结构化方法在控制信息组织复杂性方面引入的机制。

4. 实践题:

(1) 假定教务管理包括以课程为中心进行资源(教师、教室、学生)配置,并根据各科考试成绩进行教学分析。在这一假定下,结合实际情况,给出教务管理系统的需求陈述,建立该系统的类图,并选取其中一个典型的对象类,给出它的状态图。

(2) 一个目录文件包含该目录中所有文件信息。一个文件可以是一个普通文件,也可以是一个目录文件。绘制描述目录文件和普通文件的类图。

(3) 考虑使用网络打印机进行打印时出现的各种情况,绘制顺序图。

(4) 一个光盘商店从事订购、出租、销售光盘业务。光盘按类别分为游戏、CD、程序三种。每种光盘的库存量有上下限,当低于下限时要及时订货。在销售时,采取会员制,即给予一定的优惠。请按需求建模,并对图中的各种元素进行简要说明。

(5) 用状态图描述一部电梯的运行。

第七章　面向对象方法——RUP

UML给出了面向对象方法学中的术语表和表达格式，RUP基于UML给出了一种过程指导。

统一软件开发过程(Unified Software Development Process)是对象管理组织(Object Management Group，简称OMG)所推荐的一个有关过程的标准。它由UML语言的开发者们提出，其中权衡了30余年的软件开发实践，吸取了数百个用户多年的实际开发经验以及Rational公司多年的工作成果，因此统一软件开发过程往往简称为RUP。

图7.1所示的简图概括了RUP和UML之间的关系。

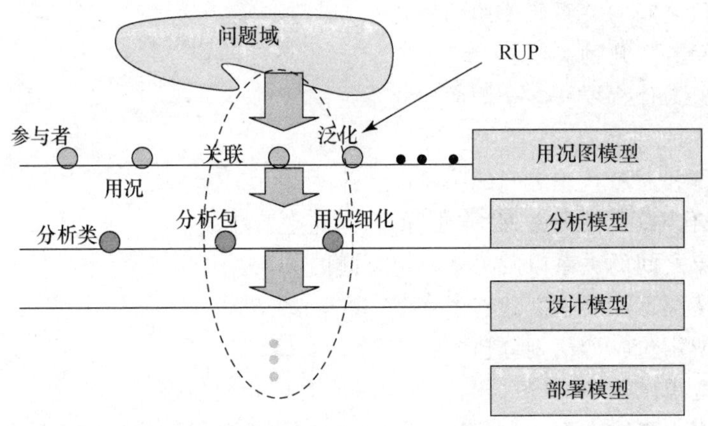

图7.1　RUP和UML之间的关系

可见，RUP是基于UML的一种过程框架，在软件开发中，为进行不同抽象层之间"映射"，安排其开发活动的次序，指定任务和需要开发的制品，提供了指导；并为对项目中的制品和活动进行监控与度量，提供了相应的准则。换言之，RUP比较完整地定义了将用户需求转换成产品所需要的活动集，并提供了活动指南以及对产生相关文档的要求。

RUP适用于大多数软件系统的开发，包括不同应用领域、不同项目规模、不同类型的组织和不同的技能水平，并且是基于构件的，可以使每个构件具有良好定义的接口。

目前，基于面向对象符号体系提出了很多有关软件开发过程及其组织的指导，例如《以特征驱动的软件开发》(P. Coad)、《敏捷软件开发》(R. Martin)等，但可以说RUP是比较全面的、具有代表性的。因此本书选择RUP予以讲解。

7.1　RUP的作用和特点

RUP的突出特点是，它是一种以用况为驱动的、以体系结构为中心的迭代、增量式开发。

1. 以用况为驱动

以用况为驱动意指在系统的生存周期中，以用况作为基础，驱动系统有关人员对所要建立系统之功能需求进行交流，驱动系统分析、设计、实现和测试等活动，包括制订计划、分配任务、监控执行和进行测试等，并将它们有机地组合为一体，使各个阶段中都可以回溯到用户的实际需求，如图 7.2 所示。

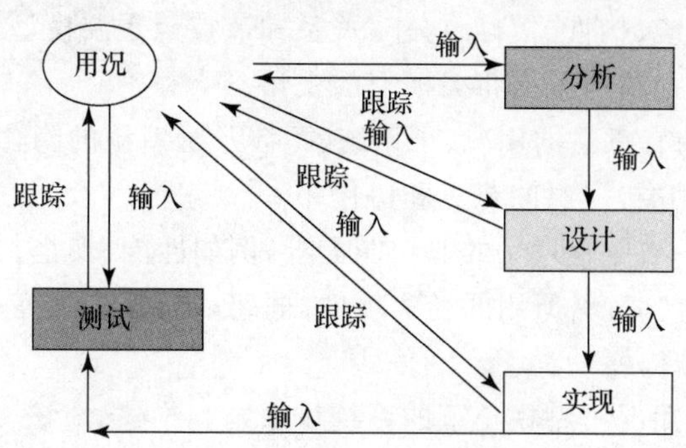

图 7.2 用况驱动示意

由图 7.2 可以看出，用况是分析、设计、实现和测试的基本输入，分析、设计、实现和测试的结果都可以跟踪到相应的用况。通过用况可以得到体系结构描述。通过用况还可以得到其他相关制品，例如，通过枚举用况的不同执行路径，可导出测试案例和测试规程；通过用况可估算系统性能、硬件需求和可用性；还可以把用况作为基础来编写用户手册等。

不论是通过用况得到分析、设计、实现等结果，还是通过用况得到体系结构描述，都涉及到对用况进行细化，期间一方面要对用况所涉及的系统功能，给出完整的描述，另一方面还要区分用况中的三类事物：系统与参与者(actor)之间的接口，实现接口(功能)的活动和属性，以及对前两者进行协调和控制的机制。因此，以用况为驱动有助于模型之间的追踪和系统演化。

2. 以体系结构为中心

以体系结构为中心意指在系统的生存周期中，开发的任何阶段(RUP 规定了四个阶段，即初始阶段、细化阶段、构造阶段和移交阶段)都要给出相关模型视角下有关体系结构的描述，作为构思、构造、管理和改善系统的主要制品，如图 7.3 所示。

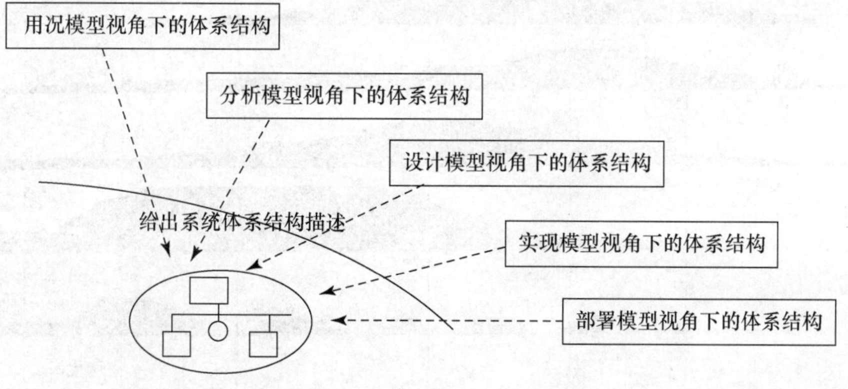

图 7.3 以体系结构为中心示意

系统体系结构是对系统语义的概括表述,对所有与项目有关人员来说都是能够理解的,因此便于用户和其他关注者在对系统的理解上达成共识,以便建立和控制系统的开发、复用和演化。

系统体系结构内含一些决策,主要涉及软件系统的组织(包括构成系统的结构元素、各元素的接口、由元素间的各种协作所描述的各元素行为、由结构元素和行为元素构成的子系统、相关的系统功能和性能、其他约束等)以及支持这种组织的体系结构风格。因此,在系统体系结构描述中,应关注子系统、构件、接口、协作、关系和节点等重要模型元素,而忽略其他细节。

具体地说,体系结构描述应根据相关模型的视角:

(1) 展示对体系结构有意义的用况、子系统(不涉及子系统的隐含成分和私有成分及其变种)、接口、类(主要为主动类)、构件、节点和协作;

(2) 展示对系统体系结构有意义的非功能需求,例如性能、安全、分布和并发等;

(3) 简述相关的平台、遗产、所用的商业软件、框架和模板机制等;

(4) 简述各种体系结构模式。

例如,为了获得系统用况模型视角下的系统体系结构描述,应该:

① 在一般性地了解系统用况之后,勾画与特定用况和平台无关的系统体系结构轮廓。

② 关注一些关键用况。所谓关键用况,是指那些有助于降低最大风险的用况、对系统用户来说是最重要的用况以及有助于实现所有重要的功能而不遗留任何重大问题的用况。

③ 给出每一关键用况的描述。其中应考虑软件需求、中间件、遗产系统和非功能性需求等,以便产生更加成熟的用况和更多的系统体系结构成分。

④ 对以上三步进行迭代,得到一个文档化的体系结构基线。并在此基础上,形成一个稳定的系统体系结构描述。

关于获得各模型视角下的系统体系结构描述,其详细步骤可参见7.2节。

3. 迭代、增量式开发

迭代、增量式开发意指通过开发活动的迭代,不断地产生相应的增量。在RUP中,规定了四个开发阶段:初始阶段(the inception phase)、精化阶段(the elaboration phase)、构造阶段(the construction phase)和移交阶段(the transition phase),如图7.4所示。

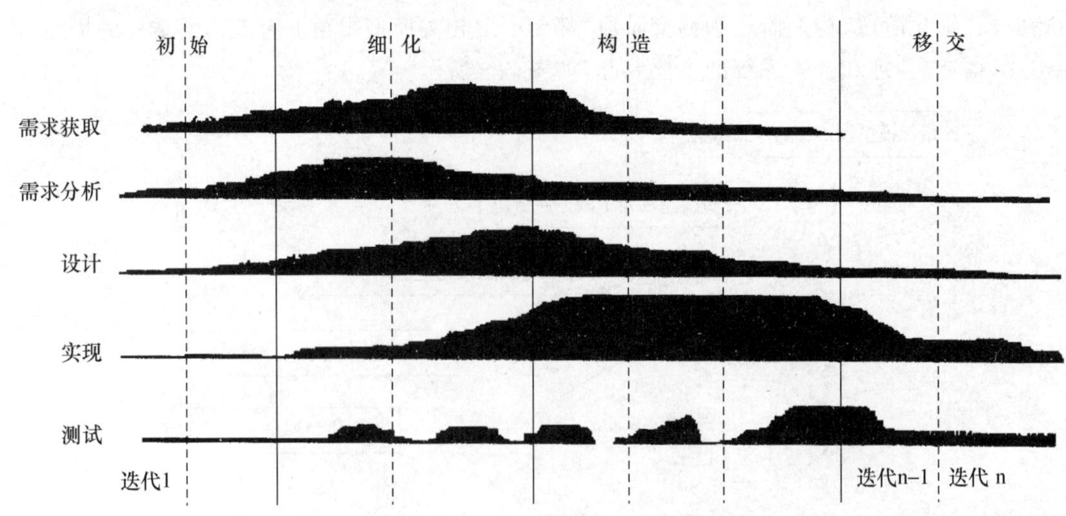

图7.4 RUP的4个阶段及其核心工作流

可见，每一阶段都有同样的工作流，即需求、分析、设计、实现和测试。每个阶段可以看作是一次“大的”迭代（黑实线）；根据开发组的需要，可以在每一阶段中安排一定数量“小的”迭代（黑虚线）。

每次迭代都要按照专门的计划和评估标准，通过一组明确的活动，产生一个内部的或外部的发布版本。两次相邻迭代所得到的发布版本之差，称为一个增量，因此增量是系统中一个较小的、可管理的部分（一个或几个构造块）。

贯穿整个生存周期的迭代，形成了项目开发的一些里程碑。每一阶段的结束，是项目的一个主里程碑（共四个），产生系统的一个体系结构基线，即模型集合所处的当时状态。主里程碑是管理者与开发者的同步点，以决定是否继续进行项目，确定项目的进度、预算和需求等。在四个阶段中的每一次迭代的结束，是一个次里程碑，产生一个增量。次里程碑是如何进行后续迭代的决策点。

系统体系结构基线的建立，是精化阶段的一个目标，而后在细化阶段对其进行演化，到细化阶段末所得到这一基线，是系统的“骨架”，应该是坚实的，因为它是开发人员当时和将来进行开发时所要遵循的标准。该基线包括早期版本的用况模型、分析模型、设计模型、部署模型、实现模型和测试模型，但此时用况模型和分析模型较为成熟。该基线与最终系统（对客户发布的产品）几乎具有同样的骨架。

可见，从最初建立的体系结构基线到最终系统实现之后所得到的系统体系结构基线之间，经历了几次内部发布，因此最后形成的体系结构基线是系统各种模型和各模型视角下体系结构描述的一个集合。

在实践中，体系结构描述和体系结构基线往往同时开发，以便指导整个软件开发的生命周期。期间，体系结构描述不断更新，以便反映体系结构基线的变化。

综上可知，RUP的迭代增量式开发，是演化模型的一个变体，即规定了“大”的迭代数目——四个阶段，并规定了每次迭代的目标。

初始阶段的基本目标是：获得与特定用况和平台无关的系统体系结构轮廓，以此建立产品功能范围；编制初始的业务实例，从业务角度指出该项目的价值，减少项目主要的错误风险。

细化阶段的基本目标是：通过捕获并描述系统的大部分需求（一些关键用况），建立系统体系结构基线的第一个版本，主要包括用况模型和分析模型，减少次要的错误风险；到该阶段末，就能够估算成本、进度，并能详细地规划构造阶段。

构造阶段的基本目标是：通过演化，形成最终的系统体系结构基线（包括系统的各种模型和各模型视角下体系结构描述），开发完整的系统，确保产品可以开始向客户交付，即具有初始操作能力。

交付阶段的基本目标是：确保有一个实在的产品，发布给用户群。期间，培训用户如何使用该软件。

7.2　核心工作流

如图7.4所示，在RUP的每次迭代中都要经历一个核心工作流，即需求获取、需求分析、设计、实现和测试。下面主要介绍其中的需求获取、分析以及设计，而且仅仅围绕需求获取、分析以及设计所包含的活动（即映射）、每个活动的输入（即前置条件）和每个活动的输出（即后置条件）。

7.2.1 需求获取

在第三章中已介绍了几种需求发现技术,并在它们的应用中应注意的问题中提到,"大型复杂项目和一些有能力的组织,在开发需求文档时,往往使用系统化的需求获取、分析技术和工具,例如面向对象方法,提供了系统化、自动化的功能,并可逐一验证单一需求所具有的五个性质,验证需求规约是否具有以下四个性质。" RUP 采用的 use case 技术,就是一种这样的需求获取技术,其目标是:使用 UML 中的用况、参与者以及依赖等术语来抽象客观实际问题,形成系统的需求获取模型,并产生该模型视角下的体系结构描述,如图 7.5 所示。

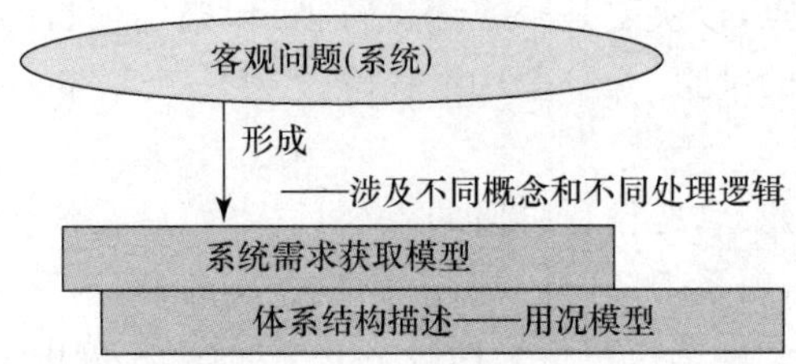

图 7.5 RUP 需求获取的目标

为了实现这一目标,RUP 建议开展以下四方面工作,其次序可根据实际情况而定。

要做的工作	产生的制品
列出候选的需求	特征列表
理解系统语境	领域模型或业务模型
捕获功能需求	用况模型
捕获非功能需求	补充需求或针对一些特定需求的用况

1. 列出候选需求

首先,从客户、用户、计划者、开发者的想法和意愿中搜取特征(feature),形成特征表。其中,特征(feature)是一个新的项(item)及其简要描述(shrinks),例如:

"平均成绩"

接之,对特征表中的每个特征给出简洁的定义,例如:

"平均成绩:按学科计算每一学生的期末考试平均成绩,并给出各分段(0—60,60—85,85—100)的人数分布情况"。

并描述其状态(例如,提议、批准、合并和验证等)、实施的代价及风险、重要程度以及对其他特征的影响等。

特征可作为需求,并被转换为其他制品。

2. 理解系统语境

为了理解系统语境,往往需要创建领域模型或业务模型。

(1) 领域模型

在 RUP 中,领域模型一般是以类图予以表达的,用于捕获系统语境中的一些重要领域对象类型,其中领域对象表达系统工作环境中存在的事物或发生的事件。一般来说,领域类以三种形态出现:

① 业务对象：表示那些由业务操纵(manipulate)的事物(thing)，例如订单，账目和合同等。

② 实在对象(real-world objects)和概念：例如 飞机、火箭等。

③ 事件(events)：例如飞机到达，飞机起飞等。

如图 7.6 所示，该领域模型捕获了系统语境中一些重要的概念：订单、发票、货物项和账目，以及这些概念之间的基本关系。

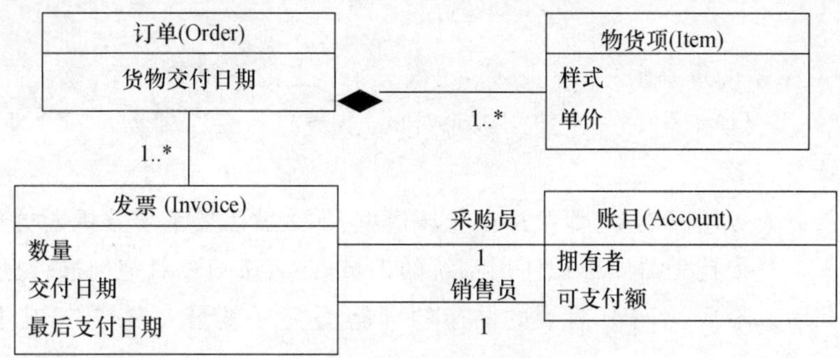

图 7.6　购物子系统的领域模型

(2) 业务模型

在 RUP 中，为了捕获业务处理和其中的业务对象，通过以下 2 个层次来抽象一个业务：

① 业务用况模型

业务用况模型是以用况图予以表达的，其中包含一些业务用况和一些业务参与者，一个业务用况对应一个业务处理，业务参与者对应客户。

② 业务对象模型

为了细化业务用况模型中的每一个业务用况，RUP 引入了三个术语，用于表达参与业务的对象(或称业务对象)：工作人员(workers)、业务实体(business entities)和工作单元(work units)。其中，工作人员用于表达参与业务处理的各类人员；业务实体用于表达在一个业务用况中所使用的某一事物，例如一张发票；工作单元是对最终用户而言可形成一个认知整体的这样实体的集合。业务实体和工作单元是领域类(例如订单，物资项，发票等)的对象。RUP 通过它们以及它们之间的关系来描述业务用况模型中的每一个业务用况，其结果称为业务对象模型。业务对象模型可通过交互图和活动图予以表达。

3. 捕获系统功能需求

该步的目标是，在以上两步工作的基础上，创建系统的用况模型，用以表达客户认可的需求——系统必须满足的条件和能力，作为客户和开发人员之间的一种共识。

用况模型是系统的一种概念模型，是对系统功能的抽象，包括系统参与者、用况以及它们之间的关系，如图 7.7 所示。

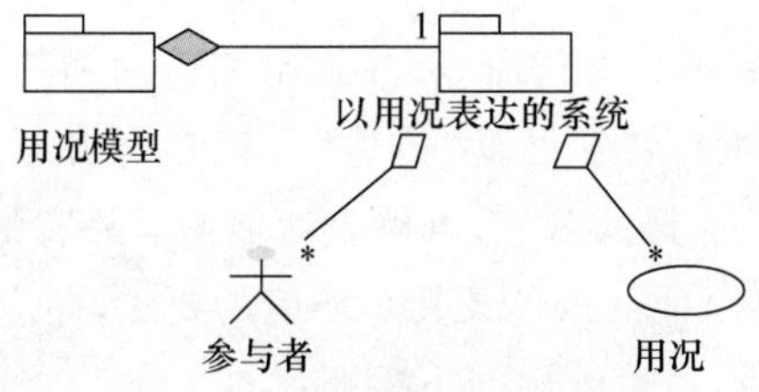

图 7.7　用况模型及其内容

其中,“以用况表达的系统”给出的是用况模型顶层的包。

为了创建系统的模型,应进行以下主要活动。

(1) 活动1: 发现并描述参与者(actor)

① 任务1: 发现参与者

如果之前已存在业务用况模型,那么就可以依据这一业务模型直接发现一些候选的系统参与者,即:

- 为业务对象中的每一个“工作人员”,建议一个候选的系统参与者;
- 对于业务用况模型中每一个使用该系统的“业务参与者”,即为每一个业务客户,建议一个候选的系统参与者。

如果之前没有业务用况模型,即使存在领域模型,那么就需要系统分析人员与客户一起来标识系统参与者。其中首先需要标识使用系统的人员,而后按角色对他们进行分类,形成一些候选的系统参与者。最后,基于所发现的候选参与者,确定系统最终参与者,其中一般应遵循以下两条准则:

第一条准则: 至少要有一个实际用户,可以扮演候选的参与者。这条准则的目的是为了避免所确定的系统参与者是一些想象的“事物”,从而使我们发现系统参与者是真正与系统有关的参与者,以便准确地定义系统环境。

第二条准则: 不同系统参与者实例之间,其角色的重叠应是最少的。在确定系统参与者中,如果出现图7.8所示的情况,即参与者A有9个角色,参与者B有10个角色,但他们重叠的责任有7个,即A的角色和B的角色具有较大的重叠;或出现一个候选的系统参与者与两个或多个参与者有着几乎相同的角色的情况,那么就应该考虑: 是否将它们的角色组合到一个参与者的角色之中,或是否需要标识一个“一般化”的参与者,使之具有那些重叠的、公共的角色,并通过“泛化”,形成那些特定的参与者。

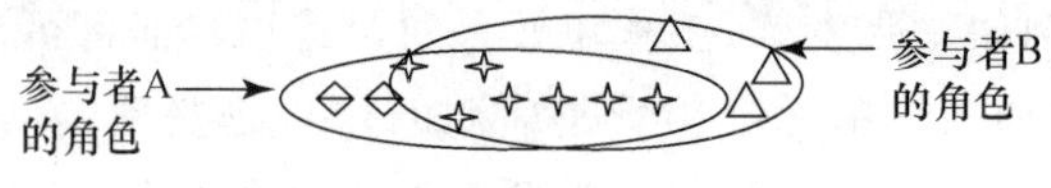

图7.8 参与者角色的重叠

这条准则的目的是为了避免两个参与者的角色具有大量的重叠,以至于使系统产生不良的功能结构。

在发现系统参与者中,还需要标识表示外部系统的参与者,以及系统维护、运行所需要的参与者。

② 任务2: 描述参与者

对发现的每一系统参与者都要进行命名,并给出相应的描述。对参与者给出一个恰当的名字是非常重要的,因为这样的名字可以“传达”对该参与者所期望的语义。例如: 采购员(buyer),销售员(seller),通过这样的名字,可以表达他们所具有的角色。

对参与者的描述,主要给出他的角色及其对环境的要求,即应当概括它的责任和要求。例如: 对参与者采购员和销售员,可以给出如下描述:

采购员

“采购员表示一个人,可以是该业务组织中某一人,他负责购买东西或服务;他需要使用一个相关的票据支付系统,来发送订单和支票。”

销售员

“销售员表示一个人,他负责交付采购员所购买东西或服务;他需要使用一个相关的票据和支付系统,来发现新的订单、发送订单认可和支票收据。”

从以上的描述中可知:① 这两个参与者是人,而不是系统外的其他系统和设备;② 它们各有自己的角色;③ 为了完成其任务,他们都需要一个票据支付系统。

(2) 活动 2:发现并描述用况

① 任务 1:发现用况

在 UML 中,用况是系统向它的参与者提供结果(值)的功能块,表达参与者使用系统的方式,因此一个用况可用于规约系统可执行的、与参与者进行交互的一个动作序列,包括其中的可选动作序列,并且用况还有其自己的属性。

一个用况的实例,其行为表现为:系统外部的一个参与者实例,直接启动该用况实例中的一条路径,并使之处于一个开始状态。继之执行这条路径中的动作序列,使该用况实例从一个状态转化为另一状态;其中,在执行该序列的每一动作中,包含内部计算、路径选择和/或向某一参与者发送消息;在一个新的状态中,等待参与者发送另一外部消息,以此引发该状态下的动作之执行。如此继续,经历了许多状态,直到该用况实例被终止。

在我们建造的系统用况模型中,由于把其中的每一个用况实例看作是原子的,因此只存在发生在参与者实例和用况实例之间的交互。这意味着用况实例不能与其他用况实例发生交互,但每个用况的行为可以被其他用况所中断;并意味着在大部分情况里,是一个参与者实例引发一个用况实例,但也有可能由一个事件所引发,例如由系统之外的定时时钟所引发。

基于以上对用况及其实例行为的理解,我们就可以按如下方法来发现用况:

● 当已有一个业务模型时,可直接标识一些临时的用况,即一旦发现了其中一个“工作人员”或“业务参与者”的角色,就为该工作人员和业务参与者的每一角色,对应地创建一个用况。而后,对这些暂时的用况进行细化和调整,并确定工作人员和业务参与者的哪些任务可由系统自动地予以实现。最后,对确定的用况进行重新组织,以便更好地适应系统参与者的要求。

● 当没有业务模型时,就要与客户和/或用户一起来标识用况。其中,需要一个一个地审阅参与者,为每一个参与者建议一些暂时的用况。例如,研究一个参与者需要哪些用况,为什么需要这些用况,并研究参与者的创建、改变、跟踪、迁移等工作,通常需要哪些用况来支持之,研究业务用况中使用的业务对象,例如订单和账目等。

不论采用什么方法,在发现暂时的用况中还需要进一步考虑一些问题,例如:

● 参与者是否还可能要通知系统一些外部事件,包括已经发生的一些事件,例如:发票已经过期。

● 是否存在一些其他的参与者,他们可能需要执行系统的启动、终止和维护。

● 是否存在一些暂时的用况,不宜作为系统最终的用况,而应把它们作为其他用况的组成部分。

● 创建的用况是否可以作为一个功能单元,容易修改、测试和管理之等。

● 对用户与系统之间的一个交互序列,是在一个用况中予以规约,还是在多个用况中予以规约等。

在确定系统最终的用况中,会涉及一个很难处理的问题,即用况范围大小的确定,并必须考虑:它是否是完整的,是否是另一用况的继续。

为了处理这一问题,RUP给出以下两条基本准则:

第一条准则:用况应为它的参与者产生有值的结果(result of value),特别地,用况应向一个特定的参与者交付了可见的结果(值)。

如果一个用况大小,其执行就可能不会向相关的参与者提供一些值,从而使参与者达不到其特定目的。因此,这一准则的目的是为了避免发现的用况太小。

第二条准则:用况最好只有一个特定的参与者(particular actor)。

如果一个用况具有多个参与者,那么该用况就可能承载相当多的角色,从而使该用况较大。因此,这条准则的目的是为了以避免发现的用况太大。

基于一些参与者第一次发现的用况,通常需要予以重新组织,重新评估,使之更加"稳定"。例如,如果已经有了一个体系结构描述,为了适应该体系结构,往往就需要对新捕获的用况进行必要的调整。

由上可见,发现用况是一项具有挑战性的任务,对以后开发工作具有十分重要的影响。

② 任务2:描述用况

当确定了系统的一个用况时,就应对其进行描述。该描述一般应首先给出该用况的名字;继之,给出该用况的概要说明。其中,概要说明一般可采用两种形式:

第一形式:简单地给出用况的功能。例如:

用况:"支付发票"

该用况是由采购员使用的,用于安排发票的支付,其中涉及按期支付问题。

第二种形式:首先给出用况实例执行的前置条件,而后一步一步地列出系统与其参与者交互时所要做的事情。例如:

"在该用况执行之前,采购员已经收到一张发票,并收到所预订的货物或服务。

● 采购员了解并检查所要支付的发票是否与原始订单是一致的;

● 采购员通过相应银行安排支付的发票;

● 按支付日期,系统检查采购员的账户,是否存在足够的资金。如果资金够用,则进行支付。"

通过以上活动1和活动2,就可产生如图7.9所示的系统用况图。

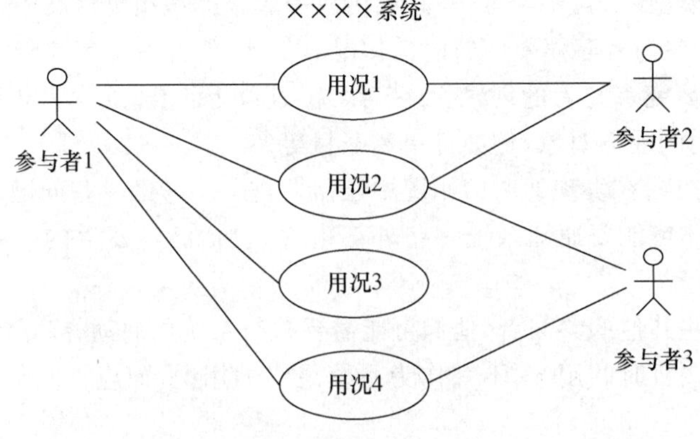

图7.9 系统用况图示意

再加上每一参与者和每一用况的描述，就形成了该系统粗框的用况模型，记为**用况模型[概述]**。

依据这一**用况模型[概述]**为基础，进而可形成系统的一些非功能需求和相应的应用术语集。

(3) 活动 3：确定用况的优先级(priority)

这一活动的目标是，在活动①和②的基础上，确定哪些用况适宜在早期的迭代中予以开发，哪些用况适宜在后期的迭代中予以开发，并形成系统**用况模型[概述]**视角下的体系结构描述。如图 7.10 所示。

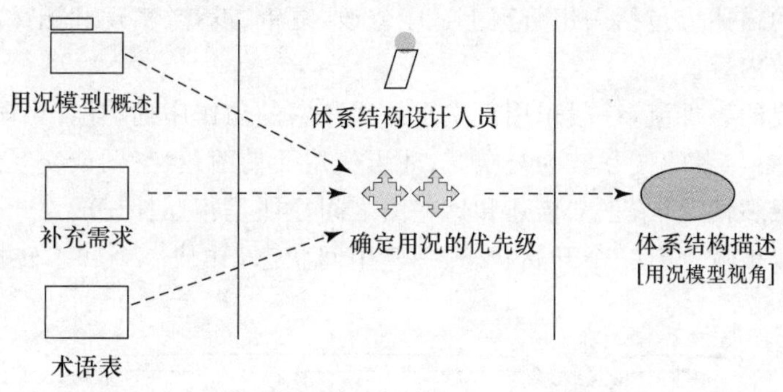

图 7.10　任务 3 的输入和输出

可见，该活动如同活动 1 一样，也是一个映射，即基于系统**用况模型[概述]**、非功能需求和术语表，生成该模型视角下的系统体系结构描述，记为**体系结构描述[用况模型视角]**。

为了产生**体系结构描述[用况模型视角]**，体系结构设计人员应依据**用况模型[概述]**，与项目负责人一起来考虑体系结构的描述问题，即刻画在体系结构方面具有意义的用况，包括对某一重要、关键功能的用况的描述，包括对那些必须在软件生存周期早期予以开发的、某一重要的用况的描述。

在规划下一个迭代中，为了确定其中需要哪些开发活动和任务，通常需要使用以上产生的**体系结构描述[用况模型视角]**。除此之外，在这一规划中当然还需要考虑其他非技术因素，例如系统开发的业务和经济方面的因素。

(4) 活动 4：精化用况

这一任务的目标是，详细描述每一用况的事件流，包括用况是怎样开始的，是怎样结束的，是怎样与参与者进行交互的。最终形成一系列精化的用况，记为**用况[精化]**，如图 7.11 所示。

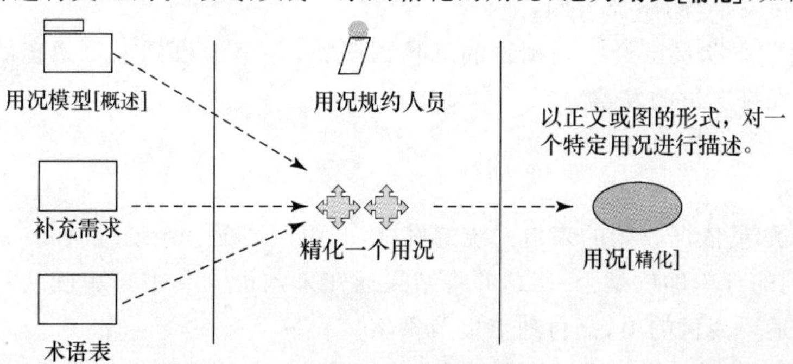

图 7.11　任务 4 的输入和输出

可见,这一任务也是一个映射,即基于系统**用况模型**[**概述**]、非功能需求和术语表,生成一系列精化的用况。

在用况的精化中,涉及如何描述一个用况中所有可选的路径,如何描述一个用况中所包括的内容,如何在必要时给出用况的形式化描述。因此,规约人员应与该用况的实际用户合作,其中通常需要记录他们对该用况的理解,讨论用户建议的方案,并请他们复审用况描述。

对用况的精化描述,可以用事件流(flow of events)描述技术,规约一个用况执行时,系统做了什么,以及系统如何与其参与者进行交互。

一个事件流的描述应包括一组管理上适于修改、复审、设计、实现和测试的动作序列,并作为用户手册的一节内容。

对每一个用况的事件流,一般采用正文来描述其中的动作序列,只有当该用况的动作序列和/或该用况与其参与者的交互较为复杂时,才可使用活动图、状态图或交互图来描述之,而且在实际工作中的很多情况下,正文描述和这些图之间往往是相互补充的。

一个用况可以被认为有一个开始状态、一些中间状态,并从一个状态转换为另一状态,如图 7.12 所示。

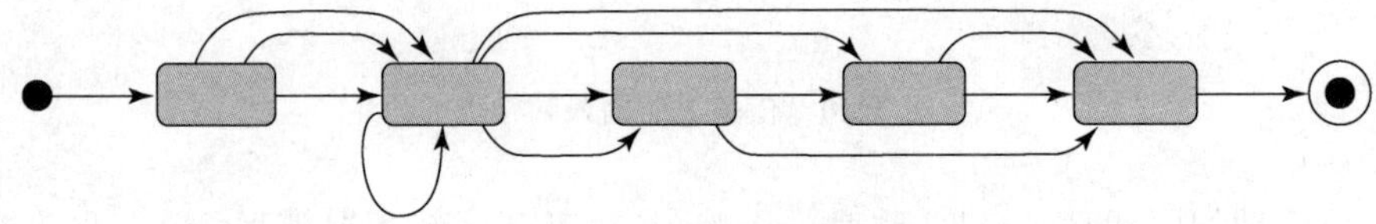

图 7.12 事件流示意

其中,直线箭头线表示基本路径,曲线箭头是其他可选路径。

首先,从开始状态到终止状态选择一条完整的基本路径,并对其进行描述。其中,这一基本路径的选择应该是用户认为它是一条最通常的、并对相关参与者产生最有意义值的路径。一般来说,这一基本条路径还应包含系统的一些例外和异常处理。

接之,描述其余可选路径。其中,是否把其中那些很小的可选路径,作为基本路径的组成部分,还是作为一条独立的路径,这是一个设计决策问题,取决于该描述是否精确,是否容易阅读。

不管采用什么描述技术,都必须描述所有的可选路径,否则就不能说给出了该用况的规约。

以用况"支付发票"的路径为例,则

① 前置条件:采购员已经收到预订的货物或服务,并至少收到来自系统的一张发票。现在,采购员计划安排支付的发票。

② 事件流:

- 基本路径

第一步:采购员依据收到的来自系统的发票,调用该用况。系统检查每一张发票的内容,看其与以前收到的订单确认是否一致,并将结果通知采购员。其中订单确认是由"订单确认"用况给出的,描述要交付的项,交付地点以及价格。

第二步:采购员通过银行进行发票的支付,为了将资金划拨到销售员的账户,系统生成一个支付请求。

第三步：而后，如果采购员账户的资金够用，则按预订的日期进行支付。在支付期间，系统将采购员账户的资金划拨到销售员的账户，并将支付的结果通知采购员和销售员。

第四步：该用况实例动作终止。

● 可选路径

在第二步中，采购员可能请求系统向销售员发送一张支票拒收的请求。在第三步中，如果在采购员的账户中没有足够的资金，该用况将不进行这一支付，并通知采购员。

③ 后置条件：当发票已经予以支付或当由于资金不足而取消这次支付时，该用况实例结束。

该例子由三部分组成，第一部分描述该用况的前置条件，第二部分描述该用况的事件流，第三部分描述该用况的后置条件。其中在第二部分的事件流描述中，首先给出基本路径的描述，分别描述了该路径中的 4 个动作；然后给出可选路径的描述。

一般来说，在用况的一个精化描述中，其基本内容包括：

① 定义一个前置条件，用于表达该用况的开始状态；

② 定义第一个要执行的动作，例如上例中的第一步，描述该用况是如何开始的，什么时候开始。

③ 定义该用况中基本路径所要求的动作及其次序。上例中以次序号(第一步—第四步)定义了动作及其执行次序；

④ 描述该用况是如何结束的，什么时候结束(例如第四步)；

⑤ 定义一个后置条件，用于表达可能的结束状态；

⑥ 描述基本路径之外的可选路径；

⑦ 定义系统与参与者之间的交互以及它们之间的交换(例如第二步和第三步)，即描述该用况的动作是如何被相关参与者激发的，以及它们是如何响应参与者的要求。其中，如果该系统与其他系统交互，则必须规约这一交互，例如引用一个标准的通信协议。

⑧ 描述系统中使用的有关对象、值和资源(例如第一步)，即描述在一个该用况的动作序列中，如何使用为该用况属性所赋予的值。

可见，在用况描述中，必须明确描述系统做什么(执行的动作)，描述参与者做什么，并从参与者做什么中分离出系统的责任。否则用况描述就不够精确。只有当满足以下条件时，才能说结束了用况描述：

- 用况是容易理解的；
- 用况是正确的(即捕获了正确的需求)；
- 用况是完备的(例如，描述了所有可能的路径)；
- 用况是一致的。

用况的描述可以在需求捕获结束的复审会中，由分析员予以评估，也可以由用户和客户予以评估。但仅客户和用户才能确认用况是否是准确的。

(5) 活动 5：构造用户界面原型

这一活动的目标是，建造用户界面原型，使用户可以有效地执行用况。

构造用户界面原型的基本步骤为：

① 用户界面的逻辑设计；

② 用户界面的物理设计；

③ 开发用户界面原型,并演示为了执行该用况,用户怎样使用该系统。

关于如何进行以上三步,可参见有关文献。

(6) 活动 6:用况模型的结构化

只有系统分析员已经标识了系统参与者和系统用况,并且已经以图的形式对用况模型进行了描述,给出了整个用况模型的说明(见活动 1、2);而且用况规约人员已经对每一用况开发了详细的描述(见活动 4);才能进行用况模型的结构化工作。其中,要做的工作包括:

① 抽取用况描述中那些一般性的、共享的功能,并使用泛化关系,标识和描述那些共享功能,如图 7.13 所示。

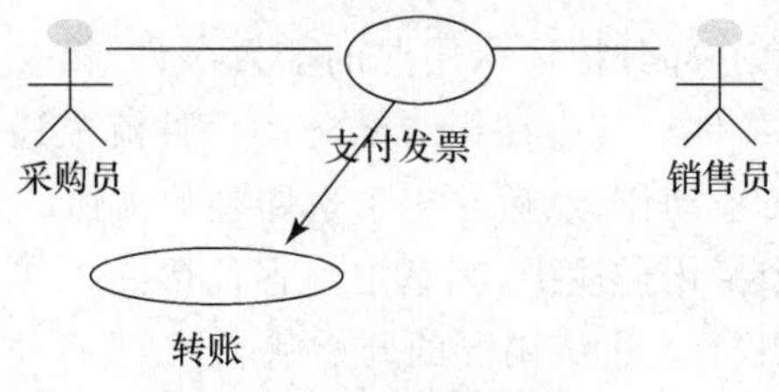

图 7.13 泛化共享功能

② 抽取用况描述中附加的或可选的功能,可以使用扩展关系对它们进行标识和描述,如图 7.14 所示。

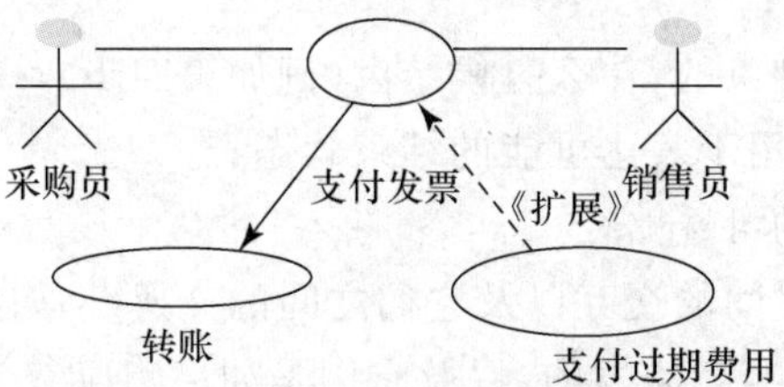

图 7.14 扩展附加的或可选的功能

③ 标识用况之间的其他关系:用况之间还包括其他关系,例如包含关系。

在用况的结构化中,应注意以下问题:

① 在建立用况的结构中,应尽可能地反映用况的实际情况。否则,不论对用户或客户,还是对开发人员本身,要理解这些用况以及它们的意图就变得相当困难。

② 在用况的结构化中,不论是施加什么结构,对新引入的用况都不应太小或太大。因为,在以后的开发中,对每一个用况都需要做进一步处理,使其成为一个特定的制品。例如在需求获取阶段,用况规约人员需要给出它的描述,而在后续的分析和设计中,设计人员需要对不同的用况予以细化(realization),这样,如果用况太小或太大,势必产生一系列管理上的问题。

③ 在建立用况的结构中,应尽量避免对用况模型中的用况功能进行分解。最好在分析和设计中对每一用况进行精化(refining),其中如果需要的话,以面向对象风格把用况中所定义的功能作为概念分析层上对象之间的协作,这样可以对需求产生更深入的理解。

通过对用况模型的结构化,最终形成系统的一个精化用况模型,记为用况模型[精化]。

4. 小结

下面,对需求获取做四点小结:

(1) 需求获取的基本步骤和相关制品

需求获取的基本步骤和相关制品如表 7.1 所示。

表 7.1　需求获取的基本步骤和相关制品

基本步骤	相关制品
第一步：列出候选的特征	特征表
第二步：理解系统语境	领域模型或业务模型
第三步：捕获系统功能需求	用况模型
第四步：捕获非功能需求	补充的需求或针对特殊需求的用况

(2) 业务模型或领域模型

一般来说，通过业务模型或领域模型所建立的系统语境，是创建系统用况模型的基础。其中，领域模型可以表达系统中术语以及它们之间的关系；业务模型可以表达业务过程以及过程的实现。如果系统规模不大，可能只需要一个术语表。

(3) 捕获系统功能需求(第三步)的主要制品

捕获系统功能需求是需求获取的核心活动，其目的是创建系统的用况模型。用况模型是系统的一个模型，包含系统的参与者、用况以及它们之间的关系，如图 7.15 所示。

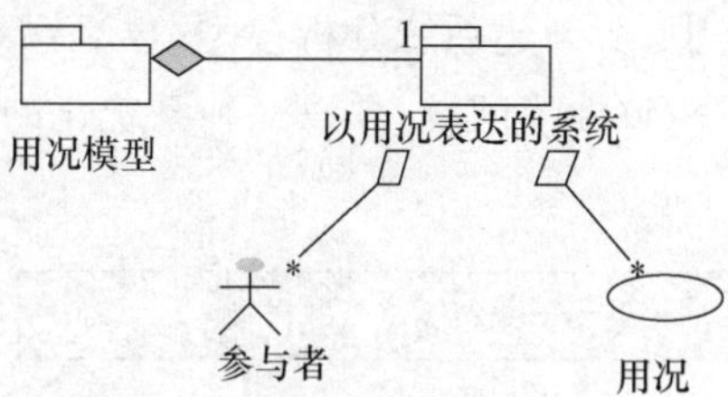

图 7.15　用况模型以及其内容

可见，用况模型捕获了功能需求，而系统的非功能需求是特定于用况的，而且往往不是针对一个特定的用况。因此，用况模型描述了系统必须具有的条件和能力。

用况模型是软件和客户在需求方面的一个共识，是系统分析、设计、实现以及测试的基本输入。

给出一个系统的用况模型，主要是给出系统的用况图，给出其中每一个参与者的描述，和每一个用况的描述。

对每一个参与者的描述，要给出其角色和对环境的要求；对每一个用况的描述，一般采用正文的事件流技术，包括前置条件、开始的动作、基本路径、每一个可选路径、与参与者的交互以及结束动作和后置条件等。而且只有当用况描述是：

① 相当可理解的；

② 正确的(即捕获了正确的需求)；

③ 完备的(例如，描述了所有可能的路径)；

④ 一致的；

才可说结束了用况的描述。

(4) 创建系统用况模型的活动

创建系统用况模型的活动可概括如表 7.2 所示。

表 7.2　创建系统用况模型的活动

序号	输入	活动	执行者	输出
1	业务模型或领域模型,补充需求,特征表	发现描述参与者和用况	系统分析员、客户、用户、其他分析员	用况模型[概述],术语表
2	用况模型[概述],补充需求,术语表	赋予用况优先级	体系结构设计者	体系结构描述[用况模型视角]
3	用况模型[概述],补充需求,术语表	精化用况	用况描述者	用况[精化]
4	用况[精化],用况模型[概述],补充需求,术语表	构造人机接口原型	人机接口设计者	人机接口原型
5	用况[精化],用况模型[概述],补充需求,术语表	用况模型的结构化	系统分析员	用况模型[精化]

7.2.2　需求分析

RUP 的需求分析目标是：在系统用况模型的基础上,创建系统分析模型以及在该分析模型视角下的体系结构描述。其中,所创建系统分析模型,也是系统的一种概念模型,解决系统用况模型中存在的二义性和不一致性等问题,并以一种系统化的形式准确地表达用户的需求。如图 7.16 所示。

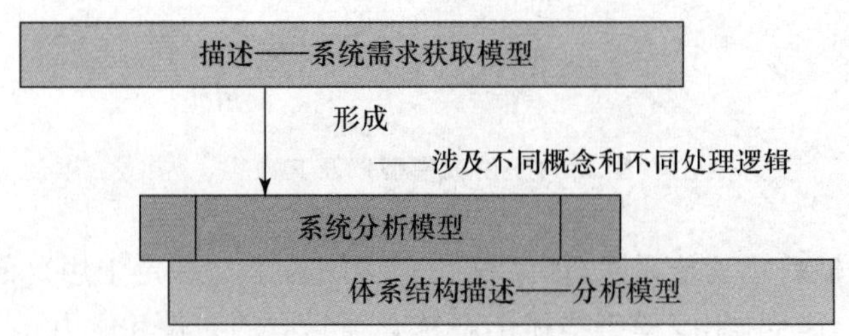

图 7.16　需求分析的目标

如第四章所述,分析就是针对系统“做什么”这一问题,有步骤地使用有关信息,给出这一问题的“估算”,即我们通常所说的“系统模型”。如何完成以上的分析工作,一般需要方法学的支持,下面简单介绍一下 RUP 的系统分析方法。

为了支持系统分析,RUP 引入了以下术语：分析类、分析包和用况细化,通过这些术语,定义了一个抽象层。在这一抽象层上,开发人员可以使用这些术语以及表达它们之间关系的术语来建造系统的“概念模型”。当然,这些术语体现了软件设计的一些基本原理,例如分析类,体现了问题分离、数据抽象、控制抽象和交互行为抽象等原理。下面首先介绍这些术语的含义。

1. 基本术语

为了讲解分析层的术语,首先给出一个用况模型的例子。假定一个 ATM 系统的用况模型如图 7.17 所示。其中,该用况模型表示了 ATM 系统的功能,有三个用况即“存款”、“取款”和“转账”,用于规约系统功能;有一个系统参与者即“银行客户”,用于规约系统环境。

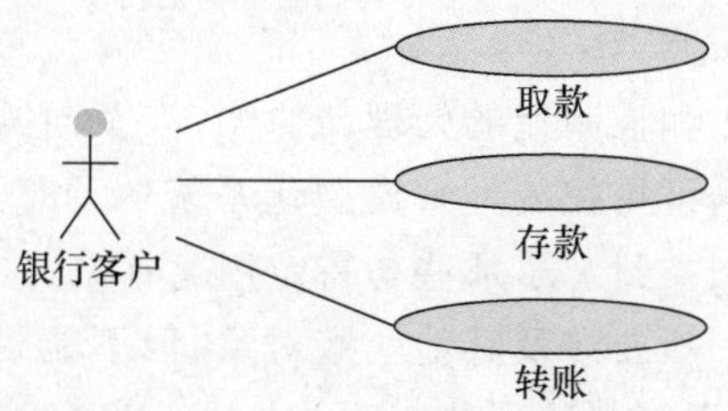

图 7.17 ATM系统的用况模型

假定已给出用况“取款”中一个动作序列的简单描述：

“● 银行客户标识自己的身份；

● 银行客户选择自己一个账户来取款，并通知系统取款数目；

● 系统从该账户中划拨取款数目，并把钱交给客户。”

(1) 分析类

如果把一个规模较大系统的用况模型直接映射为设计模型，可能会使设计工作变得比较复杂，为此作为一种“过渡”，RUP 引入了粒度比较大的分析类，以便有效地控制设计工作。

在 RUP 中，分析类(analysis class) 是类的一种衍型，很少有操作和特征标记，而用责任来定义其行为，并且其属性和关系也是概念性的。

分析类分为边界类，实体类和控制类三种。

① 边界类(boundary classes)

边界类用于规约系统与其参与者之间的交互，该交互一般涉及向用户和外部系统发出请求和从他们那里接受信息。

与设计中一些表达交互的概念相比，边界类通常是在更高的概念层上，是对“窗口”(windows)、通信接口(communication interfaces)、打印机接口(printer interfaces)以及 APIs 等的抽象，忽略其中的一些细节，并且不需要描述该交互的物理实现。

在应用中，可用边界类来分离不同用户接口或不同通信接口，形成一个或多个边界类。

例如，依据 ATM 机系统用况模型中用况“取款”的描述，可以把“客户标识自己身份和对其身份的鉴别”以及“把钱交给客户”都规约为系统与参与者的交互，作为两个边界类。

② 实体类(entity classes)

实体类用于规约那些需要长期驻留在系统中的模型化对象以及与行为相关的某些现象，例如人的信息以及实际的一个事件。

在大多数情况下，实体类对应业务模型中的业务类。其中一个主要区别是：现在所考虑的实体类，一般是要由系统处理的那些对象。

与通常所说的设计类相比，为了理解系统依赖什么信息，因此实体类粒度更大，一般表示一个具有逻辑的数据结构和属性。

在应用中，可用实体类来分离不同的信息，形成一些不同的实体类。

例如，依据 ATM 机系统用况模型中用况“取款”的描述，可以把“银行客户”、“账户”规约为实体类。

③ 控制类(control classes)

控制类用于规约基本动作和控制流的处理与协调,涉及向其他对象(例如边界类对象、实体类对象)委派工作。换言之,可用控制类来模型化系统的动态性,即可表达协同、定序、事务以及对其他对象的控制。控制类封装了那些与特定用况有关的控制,表达复杂的推导和计算,例如业务逻辑。尽管控制类一般要涉及其他一些对象,但不能封装那些与参与者交互有关的问题(由边界类予以封装),也不能封装那些与系统处理信息有关的问题(由实体类予以封装)。

在应用中,可用于分离一些不同的控制、协调、定序以及复杂业务逻辑,形成一些控制类。

例如,依据 ATM 机系统用况模型中用况"取款"的描述,可以把"从账户中划拨取款"规约为系统的一种特定处理,并且该处理一般要涉及到"账户"以及系统与客户的交互。

综上,分析类主要基于问题分离原理,其中边界类封装了一些重要的通信接口和用户界面机制;实体类封装了问题域中的一个重要现象(phenomenon);控制类封装了一些重要的定序(sequences)。

在 RUP 中,边界类、实体类和控制类各自的表示如图 7.18 所示。

图 7.18 分析类的表示

就 ATM 机系统而言,其用况模型中的取款用况与分析模型中的分析类之间的依赖关系如图 7.19 所示。

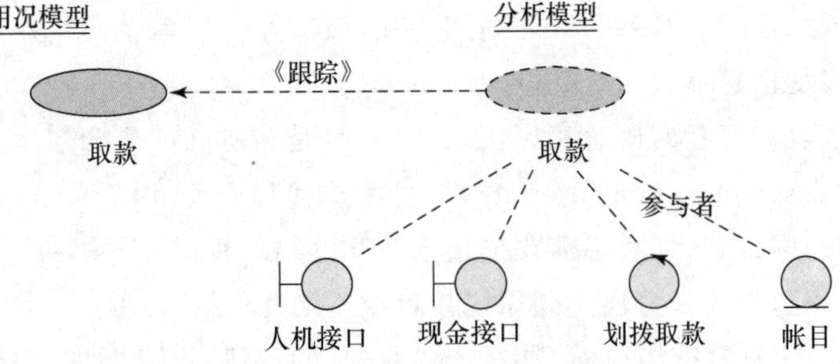

图 7.19 取款用况与分析类之间的依赖关系

(2) 用况细化(use case realization)

用况细化是针对用况协作,其行为可用多个分析类之间的相互作用来细化之。例如,图 7.19 的用况"取款",可用通信图细化(参见图 7.20)。

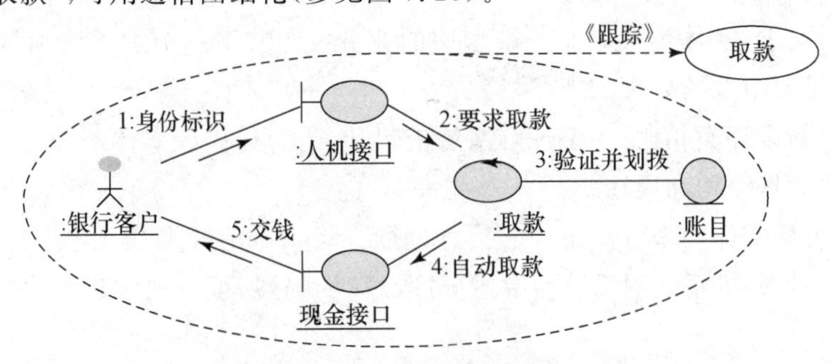

图 7.20 取款用况的细化

图 7.20 中使用通信图表达了分析类以及之间的关系。当然也可用正文事件流、顺序图等表达之。

用况细化对用况模型中的一个特定的用况提供了一种直接方式的跟踪。

(3) 分析包(analysis package)

分析包是一种控制信息组织复杂性的机制，提供了分析制品的一种组织手段，形成一些可管理的部分。其中可包含一些分析类和在分析阶段得到的用况细化，并且还可以包含其他分析包(即嵌套)，如图 7.2 所示。

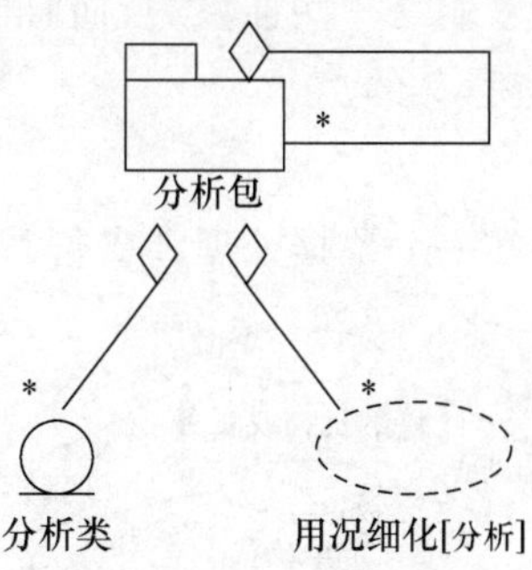

图 7.21　分析包的内容

在应用中，一般把支持一个特定业务过程的一些用况和参与者组织在一个包中，或把具有泛化或扩展关系的用况组织在一个包中。

一个具有良好结构的分析包，其主要特征为：

① 体现高内聚、低耦合；

② 体现问题分离，例如，将不同的领域知识作为不同的包；并对具有不同领域知识的人来说，是可以阅读、理解的；

③ 尽可能体现系统的一个完整顶层设计，即尽可能成为一些子系统或成为一些子系统的组成部分。

2. 分析模型的表达与分析模型视角下的体系结构描述

RUP 的分析模型是分析包的一个层次结构，包含分析类和用况细化，如图 7.22 所示。

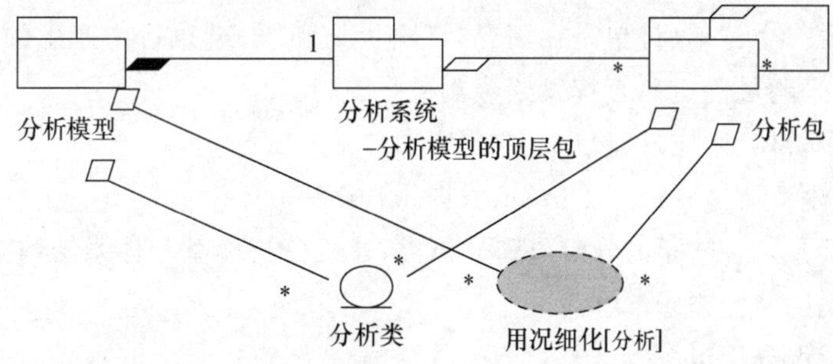

图 7.22　分析模型的内容

由图 7.22 可知，一个系统的分析模型，包含一组具有层次结构的包，每一个包中可包含一些分析类和**用况细化[分析]**；并且一些分析类和**用况细化[分析]**还可单独地出现在分析模型中，以突显它们在系统体系结构方面的作用。

分析模型视角下的体系结构描述,是基于系统的分析模型,是对一些在体系结构方面具有重要意义的制品的描述。一般包括:

(1) 分析包以及它们的依赖

分析包之间的依赖,经常影响顶层子系统的设计和实现,因此一般对体系结构是有重要意义的。

(2) 一些关键的分析类

系统中通常存在一些分析类,它们是一些抽象类,而且与其他分析类具有很多关系,这样的分析类对系统体系结构是有关键意义的。

3. 分析的主要活动

为了讲解方便,在此假定已存在一个票据处理和支付系统的用况模型,如图 7.23 所示。

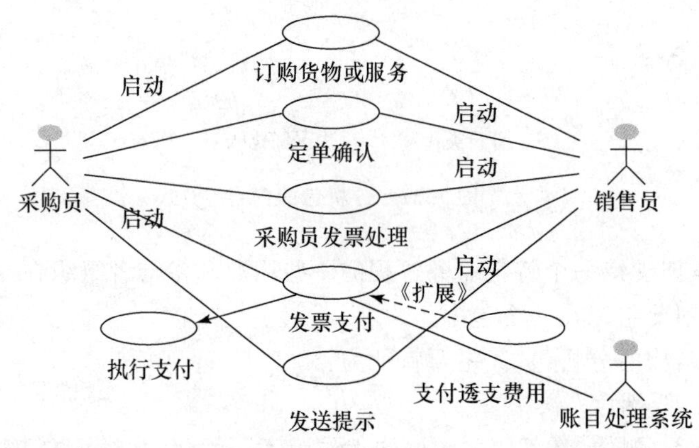

图 7.23　网络银行软件中票据处理支付系统的用况模型

图 7.23 中,采购员、销售员和外部的账目处理系统是这一系统的参与者;订购货物和服务、订单确认、采购员发票处理、发票支付、发送提示等是该系统的用况。以"启动"来标识系统参与者"采购员"、"销售员"和系统用况"订购货物和服务"、"确认订单"等之间关联,表明参与者启动了相应的用况。假定用况"采购员发票处理"的功能主要有二:一是销售员执行这一用况可以向采购员要一个订单(订单是在用况"订购货物和服务"执行中产生的);二是把发票送给采购员,而后由采购员确定是否按发票金额进行支付。

创建系统的分析模型,应进行以下主要活动。

(1) 活动 1:体系结构分析(architectural analysis)

该活动的目标是:通过标识分析包和分析类,建立分析模型和体系结构"骨架";并标识有关分析包和分析类的特定需求。

① 任务 1:标识分析包

该任务的基本输入是系统的用况模型。首先,基于功能需求和问题域,即考虑需要的应用和业务,对分析工作进行划分,从而可形成一些分析包。继之,依据系统用况模型中每一用况的主要功能,把一些用况分派到特定的包当中。如图 7.24 所示。

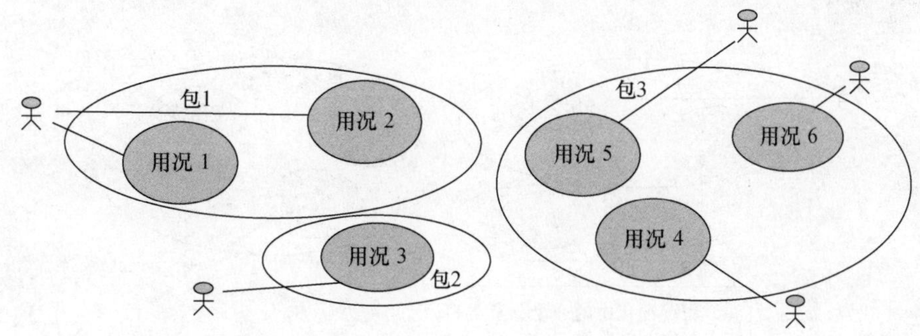

图 7.24 包中所分派的用况

图 7.24 中,包 1 中包含 2 个用况,包 2 中包含 1 个用况,包 3 中包含 3 个用况。

在分派用况中,为了实现包的高内聚,需要考虑以下问题:

- 一个包中的用况是否支持一个特定的业务过程或应用;
- 一个包中的用况是否支持一个特定的系统参与者;
- 一个包中的用况是否具有“泛化”和“扩展”关系。

最后,精化每一包的功能,形成一些不同的包。其中,可以通过用况细化,来演化包的结构。

例如,就图 7.23 中的例子而言,在网络银行的用况模型中,“采购员发票处理”、“发票支付”和“发送提示”,是紧紧围绕“买卖”业务中的有关发票处理问题的,因此可根据包的产生规则,把它们分派到一个分析包中。但是,网络银行软件面对的是具有不同要求的客户,有的客户仅是采购员,而另一客户仅是销售员,而有的客户既是采购员,又是销售员。因此,为了满足客户的这一需求,就需要把这三个用况分派到图 7.25 所示的两个分析包中,一个是“采购员发票管理”包,一个是“销售员发票管理”包。

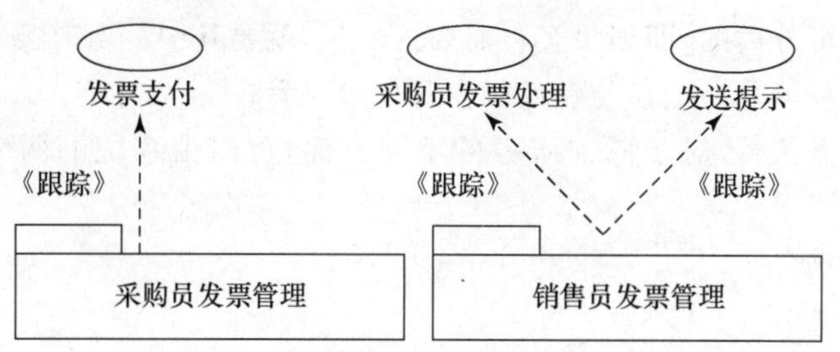

图 7.25 依据用况来发现包

② 任务 2:处理分析包之间的共性

在已标识了系统的一些分析包的基础上,就要处理分析包之间的共性,发现包之间的依赖,以便形成包的层次结构。处理分析包之间的共性的一般方法是,抽取一些包中的共享分析类,而后把这些共享类放到一个包中,并让其他包依赖该类,或依赖该类所在的包,如图 7.26 所示。

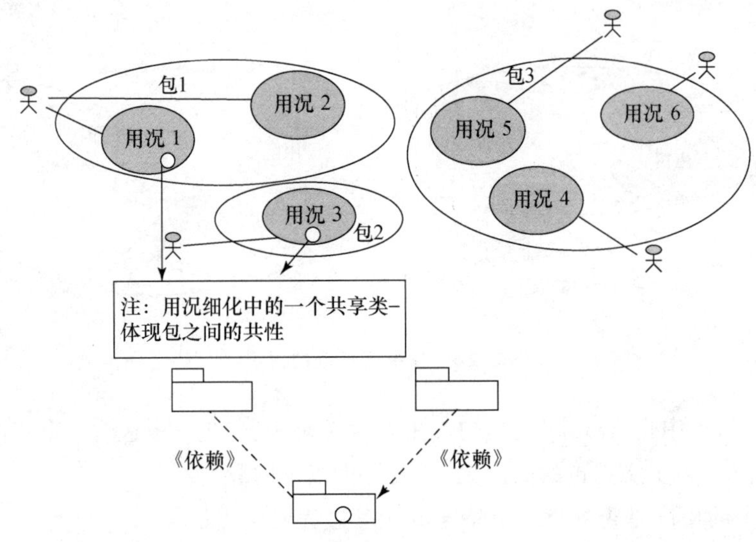

图 7.26　处理分析包之间的共性

③ 任务 3：标识服务包

在包的层次结构中，除了考虑以上那种对"共性"的依赖之外，时常还要考虑服务依赖，即应用层的包依赖下层提供的服务包。

何谓服务？在 RUP 中服务是指功能上紧密相关的、可被多个用况使用的一组动作。服务的主要特征是：服务是不能分割的，或系统完整地提供之，或不提供之；并且服务是针对客户而言的，而用况是针对用户而言的，即当细化一个用况时，可能需要多个服务，即一个用况需要多个不同服务中的动作。

由服务所组成的包称为服务包。显然服务包是一个功能包，通常包含一组功能相关的类。服务包的主要特征是：

- 服务包是不可分离的，即如果客户需要这一包，就要其中的所有类；
- 服务包一般只涉及一个参与者或很少几个参与者；
- 服务包可独立执行，对于同一服务的不同方面，可以由系统的两个不同服务包提供，例如：

"英文的拼写检查"；

"美语的拼写检查"

- 服务包之间的依赖，通常是非常受限制的。

可见，服务包的引入，可用于系统的结构化处理，即往往依据服务包所提供的服务，把它放到分析包层次结构中的低层，以便应用包对它的引用，如图 7.27 所示。

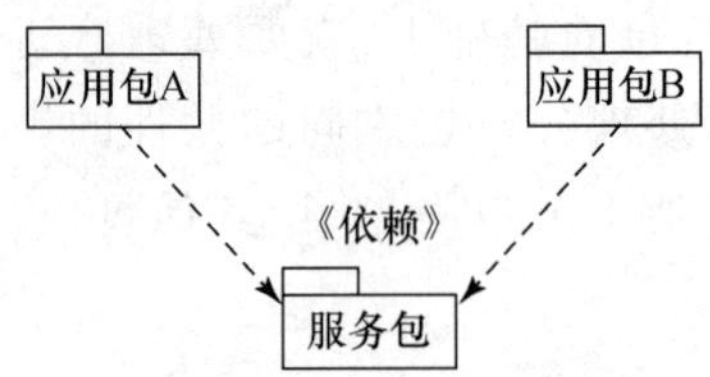

图 7.27　通过服务包形成的层次结构

只有系统功能需求得到了很好理解,并且已存在很多分析类的情况下,才能有效地标识服务包。标识服务包的基本方法是,或依据客户对有关服务的要求,或直接将多个功能相关的分析类所提供的服务,标识为一个服务包。例如,假定:

□ 类 A 的一个变化,很可能要求类 B 的一个变化;

□ 把类 A 拿掉,使类 B 成为多余的;

□ 类 A 的一个对象与类 B 的一个对象,可能需要以多个不同的消息发生交互。

这时就可以将类 A 和类 B 所提供的服务标识为一个服务包。

服务包构成了以后设计和实现的一个基本输入,可形成一个服务子系统,以支持设计模型和实现模型的结构化;由服务包所定义的功能,在设计和实现中往往可以作为一个发布单位,因此服务包所表达的功能可能是系统的内嵌("add-in")功能。

④ 任务 4:定义分析包的依赖

该任务的目标是:发现相对独立的包,实现包的高内聚和低耦合。为此,通常使用特定应用包和公用包把分析模型分为两个层面,从而可清晰地区分特殊性功能和一般性功能,如图 7.28 所示。

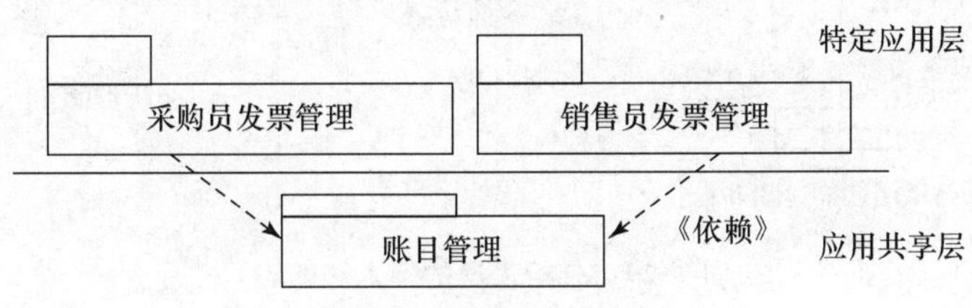

图 7.28 分析包的层次和依赖

通过以上任务 1、2、3 和 4,就可以形成对体系结构具有重要影响的分析包的层次结构,即形成分析模型(参见图 7.22)中的分析系统,作为系统体系结构的初始骨架。

⑤ 任务 5:标识重要的实体类

任务 5 的目标是,标识在体系结构方面具有重要意义的实体类。

首先,基于需求捕获中标识的领域类和业务实体,发现其中对体系结构具有意义的类,作为分析模型中重要的实体类。在任务 5 中,不必标识过多这样的类,也不必了解更多的细节,即使对于一个比较大的系统,一般情况下也只在 10—20 个左右。因为在以后对用况进行细化中,标识实际需要的实体类时,还可能需要重复以上的工作。

其次,使用领域模型中领域类之间的聚合和关联,或使用业务模型中业务实体之间的聚合和关联,来标识这些实体类之间一组暂定的关联。

⑥ 任务 6:标识分析包和重要实体类的公共特定需求

依据需求获取阶段所标识的非功能需求,针对在分析期间所标识的包和分析类,标识它们的公共特定需求,以便支持以后的设计和实现。例如:

- 永久性;
- 分布与并发;
- 安全性;
- 容错能力;

● 事务管理等。

因此,该任务的目标是标识每一特殊需求的关键特征。

通过以上六项任务的实施,其中系统化地使用了有关分析包、服务包、依赖、关键实体类等术语,给出了系统的体系结构描述,称为分析模型视角下的体系结构描述,记为**体系结构描述[分析]**。

(2) 活动 2: 用况分析

该活动的目标主要有三: 一是标识那些在用况事件流执行中所需要的分析类和对象;二是将用况的行为,分布到参与交互各个分析对象;三是捕获用况细化上的特定需求。其输入和输出,如图 7.29 所示。

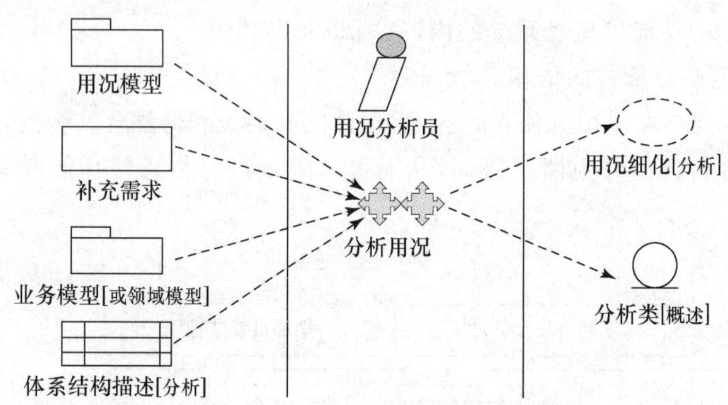

图 7.29　分析用况的输入和输出

从图 7.29 可以看出,其中使用了用况细化来表达分析用况的一个结果,另一个结果是**分析类[概述]**,作为下一步活动(见(3)活动 3: 类的分析)的输入。

① 任务 1: 标识分析类

该任务的目标是,标识在细化一个用况中所需要的实体类、控制类和边界类,并给出它们的名字、责任、属性和关系。

为了实现以上目标,首先应从系统之外的角度来精化用况的事件流正文描述;继之,逐一标识实体类、边界类和控制类。下面仅给出标识分析类的一些指导。

● 标识实体类

在活动 1 的任务 5 中,已经标识了一些对体系结构具有重要影响的实体类,在此基础上,基于该用况的事件流正文描述,发现其中其余逻辑对象(即“大”对象),并依据类的定义,来标识其他实体类。

● 标识边界类

在标识该用况的边界类中,可把边界类分为核心边界类和原子边界类。核心边界类是指系统与人(参与者)进行交互的接口;而原子边界类是指系统与外部系统、设备等进行交互的接口,或实体类之间进行交互的接口。

□ 核心边界类的标识。为每一个与该用况交互的人(参与者),标识一个核心边界类,并用这个类来表示用户接口的基本窗口(primary window)。其中,应考虑以下两个问题,第一个问题是: 如果该参与者已经与已标识的某一边界类进行交互,那么就应该考虑是否复用那个边界类,减少基本窗口的数目;第二个问题是:考虑是否在这一核心边界类与其他边界类之间存在泛化关系,尤其重要的是,考虑这一核心边界类是否是某些原子边界类的父类。

□ 原子边界类的标识。对以前发现的每一个实体类,如果它们所表达的一些逻辑对象在相应的用况执行期间,参与者(人)需要通过一个核心边界类与这些逻辑对象进行交互,那么就为这样的实体类标识一个原子边界类。继之,可以依据不同的可用性准则,对这些原子边界类进行精化,以利于创建“好”的用户接口。

对该用况的每个外部系统的参与者,标识一个原子边界类,用于表达通信界面。其中,如果该通信涉及多层协议,那么就有必要区别对待这些不同的层次,为所关注的不同层标识不同的边界类。

● 标识控制类

为负责处理该用况细化的控制和协调,标识一个控制类,并依据该用况的需求,精化这一控制类。其中应当注意:

□ 对于由控制类负责的一些控制,如果相关的参与者在这些控制中起着很大作用,那么最好就把这些控制封装在一个边界类中,可能就不需要控制类;

□ 如果由控制类负责的控制是相当复杂的,这时最好把这样的控制封装在两个或多个控制类中。

在完成实体类、边界类和控制类的标识之后,一般可采用一个类图,汇聚参与该用况细化的所有分析类,并在其细化中给出中所使用的各种关系。

② 任务 2:描述分析(类)对象之间的交互

在这一任务中,通常使用交互图来描述(类)对象之间的交互。其中,参与交互的成分为:参与者实例、分析对象以及它们之间的链(links)。

在创建一个交互图当中,首先,确定细化该用况所必要的交互,这一般应从用况的一个流开始,一次针对一个流,关注其中参与交互的分析对象和参与者实例。通过交互的定序,依据在任务中所标识的分析类,就可自然地发现参与交互的客体。例如,参与者“银行客户”和用况“取款”的交互,所涉及的对象有:

<u>:银行客户</u>,<u>:人机接口</u>,<u>:取钱接口</u>,<u>:划拨</u>,<u>:账户</u>

其次,分派该用况的功能,这一般应基于激活该用况的一个消息,将其作为“种子”,来发现相关对象的责任,如图 7.30 所示。

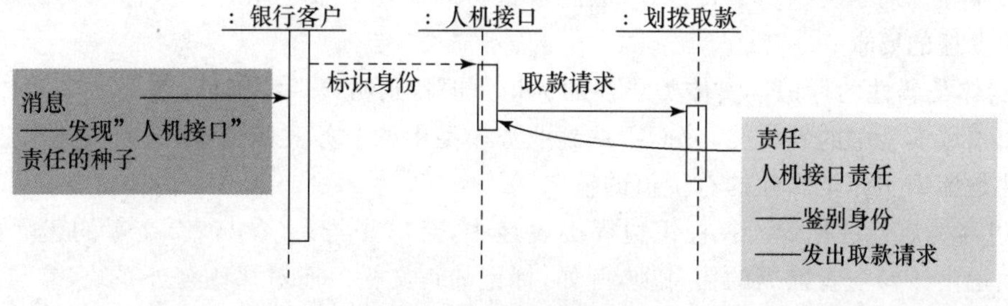

图 7.30　发现对象的责任

最后,再根据其责任,发现该交互图中各个链。其中,应在与这一用况细化相关的交互图中或在类图中,明确给出一个关联中所有对象之间的链,如图 7.31 所示。

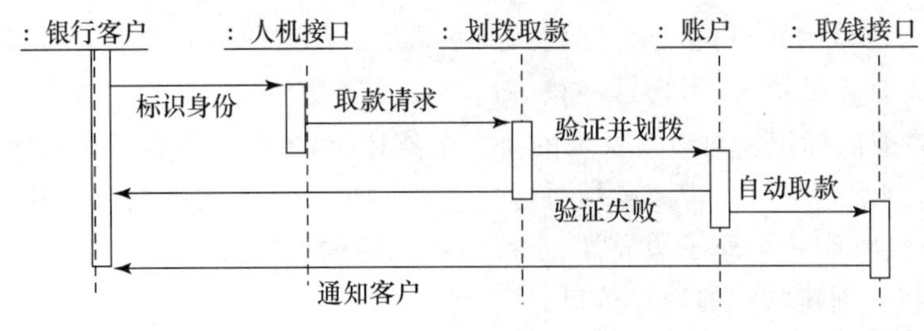

图 7.31 发现对象的链

交互图中的链,通常是两个分析类之间的关联实例。因此应关注每一个由消息捕获而来的链的有关需求。如果交互图中的一个链可以对应两个分析类之间的某一关联,那么就不必重新建立;如果交互图中的一个链没有对应的关联,那么就要考虑是否在两个分析类之间定义一种新的关联。

如果一个用况具有不同的、有区别的流或子流,一般需要为每一个流创建一个交互图。这样,可以使用况细化更加清晰,并有助于使创建的交互图能够表达一般性的、复用的交互。

对系统用况模型中的每一用况实施上述两项任务,就可形成整个系统的**用况细化[分析]**。

(3) 活动 3：类的分析

通过活动 1 和活动 2,已经标识了系统中所有分析类,但没有给出它们的详细描述,因此,活动 3 的目标有三：一是标识并维护分析类的责任;二是基于它们在用况细化中的角色,标识并维护分析类的属性和关系;三是捕获分析类细化中的特殊需求。

① 任务 1：标识责任

标识分析类的责任,可以通过组合一个类在不同用况细化中所扮演的角色来完成之。因此,首先要发现分析类的角色。这要研究一个类参与了哪些用况细化,并研究相关的类图和交互图。其中,在每一个用况细化中,对类的需求,有时是通过正文、以事件流的形式予以描述的,因此依据这样的描述就可以发现类的一些责任。

标识类的责任的一种简单途径是：首先从类的角色中抽取该类的责任,而后基于用况的一次又一次的细化(包括**用况细化[分析]**、**用况细化[设计]**等),不断增加其责任或变更已有的责任。

② 任务 2：标识属性

一个属性规约了类的一个特性,一般隐含在类的责任要求之中,因此,标识类的属性就要关注类的责任的要求。

- 实体类属性的标识。实体类属性的标识一般特别明显。特别地,如果一个实体类能跟踪到一个领域模型中的领域类,或能跟踪到业务模型中的业务实体类,那么领域类和业务实体类的属性是标识实体类属性的有价值的输入。

- 边界类属性的标识。在标识边界类属性中,对那些与人(参与者)交互的边界类,其属性常常表达由该参与者操纵的信息项,例如,标记的正文栏。而对那些与外系统(参与者)交互的边界类,其属性常常表现为一个通信接口的性质。

- 控制类属性的标识。由于控制类属性通常具有较短的生命期,因此一般很少标识控制类的属性。但是,在特定情况下,为了表达用况细化期间那些需要计算的值或需要推导的值,那么就要为这些值标识一些相应的属性。

在标识分析类的属性中，应当注意以下问题：

● 所标识的属性，其名字一般为名词。

● 属性类型一定是问题域中的概念，一般不要限定其实现环境；例如，在分析中，“账”可以是一个属性，而在设计中，与之对应的可以是“整型”。并且在选择一个属性类型时，应考虑复用已有的类型。

● 如果因为属性的原因使类变得非常复杂且不易理解，那么这时就应考虑把其中某些属性分离出来，形成一个“整体/部分”结构。

● 属性的表达一般只简单给出由类处理的性质（property），并且可以在该类的责任描述中给出。其中如果一个类的属性很多或很复杂，可以在类图中仅给出属性框。

③ 任务 3：标识关联和聚合

● 标识关联。交互图中的链，表达了分析对象与其他对象的交互，因此这些链通常是类之间关联的实例。因此应研究协作图中的链，确定需要哪些关联，并定义关联的多重性、角色名、自关联、关联类、限定角色以及 N 元关联等。

● 标识聚合。当一些对象表达了一些相互包含的概念，例如一辆轿车，包含一名驾驶员和一些乘客；或当一些对象表达了一些相互组合的概念，例如一辆轿车，由一个发动机和多个车轮组成；或当一些对象表达了客体的一个概念集，例如一个家庭，有父亲、母亲和儿子，这时就把这样的事实标识为聚合。

● 标识泛化。由于泛化的基本目的是使分析模型更容易予以理解，因此，具有一般意义的类应在更高的概念层上，如图 7.32 所示。

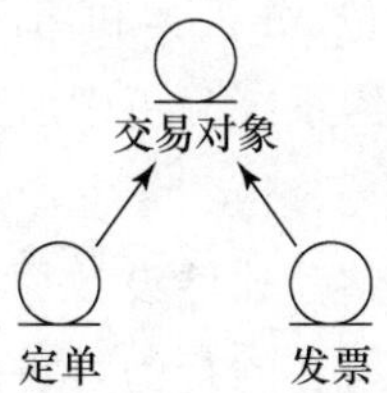

图 7.32　实体类之间的泛化

图 7.32 中，由于订单和发票具有类似的责任，因此可以作为交易对象的一个特殊化对象。

(4) 活动 4：包的分析

该活动的目标主要有三：一是确保分析包尽可能与其他包相对独立；二是确保分析包实现了它的目标，即细化了某些领域类或用况；三是描述依赖，以益于可以估计未来的变化。

下面给出实施这一活动的三点一般性的指导：

① 如果一个包中的类与其他一些包中的类具有关联，那么就应在该包与那些其他包之间定义一个依赖并维护之。例如，在包“销售员发票管理”中包含一个类“发票处理”，而该类与包“账目管理”中的类“账目”有关联，这样就需要在这两个包之间建立一个相应的依赖，如图 7.33 所示。

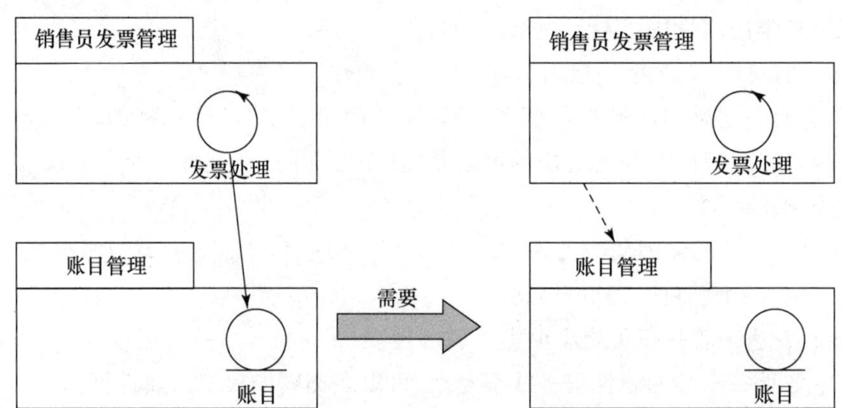

图 7.33 标识包之间的依赖

② 确保该包所包含类是正确的,并力求使这些包仅包含相关对象的功能,实现包的高内聚。

③ 限制与其他包的依赖。特别地,如果有些包所包含的类过多地依赖其他包,那么对这些包就要考虑重新布局问题。

4. 小结

下面对 RUP 的需求分析作一简单总结。

(1) 关于分析模型

RUP 的分析如同结构化分析一样,其目标之一是在一个特定的抽象层上建立系统分析模型。为此,首先给出了三个术语:分析包、分析类和用况细化,这三个术语可以表达"大粒度"的概念,开发人员使用这些术语可以规约系统分析中所要使用的信息。

① 分析包

分析包体现了"局部化"、"问题分离"等软件设计原理。通过分析包这一术语可以把系统一些变化局部到一个业务过程、一个参与者的行为,或一组紧密相关的用况,形成一些不同的系统分析包。

一个分析包中可以包含一些分析类、用况细化和一些子包。服务包和共享包是一些特殊的分析包,服务包将一些变化局部到系统提供的一些单个的服务中,并展示了一个重要的指南,即在分析期间可以通过服务包来构造复用。

通过依赖,可以形成包的一个层次结构,其中应用包一般位于该结构的上层,而服务包和共享包位于该结构的下层。包的层次结构可以作为系统的顶层设计。

② 分析类

分析类是一种粒度比较大的类,有其责任、概念性的属性和关系。

分析类分为边界类、实体类和控制类。在应用中,一般将用户接口、一个通信接口方面的一个变化,局部化到一个或多个边界类中;一般将系统所处理信息方面的一个变化,局部化到一个或多个实体类中;一般将控制、协调、定序、事务和复杂业务逻辑(它们要涉及多个边界和/或实体对象)方面的一个变化,局部化到一个或多个控制类中。

③ 用况细化

用况细化是一个协作,可用于对系统用况模型中的用况进行精化。换言之,用况细化将一些变化局部到对应的用况中,通过分析类之间的协作,规约用况的行为是如何实现的。

继之,规约了分析模型的语法,如图 7.34 所示。

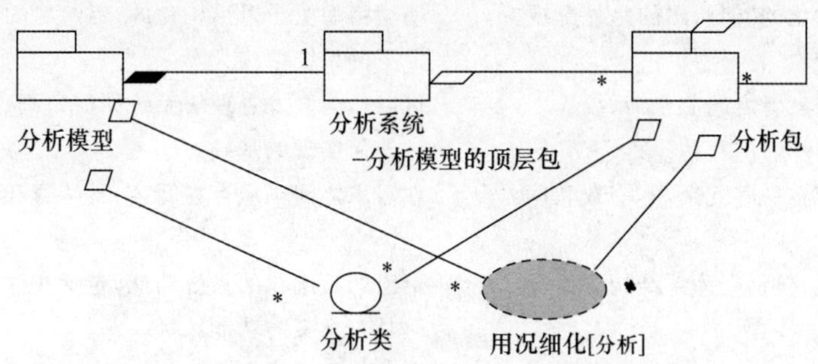

图 7.34　分析模型的语法

以此解决了分析模型的表达问题。

分析模型是对需求的一种精化,并给出了在这一抽象层上的系统结构。

最后,给出了实施系统分析的活动,支持开发人员系统化地使用以上三个术语所表达的信息,建立系统分析模型,即系统概念模型。

分析活动如表 7.3 所示,其中还给出了每一活动的输入/输出以及实施该活动的人员。

表 7.3　分析工作流

序号	输入	活动	执行者	输出
1	用况模型、补充需求、业务模型或领域模型、体系结构描述[用况模型]	体系结构分析	体系结构设计者	分析包[概述]、分析类[概述]、体系结构描述[分析]
2	用况模型、补充需求、业务模型或领域模型、体系结构描述[分析]	细化用况	用况工程师	用况细化[分析]、分析类[概述]
3	用况细化[分析]、分析类[概述]	对类分析	构件工程师	分析类[完成]
4	系统体系结构描述[分析]、分析包[概述]	对包进行分析	构件工程师	分析包[完成]

(2) 关于分析模型视角下的体系结构描述

基于 RUP 的特征——以体系结构为中心,分析的目标之二是建立系统分析模型视角下的体系结构描述。

该描述表达了在体系结构方面具有重要意义的元素,包括包之间的依赖和那些具有较多关联的分析类。可见,分析模型视角下的体系结构描述将体系结构方面的一些变化局部到一些依赖和分析类的关联上。

(3) 用况模型与分析模型的比较

通过表 7.4,对用况模型和分析模型作一简捷的比较。

表 7.4　用况模型和分析模型作的比较

用况模型	分析模型
使用客户语言来描述的	使用开发者语言来描述的
给出的是系统对外的视图	给出的是系统对内的视图
使用用况予以结构化的,但给出的是外部视角下的系统结构	使用衍型类予以结构化的,但给出的是内部视角下的系统结构
可以作为客户和开发者之间关于“系统应做什么、不应做什么”的契约	可以作为开发者理解系统如何勾画、如何设计和如何实现的基础
在需求之间可能存在一些冗余、不一致和冲突等问题	在需求之间不应存在冗余、不一致和冲突等问题
捕获的是系统功能,包括在体系结构方面具有意义的功能	给出的是细化的系统功能,包括在体系结构方面具有意义的功能
定义了一些进一步需要在分析模型中予以分析的用况	定义了用况模型中每一个用况的细化

(4) 分析模型对以后工作的影响

如果把分析模型作为以后设计活动的基本输入,那么对设计模型以及相应的体系结构描述将产生以下几方面影响:

① 对设计中子系统的影响

分析包一般将影响设计子系统的结构。一般情况下,分析包和服务包应分别对设计中特定应用层的子系统和应用共享层的子系统,如图 7.35 所示。

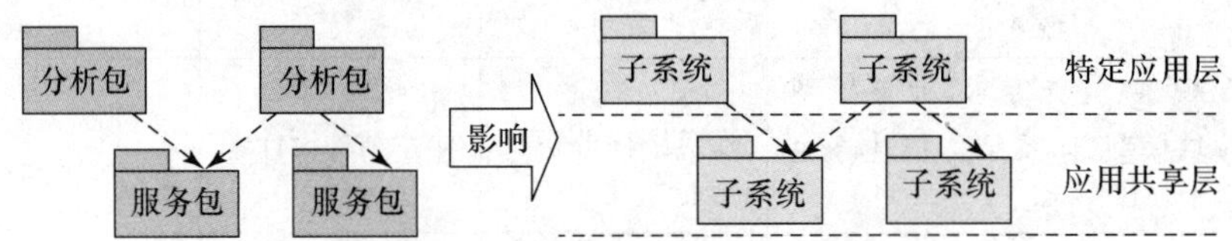

图 7.35　分析包对设计子系统的影响

特别地,在许多情况下,服务包和对应的服务子系统之间是一对一(同构)的。

② 对设计类的影响

分析包可以作为类设计时的规格说明。一方面,分析类以及它们的责任、属性和关系应是进行类的操作、属性和关系设计的逻辑输入。另一方面,在对具有不同衍型的分析类进行设计时,需要不同的技术和技能,例如实体类的设计,常常需要使用数据库技术,而边界类的设计常常需要使用用户界面技术,当在考虑数据库技术和用户界面技术时,有关分析类的大多数特殊需求,例如永久性、并发等,应由对应的设计类予以处理。

③ 对**用况细化[设计]**的影响

用况细化[分析]对**用况细化[设计]**将有两个方面的作用。一个是它们有助于为用况创建更精确的规格说明。其中可采用状态图或活动图等,把每一个用况描述为分析类之间的一个协作,替代用况模型中每一个用况的事件流描述,这样就对系统需求产生了一个可理解的形式规约。另一个是当对用况进行设计时,**用况细化[分析]**可作为其输入。这有助于:

- 标识参与**用况细化[设计]**中的设计类。

- 确定**用况细化[设计]**中，依据所考虑的技术（数据库技术，用户界面技术），需要处理的需求，即在**用况细化[分析]**中所捕获的大多数特殊需求。

总之，设计中应尽量地保持分析模型的结构。

④ 对创建设计模型视角下体系结构描述的影响

分析模型视角下的体系结构描述，可以作为创建设计模型视角下体系结构描述的输入。其中，通过关注跟踪依赖，不但可以使不同视图中的元素相互跟踪，而且还可以使在体系结构方面有意义的想法几乎“平稳”地“流经”不同的模型。

7.2.3　设计

概括地说，设计是定义满足需求规约所需要的软件结构。因此，RUP 的设计目标是，在分析模型的基础上，给出系统的软件结构，如图 7.36 所示。

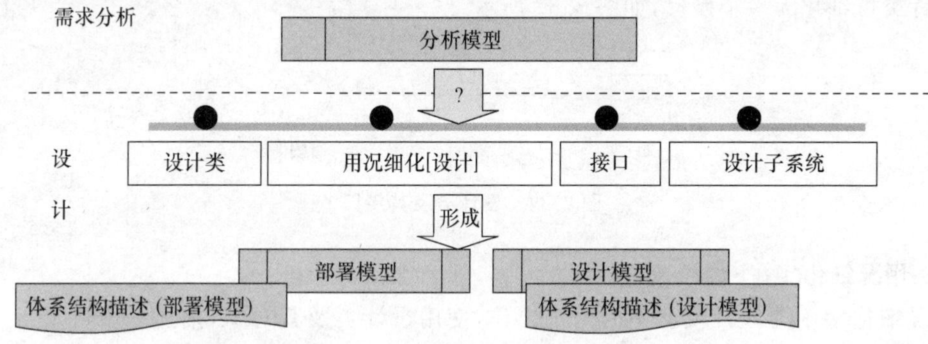

图 7.36　RUP 设计所涉及的基本内容

可见，RUP 为设计抽象层提供了四个术语：设计类、**用况细化[设计]**、设计子系统和接口，用于表达软件结构中的基本元素；而且从两个角度来描述软件结构：一个是表达软件系统的设计模型，一个是表达系统物理分布的部署模型。

RUP 设计的突出特点是：

① 使用了一种公共的思想来思考该设计，并使设计是可视化的。

② 给出了有关子系统、设计类和接口的需求，为以后的实现活动创建一个合适的输入，即为系统的实现创建了一个无缝的抽象，在一定意义上讲，使实现成为设计的一个直接的精化——添加内容，而不改变其结构。这样，可以在设计和实现之间，使用代码生成技术，反复不断地实现之。

③ 支持对实现工作的分解，使之成为一些可以由不同开发组尽可能同时处理的、可管理的部分（显然，这一分解不可能在需求获取或分析中完成）；并且捕获了软件生存周期中早期的子系统之间的主要接口，有助于各不同开发组之间有关体系结构的思考和接口的使用。

为了支持定义满足需求规约所需要的软件结构，照样需要解决以下三方面的问题，即：

① 以什么来表达设计——模型元素；

② 设计模型的表达；

③ 如何实现从分析模型到设计模型的“映射”。

下面分别介绍之。

1. 设计层的术语

(1) 设计类(design class)

一个设计类是对系统实现中一个类或类似构造的一个无缝抽象。设计类的主要特征为:

① 操作;

② 属性;

③ 关系;

④ 方法;

⑤ 实现需求;

⑥ 是否为主动类。

其中主动类是指它的对象维护自己的控制线程并与其他主动对象并发运行。

设计类可细化为多个接口,如图 7.37 所示。

图 7.37 设计类及其接口

(2) **用况细化[设计]**

用况细化[设计]是设计模型中的一个协作,使用设计类及其对象,描述一个特定用况是如何予以细化的和如何执行的。

表达协作的工具可以是类图、交互图和正文事件流等。

(3) 设计子系统

设计子系统可以包含设计类、用况细化、接口以及其他子系统,通过对其操作来显示其功能,如图 7.38 所示。

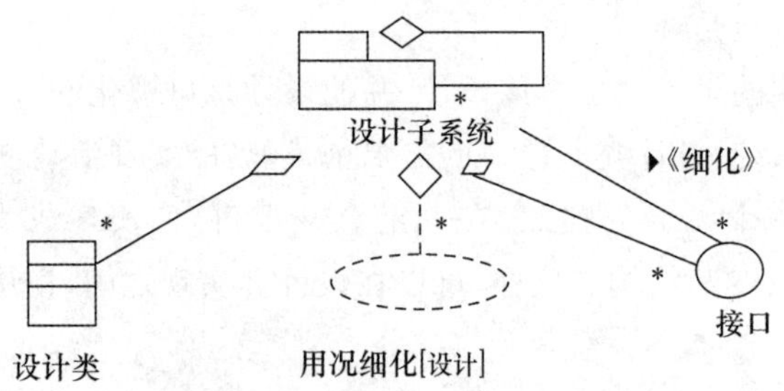

图 7.38 子系统的内容和关键关系

可见,设计子系统是一种组织设计制品的手段,使之成为一些可以更易管理的部分。

设计子系统和分析模型之间的关系可概括为:分析模型中的包结构,一般对应设计子系统的层次结构。特别是,分析模型中的服务包一般对应设计子系统层次结构低层上的服务子系统,如图 7.39 所示。

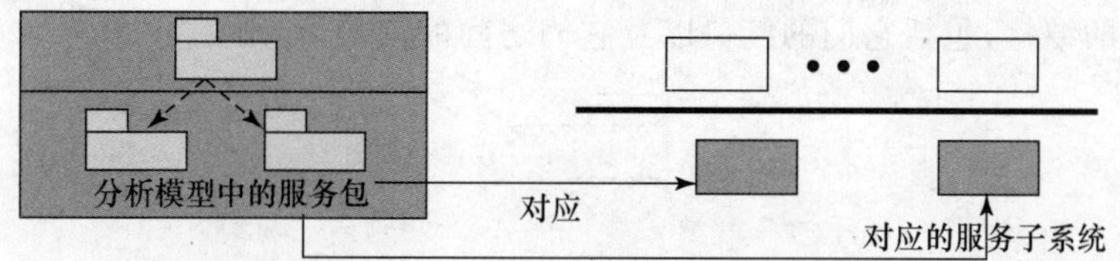

图 7.39　分析中服务包对应设计中的服务子系统

在应用中，一般通过使用服务子系统，把一些变化局部化到不同的服务子系统中，形成一些封装相应变化的单个服务。

(4) 接口(interface)

接口用于规约由设计类和设计子系统提供的操作。图 7.40 示出了一个接口的重要关联。

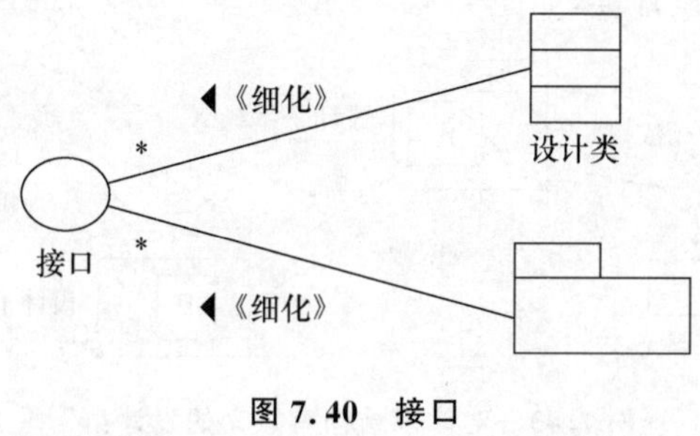

图 7.40　接口

可见，接口提供了一种分离功能的手段，其中使用了与实现中方法对应的操作，因此提供接口的设计类和设计子系统，必须提供细化该接口操作的方法。

子系统之间的大多数接口，对体系结构是有意义的。

2. 设计模型、部署模型以及相关视角下的体系结构描述

(1) 设计模型及其视角下的体系结构描述

设计模型的内容如图 7.41 所示。

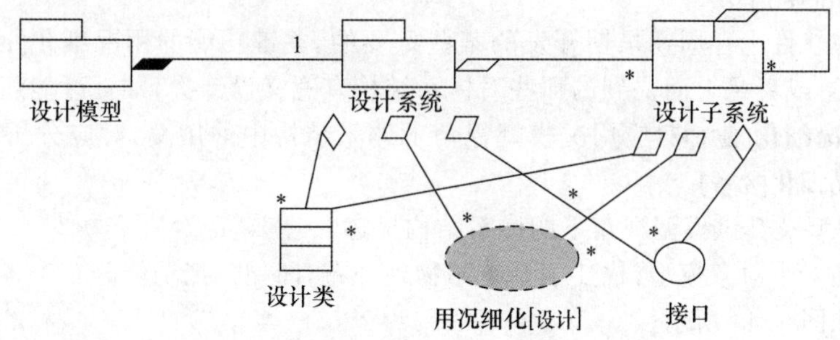

图 7.41　设计模型的内容

图 7.41 中，设计系统表达设计模型的顶层子系统；设计子系统和设计类，表达系统实现中子系统和构件的抽象。在设计模型中，用况是由设计类和对象予以细化的，是由协作予以表达的，并通过**用况细化[设计]**予以描述的。

设计模型视角下的体系结构描述，是从设计模型的角度，描述那些在体系结构方面具有意义的制品。通常，这些制品包括：

① 子系统的结构,包括它们的接口以及它们之间的依赖,如图 7.42 所示。

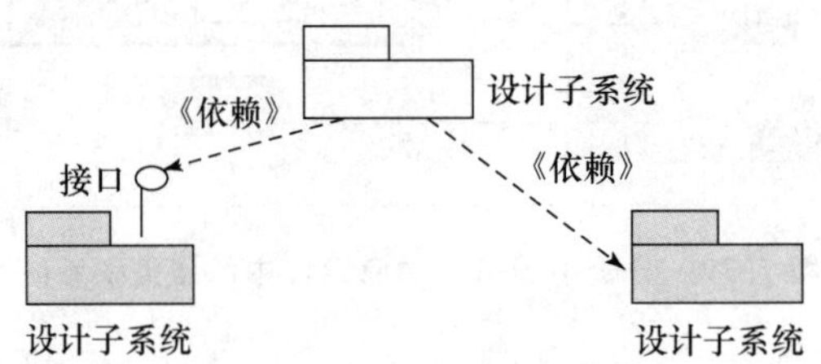

图 7.42 设计子系统的结构

由于子系统和它们的接口构成了系统的基本结构,因此一般来说子系统的结构对体系结构而言是非常有意义的。

② 对体系结构有意义设计类,如图 7.43 所示。

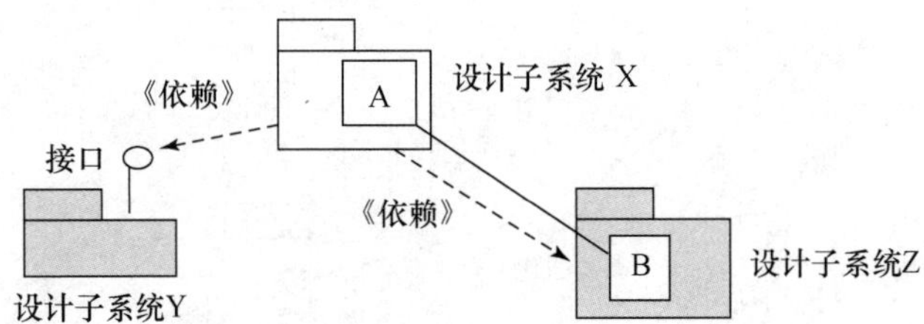

图 7.43 对体系结构有意义的设计类

图 7.43 中类 A 和类 B 存在一个关联,使设计子系统 X 和设计子系统 B 之间具有依赖关系,因此类 A 和类 B 是对体系结构具有意义的类。

对体系结构有意义的设计类,一般包括对体系结构有意义的分析类所对应那些设计类,具有一般性、核心的主动类,表达通用设计机制的设计类,以及与这些设计类相关的其他设计类。对于这样一些对体系结构有意义的设计类而言,一般只考虑抽象类,而不考虑它的子类,除非该子类展现了某些与其抽象类不同的行为,并对体系结构有意义。

③ **用况细化[设计]**

一些必须在软件生存周期早期开发的某些重要的、关键功能的**用况细化[设计]**,它们可能包括一些设计类,或者是上面提到的那些对体系结构有意义设计类,甚至可能还会包括一些子系统。通常,**用况细化[设计]**对应用况模型视角下体系结构中的用况,对应分析模型视角下体系结构中的**用况细化[分析]**。

(2) 部署模型及其该模型视角下的体系结构描述

部署模型是一个对象模型,描述了系统的物理分布,即如何把功能分布于各个节点上。部署模型的构成如图 7.44 所示。

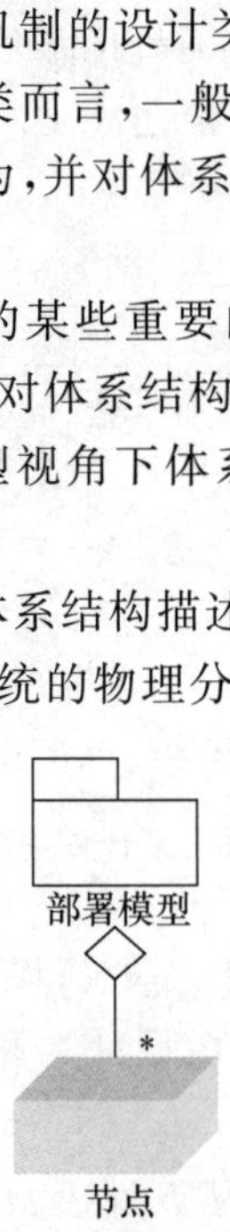

部署模型

*

节点

图 7.44 部署模型的构成

可见,部署模型包含一些节点以及节点之间的关系,其中每一个节点表达一个计算资源,常常是一个处理器或类似的硬件设备。节点的功能(或过程)是由部署在该节点上的构件所定义的;节点之间的关系是由节点之间的通信手段表达的,例如互联网、广域网和总线等。

部署模型本身展现了软件体系结构和整个系统体系结构之间的一个映射。

在实际应用中,可以使用部署模型来描述多个不同的网络配置,包括测试配置和仿真配置。

部署模型视角下的体系结构描述,是从部署模型的视角,描述该模型中那些对体系结构有意义的制品。但由于部署模型的重要性,因此应描述其体系结构视角的所有方面,包括节点与实现期间所发现的那些构件之间的映射。

3. 工作流

为了有效地开展设计工作,在开始进行设计时,应更深入地理解以下问题:

非功能需求;

有关对程序设计语言的限制(constrains);

数据库技术;

用况技术;

事务(transaction)技术等。

(1) 活动1:体系结构设计

该活动的目标是创建设计模型和部署模型,以及它们视角下的体系结构描述。为此,需要标识:节点以及它们的网络配置;子系统以及它们的接口;在体系结构方面具有意义的设计类,例如主动类;具有共性的设计机制,处理与以上制品相关的共性需求,例如,在分析期间所捕获的有关分析类的永久性、分布性以及性能等特殊需求。

体系结构设计的输入和输出如图7.45所示。

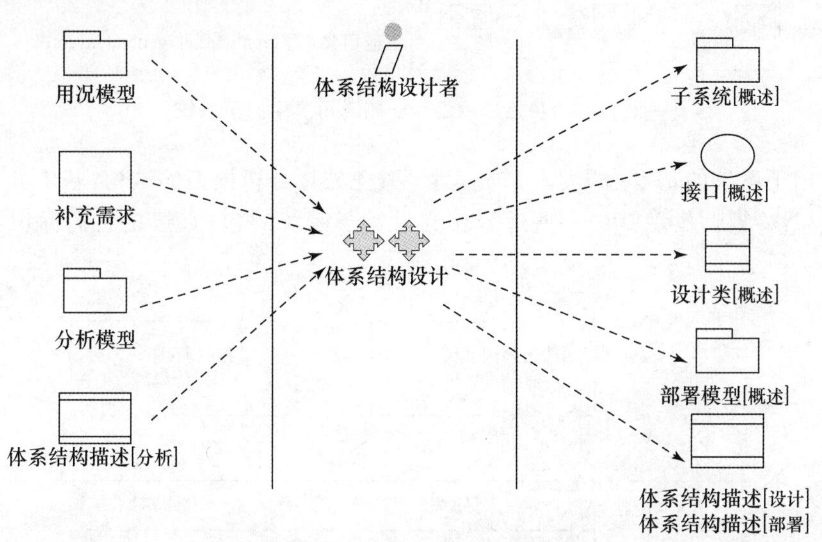

图7.45　体系结构设计的输入和输出

① 任务1:标识节点和它们的网络配置

网络配置通常使用一种三元模式:客户端(用户交互)、数据库功能、业务/应用逻辑。其中,C/S模式是一种特殊的情况。

为了实施任务1,需要考虑以下问题:

- 涉及哪些节点,以及它们的能力(处理能力和内存规模);
- 节点之间是什么类型的连接(connections),以及使用的通信协议;这些连接和通信协议的特征,如宽带、可用性和质量等;
- 是否需要冗余处理能力、失败模式、移植处理(process migration)以及数据备份等。

一般情况下,在了解节点以及它们连接的限制和可能性之后,就可以考虑使用有关的技术,例如ORB(对象请求代理)和数据复制服务器等,来实现系统的分布。

其间,还可能需要为测试、仿真等来配置网络,这些配置很可能使我们开始考虑为什么如此在网络节点上来分布系统功能。

物理网络配置通常对软件体系结构具有很大影响,涉及所需要的主动类以及网络节点之间的功能分布。

在任务1完成时,形成该系统的**部署模型[概述]**。

② 任务2:标识子系统和它们的接口

子系统提供了一种将设计模型组织成一些可管理部分的方法。因此,初始可以通过对设计工作的划分,来标识一些子系统,并标识可作为子系统的复用产品,其目的是为了寻求一些复用的可能,而后随着设计模型的开发,在形成子系统结构中不断发现并演化之。

(a) 标识应用子系统

应用子系统一般可分为两个层次:特定应用层和应用共享层,如图7.46所示。

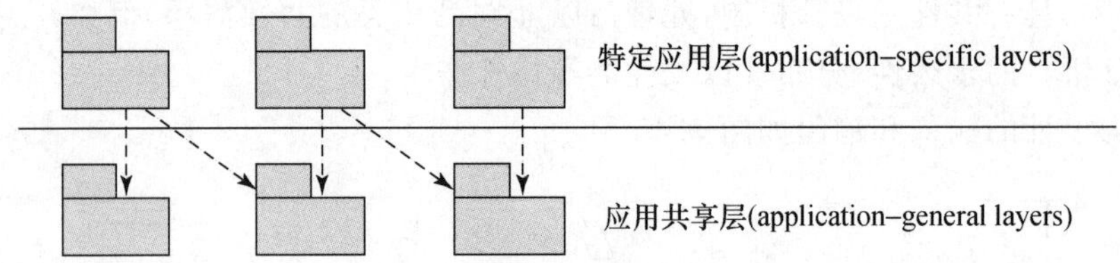

图7.46 特定应用层和一般应用层中的子系统

标识应用子系统的基本指导是:首先,为了避免破坏分析模型的结构,基于分析期间所形成的分析包层次结构,发现其中一些适合作为设计子系统的包,直接把它们标识为设计子系统,如图7.47所示。

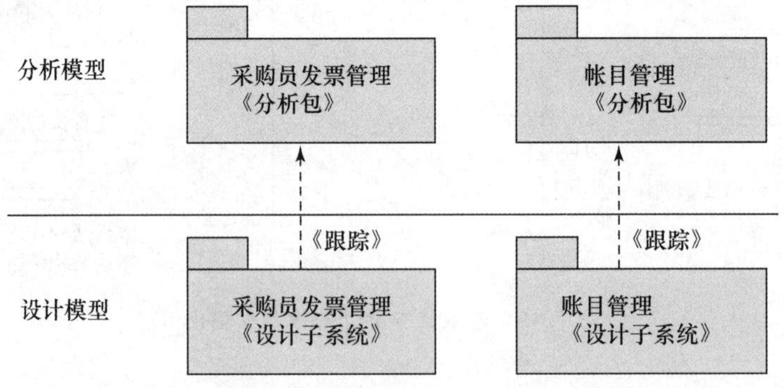

图7.47 基于已有的分析包来发现设计子系统

图 7.47 中，将分析模型中已有的包“采购员发票管理”和包“账目管理”，作为设计模型中的设计子系统。

特别地，对分析包层次结构中的那些服务包，可直接标识为设计模型中的服务子系统，如图 7.48 所示。

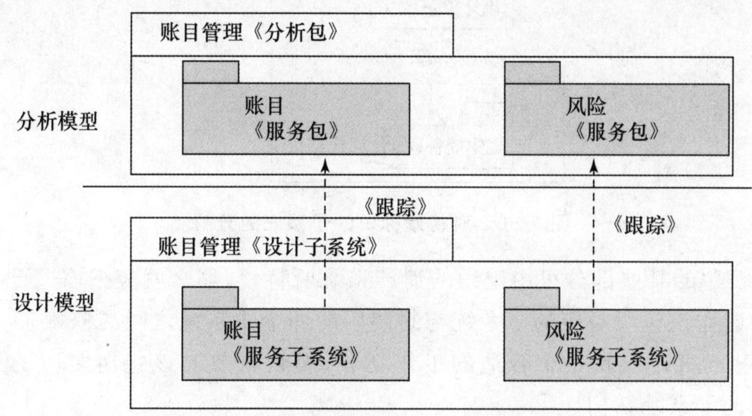

图 7.48　基于已有的服务包发现设计中的服务子系统

图 7.48 中，将分析模型中“账目管理”包中的服务包“账目”和服务包“风险”，直接标识为设计模型中的服务子系统。

继之，基于分析包所具有的一些特性，对以上标识的设计子系统进行精化。例如：

● 如果发现分析包的一部分可以被其他多个设计子系统共享和复用，那么就应分解该分析包所对应的设计子系统，如图 7.49 所示。

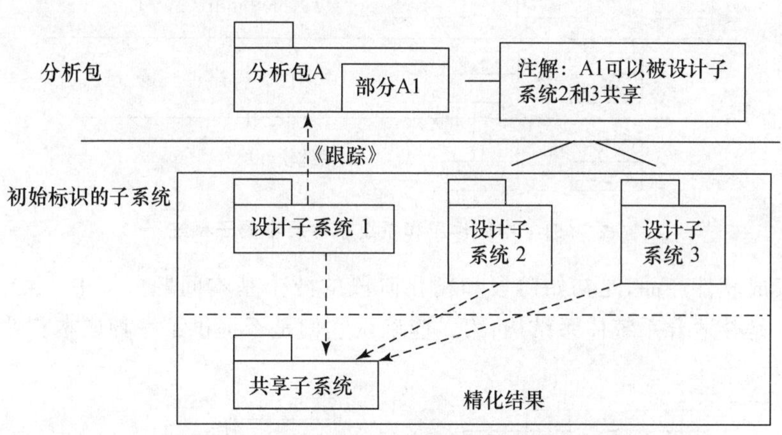

图 7.49　对初始标识的子系统的分解

● 如果分析包的某些部分可复用已有的软件产品，那么就可以把该包所对应的子系统进行分解，把这些部分的功能分派给相应的可复用的软件产品，如图 7.50 所示。

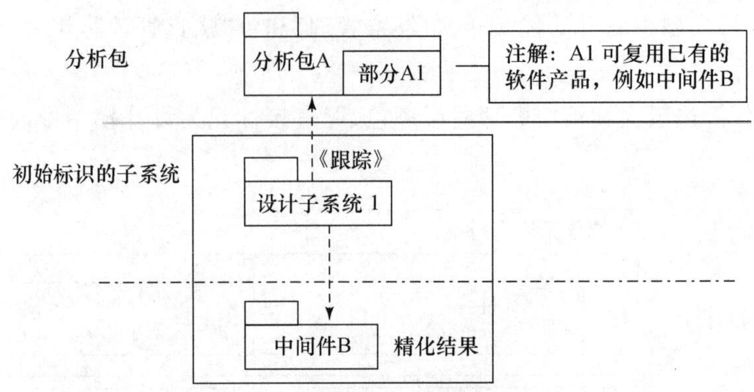

图 7.50　对初始标识的子系统的分解

● 如果分析包的某些部分可由组织的遗产系统所替代，那么就应把该遗产系统“封装”为一个子系统，并建立该包所对应的子系统与封装后的那个子系统之间的依赖。

● 如果分析包并不反映一个合适的工作划分，那么就要对该包所对应的子系统进行调整，形成一个新的子系统结构。

● 如果以前的分析包没有给出到节点的部署方案，那么，为了处理部署问题，就有可能将对应的设计子系统进一步分解成为一些更小的子系统，以此最小化网络流量等。

(b) 标识中间件和系统软件子系统

中间件/产品子系统是一个系统的基础，如图 7.51 所示。

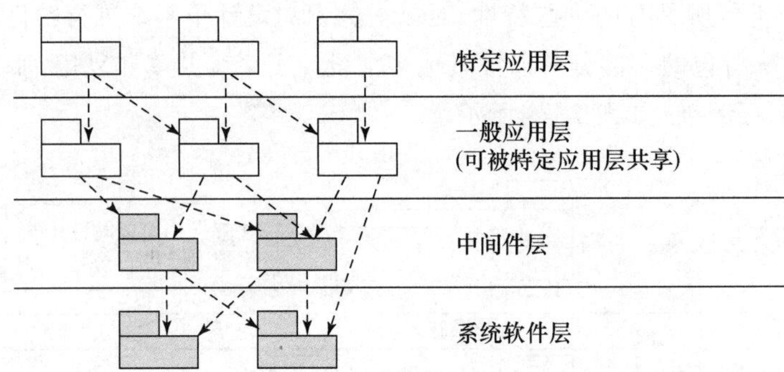

图 7.51　中间件层和系统软件层中的子系统

选择并集成软件产品，是初始阶段和精化阶段的两个基本问题。其中：第一应确认所选择的软件产品是否适合系统体系结构；第二应确认它们是否提供了一种成本有效的系统实现，如图 7.52 所示。

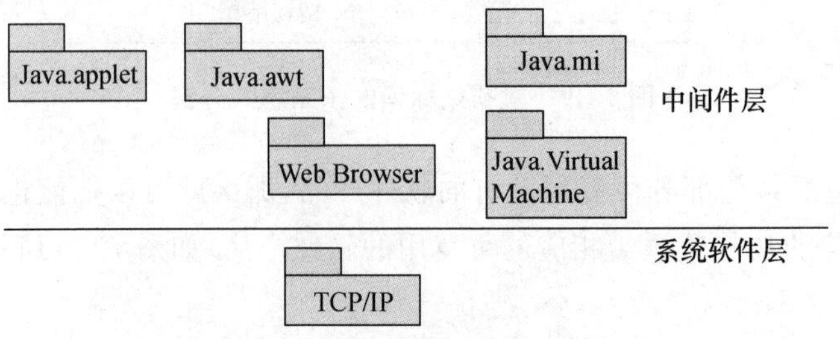

图 7.52　中间件层和系统软件层示例

图 7.52 中：Java 中间件层提供了平台无关的、图形化的用户接口(Java. awt)，并分布了对象计算(Java. rmi)。虽然该图没有显示子系统的依赖，但说明了如何将 Java 服务组织为中间件层中的子系统。

(c) 定义子系统依赖

定义子系统之间的依赖，应跟据子系统内容之间的关系。但是在不了解子系统内容之前需要勾画子系统之间依赖的话，就要分析设计子系统所对应的那些分析包之间的依赖，这些依赖很可能成为设计模型中子系统之间的依赖，如图 7.53 所示。

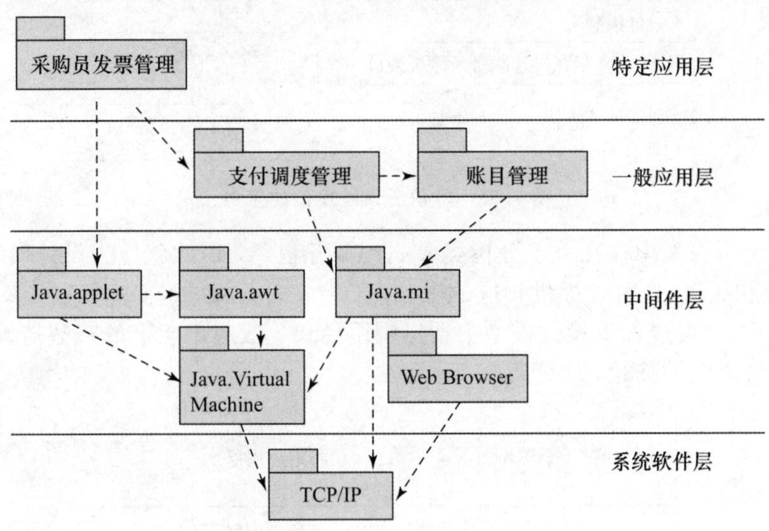

图 7.53 子系统中的依赖和层

应当注意，图 7.53 中，如果使用子系统之间的接口，那么这些依赖就应针对接口而不针对子系统本身，如图 7.54 所示。

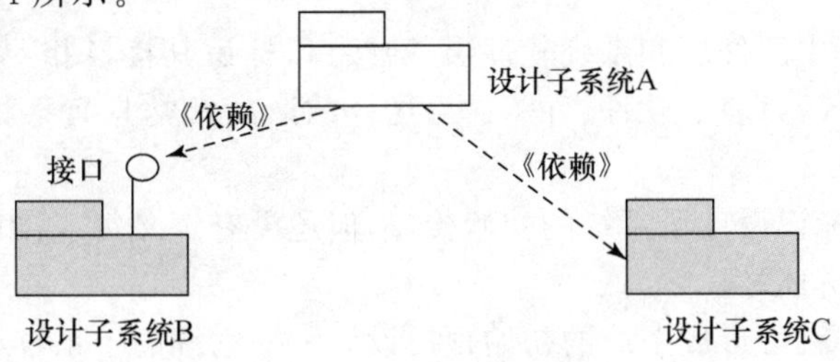

图 7.54 针对接口的依赖

图 7.54 左边的依赖是子系统 A 和接口之间的依赖，而不是设计子系统 A 和设计子系统 B 之间的依赖。

(d) 标识子系统接口

由子系统所提供的接口，定义了对外可访问的一些操作。这些接口或是由该子系统中的类提供的，或者由该子系统中其他子系统提供的。

在了解子系统具体内容之前，可以初始地勾画其接口，这一般需要考虑以上发现的那些子系统之间的依赖，其中：

- 若一个子系统具有一个指向它的依赖，可能就需要提供一个接口；

● 若一个设计子系统存在一个它可跟踪的分析包,而该包被一个分析类所引用,那么一般就要为该包所对应的子系统标识一个后选的接口,如图 7.55 所示。

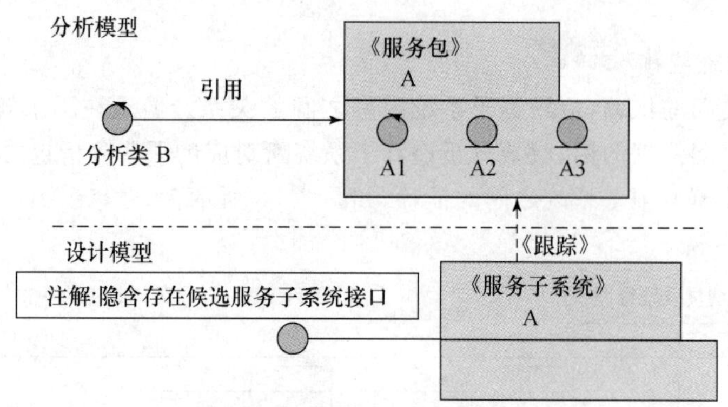

图 7.55 标识子系统接口的示例

图 7.55 中,在分析模型中存在一个分析类 B 引用服务包 A,因此就应为设计模型中服务子系统 A 标识一个初始接口,对外提供相应的服务。

使用以上途径,可以标识设计模型中特定应用层和一般应用层上的一些初始接口,这些接口精化了子系统之间的依赖,如图 7.56 所示。

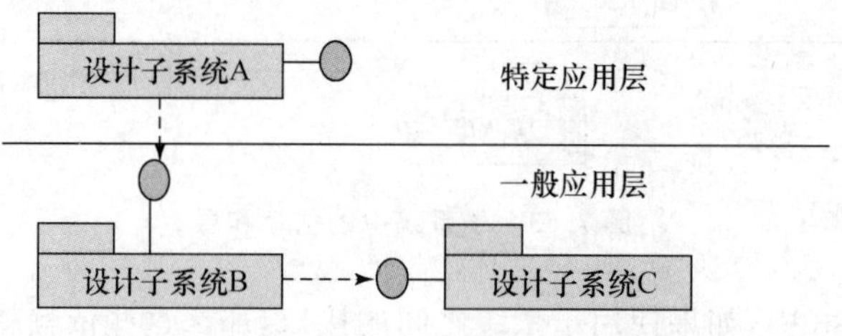

图 7.56 设计模型中上二层接口的标识

对于下两个低层(中间件层和系统软件层)的接口,标识其接口相对要简单一些。因为在这两个层次上的子系统,封装了软件产品,而且这样的产品常常具有某种形式的、事先已定义的一些接口。

以上介绍了如何标识设计子系统的初始接口,但还没有定义每一接口中所需要的操作,这将在用况设计一节中讲述之。

当完成任务 2 时,就可形成系统的初始顶层设计——系统的子系统结构,如图 7.57 所示。

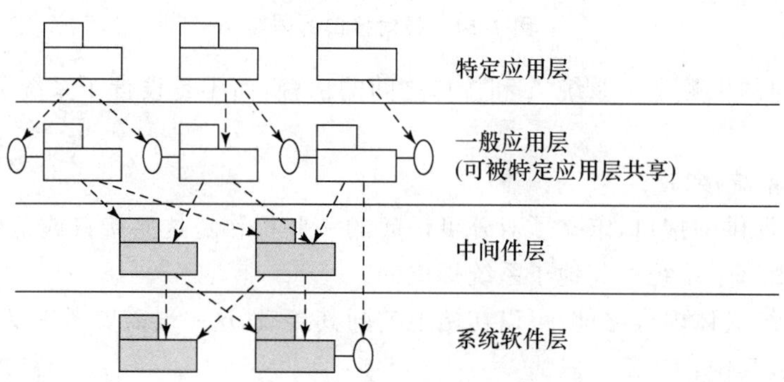

图 7.57 系统的初始顶层设计

③ 任务 3：标识体系结构方面有意义的设计类和它们的接口

在实际工作中，往往需要在软件生存周期的早期来标识在体系结构方面有意义的设计类。显然，这样的类不会很多，此时也不必应探索其更多的细节。而在类的设计活动中，基于用况设计活动的结果，可以标识系统中大多数设计类，并对其进行精化。对于所标识的设计类，还可能做更多的工作，例如验证一个设计类是否参与一个用况细化。如果没有参与任何用况细化的话，那么这样的设计类就是不必要的。现在就标识在体系结构方面具有意义的设计类进行介绍。

(a) 依据在体系结构方面具有意义的分析类，可以初始地标识出一些在体系结构上具有重要意义的设计类。并且，可以使用这些分析类之间的关系，直接标识其对应设计类之间的一组关系。

(b) 系统中的主动类是一类对体系结构具有重要意义的类。对于主动类的标识，一般应考虑系统的一些并发需求，例如：

● 关于系统在节点上的分布(distribution)。为了支持这一分布，可能每个节点至少要求一个主动对象来处理节点之间的通信。首先，应考虑主动对象的生存周期，考虑主动对象如何通信、同步和共享信息。继之，应考虑节点的容量，诸如处理器的数目、内存的规模以及连接的特征等，例如它们的带宽和可用性，将这些主动对象分配到部署模型的节点上，其中一个基本规则是，网络通信量对系统所要求的计算资源(包括软件和硬件)具有重要影响，因此必须认真控制——这对设计模型有着重要影响。

● 关于不同参与者与系统交互时在性能、意图和可用性等方面的需求。为了实现这样的需求，可能就需要主动对象，例如，如果一个参与者在响应时间方面具有很高的需求，那么就可以标识一个候选的主动类，通过一定途径及时为该参与者实例提供输出。

● 关于像系统启动、终止、激活以及死锁避免、节点的再配置等这样的需求，都可能需要为它们标识一些主动类。

对于已标识的主动类，还应给出它们的概要描述。为此在开始时可能需要把分析结果和部署模型作为输入，以主动类把分析类(或其部分)所对应的设计映射到节点上，而后才能给出主动类的概要描述，其中可以使用以前标识的子系统，或需要对系统分解进行精化，如图 7.58 所示。

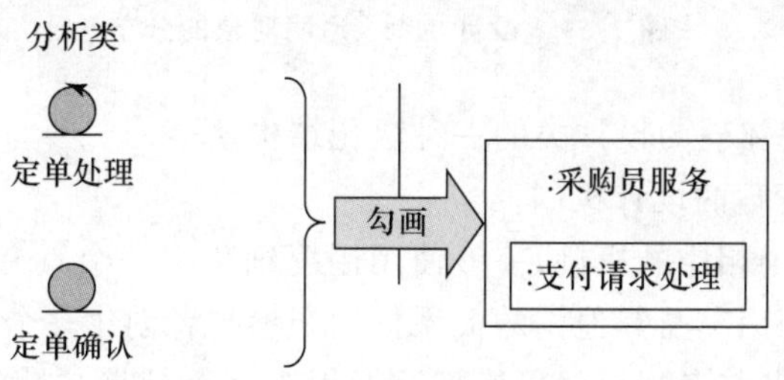

图 7.58　主动类的概要描述

该例使用分析类来概要描述主动类“支付请求处理”。在对分析类“订单处理”和“订单确认”进行设计时，首先必须考虑是否将它们主要部分分配到节点“采购员服务”上(这是一个设计决策问题)，而后再考虑是否标识一个主动类“支付请求处理”，用于封装对这一主要部分的控制线程。

应当了解，对于所表达的有关一个关键过程的主动类，是否将其作为一个候选的可执行构件，这是实现中的任务。但是，如果在实现中把这样的主动类作为一个可执行构件，那么这一步把主动对象分配到一个节点上,就是实现期间把可执行构件分配到该节点的一个重要输入。另外,如果把一个子系统整个分配到一个节点时,那么该子系统的所有约束就应一起分布给该节点上的一个可执行构件。

④ 任务 4:标识具有一般性的设计机制

首先应研究共性需求,例如在分析期间所标识的有关用况细化[分析]中对设计类的特殊需求;继之,应确定如何处理它们,给出可用的设计和实现技术,从而就得到一组可处理共性的设计机制。这样的控制机制本身可以表现为设计类,表现为协作,甚至可以表现为子系统。

设计机制所处理的共性需求,常常包括:

- 永久性;
- 透明对象的分布;
- 安全特征;
- 错误检测与揭示;
- 事务管理等。

下面仅给出两个实例,一个说明如何标识处理透明对象分布的设计机制,一个说明如何标识事务管理的设计机制。

【例 1】:标识处理透明对象分布的设计机制。

在一个网上银行的应用软件中,像"发票"这样的一些对象往往被一些节点所访问,因此就必须把它们设计为分布式的。为了实现对象的分布,首先设计一个支持远程消息调用(RMI)的 Java 抽象类 Java. rmi. UnicastRemoteObject,而后把需要分布到多个节点上的每一个类,作为该抽象类的一个子类,这样就形成了一个处理分布对象的设计机制,如图 7.59 所示。

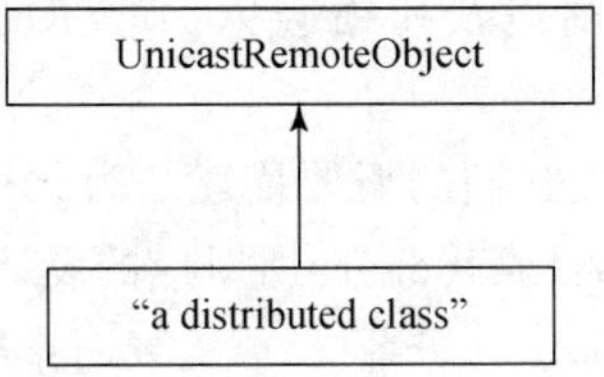

图 7.59 设计机制:透明对象的分布

显然,这一设计机制体现为设计类的一种泛化结构。

【例 2】:标识事务管理的设计机制。

为事务管理设计一个相应的机制,一般使用用况细化中一个具有共性的协作。例如假定在体系结构描述中,使用用况及其他们的关系标识了参与者创建一个交易对象(例如订单或发票),并将其发送给另一参与者。显然可以把这标识为一个具有共性的事务管理,并且该事务管理的模式为:

- 当采购员决定订货或采购服务时,调用用况"订购货物或服务"。该用况允许采购员向销售员去指定并自动发送一个订单;
- 当采购员决定将发票送给一个采购员时,调用用况"采购员获取发票",该用况自动地将发票发送给采购员。

对这样一种具有一般性的行为,可以采用如图 7.60 所示的协作,将其设计为一种事务管理设计机制。

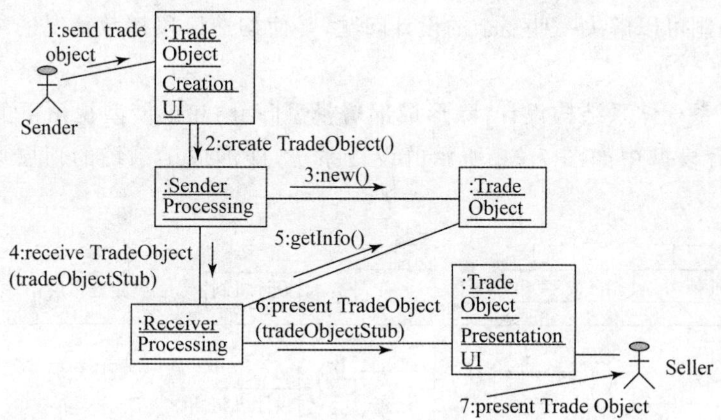

图 7.60 设计机制：以通信图表达的事务管理

图 7.60 中：

- 首先，对象“Trade Object Creation UI”接收来自参与者“Sender actor”的信息，作为创建交易对象 “Trade Object”的输入；
- 接之，对象“Trade Object Creation UI”请求对象 Sender Processing 来创建该交易对象 Trade Object；
- 而后对象 Sender Processing 请求创建对应的类“Trade Object”来创建一个实例；
- 接之，对象“Sender Processing”向对象“Receiver Processing”提交该交易对象的引用；
- 当需要时，对象“Receiver Processing”可以查询对象“Trade Object”，获取更多的信息；
- 对象“Receiver Processing”向对象“Trade Object Creation UI”发送具有更多内容的对象“Trade Object”；
- 将对象 Trade Object 提交给接收的参与者。

当然，在需要时(例如，在细化用况“Invoice”时)，可以通过对参与该一般性协作的每一个抽象类目的子类型化，形成如图 7.61 所示的具体类目。

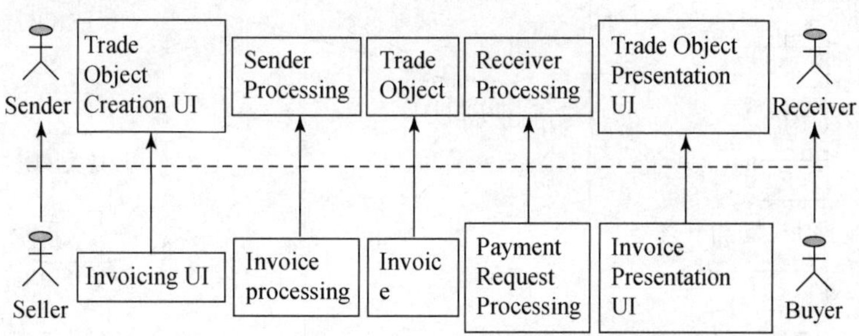

图 7.61 抽象类目的子类型化

以上两个例子是通过使用泛化和协作来创建设计机制的，除此之外，还可以使用其他方法，例如模式(模式是参数化的协作(例如参数化的类))，其中可以通过建立具体类(concrete classes)与参数的关联，来创建具有一般性的设计机制。

在有些情况中，随着用况的细化和设计类的揭示，才能发现一些必要的设计机制。但在 RUP 的精化阶段，应标识并设计大多数具有一般性的机制。

通过一组机制可以解决一些复杂的设计问题,并使构造阶段多数情况的细化变得相当简单和直接。

至此完成了系统体系结构设计,除形成**部署模型[概述]**和该模型视角下的体系结构描述外,还形成了设计模型中如图 7.62 所示的设计系统,即形成了系统的顶层设计——子系统结构。

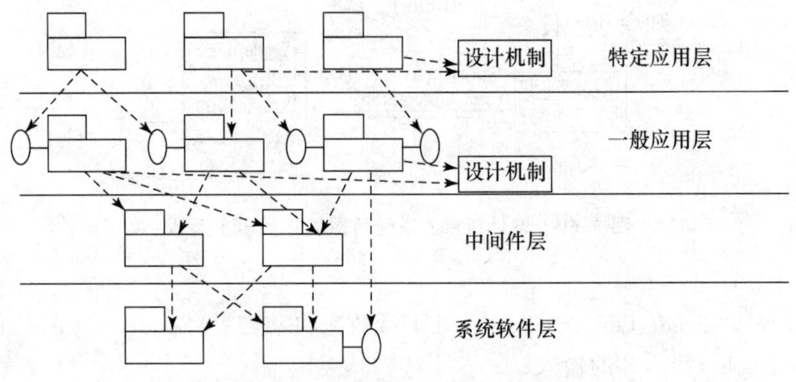

图 7.62　系统顶层设计示意

在这一顶层的子系统结构中,包含的结构元素有子系统、接口、设计机制和它们之间的依赖。

(2) 活动 2:用况的设计

该活动的输入和输出如图 7.63 所示。其中分析模型的**用况细化[分析]**是该活动的输入,对应输出**用况细化[设计]**。

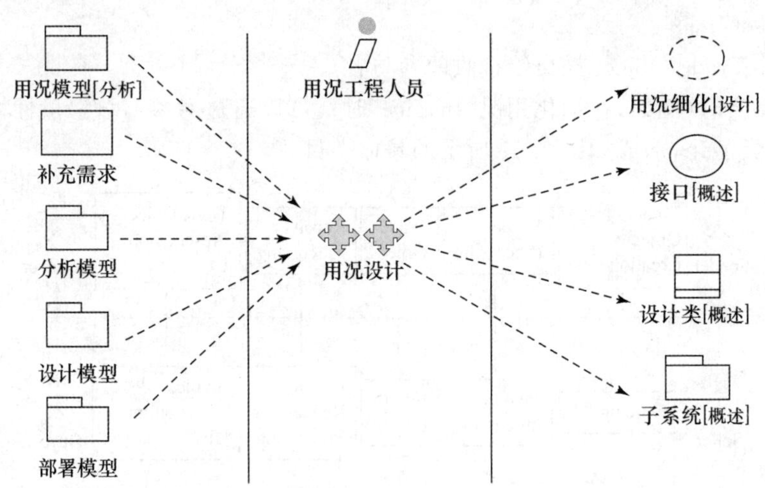

图 7.63　用况设计的输入/输出

为了实现以上所示的目标,可以采用以下两种方法。

① 第一种方法:标识参与用况细化的设计类

首先基于分析模型,研究相应**用况细化[分析]**中的分析类,来标识细化分析类所需要的设计类,研究相应**用况细化[分析]**中的特殊需求,来标识细化这些特殊需求所需要的设计类。这样标识的参与**用况细化[设计]**的设计类，或在体系结构设计期间已经发现，或在类设计期间予以创建。

继之基于用况的功能，对每一标识的设计类赋予相应的责任。

最后为该细化创建一个类图，汇聚参与该用况细化的设计类，并给出类之间的关系，如图7.64所示。

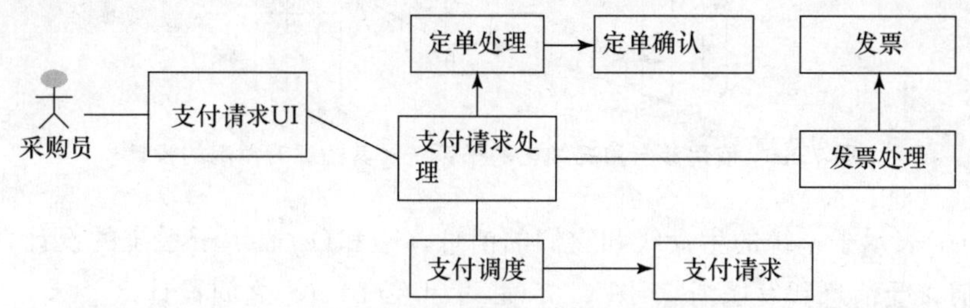

图7.64　参与用况细化的设计类及其关系

可见，有些设计类已经在任务1中发现，例如主动类"支付请求处理"和"发票处理"，它们在不同节点之间传递交易对象，从发出者到一个接受者。

在概述细化用况所需要的设计类的基础上，就应描述在该用况中这些设计对象是如何交互的。这时可以使用顺序图，其中包括：参与者实例、设计类的对象以及它们之间传送的消息。如果该用况存在一些不同的、有区别的流或子流，那么就应该为每一流创建一个顺序图，这有益于细化得更清晰，有益于抽取具有一般性、可复用的交互。

首先，应研究对应的**用况细化[分析]**，确定是否为了描述设计对象之间的交互而需要一些新的设计类。例如，为了描述设计类之间要求的消息序列，可能就需要添加一些新的设计类；而且在某些情况下，当要把**用况细化[分析]**的一个通信图转化为初始的、相对应的一个顺序图时，也需要增加这样的设计类。

继之，从该用况的一个流开始，一次遍历一个流，描述该用况细化中所要求的设计类实例与参与者实例之间的交互。在大多数情况下，可自然地发现对象在交互中的位置。

最后，详细描述交互图。其中在多数情况下可能会发现一些新的可选路径。这样的路径可以用该交互图的标号或用它们自身的交互图予以描述。另外，当要增加更多的信息时，经常需要讨论一些新的例外，这些例外并没有在需求捕获和分析时予以思考，包括：

- 由于超时而导致节点或连接的暂停；
- 人和机器参与者提供的错误输入；
- 中间件、系统软件或硬件所产生的错误消息等。

另外，还捕获用况细化中有关实现中需要处理的所有需求，例如：

"主动类'支付请求处理'的对象，应能够处理10个不同的客户，而不能使每一个采购员感到有什么延迟"。

如果对系统每一用况都得到相应的**用况细化[设计]**，那么就完成了这一活动。

这是用况设计的一种方法，其中使用了设计类以及它们之间的关系。

② 第二种方法：标识参与用况细化的子系统和接口

在自顶向下开发期间，有时在进行子系统和其接口的设计之前，可能需要捕获一些有关子系统和接口的需求;另外,在一些情况下可能很容易给出子系统的另一设计,以替代一个子系统和它的特定设计。针对以上两种情况,就可能需要在层次体系的不同层上以子系统来描述一个用况细化的设计,如图 7.65 所示。

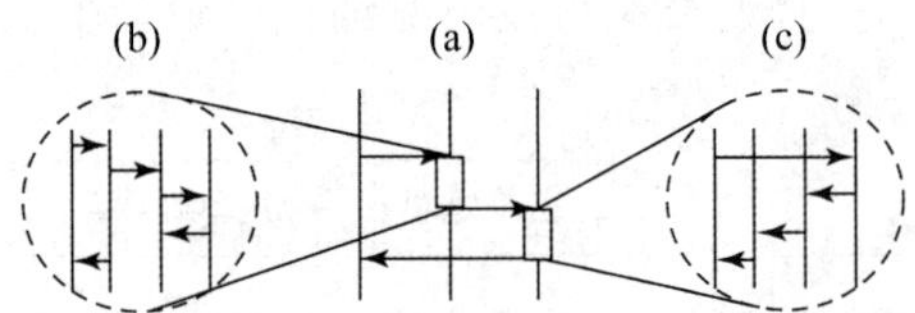

图 7.65 使用参与用况细化的子系统及其接口对用况的设计

图 7.65(a)表示子系统的生命线和它们的消息,(b)和(c)表示子系统的设计,并显示设计中的元素如何接受消息和发送消息;图 7.65(a)可以在(b)、(c)之间设计。

可见,使用参与用况细化的子系统和/或它们的接口可以给出用况的另一种设计。其中,为了标识在细化用况中所需要的子系统,第一应研究对应的**用况细化[分析]**,标识包含这些分析类的分析包,继之标识可跟踪到这些分析包的设计子系统。第二应研究对应**用况细化[分析]**的特殊需求,标识细化这些特定需求的设计类,继之标识包含这些类的设计子系统。

最后,开发一个类图中,汇聚参与该用况细化的子系统,给出这些子系统之间的依赖,并给出用况细化中所使用的接口,如图 7.66 所示。

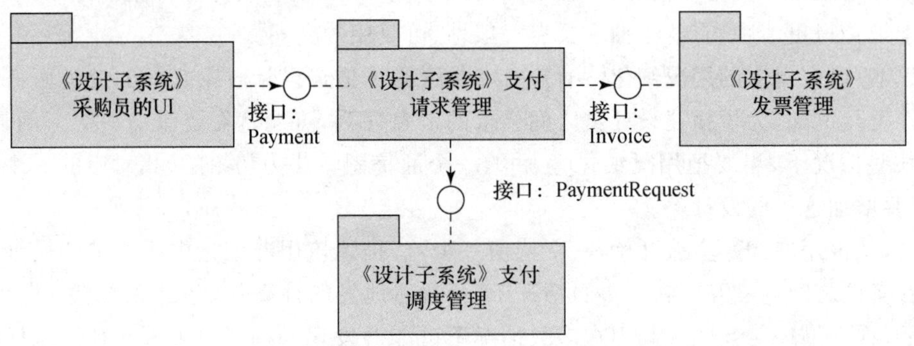

图 7.66 含子系统接口和依赖的类图

当已经勾画了细化用况所需要的那些子系统之后,就应描述子系统的交互,即在系统层上描述所包含的类对象是如何交互的,其中可以使用顺序图,包含参与交互的参与者实例、子系统以及它们之间消息传送。与描述设计对象交互相比,在描述子系统的交互图中,生命线表示的是这时标识的每一子系统,而不是设计对象;一个消息指向一个接口的操作,而不是指向另一个子系统,以区分该消息使用子系统的哪一个接口。

以上是用况设计的另一种方法,其中使用了参与用况细化的子系统和接口。

(3) 活动 3:类的设计

该活动的目标是,完成**用况细化[设计]**中每一类的角色设计,并完成有关每一类的非功能需求的设计,如图 7.67 所示。

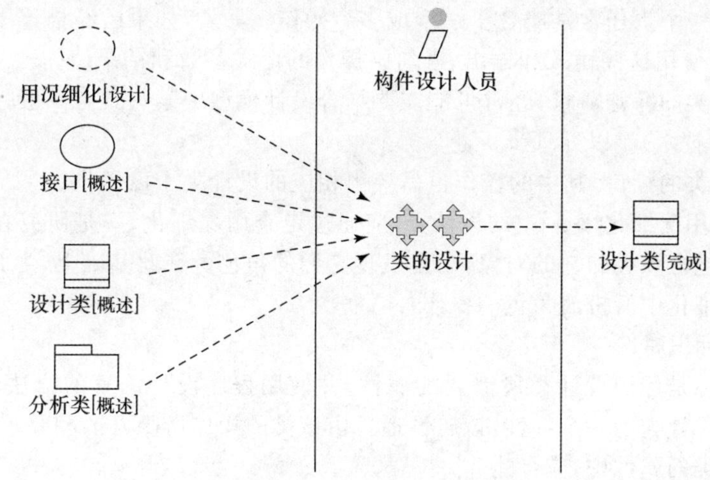

图 7.67　类设计的输入和输出

对每一个类的设计，包含以下方面问题：

类的操作及方法；

类的属性；

类参与的关系；

类的状态；

类对一般性设计机制的依赖；

类所提供的那些接口的细化；

类实现的有关需求。

① 任务 1：概括描述设计类

该任务的输入为分析类和/或接口。

(a) 当给定的输入是一个接口时，那么就可以简单的、直接的指定提供该接口的设计类；

(b) 当给定的输入是一个或多个分析类，那么其设计就要依赖分析类的衍型。

● 如果输入的是表示永久信息的实体类，其设计经常隐含地需要使用一种特定的数据库技术；

● 如果输入的是边界类，其设计需要使用一些特定的界面技术；

● 如果输入的是控制类，其设计是一件很棘手的问题。由于控制类有时封装了一些对象的协作，有时封装了业务逻辑，因此往往需要考虑以下问题：

□ 分布问题，即如果控制次序需要在不同节点之间予以分布和管理，那么为了细化该控制类，就可能需要把一些类分别分布到不同的节点上。

□ 执行问题，即对这样控制类的细化，可能就没有什么理由需要给出一些不同的设计类。但是往往需要使用由相关的边界类和/或实体类所得到的设计类，来细化这一控制类。

□ 事务问题，即这样的控制类经常封装事务，因此对它们的设计应结合现在使用的任一事务管理技术。

② 任务 2：标识操作

一般应依据分析类来标识设计类所提供的、所需要的操作，其中需要使用程序设计语言的语法(syntax)来描述所标识的操作。

● 分析类的一个责任常常隐含了一个或多个操作。另外,如果已经描述了责任的输入和输出,那么就可以使用这些输入和输出,来勾画操作的形式参数和结果值。

● 对于分析类的特殊需求,经常可能需要结合设计模型中某一具有一般性的设计机制或技术(例如数据库技术)予以处理。

● 对于分析类的接口,其中的操作也需要由相应的设计类予以提供。

● 对于参与**用况细化[设计]**中的设计类,应通过走查用况细化,一是研究在该细化图中和事件流的描述中包含该类和它的对象,二是发现它们的角色。在此基础上,为其设计一些支持该类在不同用况细化中所扮演角色的操作。

③ 任务 3:标识属性

该任务的目标是标识设计类所需要的属性,并使用程序设计语言的语法给出属性描述。一个属性规约了设计类的一个特性,该属性通常由该类的操作所隐含的和要求的。

在标识分析类的属性中,应:

● 考虑设计类所对应的分析类的属性,其中这些分析类的属性隐含了该设计类有关属性的需求。

● 通过程序设计语言对可用的属性类型进行约束。其中当选择类型时,尽量复用已有的一个类型。

● 一个单一的属性实例,不能被多个设计对象所共享。如果希望共享的话,就应该把该属性定义为一个设计类。

● 如果设计类的属性理解起来相当困难,那么就应该对其中的一些属性进行分离,成为该设计类自身拥有的一些类。

● 如果一个类具有很多或复杂的属性,则可以使用一个专门类图,显示属性的各个组件以及它们之间的关系。

④ 任务 4:标识关联和聚合

在标识并精化关联和聚合中,应:

● 考虑对应的分析类所具有的关联和聚合。有时,在分析模型中的这些关系,隐含了所涉及的设计类对关系的需要。

● 在所使用的程序设计语言的支持下,精化关联的多重性、角色名、关联类、定序的角色、限定角色以及 N 元关联等。例如:在生成代码时,角色名可能成为设计类的属性;或一个关联类可能成为另外两个类之间新的类,因此在"关联类"和另外两个类之间需要一个新的、具有适当多重性的关联。

● 考虑使用该关联的交互图精化关联的导航性。另外,设计对象之间消息转送方向,隐含了它们类之间关联的导航性。

⑤ 任务 5:标识泛化

基于分析模型中分析类之间的泛化,可以发现设计模型中的很多泛化,如图 7.68 所示。

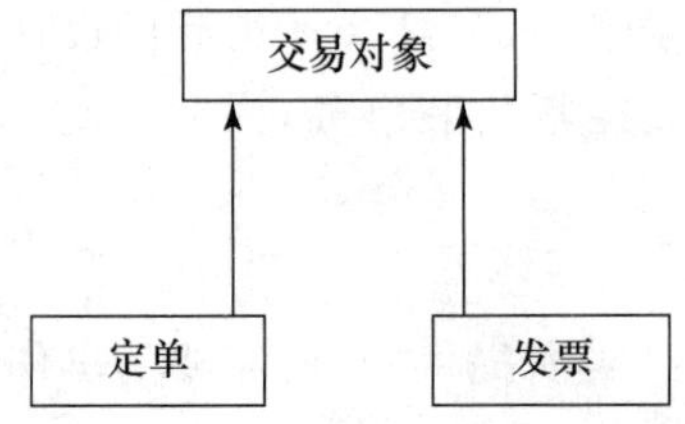

图 7.68 交易对象及其子类订单和发票

⑥ 任务 6：描述方法

在设计期间，对方法的规约可以使用自然语言，或适当地使用伪码。但多半并不做这件事情，而是在实现期间，直接使用程序设计语言对方法进行规约。这是因为同一构件设计人员应设计、实现这一类，因此在设计期间，可以不对方法进行规约。

⑦ 任务 7：描述状态

有些设计对象是受状态控制的，即它们的状态确定了在它们接受一个消息时的行为。在这种情况下，使用一个状态图来描述一个对象的不同状态转移是有意义的。例如：类“发票”的状态可设计成如图 7.69 所示。

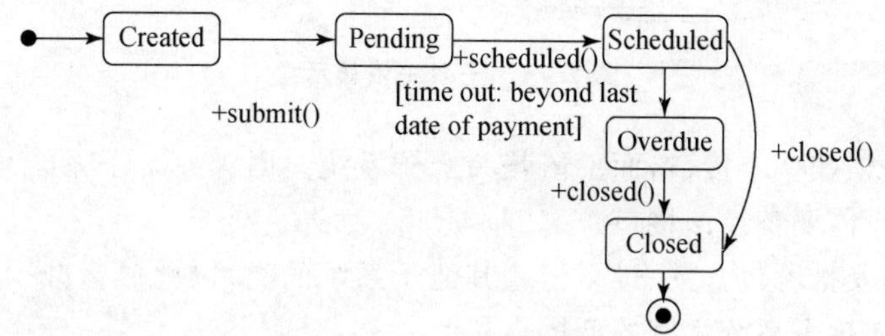

图 7.69　类“发票”的状态图

图 7.69 中：

- 当一个 seller 希望 buyer 来支付一个订单(order)时，则 invoice 为其创建状态(created)；
- 接之，当该 invoice 交给 buyer 时，其状态变为 pending；
- 当 buyer 决定支付时，该 invoice 的状态又变为 scheduled；
- 接之，如果该 invoice 予以支付了，则状态变为 closed。

一个状态图对相应设计类的实现来说是一个有价值的输入。

(4) 活动 4：子系统设计

该活动的目标是：确保子系统尽可能独立于其他子系统或它们的接口；确保子系统提供正确的接口；确保子系统实现了(fulfills)它的目标，即给出了该子系统提供的那些接口所定义的操作的细化。

子系统设计的输入和结果如图 7.70 所示。

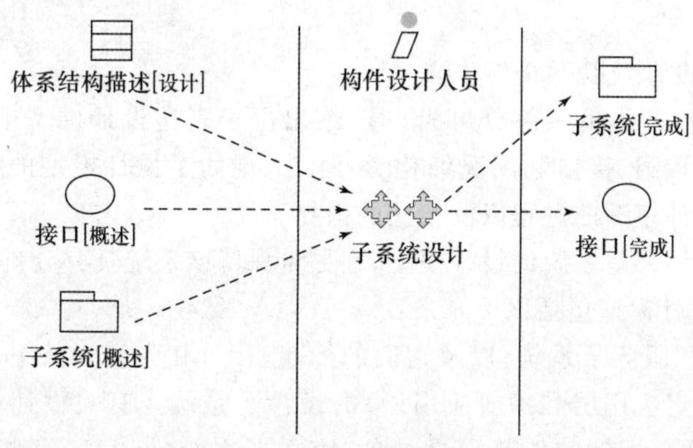

图 7.70　子系统设计的输入和结果

① 任务 1：维护子系统依赖

从一个子系统到其他子系统的依赖，应当予以定义和维护，即定义其他子系统所包含的元素与该子系统中元素之间的关联。但是，如果一个子系统为其他子系统提供了一些接口，那么就应当说明这些子系统如何通过接口与该子系统发生依赖，如图 7.71 所示。

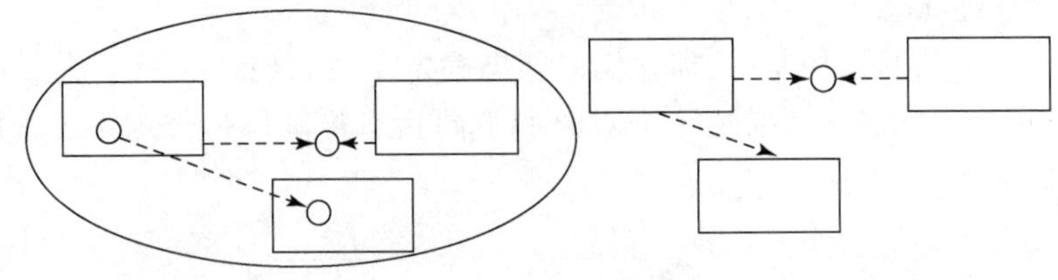

图 7.71　子系统依赖示意

图 7.71 中，最好是依赖一个接口，而不依赖一个子系统。因为一个子系统可能会用另一设计子系统所替代，但不需要替换该接口。

还要考虑重新安排所包含的、过多依赖其他子系统的类，以此尽量减少对其他子系统和/或接口的依赖，以实现子系统之间的低耦合。

② 任务 2：维护子系统所提供的接口

一个子系统一般提供了一些接口，由这些接口所定义的操作需要支持该子系统在不同用况细化中所扮演的所有角色。尽管这些接口已经予以勾画，但当设计模型演化时和当用况设计时，它们也需要予以精化。因为在不同用况细化中，可能要使用一个子系统和它的接口，由此对这些接口提供了进一步的需求。

③ 任务 3：维护子系统内容

若对一个子系统的接口所定义的操作给出了一个正确的细化，则该子系统就完成了它的目标。尽管该子系统的内容已予勾画，但当设计模型演进时，也可能需要予以精化。与其相关的一般问题有：

- 对于由该子系统提供的每一接口，在该子系统中存在一些设计类或其他子系统，它们还提供了这一接口。
- 为了说明一个子系统的内部设计怎样细化它的接口或用况，可能要使用该子系统包含的元素来创建一些协作，以验证该子系统应当包含哪些元素。

4. 小结

以下对 RUP 的设计做以下 6 点总结。

(1) RUP 的设计方法，由三部分组成：① 给出用于表达设计模型中基本成分的四个术语，包括：子系统、设计类、接口和**用况细化[设计]**；② 规约了设计模型的语法，指导模型的表达；③ 给出了创建设计模型的过程以及相应的指导。

(2) 设计的主要结果是系统的设计模型，它尽量保持该系统具有分析模型的结构，并作为系统实现的输入。设计模型包括以下元素：

① 设计子系统和服务子系统，以及它们的依赖、接口和内容。其中，可以依据分析包来设计上面两层(即特定应用层和一般应用层)的设计子系统。有关设计子系统之间的依赖，有些是基于所对应的分析包的依赖而设计的；有关子系统的接口，有些是依赖分析类而设计的。

② 设计类(其中包括一些主动类),以及它们具有的操作、属性、关系及其实现需求。一般地,在进行设计类的设计时,分析类作为它们的规约,特别地,有些主动类是基于分析类并考虑并发需求而设计的。

③ **用况细化[设计]**。它们描述了用况是如何设计的,其中使用了设计模型中的协作。一般地,在进行**用况细化[设计]**设计时,**用况细化[分析]**作为它们的规约。

④ 设计模型视角下的体系结构描述,其中包括对一些在体系结构方面有重要意义元素的描述。如以前指出的,在进行设计模型视角下体系结构方面具有意义的元素设计时,分析模型视角下的那些在体系结构方面有意义的元素作为它们的规约。

(3) RUP 的设计还产生了部署模型,描述了网络配置,系统将分布于这个配置上。部署模型包括:

① 节点,它们的特征以及连接;

② 主动类到节点的初始映射。

部署模型视角下的体系结构描述,包括对那些在体系结构方面具有重要意义元素的描述。

(4) 设计模型与分析模型的简要比较。表 7.5 给出了分析模型与设计模型的比较。

表 7.5　分析模型与设计模型的比较

分析模型	设计模型
概念模型,是对系统的抽象,而不涉及实现细节	软件模型,是对系统的抽象,而不涉及实现细节
可应用于不同的设计	特定于一个实现
使用了三个衍型类:控制类、实体类和边界类	使用了多个衍型类,依赖于实现语言
几乎不是形式化的	是比较形式化的
开发的费用少(相对于设计是 1∶5)	开发的费用高(相对于分析是 5∶1)
结构层次少	结构层次多
动态的,但很少关注定序方面	动态的,但更多关注定序方面
概括地给出了系统设计,包括系统的体系结构	表明了系统设计,包括设计视角下的系统体系结构
整个软件生存周期中不能予以修改、增加等	整个软件生存周期中应该予以维护
为构建系统包括创建设计模型,定义一个结构,是一个基本输入	构建系统时,尽可能保留分析模型所定义的结构

(5) 设计阶段的活动。表 7.6 简要列出了设计阶段的活动。

表 7.6　设计阶段的活动

序号	输入	活动	执行者	输出
1	用况模型、补充需求、分析模型、体系结构描述分析模型角度	体系结构设计	体系结构设计者	子系统[概述]、接口[概述]、设计类[概述]、部署模型[概述]、体系结构描述[设计]
2	用况模型、补充需求、分析模型、设计模型、部署模型	设计用况	用况工程师	用况[设计-实现]、设计类[概述]、子系统[概述]、接口[概述]
3	用况[设计-实现]、设计类[概述]、接口[概述]、分析类[完成]	对类设计	构件工程师	设计类[完成]
4	体系结构描述[设计]、子系统[概述]、接口[概述]	设计子系统	构件工程师	子系统[完成]、接口[完成]

(6) 对实现的影响。由于设计模型和部署模型是以后实现和测试活动的基本输入,因此要强调的是:

① 设计子系统和服务子系统是由实现子系统予以实现的,这些实现子系统包括一些构件,例如源代码文件、脚本以及二进制、可执行的构件等。这些实现子系统可跟踪到设计子系统。

② 设计类将由文件化构件予以实现,它们包括源代码。一般地,一些不同的设计类在一个单一的文件化构件中实现,尽管这依赖所使用的程序设计语言。另外,当要寻找可执行的构件时,将要使用那些描述"权重"处理的主动类。

③ 在规划实现工作时,将要使用**用况细化[设计]**,以产生一些"构造"(build),即系统的一个可执行的版本。每一个构造将实现一组用况细化或部分用况细化。

④ 在节点上部署构件,形成分布系统时,将使用部署模型和网络配置。

7.2.4 RUP 的实现和测试

通过以上三小节的讲解,应该对 RUP 的基本知识有了基本的掌握。由于本书的篇幅所限,下面仅对核心工作流中的实现和测试作简单介绍。

1. RUP 的实现

RUP 实现的目标是:基于设计类和子系统,生成构件;对构件进行单元测试,进行集成和连接;并把可执行的构件映射到部署模型。

为实现这一目标而涉及的主要活动以及其输入/输出如表 7.7 所示。

表 7.7 RUP 的实现中的主要活动及其输入/输出

序号	输入	活动	执行者	输出
1	设计模型、部署模型、体系结构描述设计模型、部署模型角度	实现体系结构	体系结构设计者	构件概述、体系结构描述实现模型、部署模型角度
2	补充需求、用况模型、设计模型、实现模型当前建造	集成系统	系统集成者	集成建造计划、实现模型连续的建造
3	集成建造计划、体系结构描述实现模型角度、设计子系统已设计、接口已设计	实现子系统	构件工程师	实现子系统建造完成,接口建造完成
4	设计类已设计、接口由设计类提供	实现类	构件工程师	构件完成
5	构件完成、接口	完成单元测试	构件工程师	构件已完成单元测试

表 7.7 中:

① 实现模型。该模型描述了设计模型中的元素是如何用构件实现的,描述了构件间的依赖关系,并描述如何按实现环境来组织构件。可见,构件是设计模型中元素的一种实现,是对这样元素的物理封装,要把它映射到部署模型的节点上。

② 实现子系统。实现子系统是由构件、接口和其他子系统组成的。其中,接口用于表示由构件和实现子系统所实现的操作。在这一阶段可以使用设计时的接口。

③ 实现模型视角下的体系结构描述。实现模型视角下的体系结构描述,包括对由实现模型分解的子系统、子系统间的接口、子系统间的依赖以及关键构件的描述。其中,相应设计子

系统中的每个类和每个接口,都要由实现子系统中的构件实现。

④ 实现类。该活动对每一个涉及源代码的文件构件,根据相应的设计类来生成其代码,为设计类提供操作的方法,其中应使构件提供的接口与设计类提供的接口相一致。

在实施 RUP 的实现中,涉及集成计划的开发问题。在增量开发中,每一步的结果即为一个构造。在一个迭代中,可能创建一个构造序列,即构造集成计划。

2. RUP 的测试

RUP 的测试包括内部测试、中间测试和最终测试,其主要活动表 7.8 所示。特别地,当细化阶段中体系结构基线变为可执行时,当构造阶段中系统变为可执行时,以及当移交阶段中检测到缺陷时,都要进行测试。

表 7.8　RUP 的测试中的主要活动及其输入/输出

序号	输入	活动	执行者	输出
1	补充需求、用况模型、分析模型、设计模型、实现模型、体系结构描述模型的体系结构角度	计划测试	测试工程师	测试计划
2	补充需求、用况模型、分析模型、设计模型、实现模型、体系结构描述模型的体系结构角度、测试计划策略、时间表	设计测试	测试工程师	测试用况 测试过程
3	测试用况、测试过程、实现模型被测试的建造	实现测试	构件工程师	测试构件
4	测试用况、测试过程、测试构件、实现模型被测试的建造	执行集成测试	集成测试者	缺陷
5	测试用况、测试过程、测试构件、实现模型被测试的建造	执行系统测试	系统测试者	缺陷
6	测试计划、测试模型、缺陷	评价测试	测试工程师	测试评价

表 7.8 中:

① 测试模型。主要描述系统测试者和集成测试者如何实施在实现中对可执行构件的测试,并描述如何测试系统的特殊方面(如用户接口、可用性、一致性以及用户手册是否达到目的等)。因此,测试模型是用况测试、过程测试和构件测试的一个集合体。

② 测试用况描述测试系统的方式。一般描述如何测试用况(或部分),包括输入、输出和条件。

③ 测试过程描述怎样执行一个或几个测试用况,也可以描述其中的片段。

④ 测试构件用于测试实现模型中的构件。测试时,要提供测试输入,并控制和监视被测构件的执行。用脚本语言描述或编程语言开发测试构件,也可以用一个测试自动工具进行记录,以对一个或多个测试过程或它们片段进行自动化。

⑤ 测试计划描述测试策略、资源和时间表。测试策略包括对各迭代进行测试的种类、目的、级别、代码覆盖率以及成功的准则。

⑥ 缺陷描述系统的异常现象。

⑦ 评价测试描述在一次迭代中对测试用况覆盖率、代码覆盖率和缺陷情况(可绘制缺陷趋势图)的评价。其中,为了度量需要把评价结果与目标进行比较。

在活动2(即设计测试)中,应对每个建造都要设计相应的集成测试用况、系统测试用况和回归测试用况;在活动4(即执行集成测试)中,应对每次迭代中的各个建造都要执行集成测试,当集成测试满足当前迭代计划中的目标时,要进行活动5(即执行系统测试)。

7.3 RUP 小结

RUP是一种软件开发过程框架,基于面向对象符号体系给出了有关软件开发过程组织及实施的指导。该框架体现了三个突出特征,即以用况驱动、以体系结构为中心以及迭代、增量式开发。

RUP和UML是一对"姐妹",构成了一种特定软件开发方法学的主体。其中,UML作为一种可视化建模语言,给出了表达对象和对象关系的基本术语,给出了多种模型的表达工具,而RUP利用这些术语,定义了需求获取层、系统分析层、设计层、实现层,并给出了实现各层模型之间映射的基本活动以及相关的指导。

需求获取层的基本术语有:用况、参与者、用于表达用况参与者之间关系的关联、用于表达用况之间关系的包含和扩展、用于表达参与者之间关系的泛化。这些术语确定了系统用况模型的各种形态,其中系统用况模型的语法如图7.72所示。

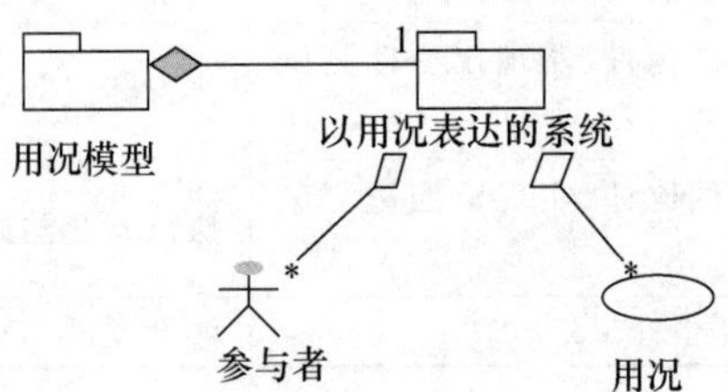

图7.72 用况模型内容

系统分析层的基本术语有:分析类(包括边界类、控制类和实体类)、**用况细化[分析]**、分析包,以及用于表达分析包之间关系的依赖、用于表达分析类之间关系的关联等。这些术语确定了系统分析模型的各种形态。其中系统分析模型的语法如图7.73所示。

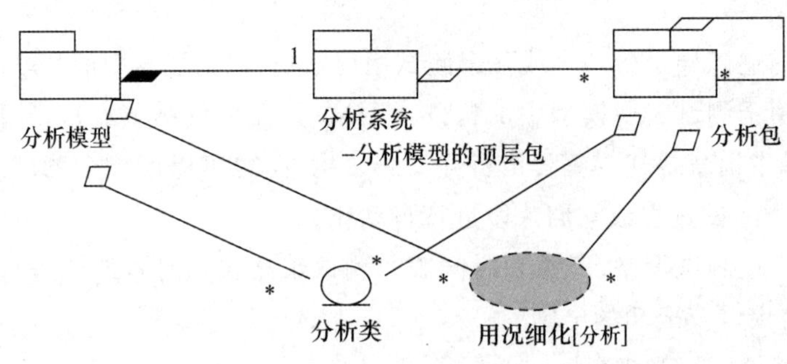

图7.73 分析模型内容

系统设计层的基本术语有：设计子系统、设计类、**用况细化[设计]**、接口，以及用于表达子系统之间关系的依赖、用于表达设计类之间关系的关联等。这些术语确定了系统设计模型的各种形态。其中系统设计模型的语法如图 7.74 所示。

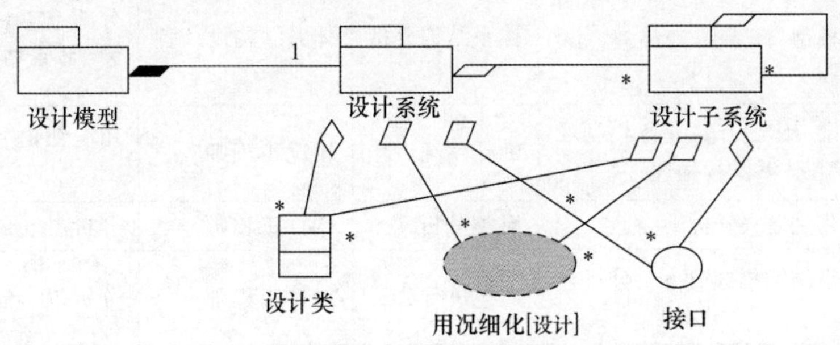

图 7.74　设计模型内容

另外，在设计期间，为了表达系统的分布计算，RUP 提出了部署模型。系统的部署模型是一个对象模型，其语法如图 7.75 所示。

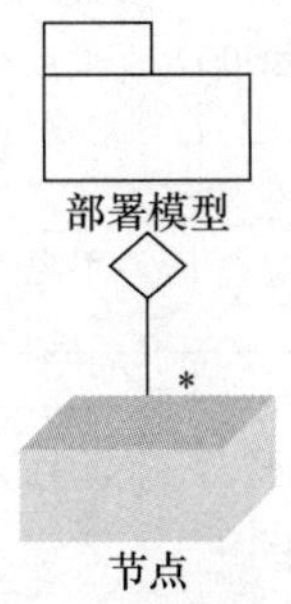

图 7.75　部署模型内容

图 7.75 中，每一个节点表达一个计算资源；节点的功能(或过程)是由部署在该节点上构件所定义的。节点之间的一些关系，表示节点之间的通信手段。

为了实现各层之间系统模型的“映射”，RUP 给出了相应的活动及其指导，包括：

(1) 需求获取的活动

序号	输入	活动	执行者	输出
1	业务模型或领域模型、补充需求、特征表	发现描述参与者和用况	系统分析员、客户、用户、其他分析员	用况模型[概述]、术语表
2	用况模型[概述]、补充需求、术语表	赋予用况优先级	体系结构设计者	体系结构描述[用况模型视角]
3	用况模型[概述]、补充需求、术语表	精化用况	用况描述者	用况[精化]
4	用况[精化]、用况模型[概述]、补充需求、术语表	构造人机接口原型	人机接口设计者	人机接口原型
5	用况[精化]、用况模型[概述]、补充需求、术语表	用况模型的结构化	系统分析员	用况模型[精化]

(2) 系统分析的活动

序号	输入	活动	执行者	输出
1	用况模型、补充需求、业务模型或领域模型、体系结构描述[用况模型]	体系结构分析	体系结构设计者	分析包[概述]、分析类[概述]、体系结构描述[分析]
2	用况模型、补充需求、业务模型或领域模型、体系结构描述[分析]	细化用况	用况工程师	用况细化[分析]、分析类[概述]
3	用况细化[分析]、分析类[概述]	对类分析	构件工程师	分析类[完成]
4	系统体系结构描述[分析]、分析包[概述]	对包进行分析	构件工程师	分析包[完成]

(3) 系统设计的活动

序号	输入	活动	执行者	输出
1	用况模型、补充需求、分析模型、体系结构描述分析模型角度	体系结构设计	体系结构设计者	子系统[概述]、接口[概述]、设计类[概述]、部署模型[概述]、体系结构描述[设计]
2	用况模型、补充需求、分析模型、设计模型、部署模型	设计用况	用况工程师	用况[设计-实现]、设计类[概述]、子系统[概述]、接口[概述]
3	用况[设计-实现]、设计类[概述]、接口[概述]、分析类[完成]完成	对类设计	构件工程师	设计类[完成]
4	体系结构描述[设计]、子系统[概述]、接口[概述]	设计子系统	构件工程师	子系统[完成]、接口[完成]

(4) 系统实现的活动

序号	输入	活动	执行者	输出
1	设计和部署模型、体系结构描述[设计部署]	实现体系结构	体系结构设计人员	构件[概述]、体系结构描述[设计部署]
2	补充需求、用况模型设计模型、实现模型[当前]	集成系统	系统集成人员	集成构造计划、实现模型[当前续]
3	集成构造计划、实现模型[实现]、设计子系统[完成]、接口[完成]	实现子系统	构件实现人员	实现子系统[完成]、接口[完成]
4	设计类[完成]、接口[设计完成]	实现类	构件实现人员	构件[完成]
5	构件[完成]、接口[完成]	单元测试	构件实现人员	构件[测试完]

(5) 系统测试的活动

序号	输入	活动	执行者	输出
1	补充需求、用况模型、分析模型、设计模型、实现模型、体系结构描述模型的体系结构角度	计划测试	测试工程师	测试计划
2	补充需求、用况模型、分析模型、设计模型、实现模型、体系结构描述模型的体系结构角度、测试计划策略、时间表	设计测试	测试工程师	测试用况 测试过程
3	测试用况、测试过程、实现模型被测试的建造	实现测试	构件工程师	测试构件
4	测试用况、测试过程、测试构件、实现模型被测试的建造	执行集成测试	集成测试者	缺陷
5	测试用况、测试过程、测试构件、实现模型被测试的建造	执行系统测试	系统测试者	缺陷
6	测试计划、测试模型、缺陷	评价测试	测试工程师	测试评价

习　题　七

1. 简要回答：

(1) 在统一软件开发过程中，各阶段所要完成的主要工作；

(2) 统一软件开发过程中的核心工作流；

(3) 统一软件开发过程的核心思想；

(4) RUP 和 UML 之间的关系。

第八章 软件测试

错误是不可避免的，发现错误是保障软件过程质量和软件产品质量的基础。

软件产品与其他产品不同，其最大的成本是检测软件错误、修正错误的成本，以及为了发现这些错误所进行的设计测试程序和运行测试程序的成本。据有关统计，软件测试在整个软件开发中占据了一半或一半以上工作量，因此，对软件测试技术的研究一直是人们关注的课题。

软件测试可分为静态测试和动态测试。静态测试不执行程序而对源代码进行测试，例如评审、走查和形式化证明等，以检查程序的控制流和数据流，以及发现执行不利的“死代码”、无限循环、未初始化的变量、未使用的数据、重复定义的数据等错误；动态测试是通过执行程序来发现错误的测试。本章主要介绍两种常用的动态技术，即基于程序路径的“白盒”测试技术和基于规约的“黑盒”测试技术，并介绍一种静态分析技术——程序的形式化证明。

8.1 软件测试目标与软件测试过程模型

8.1.1 软件测试目标

关于软件测试目标，人们在长期的实践中逐渐有了统一的认识，即首要目标是预防错误。如果能够实现这一目标，那么就不需要修正错误和重新测试。

可惜的是，由于软件开发至今离不开人的创造性劳动，这一目标几乎是不可实现的。因此，测试的目标即第二目标只能是发现错误。

软件错误的表现形态是多种多样的，并且不同的错误可以表现为同样的形态，因此，即便知道一个程序有错误，也可能不知道该错误是什么。这样，要实现第二目标，也需要研究软件测试理论、技术和方法。

人们关于软件测试目的的认识，大体经历了五个阶段：第一阶段认为软件测试和软件调试没有什么区别；第二阶段认为测试是为了表明软件能正常工作；第三阶段认为测试是为了表明软件不能正常工作；第四阶段认为测试仅是为了将已察觉的错误风险减少到一个可接受的程度；第五阶段认为测试不仅仅是一种行为，而是一种理念，即测试是产生低风险软件的一种训练。

根据以上讨论，软件测试可定义为：按照特定规程发现软件错误的过程。在 IEEE 提出的软件工程标准术语中，对软件测试下的定义是：“使用人工或自动手段，运行或测定某个系统的过程，其目的是检验它是否满足规定的需求，或是清楚了解预期结果与实际结果之间的差异。”

着重指出的是，软件测试与软件调试相比，在目的、技术和方法等方面都存在着很大区别，主要表现在以下几个方面：

(1) 测试从一个侧面证明程序员的"失败";而调试是为了证明程序员的正确。

(2) 测试以已知条件开始,使用预先定义的程序,且有预知的结果,不可预见的仅是程序是否通过测试。调试一般是以不可知的内部条件开始,除统计性调试外,结果是不可预见的。

(3) 测试是有计划的,并要进行测试设计;而调试是不受时间约束的。

(4) 测试是一个发现错误、改正错误、重新测试的过程;而调试是一个推理过程。

(5) 测试的执行是有规程的,而调试的执行往往要求程序员进行必要推理以至知觉的"飞跃"。

(6) 测试经常是由独立的测试组在不了解软件设计的条件下完成的;而调试必须由了解详细设计的程序员完成。

(7) 大多数测试的执行和设计可由工具支持,而调试时,程序员能利用的工具主要是调试器。

8.1.2　测试过程模型

软件测试是一有程序的过程,包括测试设计、测试执行以及测试结果比较等。这一过程见图 8.1。其中,环境模型是对程序运行环境的抽象。程序运行环境包括支持其运行的硬件、固件和软件,例如计算机、终端设备、网卡、操作系统、编译系统、实用程序等,一般都经过了生产厂家的严格测试,出现错误的概率比较小,软件可靠性较好。在抽象程序运行环境中,往往只考虑程序中使用的计算机指令系统、操作系统宏指令、操作系统命令以及高级语言语句等。在程序/软件测试中,建立环境模型的主要动机是,确定所发现的错误是否为环境造成的。

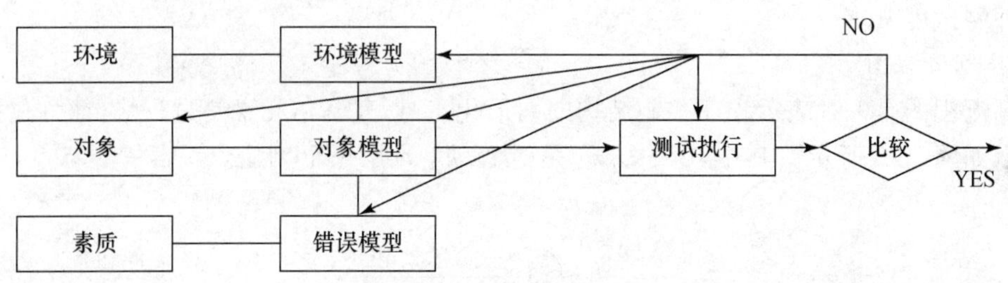

图 8.1　软件测试过程模型

对象模型是从测试的角度对程序的抽象。为了测试,我们必须简化程序,形成被测程序的简化版本即对象模型。不同测试技术,对同一被测程序可产生不同的对象模型。这一简化或着重于程序的控制结构,或着重于处理过程,于是形成了所谓的"白盒"测试技术和"黑盒"测试技术。

错误模型是对错误及其分类的抽象。由于参与软件开发的人员众多,且各有各的侧面,因此,他们对"什么是错误"往往在认识上是不一致的。有的问题,对开发者来说,称不上是一个"错误",而对测试人员来说,它就是一个"错误"。因此在软件测试中,往往需要定义"什么是错误",什么是"严重错误",即给出"错误模型"。

所谓错误(error)是指"与所期望的设计之间的偏差,该偏差可能产生不期望的系统行为或失效"。而失效(failure)是指"与所规约的系统执行之间的偏差"。失效是系统故障或错误的后果。而故障(fault)是指"导致错误或失效的不正常的条件"。故障可以是偶然性的或是系统性的。

在建立了环境模型、被测对象模型以及错误模型的基础上,才能执行测试及测试结果的比较。如果预料结果与实际结果不符,首先就要考虑是否是环境模型、被测对象模型、错误模型以及测试执行中的问题。当一旦判断不是它们的问题时,就认为被测对象中存在错误。

可见,在软件测试中:

(1) 环境模型、对象模型和错误模型在软件测试中扮演了一种很重要的角色;这些模型的质量,特别是对象模型的质量,对发现错误起到关键性作用;

(2) 动态软件测试的错误假定是,预料结果与实际结果不符。而后在此基础上,可进一步分析是什么错误。

8.2 软件测试技术

如上所述,动态软件测试技术(以下简称软件测试技术)大体可分为两大类:一类是白盒测试技术,又称为结构测试技术,典型的是路径测试技术;另一类是黑盒测试技术,又称为功能测试技术,包括事务处理流程技术、状态测试技术、定义域测试技术等。白盒测试技术依据的是程序的逻辑结构,而黑盒测试技术依据的是软件行为的描述。

8.2.1 路径测试技术

由于路径测试技术依据的是程序的逻辑结构,因此该技术基本要点是:① 采用控制流程图来表达被测程序模型,揭示程序中的控制结构;② 通过合理地选择一组穿过程序的路径,以达到某种测试度量。

1. 控制流程图

控制流程图是一种表示程序控制结构的图形化工具,其基本元素是过程块(简称过程)、节点、判定,如图 8.2 所示。其中,①、③、⑤是过程块,②是一个判定,④是一个节点,→是一个链。

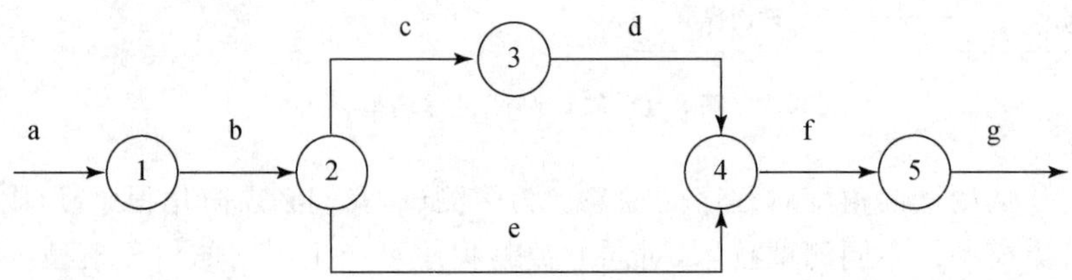

图 8.2 控制流程图

过程块是既没有由判定,也没有由节点分开的一组程序语句。其基本属性是:如果过程块中的某个语句被执行,那么块中的所有语句都被执行。按照测试的观点,对于一个过程块,如果其操作细节不影响控制流,那么就可以把这些操作细节视为是不重要的;如果其操作细节影响控制流,那么这一影响只能在其后的判定中表现出来。可见,过程块是支持程序抽象的主要概念。

判定是一个程序点,此处控制流出现分叉。在一个判定中,可以包含一些处理成分。判定可以是二分支的,也可以是三分支的。按照测试的观点,判定和语言上的判定语句没有本质上的差异。

节点也是一个程序点，此处控制流进行结合。例如，汇编语言中跳转指令目标，PASCAL语言中的语句标号。

链是过程块、判定、节点之间一种具有特定语义的关系，其中的语义是通过它们的执行而体现出来的。链可以命名，例如图 8.2 中的 a、b、c、d 等。

控制流程图与程序流程图之间的差异是，在控制流程图中不显示过程块的细节，而在程序流程图中，着重于过程属性的描述。

在一个控制流程图中，路径是由链组成的，包含一串指令或语句，其长度由链的数目决定。对于软件测试而言，把路径限定为在程序的入口处开始，在出口处结束，即路径是一个有程序入口和出口的链的集合。显然，一条路径可一次或多次地穿过几个节点、过程块或判定。

路径可以用相关的过程块、节点或判定来命名，例如图 8.2 中的一条路径，可命名为(①，②)，(④，⑤)；也可以用相关的链来命名，例如图 8.2 中的那条路径，可命名为 abefg。

2. 测试策略

为了回答什么是“完整的测试”，路径测试有着各种度量，或称测试策略。下面以图 8.3 所示的程序控制流程图为例(其中，为了说明方便起见，分支和过程块使用了习惯上的符号)，分别对几种典型的测试度量进行介绍。

该例子中有两个判定，每个判定都包含复合条件的逻辑表达式，并且以符号“∧”表示“与”运算，以符号“∨”表示“或”运算，用上画线“—”表述“非”运算。

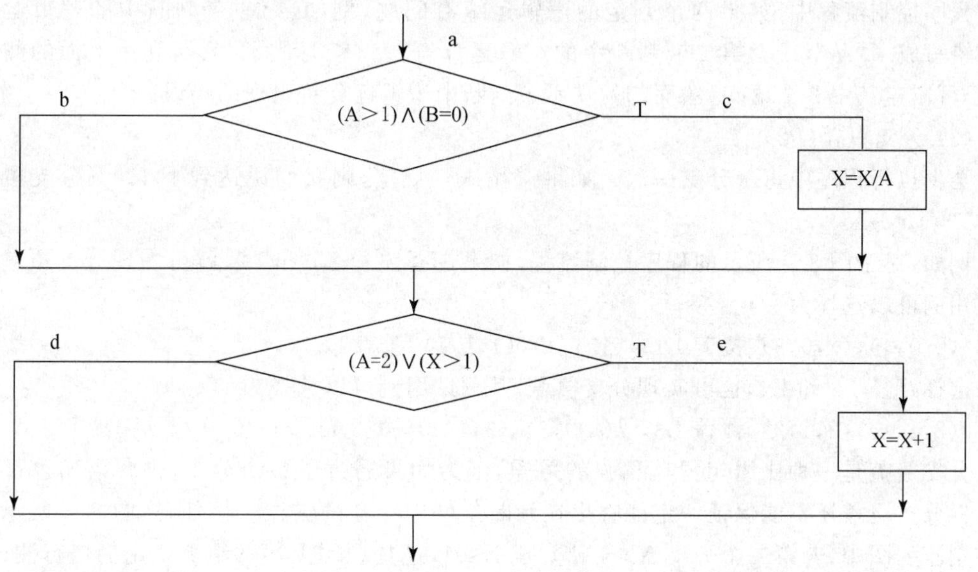

图 8.3　某一被测程序的控制流程图

由图 8.3 可知，该程序有 4 条不同的路径，即：L1(a→c→e)，L2(a→b→d)，L3(a→b→e)和 L4(a→c→d)，或简写为：ace、abd、abe 及 acd。其中，为了清晰地表示这四条路径，分别对第一个判定的假分支、真分支及第二个判断的假分支、真分支标记为 b、c 和 d、e。

(1) 路径覆盖(PX)

执行所有可能穿过程序控制流程的路径。一般情况下，这一测试严格地限制为所有可能的入口/出口路径。如果遵循这一规定，则我们说达到了 100％路径覆盖率。在路径测试中，该度量是最强的,一般是不可实现的。

在图 8.3 所示的例子中,要想实现路径覆盖,可选择以下一组测试用例:

测试用例	覆盖路径
[(2,0,4),(2,0,3)]	L1
[(1,1,1),(1,1,1)]	L2
[(1,1,2),(1,1,3)]	L3
[(3,0,3),(3,0,1)]	L4

这里所说的测试用例是指为了发现程序中的故障而专门设计的一组数据或脚本。在本章中,规定测试用例的格式为:[输入的(A,B,X),输出的(A,B,X)]。

(2) 语句覆盖(P1)

至少执行程序中所有语句一次。如果遵循这一规定,则我们说达到了 100%语句覆盖率(用 Cl 表达)。

在图 8.3 所示的例子中,只要设计一种能通过路径 ace 的测试用例,就覆盖了所有的语句。所以可选择测试用例如下:

[(2,0,4),(2,0,3)]覆盖 L1

语句覆盖是一种最低的测试度量,因此发现程序中的错误能力很弱。例如,在图 8.3 所给出的程序控制流程中,如果两个判定的逻辑运算有问题,例如,第一个判断中的逻辑运算符"∧"错写成了"∨",或者第二个判断中的逻辑运算符"∨"错写成了"∧",利用上面的测试用例,仍可覆盖其中 2 个语句,然而却发现不了判断中逻辑运算符出现的错误。

(3) 分支覆盖(P2)

至少执行程序中每一分支一次。如果遵循这一规定,则我们说达到了 100%分支覆盖率(用 C2 表示)。

例如,对于图 8.3 所示的程序控制流程,如果选择路径 L1 和 L2,就可实现分支覆盖。其测试用例可以选择为

[(2,0,4),(2,0,3)]覆盖 L1,[(1,1,1),(1,1,1)]覆盖 L2

如果选择路径 L3 和 L4,也可实现分支覆盖,其测试用例可以选择为

[(2,1,1),(2,1,2)]覆盖 L3,[(3,O,3),(3,1,1)]覆盖 L4

分支覆盖是一种比语句覆盖稍强的覆盖,因为如果通过了各个分支,则各语句也都覆盖了。但分支覆盖还不能保证一定能查出在判断条件中存在的错误。例如,在图 8.3 所示的程序控制流程图中,若第二个分支 X>1 错写成 X<1,还是利用上述两组测试用例进行测试,就无法查出这一错误。因此,需要更强的逻辑覆盖准则来检验判定的内部条件。

(4) 条件覆盖与条件组合覆盖

如上所述,分支测试虽然是一种比语句测试稍强的逻辑覆盖测试,但它还是不能保证一定能查出组成判定的各条件中存在的错误。于是又出现了覆盖性更强的条件测试和条件组合测试。

条件覆盖是指每个判定中的所有可能的条件取值至少执行一次。如果遵循这一规定,则我们说就实现了条件覆盖。例如,在图 8.3 中有四个条件:A>1,B=0,A=2,X>1。假定:

条件 A>1 取真值标记为 T1,取假值标记为$\overline{T1}$;

条件 B=0 取真值标记为 T2,取假值标记为$\overline{T2}$;

条件 A=2 取真值标记为 T3,取假值标记为$\overline{T3}$;

条件 X>1 取真值标记为 T4,取假值标记为$\overline{T4}$。

在设计测试用例时,要实现条件覆盖,就要考虑如何选择测试用例,实现 T1、$\overline{T1}$、T2、$\overline{T2}$、T3、$\overline{T3}$、T4、$\overline{T4}$的全部覆盖。

例如,可设计如下测试用例,实现条件覆盖:

测试用例	通过路径	条件取值	覆盖分支
[(1,0,3),(1,0,4)]	L3	$\overline{T1}$T2 $\overline{T3}$T4	b,e
[(2,1,1),(2,1,2)]	L3	T1 $\overline{T2}$T3 $\overline{T4}$	b,e

上面的这组测试用例虽然实现了判定中各条件的覆盖,但没有实现分支覆盖,因为该组测试用例只覆盖了第一个判断的假分支和第二个判断的真分支。在发现条件覆盖技术的这一不足后,人们提出了条件组合覆盖。

条件组合覆盖是指设计足够的测试用例,使每个判定中的所有可能的条件取值组合至少执行一次。如果遵循这一规定,则我们说就实现了条件组合覆盖。可以证明,只要满足了条件组合覆盖,就一定能满足分支覆盖。例如,在图 8.3 所示的例子中,要满足条件组合覆盖,设计的测试用例必须满足以下八种条件组合:

① (A>1),(B=0),可标记为 T1,T2;

② (A>1),(B≠0),可标记为 T1,$\overline{T2}$;

③ (A≤1),(B=0),可标记为$\overline{T1}$,T2;

④ (A≤1),(B≠0),可标记为$\overline{T1}$,$\overline{T2}$;

⑤ (A=2),(X>1),可标记为 T3,T4;

⑥ (A=2),(X≤1),可标记为 T3,$\overline{T4}$;

⑦ (A≠2),(X>1),可标记为$\overline{T3}$,T4;

⑧ (A≠2),(X≤1),可标记为$\overline{T3}$,$\overline{T4}$。

我们可以采用以下四组测试数据,实现条件组合覆盖。

测试用例	覆盖条件	覆盖组合号	通过路径
[(2,0,4),(2,0,3)]	T1　T2　T3　T4	①,⑤	L1
[(2,1,1),(2,1,2)]	T1　$\overline{T2}$　T3　$\overline{T4}$	②,⑥	L3
[(1,0,3),(1,0,4)]	$\overline{T1}$　T2　$\overline{T3}$　T4	③,⑦	L3
[(1,1,1),(1,1,1)]	$\overline{T1}$　$\overline{T2}$　$\overline{T3}$　$\overline{T4}$	④,⑧	L2

这组测试用例实现了分支覆盖,也实现了条件的所有可能取值的组合覆盖,但没有实现对所有路径的覆盖,因为路径 L4 没有被覆盖。这说明条件组合覆盖还是一种比路径覆盖较弱的测试测试覆盖。可见,测试覆盖率定量地描述了一个或一组测试的效率(或称测试完成程度)。几种测试覆盖存在以下基本关系:

语句覆盖≤分支覆盖≤条件组合覆盖≤……≤路径覆盖

这意味着,在实际测试中,可以根据特定需求,在条件组合覆盖和路径覆盖之间定义一些特殊的测试覆盖。

在以上几种策略中,没有涉及一个判定所依据的变量值。如果所有判定所依据的变量值以及该判定相关的过程,与其他变量没有任何关系,则可以得到该判定的各种组合,所以路径是可达的;如果所有判定所依据的变量值以及该判定相关的过程,与其他变量有一定关系,此时有的路径就可能是不可达到的。

显然,程序在一个判定之后的行为取决于该判定相关变量的值。实际上,每一选取的路径都有一组布尔表达式,称为路径判断表达式。例加:

$$\begin{cases} X1+3X2+17\geqslant 0, \\ X3=17, \\ X4-X1\geqslant 14X2 \end{cases}$$

对于这一路径判断表达式,或有解,或有无穷多解,或无解。如果无解,那么该路径是不可达的。

对于路径判断表达式,如果能够找到一种有效的办法,使其路径是可达的,这一过程称为路径敏化。一般来说,不存在关于路径敏化的通用的算法,在实际测试中,往往从几个不同的角度出发,力求找出不可解的问题。

3. 路径选取与用例设计

在 IEEE 单元测试标准中,最小的强制性测试需求是语句覆盖率。针对一个程序测试而言,实现什么测试覆盖,这是一个管理决策问题,其中涉及成本、进度和质量等因素。例如,如果最小的强制性测试要求是实现语句和分支覆盖率(C1+C2),那么就要选取足够的路径,就图 8.4 所示的例子而言,则要选取如下路径:abcde、abhkgde、abhlibcde、abcdfjgde、abcdfmibcde。

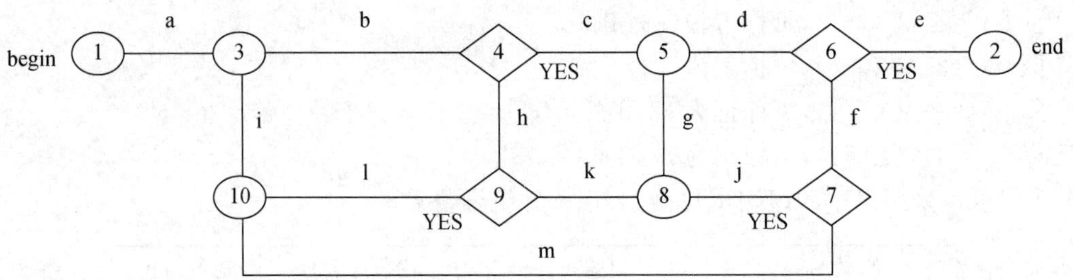

图 8.4　路径选取示例

在路径选取中,其一般原则是:

① 选择最简单的、具有一定功能含义的入口/出口路径;

② 在已选取的基础上,选取无循环的路径;选取短路径、简单路径;

③ 选取没有明显功能含义的路径,此时要研究这样的路径为什么存在,为什么没有通过功能上合理的路径得到覆盖。

在实际测试中,对循环结构中的路径选取,由于其中路径的不确定性,因此一般需要特殊处理。循环结构可分为"单循环"、"嵌套循环"、"级联循环"和"混杂循环"。由于循环结构的错误容易发生在控制变量的边界上,因此应针对不同类型的循环,给出相应的路径选取规则:

(1) 单循环

单循环又可分为以下三种情况：

① 最小循环次数为 0，最大循环次数为 N，且无“跳跃”值

选取：循环控制变量为－1、0、1、典型重复次数、N－1、N、N＋1 的路径，如图 8.5 所示。

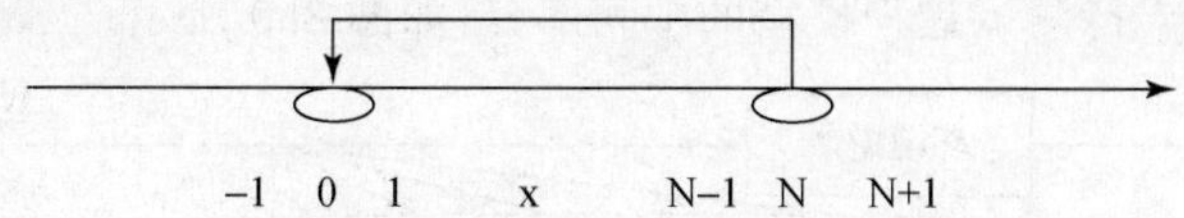

图 8.5　单循环测试路径选取(A)

② 非零最小循环次数，且无“跳跃”值

选取：循环控制变量为“最小重复次数减 1”、“最小重复次数”、“最小重复次数次数加 1”、“典型重复次数”、最大重复次数减 1、最大重复次数、“最大重复次数加 1”，如图 8.6 所示。

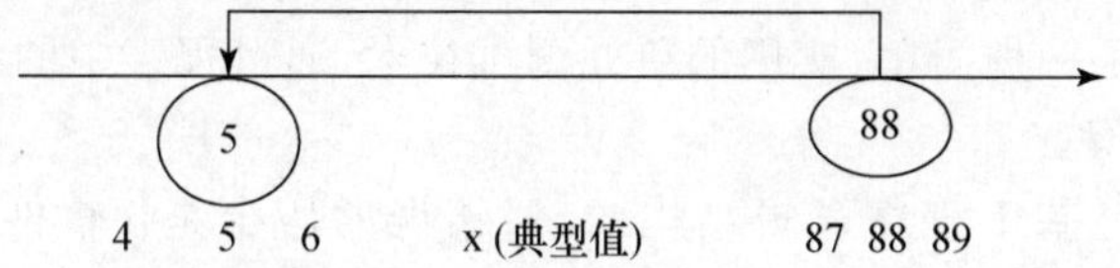

图 8.6　单循环测试路径选取(B)

③ 具有跳跃值的单循环

除把每一“跳跃”边界按“最小循环次数”和“最大循环次数”处理外，其他均同前两种单循环的路径选取规则，如图 8.7 所示。

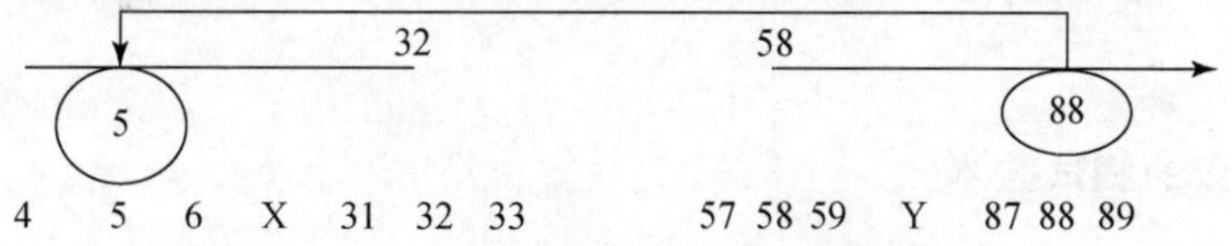

图 8.7　单循环测试路径选取(C)

(2) 嵌套循环

对于嵌套循环的路径选取，其基本策略是：

① 在最深层的循环开始，设定所有外层循环取它的最小值；

② 测试最小值减 1、最小值、最小值＋1、典型值、最大值－1、最大值、最大值＋1。与此同时，测试“跳跃值”边界；

③ 设定内循环在典型值处，按②测试外层循环，直到覆盖所有循环。

(3) 级联循环

如果在退出某个循环以后，到达另一个循环，且还在同一入口/出口路径上，则称这两个循环是级联的，如图 8.8 所示。

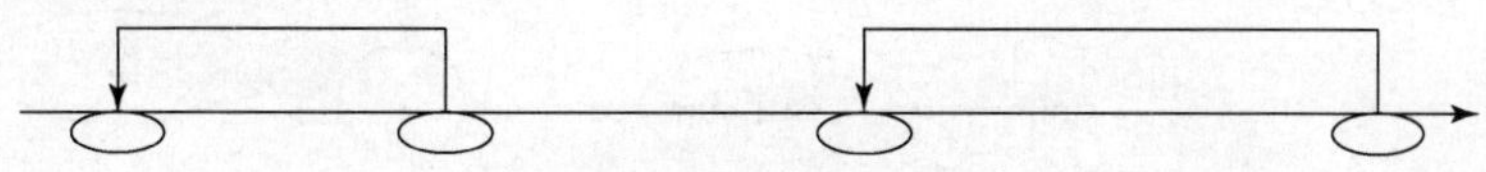

图 8.8　级联循环示例

关于级联循环,其路径选取可采用以下原则:

① 如果级联循环中每个循环的控制变量有关,则可视为嵌套循环。

② 如果级联循环中每个循环的控制变量无关,则可视为单循环。

综上所述,路径测试技术可概括以下:

① 路径测试技术支持测试过程模型的中间部分,如图 8.9 所示。

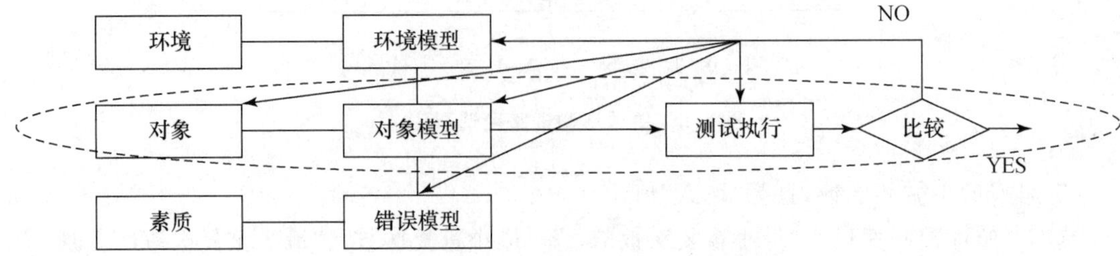

图 8.9　路径测试技术与测试过程模型之间的关系

② 路径测试技术是一种简单、实用的单元测试技术,通过程序中的控制逻辑,可以发现数据错误、基本计算错误等。

③ 路径测试技术是基于程序逻辑结构的,对错误的假定是:软件通过了与预想不同的路径。

④ 在路径测试技术中,采用控制流程图作为模型表达工具,支持创建被测程序的模型。

⑤ 基于路径的基本属性,路径测试技术给出了几种常见的测试路径覆盖,包括语句覆盖、分支覆盖、条件组合覆盖和路径覆盖等,这几种覆盖是一个偏序。根据软件特定需要,可以在条件组合覆盖和路径覆盖之间定义其他类型的覆盖。

⑥ 路径选取是测试用例设计的基础。在实际软件测试工作中,好的用例设计是发现程序错误的关键。

8.2.2　基于事务流的测试技术

基于事务流的测试技术是一种功能测试技术,以下简称事务流测试技术。目前,提出了很多功能测试技术,例如定义域测试技术、等价类测试技术以及基于因果图的测试技术等,统称为黑盒测试技术。黑盒测试是将被测软件看作黑盒子,只通过外部的输入和输出来发现软件中的错误,因此黑盒测试是一种基于软件规约的测试。

1. 事务与事务流程图

在事务流测试技术中,采用事务流程图作为表达被测软件模型的工具。在形式上,事务流程图与路径测试中控制流程图类似,如图 8.10 所示。其中有操作(类似过程块)、分支(图 8.10 中 1)、节点(图 8.10 中 2)和链(图 8.10 中的→)等。

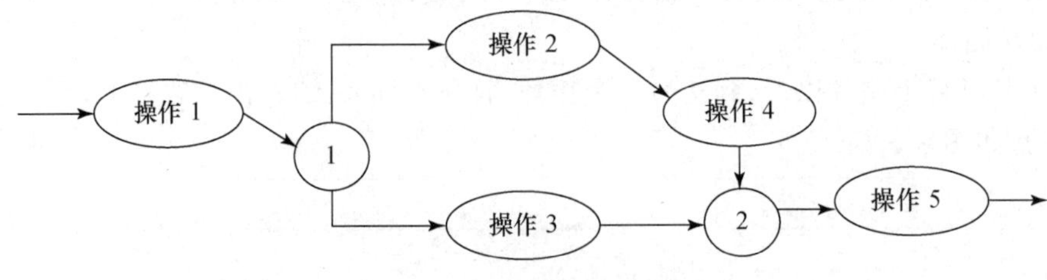

图 8.10　事务流程图示例

一个事务是指从系统用户的角度出发所见到的一个工作单元，有其“生”，有其“亡”。例如，在联机信息检索系统中，一个事务可以是：

接受输入并进行输入处理；

向用户发送礼节性信息；

检索文件；

向用户请求指令；

接受并处理请求；

更改文件；

传送输出；

记录事务注册和清除(结束)。

事务由一系列操作组成，可用一个事务流表达之。事务流中的某些操作可能由系统执行，某些操作可能由用户或系统之外的设备执行，它们共同协作，完成用户的一项工作。可见，一个事务流是系统行为的一种表示方法，为功能测试建立了程序的动作模式。

在事务流测试技术中，是通过操作的一个序列即事务流来表达一个事务的。因此一个系统的行为表现为多个事务流的执行(参见图 8.10)，可抽象为一个事务处理流程图。

事务流程图与控制流程图具有类似的形式，正是这一类似，使基于节点、分支的图形表示技术成为一种强有力的概念工具。这类测试技术的基本步骤可概括为：定义有用的图形模式，设计并执行必要的测试用例，覆盖该图形所表达的行为。但是，事务流程图是一种数据流程图，从操作应用的历史，观察数据对象。因此，事务流程图与控制流程图之间的主要差异是：

(1) 基本模型元素所表达的语义不同。

(2) 一个事务不等同于路径测试中一条路径，可能在中间某处就完成了某一用户工作，终结一个事务，如图 8.11 所示。

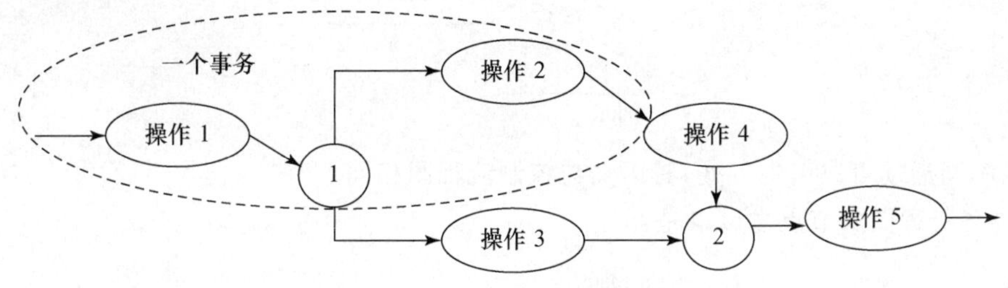

图 8.11　事务与路径的一个区别

(3) 事务流程图中的分支和节点可能是一个复杂的过程。一方面，它们不但可以包括支持系统的一些操作，也可以包括被测试软件的一些操作，即它们是对这些操作的抽象；另一方面，它们可“中断”一个事务，或通过中断把一个过程等价地变换为具有繁多出口的链支。具体地说：

① 事务流程图中的判定可以是：

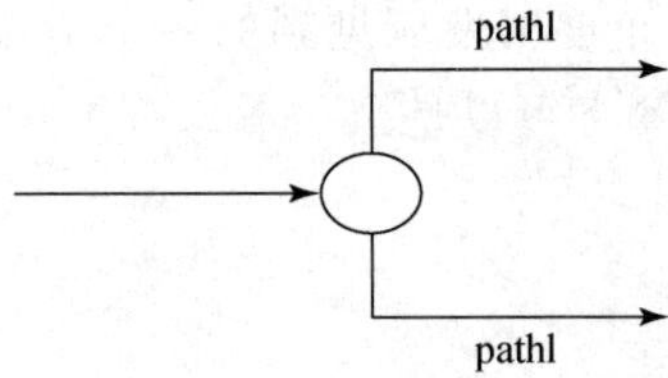

即事务处理将选取一个分支执行,其语义与控制流程图的分支相同。

② 事务流程图中的判定也可以是:

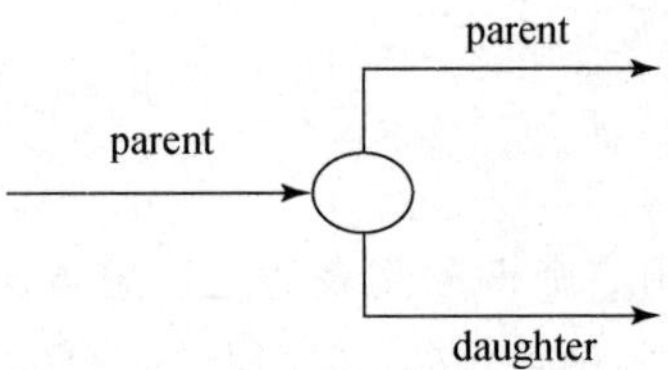

即事务处理产生一个新事务,由此这两个事务继续执行,称为“并生”。

③ 事务流程图中的判定还可以是:

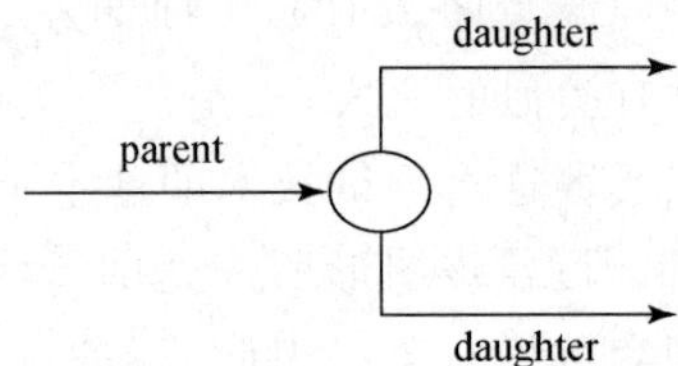

即事务处理产生两个新事务,称为“丝分裂”。

④ 事务流程图的节点可以是:

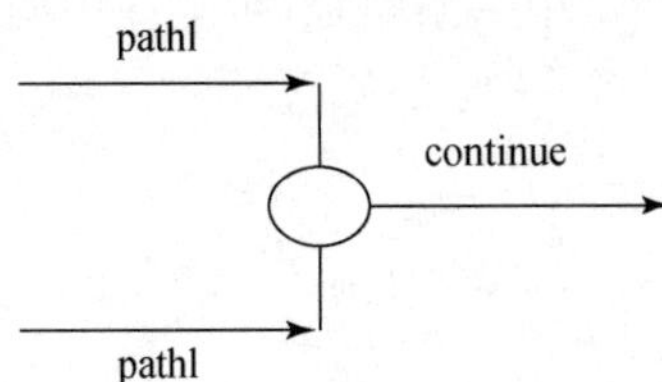

即事务的不同活动可以汇集一处,其语义与控制流程图相同。

⑤ 事务流程图的节点也可以是:

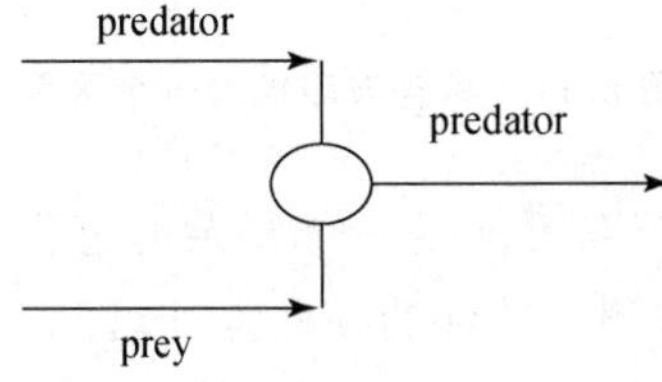

即一个事务可以被另一事务“吸食”,称为“吸收”。

⑥ 事务流程图的节点还可以是:

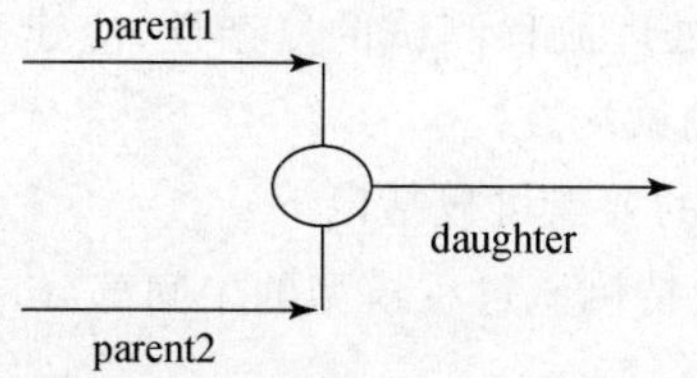

即两个事务结合后生成一个新的事务，称为“结合”。

由此可见，事务流程图要比控制流程图在语义上更为复杂。事务处理流程图往往具有很差的结构，其主要原因是：

① 它是一种处理流程，人可包含在循环、判定中；

② 某些部分可能与我们不能控制的行为有关；

③ 性能的增加，可使事务数目和单个事务处理流程具有相当的复杂性；

④ 事务流程表达的系统模型更接近现实，例如中断、多任务、同步、并行处理……，所有这一切已不再适合结构化概念。

2. 事务流测试技术的应用

采用事务流测试技术进行软件测试大体分为以下 4 个步骤：

(1) 获得事务处理流程图

由于在实际的软件工程中，不论是系统分析规约，还是系统设计规约，均采用了非形式化的表达技术，因此要获得测试可用的事务处理流程通常是很困难的。

(2) 浏览、复审

这一步主要是对事务分类，其中应关注“并生”、“丝分裂”、“吸收”和“结合”等事务，选取一个基本事务集，作为系统功能测试的基础，为测试用例设计奠定基础。

(3) 用例设计

设计足够的测试用例，实现基本事务覆盖。其中还应关注：

① 具有循环的事务；

② 具有最大域界的事务；

③ 具有很大危险或潜在危险的事务等。

对于那些最复杂、最长和异常的路径，应考虑以下问题的发现：

遗漏互锁；

重复互锁；

接口；

交叉影响；

重复处理等。

(4) 测试执行

为了实施以上活动，需要解决以下 3 个基本问题：

① 激活。一般来说，80％—95％的路径(C1＋C2)容易激活，但余下的路径是不易激活的。不易激活的路径一般来说或是事务流的错误，或是设计上的错误。

② 测试设备。为了支持事务处理流程测试，应配备中心事务调度设备和事务跟踪装置，以便有效地实施测试。

③ 测试数据库。由于事务处理流程测试的复杂性,应建立相应的测试数据库,保留路径目录、测试数据等,支持有效的测试配置。

综上所述,事务流测试技术的要点可概括以下:

① 与路径测试技术一样,支持测试过程模型的中间部分,如图 8.12 所示。

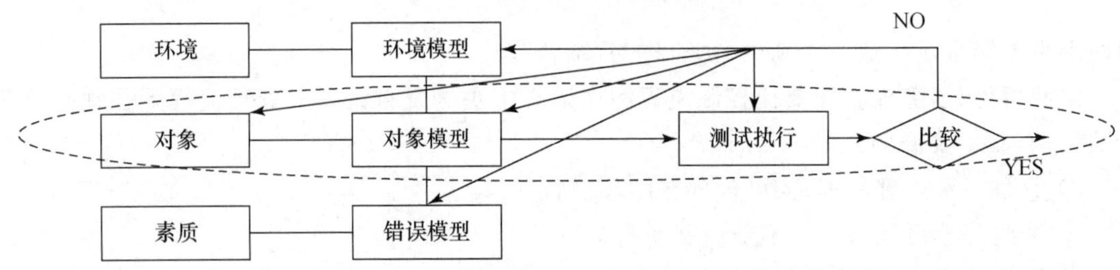

图 8.12 路径测试技术与测试过程模型之间的关系

② 事务流测试技术是将路径测试技术用于功能测试的产物,是一种实用的功能测试技术,通过事务的操作逻辑,发现软件中的逻辑错误、数据错误、计算错误等。该技术可用于开发组的有效性测试中,也可用于客户的验收测试中。

③ 事务流测试技术是基于软件规约的,对错误的假定是软件通过了与预想不同的事务。

④ 在事务流测试技术中,采用事务处理流程图作为模型表达工具,支持创建被测软件的模型。

⑤ 基于事务的基本属性,事务流测试技术最大的问题和最大的代价是获得事务处理流程图以及用例设计。事务分类和选取是测试用例设计的基础。在实际软件测试工作中,好的用例设计是发现软件错误的关键。

⑥ 一般地,事务处理流程测试要求达到基本事务的覆盖;但是,大多数错误将在奇异的、不受注意的或非法的操作流中发现;更为重要的是,在事务处理流程测试中,如果设计测试用例时能与设计者讨论,将可以发现比运行测试更多的错误。

8.2.3 其他功能测试技术简述

黑盒测试完全不考虑程序的内部结构,而对软件功能规约或用户手册中所列的功能以及与功能相关的性能进行测试,包括对正常和异常的输入(或操作)、出错处理、边界情况和极端情况等进行测试。下面分别介绍几种典型的功能测试技术。

1. 等价类划分

等价类划分方法是把软件所有可能的输入数据,即软件的输入域,划分成若干部分,形成一些等价类,即在一个部分中,各个输入数据对于发现软件中错误的几率是等效的,然后从每一部分中选取数据作为测试用例,进行软件测试。这样,只要选取一个等价类中的一个输入数据作为测试数据进行测试而发现错误,那么使用这一等价类中的其他输入进行测试也会发现同样的错误;反之,若使用某个等价类中的一个输入数据作为测试数据进行测试没有查出错误,则使用这个等价类中的其他输入数据也同样查不出错误。因此,把全部输入数据合理地划分为若干等价类,其目的是用少量测试用例,取得较好的测试效果。

(1) 划分等价类

对于等价类划分，人们从实践角度，经常从有效和无效的角度对输入数据进行等价类划分。

有效等价类：是指对于程序的规格说明来说，是合理的、有意义的输入数据集合。利用它，可以检验程序是否实现了规格说明预先规定的功能和性能。

无效等价类：是指对于程序规格说明来说，是不合理的、无意义的输入数据集合。利用这一类测试用例主要检查程序中功能和性能的实现是否不符合规格说明的要求。

在设计测试用例时，要同时考虑有效等价类和无效等价类的设计。软件不能都只接收合理的数据，还要经受意外的考验，接受无效的或不合理的数据，这样获得的软件才具有较高的可靠性。

划分等价类的方法是根据每个输入，找出两个或更多的等价类，并将其列表。下面给出几条确定等价类的参考原则：

① 如果某个输入条件规定了输入数据的取值范围，则可以确立一个有效等价类和两个无效等价类。例如，在程序的规格说明中，对输入条件限定为其数值为 1 到 100，则有效等价类是"1≤输入数据≤100"，两个无效等价类是"输入数据＜1"或"输入数据＞100"。

② 如果某个输入条件规定了输入数据的个数，则可划分一个有效等价类和两个无效等价类。例如，在程序的功能规约中，规定"一名教师在一学期只能教授 1 到 2 门课程"。则有效等价类是"1≤教授课程≤2"，两个无效等价类是(不教授课程和教授课程超过 2 门)。

③ 如果输入条件规定了输入数据的一组可能取的值，而且程序可以对每个输入值分别进行处理，则可为每一个输入值确立一个有效等价类，而针对这组值确定一个无效等价类。例如，在高校本科生管理系统中，要对大一、大二、大三、大四的学生分别进行管理，则可确定 4 个有效等价类为大一、大二、大三、大四的学生，一个无效等价类是所有不符合以上身份的人员的输入值集合。

④ 如果输入条件是一个布尔量，则可以确立一个有效等价类和一个无效等价类。

⑤ 如果某个输入条件规定了必须符合的条件，则可划分一个有效等价类和一个无效等价类。例如某系统中各数据项的关键字的首字符必须是 K，则可划分一个有效等价类(首字符为 K 的输入值)，一个无效等价类(首字符不为 K 的输入值)。

⑥ 若在已划分的某一等价类中各元素在程序中的处理方式不同，则应将此等价类进一步划分为更小的等价类。

(2) 设计测试用例

在确立了等价类之后，建立等价类表，列出所有划分出的等价类，如下：

输入条件	有效等价类	无效等价类
……	……	……
……	……	……

再根据等价类来设计测试用例，过程如下：

① 为每一个等价类规定一个唯一的编号；

② 设计一个新的测试用例，使其尽可能多地覆盖尚未被覆盖的有效等价类，重复这一步，直到所有的有效等价类都被覆盖为止；

③ 设计一个新的测试用例,使其仅覆盖一个尚未被覆盖的无效等价类,重复这一步,直到所有的无效等价类都被覆盖为止。

之所以这样做,是因为某些程序中对某一输入错误的检查往往会屏蔽对其他输入错误的检查。因此设计无效等价类的测试用例时应该仅包括一个未被覆盖的无效等价类。

例如,某一 8 位计算机,其十六进制常数的定义为:以 0x 或 0X 开头的数是十六进制整数,其值的范围是－7f 至 7f(大小写字母不加区别),如 0x13、0X6A、－0x3c。

第一步:建立等价类表。

输入条件	有效等价类	无效等价类
十六进制整数	1. 0x 或 0X 开头 1—2 位数字串	4. 非 0x 或非－开头的串 5. 含有非数字且(a,b,c,d,e,f)以外字符 6. 多于 5 个字符
	2. 以－0x 开头的 1—2 位数字串	7. －后跟非 0 的多位串 8. －0 后跟数字串 9. －后多于 3 个数字
	3. 在－7f 至 7f 之间	10. 小于－7f 11. 大于 7f

第二步:为有效等价类设计测试用例。

测试用例	期望结果	覆盖范围
0x23	显示有效输入	1,3
－0x15	显示有效输入	2,3

第三步:为无效等价类至少设计一个测试用例。

测试用例	期望结果	覆盖范围
2	显示无效输入	4
G12	显示无效输入	5
123 311	显示无效输入	6
－1012	显示无效输入	7
－011	显示无效输入	8
－0134	显示无效输入	9
－0x777	显示无效输入	10
0x87	显示无效输入	11

其中,第一步所建立的等价类表,相当于被测对象的模型。第二步和第三步所设计的测试用例覆盖了等价类表中 11 个等价类。

2. 边界值分析

边界值分析是一种常用的黑盒测试技术。测试工作经验表明,大量错误经常发生在输入或输出范围的边界上。因此,使用等于、小于或大于边界值的数据对程序进行测试,发现错误的概率较大。因此在设计测试用例时,应选择一些边界值,这就是边界值分析测试技术的基本思想。

使用边界值分析在设计测试用例时,可以遵循以下原则:

(1) 如果某个输入条件规定了输入值的范围,则应选择正好等于边界值的数据,以及刚刚超过边界值的数据作为测试数据。例如,若输入值的范围是"－1.0～1.0",则可选取"－1.0"、"1.0"、"－1.001"、"1.001"作为程序的测试数据。

(2) 如果某个输入条件规定了值的个数,则可用最大个数、最小个数、比最大个数多1、比最小个数少1的数作为测试数据。例如,一个输入文件可有1～255个记录,则可以选择1个、255个记录以及0个和256个记录作为测试的输入数据。

(3) 根据规格说明的每个输出条件,使用前面的原则(1)。例如,某程序的功能是计算折旧费,最低折旧费是0元,最高折旧费是100元。则可设计一些测试用例,使它们恰好产生0元和100元的折旧费结果。此外,还要设计测试用例,使输出结果为负值或大于100元。

这里要注意的是,由于输入值的边界不一定与输出值的边界相对应,所以直接应用输入边界值不一定能直接得到输出边界值,而要产生超出输出值之外的结果也不一定办得到。但分析这些情况将有利于程序的测试工作。

(4) 根据规格说明的每个输出条件,使用前面的原则(2)。例如,一个网上检索系统,根据输入条件,要求显示最多10条的相关查询结果。可设计一些测试用例,使得程序分别显示0、1和10个查询结果,并设计一个有可能使程序显示11个查询结果的测试用例。

(5) 如果程序的规格说明中,输入域或输出域是有序集合(如顺序文件),在实践中,则经常选取集合的第一个元素、最后一个元素以及典型元素作为测试用例。

(6) 如果程序中使用了内部数据结构,则应当选择这个内部数据结构的边界上的值作为测试用例。例如,如果程序中定义了一个数组,其元素下标的下界是0,上界是100,那么应选择达到这个数组下标边界的值,如0与100,作为测试数据。

(7) 分析规格说明,找出其他可能的边界条件。

通过以上原则的说明可以看出,边界值分析与等价类划分技术的区别在于:边界值分析着重于边界的测试,应选取等于、刚刚大于或刚刚小于边界的值作为测试数据,而等价类划分是选取等价类中的典型值或任意值作为测试数据的。

3. 因果图

因果图是设计测试用例的一种工具,它着重检查各种输入条件的组合。而前面介绍的等价类划分和边界值分析,由于没有考虑输入条件组合的情况,所以都不能发现这类错误。

要检查输入条件的组合,首先把所有输入条件划分成等价类,它们之间的组合情况也相当多。而通过因果图,可以把用自然语言描述的功能说明转换为判定表,最后利用判定表来检查程序输入条件的各种组合情况。

因果图测试技术是通过为判定表的每一列设计一个测试用例,从而实现测试用例的设计与选择的。该方法生成测试用例的基本步骤如下:

(1) 通过软件规格说明书的分析,找出一个模块的原因(即输入条件或输入条件的等价类)和结果(即输出条件),并给每个原因和结果赋予一个标识符;

(2) 分析原因与结果之间以及原因与原因之间对应的关系,并画出因果图;

(3) 在因果图上标识出一些特定的约束或限制条件;

(4) 把因果图转换成判定表;

(5) 把判定表的每一列拿出来作为依据,设计测试用例。因果图中的基本符号表示形式如图 8.13 所示。

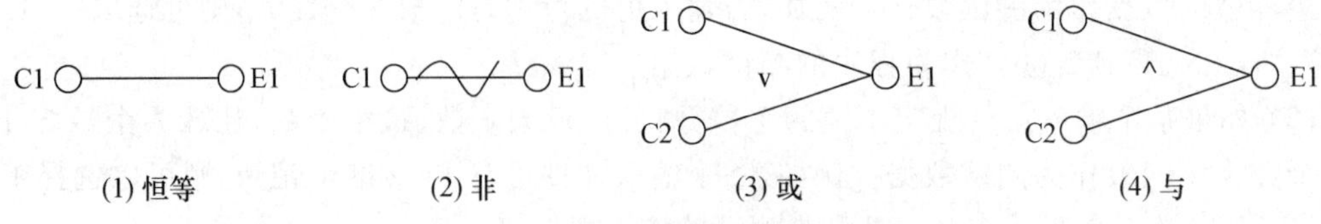

图 8.13 因果图的图形符号

通常在因果图中用 C1 表示原因,用 E1 表示结果。各节点表示状态,可取值“0”或“1”。“0”表示某状态不出现,“1”表示某状态出现。主要的原因和结果之间的关系有:①“逻辑恒等”关系:若 C1 出现,则 E1 出现,否则 E1 不出现。②“逻辑非”关系:若 C1 出现,则 E1 不出现,否则 E1 出现。③“逻辑或”关系:若 C1 或 C2 出现,则 E1 出现,否则 E1 不出现。④“逻辑与”关系:若 C1 和 C2 同时出现,则 E1 出现,否则 E1 不出现。

为了表示原因与原因之间以及原因与结果之间可能存在的约束或限制条件,在因果图中,在基本符号表示之外,又加入了一些表示约束条件的符号。这些约束符号的表示如图 8.14 所示。

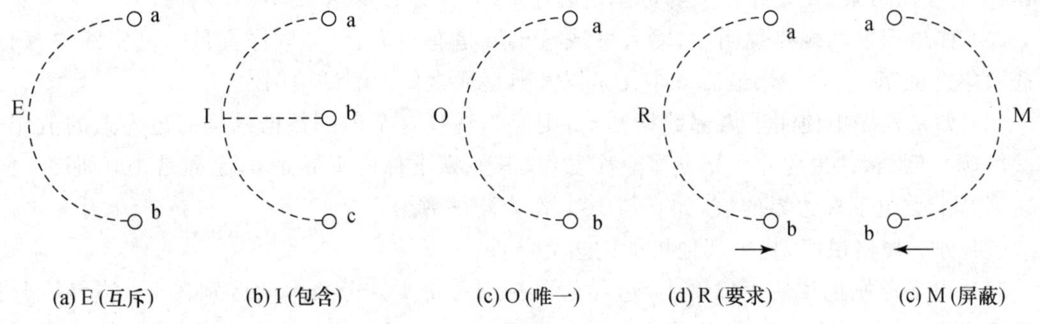

图 8.14 因果图的约束符号

在图 8.14 中,各约束的含义如下:① E 约束:表示 a,b 中最多有一个可能成立;② I 约束:表示 a、b、c 中至少有一个必须成立;③ O 约束:表示 a 和 b 当中必须有一个,且仅有一个成立;④ R 约束:表示当 a 出现时,b 必须也出现;⑤ M 约束:表示当 a 是 1 时,b 必须是 0;而当 a 为 0 时,b 的值不定。

8.3 静态分析技术——程序正确性证明

以上介绍的测试技术,均属于动态分析技术,即通过执行程序来发现其中的错误。就软件评估而言,还有一类静态分析技术,即不通过执行程序来发现其中的错误,例如模型评审、程序走查以及程序正确性证明等。

采用上述动态测试技术可以发现错误,但不能表明程序没有错误,即程序是的正确的。近 20 年来,为了回答“程序没有错误”已开发了一些计算机软件正确性证明方法。这些方法通常是基于数学或人工智能理论,针对某些特定语言(例如 PASCAL、LISP 等)的。而且,这些方法对于小程序而言可能是有价值的，但对于大型的软件系统，这种证明几乎是很难实现的。正如 Aderson 所说："我们清楚地认识到，人工的正确性证明可能很容易包含错误，它不是避免或发现程序所有错误的灵丹妙药。"

为了使读者对程序正确性证明有所了解，本节简单讲解霍尔(Hoare)提出的一种基于公理的形式化证明技术。

1. 基于公理的演绎系统——霍尔系统

程序的性质可以采用前置条件和后置条件予以表达之，例如：求整数 x 除以整数 y 所得的商 q 和余数 r 的程序，可以写为：

```
begin   r := x;
        q := 0;
        while y≤r do begin r := r−y;
                          q := 1+q
                          end;
end.
```

简写为：((r := x; q := 0); while y≤r do r := r−y; q := 1+q)

其中，x 和 y 是该程序的输入，只要它们是整数，则该程序的前置条件就为真，记为"true"；当程序结束时，如果程序是正确的，那么一定有：$\neg(y \leqslant r)$并且 $x = y * q + r$，即除数 y 一定小于余数 r，并且除数 y 乘以商 q 加上余数 r 一定等于被除数 x。我们可把该程序的这一性质作为其后置条件，记为：$\neg(y \leqslant r) \wedge (x = y * q + r)$。于是，一个程序 Q 的一个性质可表示为

$$P\ \{Q\}\ R$$

其中，P 为程序 Q 的前置条件；R 为程序 Q 的后置条件。

这样，证明程序的正确性问题就转换成为能否以一个程序的前置条件推导出该程序的后置条件。

基于公理的一个演绎系统，至少有两部分组成，一是公理集，二是推理规则集合。

对一个特定的顺序语言而言，其主要构造有：赋值语句，复合语句，选择语句，循环语句(其中没有考虑输入/输出语句)，通过对以上这些"构造"研究，霍尔分别为它们提出了相应的公理和推导规则。

(1) 关于赋值语句的推理规则

考虑如下赋值语句：

$$x := f$$

其中，x 是一个简单变量的标识符，f 是一个没有副作用的表达式，但可能含有 x。

如果在赋值之后断定 P(x)为真，那么在赋值之前 P(f)一定为真。例如：

$$x = r + y\ p(1+q)\ \{q := 1+q\}\ x = r + y\ pq$$

这一"事实"可形式化地表达为：

D0　赋值公理

$$P0\ \{x := f\}\ P$$

其中，P0 是通过以 f 替代 P 中所有出现的 x 而得到的。

实际上，D0 是一个公理模式，描述了一个无限的公理集合，其中的公理共享着这一模式。

(2) 关于复合语句的推理规则

考虑以下复合语句：

(s1; s2; …; sn)

可以把这一复合语句表达为：(s1; (s2; (…;(sn－1; sn)…))),进一步可记为：

(q1, q2)

其中,如果程序的第一部分 q1 的证明结果与程序第二部分 q2 的前提是相等的,即：

P {q1} R1 ＝R1{q2}R

并在 P 的前提下,程序产生预期结果 R,即 P {q1;q2} R,那么显然有：只要程序满足

"P {q1} R1 和 R1{q2}R",

则整个程序将产生其预期结果 P{q1;q2}R。

这一"事实"可形式化地表达为：

D1　复合规则：

if P {q1} R1 and R1{q2}R then P{q1;q2}R

进一步有：

if P {Q} R and R⊃S then p {Q} S

if P {Q} R and S⊃P then S{Q} R

显然,可以把以上两个事实作为推导规则。

(3) 关于选择语句的推理规则

考虑在 P 的条件下,执行以下选择语句：

if e then s1 else s2

如果当 e 为真时,具有 Q;并在 e 为假时,也具有 Q,那么当该语句在执行之后一定具有 Q。

这一"事实"可形式化地表述为：

D2　选择规则：

if　P∧e {S1}Q　and　P∧¬e {S2}Q　then

P {if e then s1 else s2} Q

(4) 关于重复语句的推理规则

考虑以下语句：

While B do S;

假定存在一个断言 P,当 B 为真进入 S 为真,在 S 完成时也为真,并且在没有退出循环时 P 一直为真,这样的 P 称为该循环的一个不变式。例如求整数 x 除以整数 y 所得其商 q 和余数 r 的程序,x＝y×q＋r 就是一个循环不变式,并且在当 B 为假时结束迭代。关于循环的这一"事实",可形式地表述为：

D3　迭代规则：

if　P∧B {S}P　then　P{While B do S} ¬B∧P

综上可有：

① 空语句　P {skip} P0

② 赋值　P {x :=f} P0

其中, P0 表示以 f 代替 P 中每一自由出现的 x 之后而产生的断言。

③ 选择 $\dfrac{P \wedge B\ \{S1\}\ Q,\ P \wedge \neg B \{S2\}\ Q}{P\ \{\text{if } B \text{ then } S1 \text{ else } S2\}\ Q}$。

④ 循环 $\dfrac{P \wedge B\ \{S\}\ P}{P\ \{\text{while } B \text{ do } S\}\ P \wedge \neg B}$。

⑤ 复合 $\dfrac{P1\ \{S1\}\ P2,\ P2\ \{S2\}\ P3,\ \cdots,\ Pn\ \{Sn\}\ Pn+1}{P1\ \{\text{begin } S1;\ S2;\ \cdots;\ Sn \text{ end}\}\ Pn+1}$。

⑥ 推理 1 $\dfrac{P\ \{S\}\ Q \text{ and } R \supset R}{P\ \{S\}\ R}$。

⑦ 推理 2 $\dfrac{P\ \{S\}\ Q \text{ and } R \supset P}{R \{S\}\ Q}$。

2. 应用实例

程序性质的证明,就是通过使用以上①—⑦,得到一个 P {S} Q。例如:为了证明求 x 除以 y 所得的商 q 和余数 r 的程序,是否具有性质 $\neg B \wedge x = y \times q + r$,就要看能否通过运用以上①—⑦以及有关整数的一些基本性质(当然把这些基本性质作为公理使用),得到:

$$\text{True}\ \{((r := x; q := 0);\ \text{while } y \leqslant r \text{ do } (r := r - y; q := 1 + q))\}$$

在本程序的证明中,用到的一些整数性质有:

(1) $x + y = y + x$ 加法交换律

(2) $x \times y = y \times x$ 乘法交换律

(3) $(x + y) + z = x + (y + z)$ 加法结合律

(4) $(x \times y) \times z = x \times (y \times z)$ 乘法结合律

(5) $x \times (y + z) = x \times y + x \times z$ 加法分配律

(6) $y \leqslant x\ (x - y) + y = x$

(7) $x + 0 = x$

(8) $x \times 0 = 0$

(9) $x \times 1 = x$

并且,为了证明方便,利用以上整数性质,可以得到以下两个引理:

引理 1 $x = x + y \times 0$

证明:$x = x$

$= x + 0$ (7)

$= x + y \times 0$ (8)

引理 2 只要 $y \leqslant r$,有 $r + y \times q = (r - y) + y \times (1 + q)$

证明:$(r - y) + y \times (1 + q)$

$= (r - y) + (y \times 1) + (y \times q)$ (5)

$= (r - y) + (y + y \times q)$ (9)

$= (r - y + y) + y \times q$ (3)

$= r + y \times q$ 只要 $y \leqslant r$ (6)

下面证明:

$$\text{true}\{((r := x; q := 0);\ \text{while } y \leqslant r \text{ do } (r := r - y; q := 1 + q))\} \neg(y \leqslant r) \wedge x = r + y \times q$$

① $\text{true} \supset x = x + y \times 0$ 引理 1

② $x = x + y \times 0\ \{r := x\}\ x = r + y \times 0$ 赋值

③ $x = r + y \times 0$ {$q := 0$} $x = r + y \times q$ 赋值

④ true {$r := x$} $x = r + y \times 0$ 推理

⑤ true {$r := x$; $q := 0$} $x = x + y \times q$ 复合

⑥ $x = r + y \times q \land y \leqslant r \supset x = (r - y) + y \times (1 + q)$ 引理 2

⑦ $x = (r - y) + y \times (1 + q)$ {$r := r - y$} $x = r + y \times (1 + q)$ 赋值

⑧ $x = r + y \times (1 + q)$ {$q := 1 + q$} $x = r + y \times q$ 赋值

⑨ $x = (r - y) + y \times (1 + q)$ {$r := r - y; q := 1 + q$} $x = r + y \times q$ 复合

⑩ $x = r + y \times q \land y \leqslant r$ {$r := r - y; q := 1 + q$} $x = r + y \times q$ 推理

⑪ $x = r + y \times q$ {while $y \leqslant r$ do ($r := r - y; q := 1 + q$)} $x = r + y \times q$ 循环

⑫ true {(($r := x$; $q := 0$); while $y \leqslant r$ do ($r := r - y$; $q := 1 + q$))} $\neg(y \leqslant r) \land x = r + y \times q$ 复合

8.4 软件测试步骤

由于软件错误的复杂性,在软件工程测试中我们应综合运用测试技术,并且应实施合理的测试序列:单元测试、集成测试、有效性测试和系统测试。单元测试关注每个独立的模块;集成测试关注模块的组装;根据软件有效性的一般定义(软件实现了用户期望的功能),有效性测试关注检验是否符合用户所见的文档,包括软件需求规格说明书、软件设计规格说明书以及用户手册等;系统测试关注检验系统所有元素(包括硬件、信息等)之间协作是否合适,整个系统的性能、功能是否达到。其中,系统测试已超出软件测试,属于计算机系统工程范畴。

下面简单介绍一下与软件系统有关的单元测试、集成测试以及有效性测试。

8.4.1 单元测试

单元测试主要检验软件设计的最小单元——模块。该测试以详细设计文档为指导,测试模块内的重要控制路径。一般来说,单元测试往往采用白盒测试技术。

在单元测试期间,通常考虑模块的以下 4 个特征:

(1) 模块接口;

(2) 局部数据结构;

(3) 重要的执行路径;

(4) 错误执行路径

以及与以上 4 个特性相关的边界条件。

单元测试首先测试穿过模块接口的数据流,为此应当测试:输入实际参数的数目是否等于形式参数的数目、实际参数的属性与形式参数的属性是否匹配、实际参数的单位与形式参数的单位是否一致、传送给被调用模块的形式参数数目是否等于实际参数的数目、传送给被调用模块的形式参数属性是否与实际参数属性匹配,传送给被调用模块的形式参数单位是否与实际参数单位一致、对实际参数的任何访问是否与当前的入口无关、跨模块的全程变量定义是否相容等。如果该模块是实现外部 I/O 的模块,还必须测试:文件属性是否正确;I/O 语句与格式说明是否匹配;记录长度与缓冲区大小是否匹配,是否处理了文件结束条件;是否处理了 I/O 错误等。

继之,进行数据结构的测试。为此,要设计相应的测试用例,以发现下列类型的错误:不正确的或不相容的说明、置初值的错误或错误的缺省值、错误的变量名、不相容的数据类型、下溢与上溢错误等。除了局部数据结构外,还应确定全程数据对模块的影响。

第三,还要进行执行路径的选择测试。为此,要设计相应的测试用例,以发现由于不正确的计算、错误的判定或错误的控制流而引发的错误。常见的错误有:算术运算优先级错误、置初值错误、表达式符号表示错误、计算精度错误、不同的数据类型进行比较、循环终止错误(包括循环出口错误)、不正确地修改循环变量等。

边界测试是单元测试中的最后工作,往往也是最重要的工作,因为软件常常在边界上出现错误。

在单元测试中,由于模块不是一个独立的程序,必须为每个模块单元测试开发驱动模块和(或)承接模块。驱动模块模拟"主程序",接受测试用例的数据,将这些数据传送给要测试的模块,并打印有关的结果。承接模块代替被测模块的下属模块,打印入口检查信息,并将控制返回到它的上级模块。

驱动模块和承接模块作为单元测试的测试设备,需要花费一定的开销进行编制。

当被测模块的设计是高内聚的或是一个功能性模块时,单元测试就比较简单,因为容易预计结果,因此只要设计一定量的测试用例,便会发现其中的错误。

8.4.2 集成测试

每个模块完成了单元测试,把它们组装在一起并不一定能够正确地工作,其原因是模块的组装存在一个接口问题。具体表现在:数据通过接口时可能予以丢失;一个模块可能对另一模块产生"副作用";子模块的组合可能不实现所要求的基本功能;模块与模块之间的误差积累可能达到不可接受的程度;等等。

集成测试是软件组装的一个系统化技术,其目标是发现与接口有关的错误,将经过单元测试的模块构成一个满足设计要求的软件结构。

集成测试可"自顶向下"地进行,称为自顶向下的集成测试;也可以"自底向上"地进行,称为自底向上的集成测试。

自顶向下的集成测试是一种递增组装软件的方法。从主控模块(主程序)开始,沿控制层次向下,或先深度或先宽度地将模块逐一组合起来,形成与设计相符的软件结构。

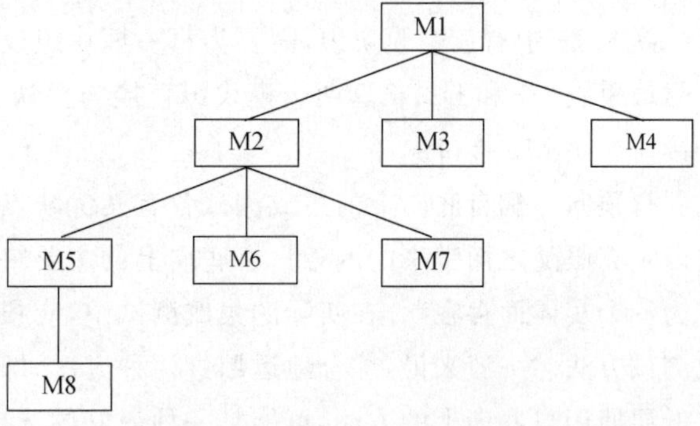

图 8.15 自底向上的集成测试

对于先深度的集成测试,依据应用的专业特性,选取结构的一条主线(路径),将相关的所有模块组合起来,如图 8.15 所示。

可以选择左边的路径作为主线,首先组合模块 M1、M2、M5 和 M8,然后组合 M6(如果 M2 的某个功能需要 M6),继之再构造中间和右边的控制路径。

对于先宽度的集成测试,逐层组合直接的下属模块。例如,首先组合模块 M2、M3 和 M4,继之组合 M5、M6 和 M7,……。

一般来说,集成测试是以主控模块作为测试驱动模块,设计承接模块替代其直接的下属模块,依据所选取的测试方式(先深度或先宽度),在组合模块时进行测试。每当组合一个模块时,要进行回归测试,即对以前的组合进行测试,以保证不引入新的错误。

自底向上的集成测试从软件结构最低的一层开始,逐层向上地组合模块并测试。由于在给定层次上所需要的下属模块其处理功能是可以使用的,因此无需设计承接模块。

一般来说,自底向上的集成测试首先将低层模块分类为实现某种特定功能的模块组;继之,书写一个驱动模块,用以协调测试用例的输入和输出,测试每一模块组;沿着软件结构向上,逐一去掉驱动模块,将模块组合起来。这一过程如图 8.16 所示。

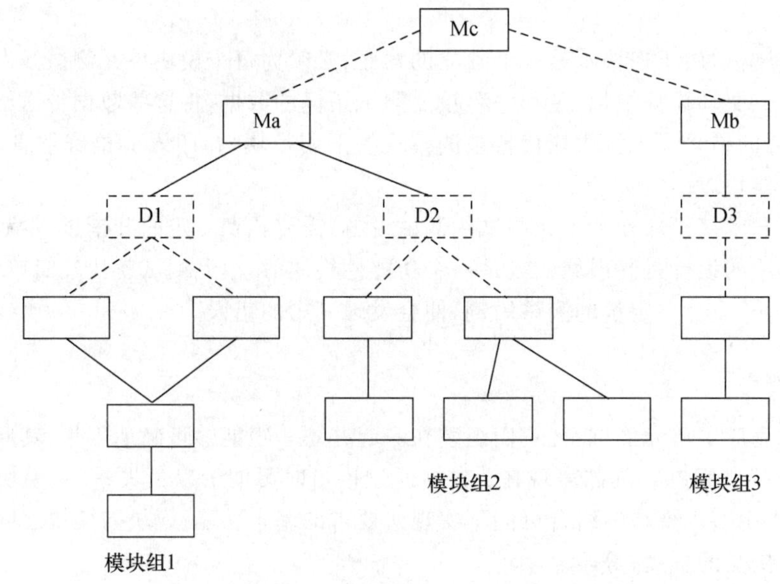

图 8.16 自底向上的集成测试

图 8.16 中有三个模块组,需要为每一模块组设计一个驱动模块(虚线框),并进行测试;去掉驱动模块 D1 和 D2,将这两个模块组直接与模块 Ma 接口;类似地,去掉 D3,将另一模块组直接与模块 Mb 接口。

自顶向下和自底向上的集成测试各有其优缺点。自顶向下的主要缺点是需要设计承接模块以及克服随之而带来的困难。自底向上的主要缺点是“只有在加上最后一个模块时,程序才作为一个实体而存在”。在实际的集成测试中,应根据被测软件的特性以及工程进度,选取集成测试方法。一般来说,综合地运用这两种方法,即在软件的较高层使用自顶向下的方法,而在低层使用自底向上的方法,可能是一种最好的选择方案。

8.4.3 有效性测试

有效性测试的目标是发现软件实现的功能与需求规格说明书不一致的错误。因此,有效性测试通常采用黑盒测试技术。为了实现有效性测试,制订的测试计划应根据采用的测试技术,给出要进行的一组测试,并给出测试用例和预期结果的设计。通常,在测试执行之前,应进行配置复审,其目的是保证软件配置的所有元素已被正确地开发并编排目录,具有必要的细节以支持软件生存周期中的维护阶段,如图 8.17 所示。

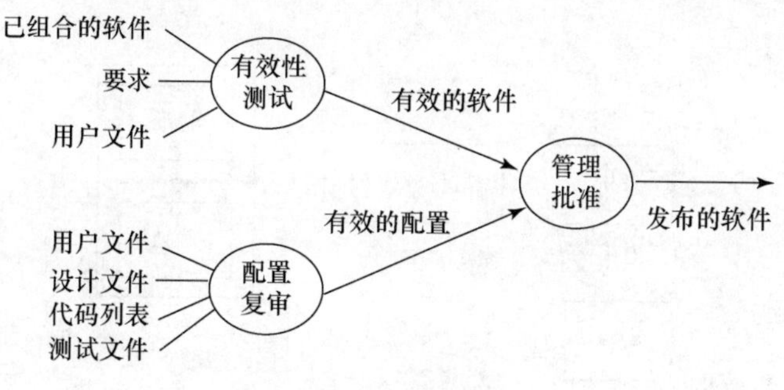

图 8.17　配置复审

在测试计划完成之前,有效性测试发现的偏差或错误一般不予纠正,通常需要和开发者一起协商,建立解决这些缺陷的方法。

综上所述,软件测试的目标是揭示错误,为实现这一目标,要实施一系列的测试,包括单元测试、集成测试、有效性测试和系统测试。单元测试集中于单个模块的功能和结构检验,集成测试集中于模块组合的功能和软件结构检验。有效性测试验证软件需求的可追朔性,而系统测试验证将软件融于更大系统中时整个系统的有效性。

每种测试将涉及一系列系统化的测试技术,以支持测试用例设计和测试执行。目前在软件开发中,通常采用的还是人工测试技术,辅以一定自动化工具的支持。但是随着测试理论和技术的研究,尤其是形式化测量技术的研究,必将会更有效地支持软件测试工作。

8.5　本章小结

本章主要讲解了软件测试及测试技术。首先介绍了软件测试概念,即“有规程地发现错误的过程”,其中错误(error)是指“与所期望的设计之间的偏差,该偏差可能产生不期望的系统行为或失效”。而失效(failure)是指“与所规约的系统执行之间的偏差”。失效是系统故障或错误的后果。而故障(fault)是指“导致错误或失效的不正常的条件”。故障可以是偶然性的或是系统性的。在介绍了软件测试概念的基础上,给出了软件测试过程模型,并就其中的被测对象模型建立、测试用例的设计以及测试执行讲解了两种主要技术——白盒测试技术和黑盒测试技术。

白盒测试技术依据程序的逻辑结构,以控制流程图作为被测对象建模工具,其中涉及过程块、分支、节点、链以及路径,并针对测试完成,给出了 4 种覆盖策略:语句覆盖、分支覆盖、条件组合覆盖和路径覆盖,它们之间具有偏序关系,并且可根据项目需求,给出其他覆盖策略。

黑盒测试技术依据软件行为的描述,主要讲解了事务流测试技术和等价类划分测试技术。事务流测试技术以事务流程图作为被测对象建模工具,在此基础上设计覆盖相应事务的测试用例,并执行之。等价类划分测试技术以等价类表作为被测对象模型,在此基础上设计测试用例,并执行之。

软件测试不但在开发中使用,而且在验证和确认的动态分析中也经常使用。动态分析是指执行程序的分析,测试为动态分析提供了必要的信息,测试、分析、确认和验证之间的关系如图 8.18 所示。

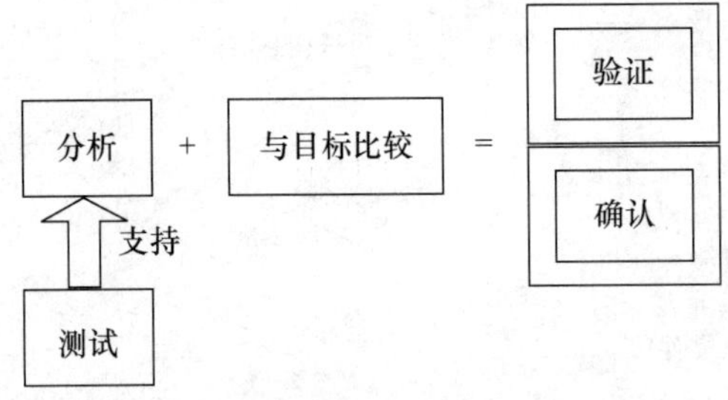

图 8.18　测试、分析、确认和验证之间的关

可见,正如本章首语所言,软件测试是保障软件过程质量和产品质量的基础。

习　题　八

1. 解释以下术语:
   软件测试
   测试用例
   测试覆盖率
2. 简述测试过程模型,并分析这一模型在软件测试技术研究以及实践中的作用。
3. 简要回答以下问题:
   (1) 软件测试与调试之间的区别;
   (2) 程序控制流程图的作用以及构成;
   (3) 语句覆盖、分支覆盖、条件组合覆盖、路径覆盖之间的关系;
   (4) 单元测试、集成测试、有效性测试之间的区别;
   (5) 路径测试技术、事务流测试技术的主要依据;
   (6) 针对程序控制流程图中出现的各种不同循环,如何选取测试路径;
   (7) 程序控制流程图与事务流程图之间的主要区别,并分析出现这些区别的原因;
   (8) 测试执行的基本条件。
4. 根据下面给出的程序流程图,设计最少的测试用例,实现分支覆盖(注:在设计测试用例时,其中的循环结构可以看作是一个过程块)。

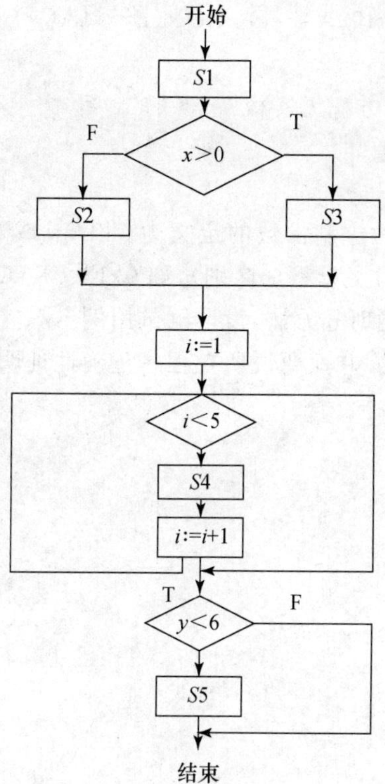

5. 针对以下的程序伪码，建立该程序的测试模型（即被测对象模型），并设计实现分支覆盖所需要的测试用例（表达用例的方法是任意的）。

```
BEGIN
    输入一元二次方程的系数 A,B,C;
    为根变量赋初值;
    IF 平方项的系数 A=0 且一次项系数 B<>0
      THEN BEGIN root1 := -C/B;输出"A=0";
                root2 := -C/B
          END;
    IF 平方项的系数 A<>0 且一次项系数 B=0
      THEN BEGIN
                IF (-C/A)>= 0
                  THEN BEGIN root1 := SQR(-C/A);输出"B=0";
                            root2 := -SQR(-C/A)
                      END
          END;
    IF 平方项的系数 A<>0 且一次项系数 B<>0
      THEN
            IF (B²-4AC)>= 0
              THEN BEGIN root1 :=(-B+SQR(B²-4AC))/2A;
```

```
            root2 :=(-B-SQR(B²-4AC))/2A
        END
      ELSE 输出“此方程无实根”;
   输出 root1 和 root2 的值
END.
```

6. 某一 8 位计算机，其十六进制常数的定义为：以 0x 或 0X 开头的数是十六进制整数，其值的范围是−7f 至 7f(大小写字母不加区别)，如 0x13、0X6A、−0x3c。

针对以上定义，请用等价类划分方法，设计测试用例。

7. 简述 Hoare 系统的构成，并扼要说明在程序正确性证明中的使用。

第九章　软件工程项目管理概述

仅当软件过程予以有效管理时，才能实现有效的软件工程。

9.1　软件工程管理活动

在第一章中已经提及，软件工程涉及两方面基本内容：一是工程技术，二是工程管理。由于工程管理的内容比较宽泛，因此在本章中主要讲述软件工程管理所需要的活动和这些活动之间的基本关系，而对于如何进行这样的活动即管理技术，以及在进行活动中应遵循的原则，仅涉及几个方面，包括如何在项目规划中估算软件规模，如何估算项目成本和进度，以及评估软件过程的基本准则等。更多的管理知识应该在实际工作中，根据需要不断学习之。

简言之，管理是为了达到特定目标，规划和控制其他人活动的活动，如图 9.1 所示。

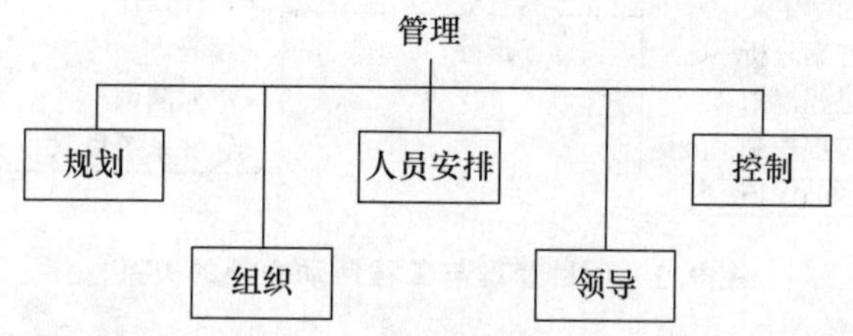

图 9.1　经典管理模型

该模型是由管理领域的著名专家 Koontz 和 O'Donnell 等提出的([Koontz & O'Donnell 1972])。

人们通常所说的 PDCA 模型，如图 9.2 所示。

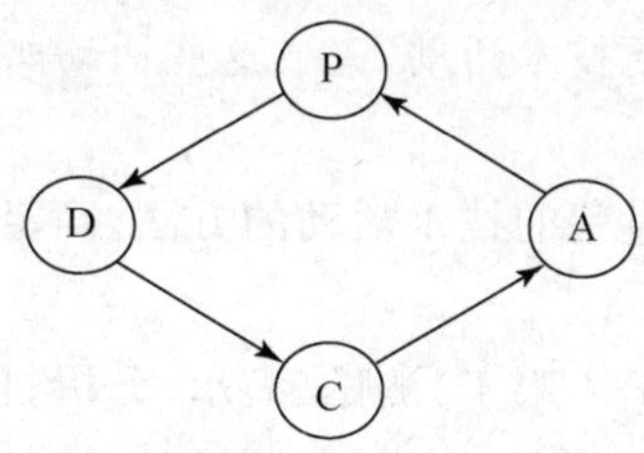

图 9.2　PDCA 模型

图 9.2 中的 P 是指规划，D 是指规划的实施，C 是指对实施状态信息的检测，A 是指对实施的调整。该模型是图 9.1 经典管理模型的一个子集。

在许多现代技术产品中，软件扮演了非常重要的角色，主要包括：

① 为一些产品提供控制功能；

② 为一些产品提供耦合功能；

③ 由软件本身所实现的一些功能。

许多大型系统的正常运行都高度依赖软件系统,并且往往是其中最复杂的部分。但是,由于软件是一类具有“不可见”特性的人造系统,即是说它不像硬件那样是看得见摸得到的东西,而只有当使用时才能感到它的存在,因此软件工程应按系统工程的观点管理之。

按系统工程的观点来管理软件工程项目,一般是指将软件开发看作是一个“黑盒子”,对一个开发组织来说,应关注“黑盒子”之外的一些管理活动,包括项目规划、项目组织、人员安排、对项目的控制,还应关注在“黑盒子”之外的一些技术活动,包括问题定义、方案分析、过程规划、过程控制、产品评估等,即为了有效地控制项目管理的复杂性,将软件工程活动进行一种逻辑划分,如图 9.3 所示。

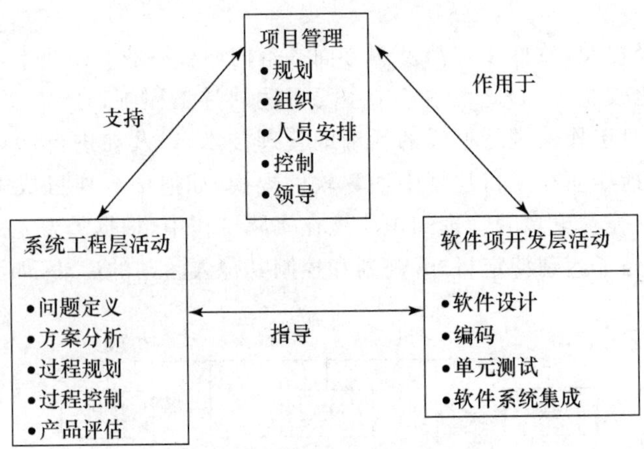

图 9.3 项目管理与工程活动之间的关系

对图 9.3 的“系统工程层活动”做简要说明:

问题定义:通过收集、分析需求,确定产品的预期目标、需要以及约束;并与客户紧密合作,建立操作上的需要。

方案分析:确定满足需求和约束的候选方案,研究并分析可行的方案,选择最佳的方案,其中:权衡直觉的需要、实现选择、长期适应性以及操作效用。

过程规划:确定要完成的主要技术活动,完成这些活动所要进行的工作,优先考虑的任务以及项目潜在的风险。

过程控制:确定控制项目和过程的技术活动的方法,确定测量进度、中间产品复审以及在必要时采取的纠正措施。

产品评估:通过评估(包括(但不限于)测试、演示、分析、检测和审查),确定所发布产品的质量和数量。

以上给出的是系统工程层面上的一些关键活动。这意味着:

① 系统组应把产品视为一个实体,并从用户、操作者及维护者的观点来考虑问题;

② 系统组必须依据产品的自然属性、合同以及与客户的关系,以一种基本独立的方式来规约和评估开发组的产品;

③ 系统组为了使其规约和评估有效,对开发技术以及相关产品的认识,与那些一般的用户和客户相比,必须更加深刻。

下面,对图 9.3 中所示的关于“项目管理”中的五项功能以表格形式作一简述,如表 9.1 所示。

表 9.1　管理功能及其描述

功能	描述
规划	为了达到项目目标,依据进度规划,确定行为过程,包括活动和过程
组织	确定要做的工作,并将任务划分为工作单元,将工作单元指派到组织单元,指定执行任务所需的责任和授权
人员安排	选择、辅导和培训执行任务的人员
领导	以积极的、开放的方式指挥项目,创造一个对人们完成项目目标起激励作用的环境
控制	测量和评估任务的完成情况,并利用其他四项管理功能,做出纠正性活动

软件工程项目管理是一个由实现以上功能所必需的规程、实践、技术、技能和经验所组成的系统,其中主要涉及五个要素,即人员、成本、进度、质量和实现的需求。下面以表格形式给出实现这五个功能所需要的活动。

1. 规划

规划是一组管理活动,其目标是规约一个项目的目的和目标,以及为达到这些目标的政策、策略、计划和规程。正如[Koontz & O'Donnell 1972]所说,"规划是预先决定要做什么、怎样做、何时做和谁去做"。

规划的主要活动如表 9.2 所示。

表 9.2　软件项目的规划活动

活动	定义或解释
设定目标和目的	确定项目的预期成果
制订实现目标的政策	对重要的、反复进行的事务做出标准性决策,为这些事务相关的决定制订提供指导
预测未来状态	预测未来事件或对未来做出假设;预测行为过程的未来结果或预期值
进行风险评估	预测可能的有害事件和问题;为所做出的假设制订应急计划;预测可能的行为过程结果
确定可能的行为过程	制订几个有关项目实施的软件生存周期过程方案,并对每一个方案给出分析和评价
做出规划决策	评估可选的行为过程方案,并在其中选取一个
为合同方/子合同方制订计划	与项目需求方和合同提供方建立正式协议
制订预算	为项目的功能、活动和任务分配估算的成本
编制项目计划文档	建立完成项目所需的政策、步骤、规则、任务、进度和资源

规划功能通常发生在以下三种情况中:

① 在项目提议或可行性研究阶段;

② 在项目的启动阶段;

③ 在项目生命周期过程实施的任何期间。

2. 组织

组织一个软件工程项目,包括:① 开发一个有效的、高效的组织结构,以便分派和完成项目任务;② 建立各任务之间的权限和责任关系。

表 9.3 概述了为实现管理模型中的组织功能,应该开展的主要组织活动。

表 9.3 软件开发项目的组织活动

活动	定义或说明
识别项目功能、活动和任务,并把它们分组	项目工作的定义、规模和分类
描述组织上的关系和接口	描述项目组织内部和外部的接口,以及与外部各方的依赖
选择项目结构	为完成项目选择合适的结构,并加以监督、控制、交流及协调
创建职位描述	创建各种工作职位,并对每一项目角色,给出相应的任务描述和任务之间的关系
定义责任和权限	为每一职位定义责任以及为了履行其责任而应授予的权限
建立职位资格	为担任不同职位的人员定义资格

3. 人员安排

人员安排功能与组织功能不同,人员安排的功能是填充组织结构中所指出的角色,其中包括选择候选人、培训和人力开发等。人员安排的目标是确保项目角色由具有一定资格(在技术上和性格上)的人员来担任。

表 9.4 概要地描述了为项目的人员安排而必须执行的活动和任务。

表 9.4 软件项目的人员安排活动

活动	定义或解释
填充项目职位	为每个项目职位选择、招聘或提升有资格的人员
环境培训	让新来的人员熟悉组织、设施和在项目中的任务
教育或培训	通过培训和教育,弥补在职位资格方面的不足
提高人员素质	提高项目人员的知识、态度和技能
评估项目人员	记录和分析项目工作的数量和质量,作为人员评估的基础。建立工作绩效目标,并且定期进行考核
项目人员的报酬	提供工资、奖金、红利或其他金钱报酬,作为对项目责任和工作绩效的酬劳
终止项目指派	在必要时,撤换或解雇项目人员

其中,项目人员的选择是最关键的管理活动之一。根据上级组织的结构和项目规模,项目负责人可以直接选择人员或委任其他人基于项目的需要选择人员。在任一种情形下,必须确定用于指导进行项目人员选择的参数。最常用的参数有:

① 从业年限;

② 所需的技术技能;

③ 所需的教育背景;

④ 所需的个人技能。

以上这些参数和其他一些参数,组成了通常所说的职位描述(或任务描述)。其中,只指出一名员工在工具、方法和过程方面所具有的经历,这还是不够的,经常需要指出在关键技能、应用这些技能的从业年限等方面的要求。对大多数技术任务,3 到 5 年的经历是最一般的要求。并且,还必须考虑一个职位所要求的员工态度,特别是与人共事的能力,这特别依赖于一个职位以及这一职位与其他小组关系。

4. 领导

领导一个项目包括对项目人员的激励和指导,目的是使他们理解项目目标并为实现这一目标做出自己的贡献。因此,领导工作十分依赖人际关系方面的技能。

领导一个项目涉及为项目提供指导、监督项目人员、授权下级组织实体、协调项目成员之间的关系、帮助项目成员之间的交流以及与项目之外人员之间的交流、解决冲突、管理变更以及记录重要的决定等。表9.5概要地给出了必须由项目负责人完成的项目管理活动。

表9.5 软件项目的领导活动

活动	定义或解释
提供远景	提供项目的方向以及如何前进的概念上的或策略上的观念
提供指导	提供有助于项目成员履行他们被指派职责的指令、指导和纪律要求
提供领导	创造一个有助于项目成员能够以饱满的热情和信心完成任务的环境
监管员工	同二
激励员工	提供一个有助于项目人员满足他们心理需求的工作环境
协调活动	将项目活动组合成为更合理、更有效的安排
委托授权	让项目人员在自身角色的规定限制范围内做决定和使用资源
协助交流	保证正确信息在项目成员之间的自由流动
解决冲突	鼓励建设性的不同观点,帮助解决不同观点引起的冲突
管理变化	鼓励在完成项目目标过程中的创造和革新
记载指挥决定	记载包含委托授权、通信与协调、冲突解决和变化管理等决定

领导是由项目负责人执行的最重要的职能。没有好的领导,最认真规划的项目程序也会错误地实施。领导有两个基本成分:主旨(substance)和风格(style)。主旨是项目负责人面对问题要做的事情,而风格是项目负责人为解决问题所创造建的环境。

5. 控制

控制是一组用于确保项目按计划实施的管理活动。依据计划对性能和结果进行测量,记录其中发现的偏离,并采取纠正性活动,确保实际结果和计划是相符的。因此项目负责人应该关注以下问题:项目是否按进度进展?项目开销是否在规定的成本之内?是否存在潜在问题,它们将导致不满足预算和进度中的需求?可见,控制为消除计划、标准和实际情况或结果之间的差异提供了相应的计划和途径。在表9.6中概要地给出了一些项目的控制活动。

表9.6 对软件项目的控制活动

活动	定义或解释
开发有关的性能标准	建立任务正确完成时应该达到的目标
建立监控和报告体系	确定必要的数据,谁接收这些数据,什么时候接收,为控制项目依据接受的数据需要做些什么
测量和分析结果	将工作成果与标准、目的和计划进行比较
启动纠正性活动	使需求、计划与项目实际状态是一致的
奖励和惩罚	适当地进行对项目人员的表扬、奖励和惩罚

为了控制一个项目,必须做以下两件事情:① 充分了解当前项目状态;② 依据所期望的状态、当前状态和目标,做出一些有关的决策。可以使用以上各小节所讨论的管理功能,来做

出这些决策。其中经常使用规划功能,但也可能需要其他功能。在许多情况中,需要反复地评估多个可能的选择,才能做出最后的决策,然后通过管理功能来实现这一决策。

项目负责人的分析能力、经验和悟性将决定决策的质量。然而,决策的质量通常受到所了解信息的限制。即如果掌握的项目状态数据是错误的或是不完整的,那么就不可能做出一个最优的决策。项目程序状态的关键元素是:

① 项目计划中每一活动的当前状态;

② 在每一项任务上所花费的人力。如果一个组织维护一个具有一定粒度的时间记录或成本核算系统,那么就可以实际地获取这些数据;

③ 根据每一任务的状态和所花费的人力,该组织的实际性能就可以与所规划的性能进行比较。这被称之为“增值”;

④ 产品的技术稳定性,这可以由变更请求、测试异常、处理、带宽和内存的使用情况以及其他性能和质量度量予以指示;

⑤ 任一子合同方的状态;

⑥ 以上元素的集成,形成一个清晰的项目趋势蓝图;

⑦ 项目风险的动态评估。

上面的数据可以与项目程序的规划状态进行比较。计划与实际状态之间的差异就是执行上表那些控制活动的起因。

以上对实现管理模型中五个功能的管理活动进行了综述,但没有涉及支持这些活动的规程和技术。由于篇幅所限,下面仅对规划活动和控制活动中的基础性知识,即成本和进度估算方法,对过程规划方法和过程评估、改进准则(CMM)进行介绍。

9.2 软件规模、成本和进度估算

对一个成功的软件工程项目管理而言,不论在规划中还是在实施控制中,包括项目的可行性评估、过程建立、进展评估以及单个任务状态的确定等,均离不开合理的成本和进度估算。因此本节主要讨论成本和进度估算技术。由于成本和进度估算一般需要软件规模的估算,因此我们首先介绍软件规模估算方法。

9.2.1 软件系统/产品规模估算

由于源代码(它的早期是以需求或设计文档形式表示的)是人们活动的基本产品,是系统/产品的分析、设计、编码、测试等活动结果,因此,除了在测试方面需要大量投入的那些系统(例如航天器)之外,项目人员的劳力成本在所有开发费用中占有统治地位。所以针对某些生产率(即:代码行/每人月,或代码行/人时)而言,所要求的代码量基本上就可以确定开发这一产品的成本。

对于一个新的项目,以它的代码行为基础进行成本和进度估算,其主要的限制是在度量中的不确定性。这种不确定性在项目早期可能很大。导致不确定性的原因主要有两个:第一,也是最重要的一个是需求中的不确定性,这是对所有方法的根本限制;第二,即使需求是稳定的并已被详细规约,实现这些需求的代码量一般也是不确定的。不管这些缺点如何,有时实际中不存在其他可选的方法。

进行代码行估算的前提是，初始需求列表和初始体系结构是可以获得的并可用于指导估算过程。

代码行估算可使用类比或经验方法。并且可以采用两种方式：如果一次估算了整个系统产品的规模，这样的估算可以看作是自顶向下的估算；而将产品分解成一系列小的部件，分别进行估算然后再进行相加，这种方式就是自底向上的估算。其中主要两个典型方法是功能点方法和对象点方法，这两个方法的精确度最终依赖于一个估算数据库。这些方法的优点是，为开发实际代码之前进行代码行的估算，提供了一个有步骤的过程。

1. 功能点方法

功能点方法是由 IBM 的 Alan Albrech 于 1979 年首先提出的。其目的是，以功能点作为一个标准的单位来度量一个软件产品的功能，与实现该产品所使用的语言和技术无关。

该方法有包含两个评估，即评估系统/产品所需要的内部基本功能和外部基本功能，然后基于复杂性因子（称为权）对它们进行量化，产生系统/产品规模的最终测量结果。

该方法的步骤如下：

(1) 第一步：枚举四类系统外部行为或事务的数目，即外部输入、外部输出、外部查询和外部界面的数目，并列出系统内部行为的数目，即内部逻辑文件数目；例如：一个系统有：5 个外部输入、3 个外部输出、8 个外部查询、10 个外部界面和 5 个内部文件。

(2) 第二步：如表 9.7 所示，对每一类构件所给出的复杂性权（分为低，中，高）。

表 9.7　功能点计数的复杂性权

	低	中	高
外部输入	3	4	6
外部输出	4	5	7
外部查询	3	4	6
外部界面	5	7	10
内部文件	7	10	15

确定每一个构件的权，再根据表中所给出的功能点数，计算整个系统的功能点数目。

例如，假定一个系统的 5 个外部输入的权均为“低”；3 个外部输出中一个权为“中”，2 个权为“高”；8 个外部查询中 4 个权为“低”，4 个权为“中”；10 个外部界面中权均为“中”；5 个内部文件中 2 个权为“低”，3 个权为“高”，那么该系统的功能点数目为

$$(5\times3)+(1\times5+2\times7)+(4\times3+4\times4)+(10\times7)+(2\times7+3\times15)=191(\text{功能})$$

至此，形成该产品的未调整的功能数目（UFC）。

(3) 第三步：通过对影响系统功能规模的 14 个因素的评估，确定值的调整因子。表 9.8 给出了 14 个因素，每个调整因子的值从 0 到 5（见表 9.9）。

表 9.8　功能点数目的调整因素[Garmus & David 1996]

因素
1. 数据通信
2. 分布的功能
3. 性能
4. 大量使用的操作（运行）配置
5. 事务频率

续表

因素
6. 在线数据入口
7. 为最终用户效率的设计
8. 在线更新(对于逻辑内部文件)
9. 复杂的处理
10. 系统代码的复用性
11. 安装易行
12. 操作易行
13. 多站点
14. 易变更

表 9.9 功能点调整因素[Garmus & David 1996]

调整	描述
0	不存在或没影响
1	不显著的影响
2	相当的影响
3	平均的影响
4	显著的影响
5	强大的影响

复杂性调整因子的计算公式为

$$TCF=0.65+0.01\sum_{i=1}^{14}F_i$$

根据这一因子对第二步的计算结果进行调整,即功能点的计算:FP=UFC×TCF,形成系统/产品最终的功能数目。

功能点用户手册给出了使用这个方法的全部细节,通过 IFPUG 的 Web 站点 http://www.ifpug.org/,可以查到更详细的内容。

关于功能点方法的几点说明:

① 依据功能点方法所得到的测量结果,可直接予以使用,也可以使用一个刻度因子把它转化为代码行数。表 9.10 给出了针对各种语言的转换率(一个功能点所代表的代码行数),这个表是根据对经验的研究而得出的。

表 9.10 功能点到代码行的转换[Garmus & David 1996]

语言	FI
ASSEMBLY	320
C	150
COBOL	105
FORTRAN	105
PASCAL	91
ADA	71
PL/1	65
PRLOG/LISP	64
SMALL TALK	21
SPREADSHEET	6

② 使用功能点的基本优点是，该方法是基于所交付功能规约，而不是基于任何体系结构方面或技术方面的制品。另外，国际功能点用户组(IFPUG)对这一方法给出了开放性文档，并产生、维护功能点实践计算手册。

③ 尽管该方法是结构化的，但权的确定、调整因子的确定以及在转换代码行中转换率的确定，都存在一定的主观性。另外，估算人员必须仔细把需求映射为外部和内部行为。其中必须避免双重计算和重叠计算。由此，对这些值的选择，是使用功能点方法中的一个最大错误源，任何偏差都会使整体上的结果产生相当大的偏差。

④ 经验表明，估算的精确度最终依赖于估算人员的能力和可用的估算数据。这些方法的好坏，依赖于产品的新颖性、估算人员的技能和经验，以及开发组织在使用这些方法方面所积累的经验之广度和深度。

⑤ 通过对表 9.7 的观察，可以揭示许多问题。首先，对于一个给定的复杂性程度，一个外部查询产生与外部输入相同的功能点数目，而同样复杂性的外部输出产生的功能点数目要比外部查询/外部输入多出 20%到 33%。由于一个外部输出意味着产生一个有意义的需要显示的结果，因此，相应的权应该比外部查询/外部输入高一些。同样，因为系统的外部界面通常承担协议、数据转换和协同处理，所以其权就更高。最后，内部文件的使用意味着存在一个相应处理，该处理具有一定的复杂性，因为必须保留其起始处的内部信息，从而内部文件具有最高的权。

2. 对象点方法

20 世纪 90 年代，随着面向对象技术的应用，软件工程研究所的 Watls Humphrey 描述了一种新的、基于对象的软件产品规模估算方法[Humphrey 1995]。

该方法的步骤如下：

(1) 第一步(准备性工作)，根据以往开发的经验，开发一个历史数据库，存储实现各种类型和各种复杂性对象和方法(面向对象语言中的 method)所需要的代码行，例如 Humphrey 为 C++和对象 Pascal 语言提供的初始表如表 9.11 所示。

表 9.11 不同的方法和复杂性所确定的 C++对象规模 [Humphrey 1995]

方法种类	很小	小	中	大	很大
计算	2.34	5.13	11.25	24.66	54.04
数据	2.60	4.79	8.84	16.31	30.09
I/O	9.01	12.06	16.15	21.62	28.93
逻辑	7.55	10.98	15.98	23.25	33.83
设置	3.88	5.04	6.56	8.53	11.09
文本	3.75	8.00	17.07	36.41	77.66

第二步，基于产品需求，按表 9.11 中 6 类方法、5 类复杂性，计算系统/产品中各类对象的数目，即构造一个如上表形式的矩阵，在 30 个格中填入相应对象的数目。

第三步，将这些格中的值与表 9.11 中对应格中的值相乘，并对这些结果求和，产生整个代码行的估算。

下面公式表示了以上所述的计算：

$$\text{TOTAL} - \text{LOC} = \sum_{i=1}^{5} \sum_{j=1}^{6} \text{LOC}_{ij} \, \text{CNT}_{ij}$$

其中：LOC是表示在表9.11中的矩阵，CNT是对每一方法类型和复杂性(共30个)的对象计数的矩阵。

(2) 第二步，其对象计数矩阵(CNT)的构建如下：

① 使用产品的需求，构建一个体系结构或概念设计；

② 对该设计中每一类(面向对象方法中的class)的输入和交互，标识所涉及的对象属于表9.11中哪类方法；

③ 估算以上标识的每一方法的复杂性；

④ 将结果填入到矩阵CNT相应的格中。

Humphrey还进一步描述了如何使用历史数据进行代码行的预测，如何使用历史数据进行区段上代码行的估算。关于该方法的更详细内容，可参见[Humphrey 1995]。

在使用该方法对系统/产品规模进行估算中，应当清楚该方法如同其他软件产品规模估算的方法，经验和历史数据是最重要的。因此为了使估算更加精确，该方法要求估算人员能够确切地判断所需要的方法数目以及它们的复杂性，确切地断定这些复杂性是如何与实现这些方法的代码行相关联的。

9.2.2 成本和进度估算

在大多数软件开发项目中，大量的成本和主要的进度一般都花费在项目授权文档(如：合同)所规定的软件产品规约、设计、实现、集成、测试和交付中。此外，在项目的初始规划阶段，经常只了解产品最一般的特性，而对于大多数项目而言，这些特性基本都在第一个主要工作产品——软件需求规约(SRS)中给出。因此，初始成本和进度估算必须基于产品的最一般特性。

理想上，初始估算的精度一般不应超过120%[Stutzke 1997]。但在实践中，估算经常是小于这一精度的。所以，在SRS批准和接受之后，应重复进行一次估算和制订进度的过程。

初始估算主要基于形式化的或非形式化的产品需求以及组织能力，还依赖于项目需求，例如工作陈述(SOW)中的需求。

由于初始估算涉及到项目工作量和风险问题，并且还可以作为一个基础，导出更详细、更精确的估算，因此进行初始估算是有意义的。

成本和进度估算完全可能影响是否承担这一项目。确定是否启动一个项目，应考虑以下问题：

这个项目能否在可以接受的时间内完成？

为完成这个项目需要什么样的人力、多少资本和信息资源？

这些资源现在是否可以得到，还需要多少？

1. 估算方法概述

在软件成本和进度的初始估算中，主要使用以下三类系统化方法：

(1) 类比(analogy)：使用一个或多个类似项目的实际成本和进度，开发本项目的初始估算。

(2) 经验方法(rule of thumb)：使用组织上的或个人(专家)方面的经验和指导，以组织内的大量项目作为基础，导出本项目的初始估算。

(3) 参数模型(parametric models)：使用产品的一些性质，如代码行数，作为模型的参数(或输入)，预测该产品的其他性质(如成本和进度)。这些模型是由许多组织根据多个项目经验得出的，并经过适当的调整。

显然，这三类方法的复杂程度是不同的，第(2)类比第(1)类复杂，第(3)类比第(2)类复杂。因此，为当前项目选择成本和进度估算方法时，项目管理人员应考虑如下问题：

这是一个什么类型的项目？该项目交付什么？有哪些活动？

该项目类似于以前某些项目吗？

什么样的估算技术适合这个项目？

什么是影响项目成功的风险？

成本和进度的历史数据描述了一个或多个以往项目的实际成本，以及完成每一交付产品实际所需要的时间。估算组在选择候选项目，检查它们的产品、开发历史以及历史上的成本和进度数据时，应考虑如下问题：

产品类似吗？

技术类似吗？

项目的大小类似吗？

合同内容类似吗？

组织在开发实践中的成熟度现在是高了还是低了？

这样项目过去的实际开发成本是多少？

实际成本与预算成本相比如何？

实际项目进度与估算进度相比如何？

过去的项目是低于预算/进度？

过去的项目是超出预算/进度？

哪些部分的成本/进度超出了？

为什么在这些部分会超出成本/进度？

在实践中，对于大多数软件项目而言，开始都是使用一种方法进行估算，然后，尽可能地使用另外两种方法进行交叉核对。估算通常是以迭代方式进行的，在基于项目最一般特性的一个初始估算的基础上，随着在估算中不断接纳产品的其他需求和项目的其他需求，使随后的估算变得更加精细。

当然，这些方法也存在一些变形。例如，根据商业策略的需要，一个项目可以基于可用的基金进行投标。在这种情况中，上述方法可用于界定客户的风险(客户会得到他们想要的特征吗?)或界定开发人员的风险(他们将经历一次开发失败吗?)。

在上述所要考虑的问题中，存在一些内在的困难和敏感性，它们是估算中应当注意的普遍问题和风险，包括：

① 估算对需求的敏感性

估算对需求是敏感的，因此必须对项目和产品的需求理解到可以进行估算的那种程度。这是估算中一个基本问题，与其他问题相比，这一问题可能要导致更多的问题。

② 估算采用的是与经济不符的测量尺度

在软件开发中使用了不符合经济的测量尺度。例如，产品增大20%(以代码行进行测量，即测量尺度为代码行)往往需要增加35%以上的工作量(测量尺度为人·时)。这与其他许多领域的经济活动是不一致的。这是由于在软件开发过程中必要的高层协调和交流所造成的。使这种情况变得更糟的是：与经济不符的度量尺度，其影响通常又与需求的不确定性融为一体,从而对成本和进度估算中的错误产生了非常大的非线性影响。25年以来,人们已经注意到了这一影响。因此这也是估算中的一个基本问题。

③ Brooks 定律

20世纪70年代,Fred Brooks发现了第三个影响,即对任意一个给定的项目,存在一个最优化的人员配备轮廓。也就是说,对任意一个给定的项目,在每个时间点或开发阶段上的一个功能,都存在一个最优化的开发人员数目。增加人员一般并不能使项目更早地完成,反而会增加成本。更糟糕的是,由于需要对这些新增人员进行管理和培训,因此项目就有可能被拖期。

关于人员优化的这一典型情况,称为Brooks定律,即对已经拖期的项目增加人员会使该项目的进度更加滞后。如其他规律一样,也存在一些例外。Stutzke在一篇论文[Stutzke 1994]中,描述了一些特定的条件,在这些条件下,对一个项目增加人员实际上会产生有益的结果。

④ 估算对人员技艺和经验的敏感性

第四个困难是获得非常优秀的技术人员,这是绝对关键的。许多项目程序经理从直观上都认识到了这一点。关于成本和进度估算的参数模型非常强调这一事实,人员的优秀程度比任何其他因素(包括产品的规模)都具有更大的作用。

⑤ 最优的人员安排并不是千篇一律的

第五个困难是对一个项目平均安排的人员问题,这可以用全部工作量除以进度的月数来得到。但它最多指示了一个项目平均安排的人员。在许多项目的前四分之一和后四分之一,安排的人员数目可以少于这一平均数的三分之一;而在进度的中期,人员数目可以升至该平均数的150%到200%。

这是显而易见的,因为一个项目的早期往往进行分析和设计活动,后期进行产品集成和测试。仅有一些人员从事具有创作性的设计活动,特别是在体系结构这个层次上。同样,仅有一些人员从事一个产品的集成和测试(这经常是一系列的活动)。最后,可从事分析、设计和集成任务方面的整个人员数目,进一步约束了项目前期和后期的人员安排。

⑥ 估算工作中的一些要素

第一,不论如何实施,估算过程都应仔细、严格地进行。参数模型一般都有许多参数,每个参数都可能影响成本估算的10%以上。若错误地选择了5个参数,那么这5个参数所产生的整个影响很容易超过60%。同样,在进行一个新项目的相似性分析中,选择了以前一个不合适的项目,那么将对该项目的估算产生较大的误差。为了避免这些问题的出现,最好的办法是使用有经验的估算人员。

第二,任何估算过程的一个重要部分是,依赖该估算中的不确定性的程度,对项目进行风险评估。如果不确定性留有20%的余地,那么实际情况的值就可能高出50%。实践中的一个问题是,由于竞争和管理上的压力,经常要求比这个值要低得多。因为对于许多企业来说,其利益空间在15%到30%,因此这样的风险余地(有时称为风险承受量)就可能经常超过所期望的利润。这一重要的业务问题已超出了本书的讨论范围,但软件估算人员应实实在在地给出他们估算中的不确定程度,以便他们自己的组织和客户组织做出适当的业务决策。

第三,要牢记动机和现实是不同的两件事情,例如,低成本或快进度是我们的动机,但往往不会成为现实。类似地,技术上的可能性不总是等于经济上的可行性。

参数估算模型依据不同的细化程度，通过参数的输入来产生成本和进度的估算。通常，这些输入描述了产品预计的规模、产品的本来属性、组织能力以及项目性质等。

这类模型是通过对数百个以前项目的统计分析而得到的，并在软件业得到定期的校验，使之不断的演化。其中主要模型有[Stutzke 1997]：

● 构造性成本模型(COnstuctive Cost Model 简称 COCOMO)：该模型是由 Barry Boehm 开发的，最新版本 COCOMOⅡ可以从南加州大学的 Web 站点(http://sunset.usc.edu.reseach/cocomoⅡ)免费获得，同样也可以得到商业性的支持版本。

● PRICE S：该模型是 PRICE 成本和进度针对软件的商用版本，最初版本是由 RCA 的 Frank Freiman 和 Robert Park 开发的。

● SLIM：该模型是一种工作量估算方法，基于 Rayleigh-Norden 分布[Pillai&Nair1997]，是由 Larry Putnam 开发的。

● SEER-SEM：该模型是由 Hughes Aircraft 的 Randall Jensen 开发的(http://www.galorath.com)。

2. COCOMOⅡ

由于 COCOMO 模型的可用性，并且没有版权问题，所以得到了非常广泛的应用。其软件工具和用户指南可以从南加州大学的 Web 站点(http://www.use.edu)中免费得到。

COCOMOⅡ是 Barry Boehm 在 1997—1998 期间发布的一个参数估算模型，是对 1981 年他提出的 COCOMO(简称 COCOMO81)的演化。在他的"软件工程经济学"一书中，非常详细地描述了 COCOMOⅡ。

COCOMO81 的公式是：

$$\text{工作量/月}(E)=C(\text{KDSI})^{\alpha}$$

其中：KDSI 是交付的源指令数目，单位为"千条"；C 是乘数因子，其值依赖于项目的自然属性，范围从 2.4 到 3.6；指数 α 的范围从 1.05 到 1.20。

$$\text{进度/月}=2.5E^{b}$$

其中：指数 b 依赖于项目的自然属性，取值范围从 0.28 到 0.32。

可见，在 COCOMO81 的第一个版本中，选择乘数因子和指数的关键因素是，项目必须运作于那些严格约束之下的程度，而这些约束是由产品和开发工作所施加的；或开发人员在一个熟悉的环境中进行一个产品开发所具有的设计自由度。

例如，对于一个定制的、具有软/硬件的产品(所谓嵌入式系统)，期望在一个受限的(吞吐量、存储方面)环境下控制一个关键性功能，选择乘数因子和指数是相当困难的；而对于那些为了个人不常使用的小型数据库应用而言，选择乘数因子和指数可能就不太困难。

COCOMOⅡ与 COCOMO81 相比，存在一些不同点：

(1) COCOMOⅡ支持每个典型阶段的时间和工作量分配。

(2) COCOMOⅡ支持直接选取乘数因子和指数，为此引入了尺度属性的概念，它由五个因素构成。这五个因素是：

① 产品的创新程度，称为先见性(precedentedness)。产品越创新，成本就越高。先见性是一个"反向的"尺度，即先见性的程度越高，创新性和成本就越低。

② 开发组所具有的灵活性程度。项目的灵活性越少(受约束的多)，成本就越高。SRS 和 SOW 的约束都可以对这一因素起作用。

③ 体系结构中表现的风险程度。这不同于应用的创新性,创新性是固有的并与体系结构无关。

④ 开发组所具有的内聚程度以及相互支持的程度。

⑤ 开发组织的过程成熟度。

这些属性都可以用于调整项目的困难(程度)。

(3) 与原来的 COCOMO81 相比,COCOMOⅡ支持以下两个模型,从而可以对更广泛的一些情况进行建模:

① 前设计模型(early design):当对所设计的产品知之较少时,通常使用这一模型进行初始估算。

② 后体系结构模型(postarchitecture):在需求和早期设计阶段完成之后,通常使用这一模型。

(4) 模型的基本输入是待开发产品的规模。COCOMO 81 仅使用由人工编写的、没有空行的、没有注释的源代码行数。在 COCOMOⅡ中,产品工作量的大小可以用以下三种形式表达:

① 由人工编写的、没有注释的源码行数。这是对产品规模的测量,可以由原来的 COCOMO 81 模型直接支持之。

② 未调整的功能点。这些功能点依次是通过使用另一参数模型的估算而得到的,这将在本章的后面给出简要的介绍。

③ 调整。为了使现有的一个产品能够在新的条件和环境下运行,要对其进行修改时就可以使用这一形式。例如,把一个应用调整到一个新的操作系统之上运行。为此,就要选择调整一个产品,并把该产品的属性作为输入。其间,由人工编写的、没有空行的、没有注释的源码行数等于被调整产品的代码行数,还包括集成自动转换代码所使用的工作量。

与一般的 COCOMO81 模型一样,COCOMOⅡ也有影响一个项目成本和进度的 16 个属性,每个属性有 3 至 5 个可能的值。组合起来所产生的影响,很容易达到 100%到 200%。因此,必须认真地选择每个属性的值。COCOMOⅡ的用户手册,为选择每个属性的值给出了一些可用的准则。

依赖两个模型中的哪一个模型,这是一个选择问题,这两个模型的工作量乘法因子分别有 7 个属性和 17 个属性。前设计模型的 7 个属性是:

(1) 人的能力:对项目人员的一个整体性评估,他们的技能是否能够很好地符合项目技术的要求。

(2) 产品的可靠性和复杂性:这是对产品和产品开发复杂性的一个评估,以及必须具有什么样的可靠性。

(3) 所要求的复用:如何扩展产品,以便未来复用。

(4) 平台困难:开发或交付的计算平台将有多少改变,以及在执行时间和内存方面是否具有挑战性问题。

(5) 经验:这是对项目人员经验的一个评估。

(6) 设施:分布式开发和软件工具问题对项目的影响程度。

(7) 进度:这是对实现一个特定进度目标的关键程度的评估,其中所需成本是次要的。

在后体系结构模型中,对以上 7 个属性的大部分进行了进一步的分解,形成了 17 个属性,并分为 4 个组。因为这一估算模型在开发后期使用，与早期设计阶段相比，这时应该对项目有了更多的了解。

这 4 组属性是：项目的自然属性；人员能力；项目的确定属性；开发环境和运行环境的稳定性和限制。

为了给出该模型的含义，以下列出了每个组的每一属性，其细节可参阅 COCOMO 网页。

(1) 产品属性组

① 可靠性：产品在其运行时必须具有什么样的可靠性？

② 数据：产品功能要求多少数据？

③ 复杂性：执行功能要求多少逻辑？

④ 文档：要求多少文档？

⑤ 复用：待开发的构件或产品以后被复用的程度有多大？

(2) 人员属性组

① 分析员的经验：实施需求和设计活动的项目分析员有多少年的经验？

② 分析能力：分析员的内在能力如何？

③ 程序员水平：编程人员的能力(包括详细设计和系统集成)如何？

④ 平台经验：编程人员在开发环境和运行环境方面具有的经验如何？

⑤ 语言经验：开发人员在编程语言、开发工具和环境方面的经验如何？

⑥ 人员连续性：预计多少人员离职？

(3) 项目属性组

① 使用软件工具的水平；

② 开发工作在不同地点的分布程度；

③ 预计的进度压缩程度，其中成本是次要的。

(4) 平台属性组

① 产品运行时间，强调目标平台的计算能力；

② 应用的存储使用(RAM、ROM 或磁盘)，强调目标平台；

③ 在目标平台和开发平台中，硬件和软件的稳定性。

COCOMOⅡ允许把项目分解为一系列子系统或子模型，这样就可以在一组子模型的基础上更精确地调整一个模型的属性。当成本和进度估算过程转到开发的详细阶段时，就可以使用这一机制。

以上提及的这些估算均是宏观上的估算，即遵照需求、设计、实现和测试的传统瀑布模型，把软件成本和进度分配到几个活动中。宏观上对软件开发项目的成本和进度的估算，已有一些可用的工具和方法。由这些工具所产生的估算经常用于一个项目提出的时候。当以后创建了一个完整的进度网时，这类估算可以作为其中详细成本和进度估算的起始点。例如在规划活动中，在标识工作包之后，应估算执行每个工作包所需要的成本和进度。可以把这一估算看作是“微观”的估算。

精确的、严格的成本和进度估算，是任何开发项目成功的基础。期间如果能够采集并分析以前期项目程序实际的详细成本和进度数据，那么其精确性将会得到很大的提高。因此为了改善将来项目的估算，应收集、分析历史项目的数据。如果估算模型使用以往项目程序的实际数据进行校核，那么它们的精度将会得到显著提高。

9.3　能力成熟度模型 CMM

9.3.1　CMM 产生的背景

自 1968 年 NATO 会议上提出软件工程(Software engineering)概念以来,人们一直在努力寻找软件生产的途径,其中在工程因素方面开展了一些有意义的工作,包括:

① 提出了一系列软件生存周期模型;

② 提出了结构化分析和设计方法,并在 20 世纪 70 年代中到 80 年代末得到了很好的应用;

③ 提出了软件开发的面向对象方法,并在 20 世纪末到今天得到了广泛的应用;

④ 提出了一系列软件度量方法,也得到一定程度的应用。

应该说,这些研究成果的提出和应用,在实际软件开发中发挥了重要的作用,在一定程度上缓减了所谓的"软件危机",并为今后的工作提供一些帮助。但是,由于强调了方法的应用,使软件开发表现出一种产品途径,即关注过程中的产品,自产品开发的初期到产品的使用过程,一直对产品进行监控,其中强调功能测试,并且为了发现错误而测量不同过程的输出。尽管产品途径似乎对产品质量给出一个更直接的评估,但并没有为实现软件质量给出一些具有预见性的信息。从而近几十年来,全世界的软件产业大多回避了一个问题,即如何按时、按预算地生产高质量的软件。按 Curtis 的说法,有 25%的项目没有达到预期的目标,许多项目超过 40%的预算,而且项目的实际进度只有计划的一半[Curtis 1995]。

20 世纪 80 年代中期,美国工业界和政府部门开始认识到,在软件开发中,关键的问题在于软件开发组织不能很好地定义和控制其软件过程,从而使一些好的开发方法和技术都起不到所期望的作用。一个项目的软件生存周期过程是创建项目产品的一种机制,通过该机制可以把人、规程、方法、设备以及工具进行集成,以产生一种所期望的结果。因此一个组织过程能力的强或弱,将直接关系到该组织能否生产出满足需求的软件产品,能否生产出具有需求质量的产品。这意味着软件开发应该是过程途径的,即以一种可控的方式开发软件,使之满足时间和预算的要求,并获得合适的质量。过程途径并不过多地涉及如何使用特定的方法和工具,而更强调如何使用一个良好定义的控制过程,该过程当然可以由合适的方法和工具所支持。可见过程途径是从过程特征中推断产品质量,并通过控制软件项目的成本和确保遵守进度,给出了对预测软件质量更有价值的信息。

历史的经验表明:一个软件开发组织,只有通过建立全组织有效的软件过程,采用严格的软件工程方法和管理,坚持不懈地付诸实践,提高软件开发技能,才能按时、按预算地生产高质量的软件。

在这一背景下,1986 年 11 月美国卡内基-梅隆大学软件工程研究所(SEI)受美国国防部的委托,开始开发过程成熟度框架,并于 1987 年提出了 CMM 的第一个版本,至今已有 20 年的历史,但仍然是一个最著名的软件过程改进模型。

9.3.2　CMM 的成熟度等级

CMM 的提出,基于如下假定:支撑软件质量有三个要素:一是人员素质,二是过程,三是技术。并且存在一个事实,过程是可以予以构造的,是可以予以测量和改进的。在以上假定和事实的基础上,CMM 的理论基础是质量体系这一概念。所谓质量体系是指:“在制造及传递某种合乎特定质量标准的产品时,必须配合适当的管理及技术作业程序,这些程序所组成的结构,称之为质量体系”[费根堡姆]。

在 CMM 中,把过程成熟度分为五级,如图 9.4 所示。所谓过程成熟度是指一个特定软件过程被明确和有效地定义、测量和量化控制的程度。因为一个有效的管理,一定是一种量化管理。

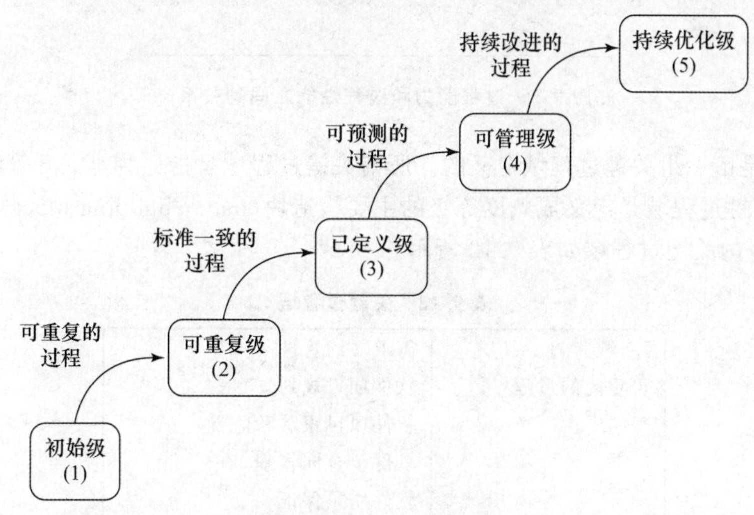

图 9.4　CMM 过程成熟度框架

图 9.4 中:① 初始级(initial)。简单地说,该级的软件过程表现得非常随意,有时甚至是混乱的;几乎没有定义软件过程,项目的成功取决于个人的努力和智慧。

② 可重复级(repeatable)。简单地说,该级建立了基本的项目管理过程,以实现对成本、进度和功能的跟踪;具有必要的过程素养,对类似的应用可重复以前项目成功的经验。

③ 已定义级(defined)。简单地说,该级建立了管理活动和工程活动有关软件过程的文档,并对软件过程进行了标准化工作,建立了组织的一个标准的软件过程;所有项目的软件开发和维护,都使用一个被批准的、组织标准过程的剪裁版本。

④ 可管理级(managed)。简单地说,该级收集了软件过程和产品质量的详细测量,并能对软件过程和产品予以定量地理解和控制。

⑤ 持续优化级(optimizing)。简单地说,该级通过来自过程和先进创新思想和技术的量化的反馈,能够不断地进行过程改进。

由图 9.4 可见,软件开发组织在走向成熟的过程中,几个具有明确定义的、可以表征其软件过程成熟程度的平台,即成熟度等级,每一个平台为达到下一个等级提供了一个基础。

过程成熟度框架描述了一条从无序的、混乱的过程达到成熟的、有纪律的软件过程的进化途径。其作用是,为软件过程改进历程提供了一份导引图:指导软件开发组织不断识别其软件过程的缺陷,引导开发组织在各个平台上“做什么”改进(但它并不提供“如何做”的具体措施)。

每一等级指示了一个组织(或项目组)所具有的过程能力。所谓过程能力是指遵循一个特定过程其预期结果的程度。可见,CMM 的成熟度等级是对过程能力的一个划分,过程能力表达了过程成熟的程度,等级越高,其过程能力就越强。与过程能力相关的一个概念是过程性能,所谓过程性能是指遵循一个特定过程其实际结果的程度。过程能力和过程性能之间的关系如图 9.5 所示。

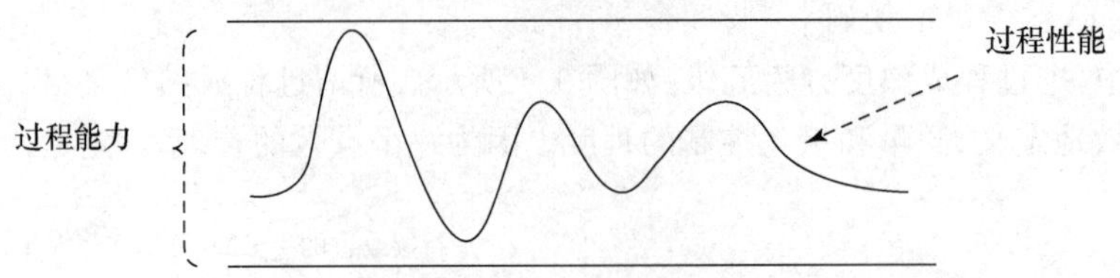

图 9.5　过程能力和过程性能之间的关系

每一等级是由一组关键过程域定义的。所谓关键过程域是指那些对提升等级具有关键作用的过程,即关键过程域是定义成熟度等级的主要构造块(major building blocks)。

CMM 各级的关键过程域如表 9.12 所示。

表 9.12　关键过程域

Level 1—Level 2: 可重复的过程	需求规约管理 软件项目规划 软件项目跟踪和监督 软件子合同管理 软件质量保证 软件配置管理
Level 2—Level 3: 标准一致的过程	组织过程焦点 组织过程定义 培训大纲 综合软件管理 软件产品工程 组间协调 同行评审
Level 3—Level 4: 可预测的过程	定量过程管理 软件质量管理
Level 4—Level 5: 持续改进的过程	缺陷预防 技术更新管理 过程变更管理

等级、过程能力和关键过程域之间的关系如图 9.6 所示。

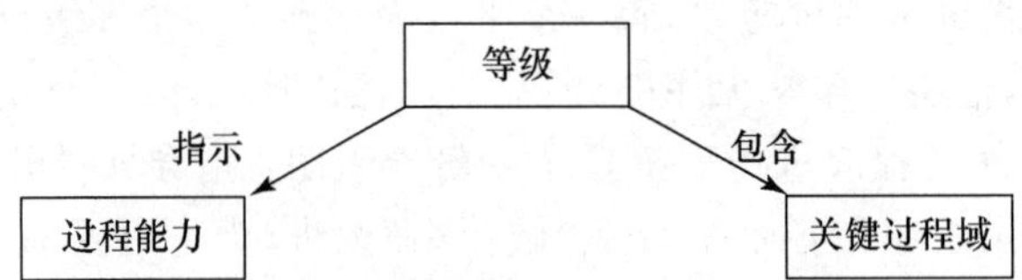

图 9.6　等级、过程能力和关键过程域之间的关系

下面,从三个方面给出各个等级的主要特征。

1. 初始级

(1) 组织：组织通常没有提供开发软件、维护软件的稳定过程和环境。

(2) 项目：软件开发无规范，软件过程不确定、无计划、无秩序，往往导致需求和进度失控。一旦发生危机时，项目通常放弃必要的需求和设计活动，只进行编码和测试。

(3) 过程能力：由于过程是不透明的，如图 9.7 所示，因此过程能力是不可预测的。

图 9.7　CMM 1 级过程示意

其结果是，项目的成败完全取决于个人的能力和努力；过程性能随个人具有的技能、知识和动机的不同而有很大的变化，并只能通过个人的能力进行预测。

2. 可重复级

由于实现了 CMM2 级的 6 个关键过程域，即软件项目规划、需求管理、软件配置管理、软件质量保证、软件子合同管理、软件项目跟踪和监督，因此组织、项目和过程能力具有以下主要特征：

(1) 组织：作为组织的行为，为软件项目的有效实施，围绕过程提供了一系列方针、规程，从而可以保障项目的稳定进展，并可保障新项目的策划和管理可基于以往项目中的成功经验和过程实践。

(2) 项目：过程是对当前项目的需求分析后制订的，是一实用的、已文档化的、可实施的、已培训的、已评估的和可改进的过程，其中能重复以前的成功实践，尽管在具体过程中可能有所不同；并且为项目建立的过程是可重复的，这是该级的一个显著特征。

过程是基本可控的，即在项目规划和服务跟踪过程中规定并设置了监测点，使软件项目过程基本上是可视的；并提供了当不满足约定时的识别方法和纠偏措施，使项目过程是可以改进的等。

过程是可特征化的，即对软件需求和为实现需求所开发的软件产品建立了基线，从而为项目控制奠定了有效基础。

过程是有章可循的，即为管理、跟踪软件项目的成本、进度和功能提供了规范。

(3) 过程能力：由于 CMM 2 级的过程是可视的，如图 9.8 所示，因此可获取项目运行状态信息，为项目管理决策提供必要的依据。

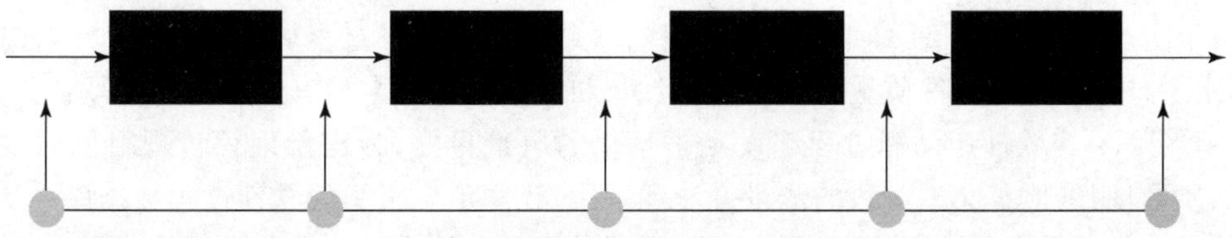

图 9.8　CMM 2 级过程示意

其结果是，项目基于过程实现了管理模型中的基本管理功能，其成败不完全取决于个人的能力和努力，而更依赖管理技能和管理水平，基本实现了过程途径的软件工程。

3. 已定义级

由于实现了 CMM 2 级的 6 个关键过程域和 3 级的 7 个关键过程域,即同行评审、组间协作、软件产品工程、集成的软件管理、培训计划、组织过程定义、组织过程焦点,因此组织、项目和过程能力具有以下主要特征:

(1) 组织:

① 建立了全组织范围内的标准过程文档,其中包括软件工程过程和管理过程。为在整个组织范围内实现软件工程技术活动和软件管理活动的文档化规范管理奠定了基础。

② 关注质量体系的建立和实施,质量体系的建立是指确立质量目标,方针和政策,并将工程过程和管理过程集成为一个有机的整体,其中明确规定了每一活动的输入、输出、标准、规程和验证判据;质量体系的实施是指按所确立质量目标,方针和政策,监视项目进展,包括技术进展、费用和进度,以便做出相应的决策。

③ 建立了负责组织的软件过程活动的机构,具体实施全组织的过程制订、维护和改进,其中包括对全组织的人员培训,使之具备必须的技能和知识,能高效地履行其职责。

(2) 项目:基于组织的标准软件过程,来定义项目的软件过程,即能够依据项目的环境和需求等,通过剪裁组织的标准过程,使用组织的过程财富,自定义项目的软件过程。其中,允许有一定的自由度,但任务间的不匹配情况,应在过程规划阶段得到标识,并进行组间协调和控制。

(3) 过程能力:由于 CMM 3 级的过程具有更好的可视的,可以获得更多的项目运行状态信息,如图 9.9 所示,因此过程能力是均衡的、一致的。其结果是,组织和项目的软件过程都是稳定的和可重复的,这当然要建立在整个组织范围内对已定义过程中的活动、作用和职责的共同理解基础之上。项目的成败基本上不取决于单个人的能力和努力,而是依赖均衡的、一致的过程能力。

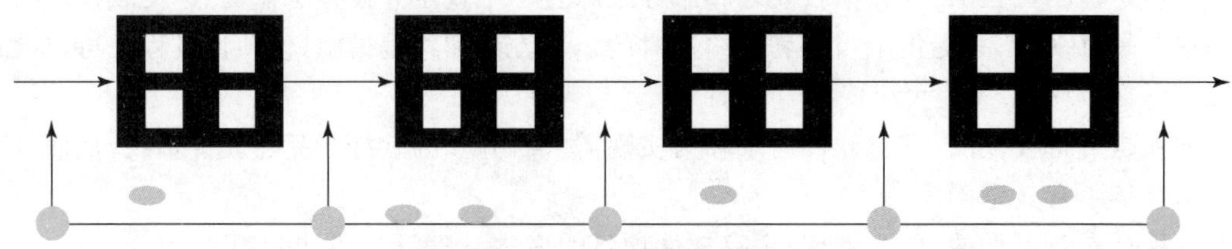

图 9.9 CMM 3 级过程示意

4. 可管理级

由于实现了 CMM 2 级的 6 个关键过程域、3 级的 7 个关键过程域和 4 级的 2 个关键过程域,即定量过程管理和软件质量管理,因此组织、项目和过程能力具有以下主要特征:

(1) 组织:为软件产品和过程都设定了量化的质量目标;为定量地评价项目的软件过程和产品质量,明确地定义了一致的测量方法和手段;建立了全组织的软件过程数据库。从而组织的软件过程是可定量预测的,以便在一旦发现过程和产品质量偏离所限制的范围时,能够立即采取措施予以纠正;使项目产品质量和过程是受控的和稳定的:即可以将项目的过程性能变化限制在一个定量的、可接受的范围之内;并使新领域软件开发,其风险估算是可定量的。

(2) 项目:减小了过程性能的变化性,使其进入可接收的量化边界,从而可实现对产品和过程的控制。

(3) 过程能力：由于CMM4级的过程可以提供量化的项目运行状态信息，如图9.10所示，因此使过程是可预言的。

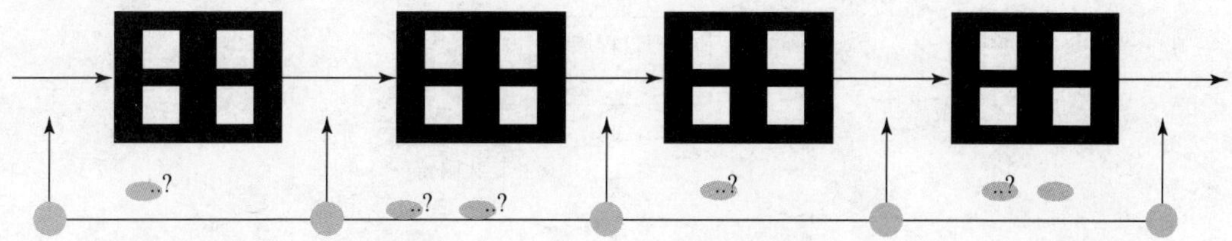

图9.10　CMM 4级过程特征示意

其结果是，若一个组织的过程成熟度达到CMM4级，那么就可以说该组织的管理达到了用数字说话的管理，这才是真正有效的管理。从而，对于一个特定的软件项目，该组织可按进度、按成本预算完成之。

5. 持续优化级

由于实现了2级的6个关键过程域、3级的7个关键过程域、4级的2个关键过程域和5级的3个关键过程域，即缺陷预防、技术变化管理、过程变化管理，因此组织、项目和过程能力的主要特征为：

(1) 组织：关注持续的过程改进，即给出标识过程弱点的方法，克服过程弱点的措施；既能在现有过程的基础上以渐进的方式，又能以技术创新等手段，不断努力地改善过程性能。

(2) 项目：能够利用关于软件过程的有效数据，标识最佳软件工程实践的技术创新，并推广到整个组织。能分析并确定缺陷的发生原因，认真评价软件过程，以防止同类缺陷再现，并且能将经验告知其他项目组。

(3) 过程能力：由于过程得到持续改善，如图9.11所示，因此过程能力不断得到提高，已具备相当抗风险和自我完善的潜能。其结果是，具有CMM5级的开发组织，对于一个特定的软件项目，不但可按进度、按成本预算完成，而且还可高质量地完成之。

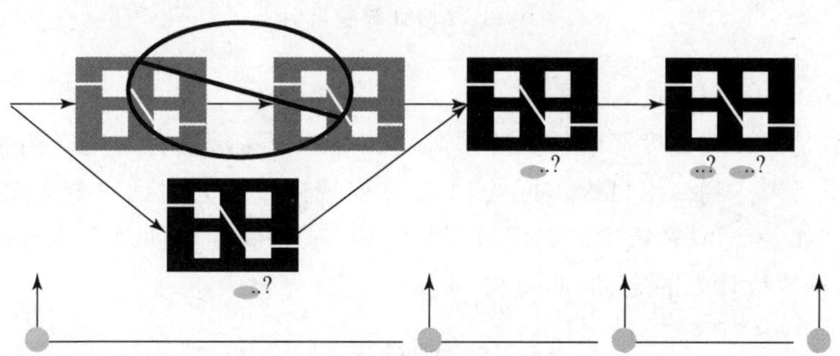

图9.11　CMM 5级过程特征示意

9.3.3　CMM的结构

CMM的结构如图9.12所示。

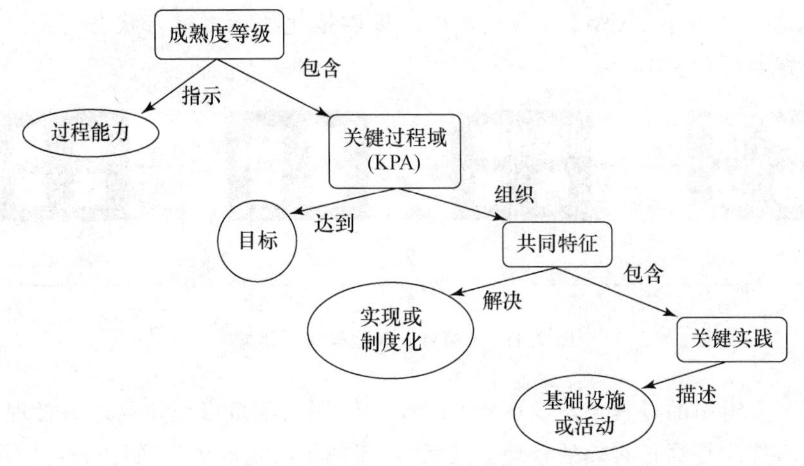

图 9.12 CMM 的结构

图 9.12 所示的 CMM 结构详述如下:

1. 成熟度等级(maturity level)

如上所述,CMM 的每一成熟度等级指示了过程能力,包含一组特定的关键过程域。它是良构定义的过程能力之演化平台,为以后过程改善活动奠定了基础。例如:可重复级为项目成本、进度和要完成的功能,建立了基本的项目管理,如图 9.13 所示。

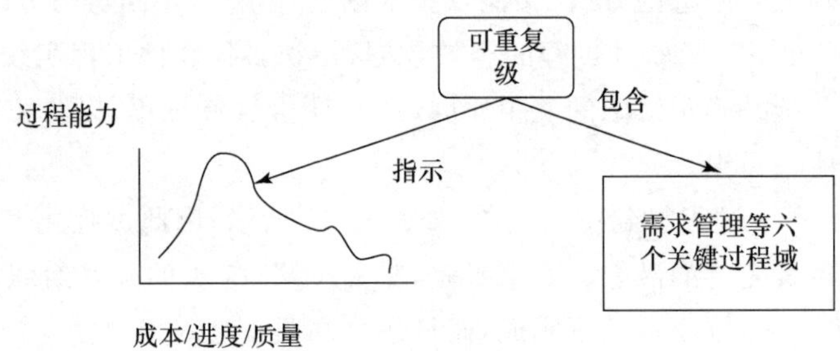

图 9.13 CMM 等级示例

2. 关键过程域(key process area)

关键过程域是定义成熟度等级的主要构造块。每一个关键过程域是一组相关的活动,通过它们的共同执行来达到一组目标。可见,关键过程域标识了为达到一个成熟度级别而必须强调的问题。例如:CMM 2 级中的关键过程域"软件项目规划",涉及工作量估算,必要承诺的建立,以及工作执行计划的定义,如图 9.14 所示。

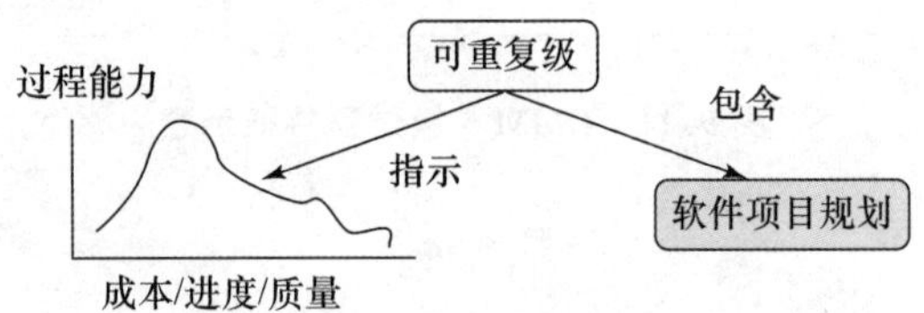

图 9.14 关键过程域示例

3．关键过程域的目标(goals)

关键过程域的目标表明一个关键过程域的范围、边界和意图。一个关键过程域可以有一个或多个目标。当达到这些目标时，过程能力就得到了增强，如图9.15所示。

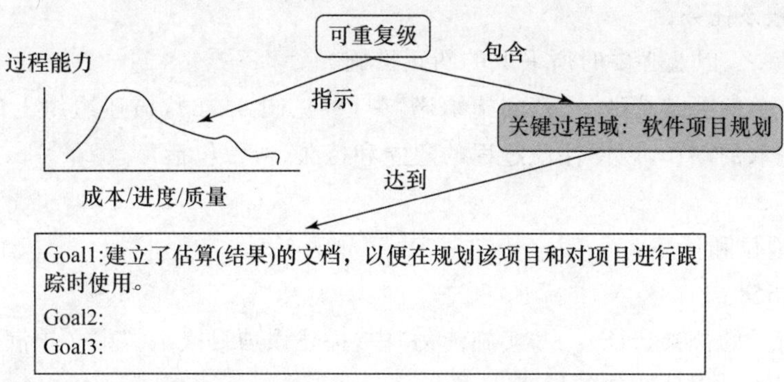

图9.15　关键过程域的目标示例

4．公共特征(common features)

每一关键过程域是由一组确定的关键实践定义的，为指示如何组织这些关键实践，以利于关键过程域有效、可重复、持久的实现以及制度化管理的建立，CMM引入了公共特征这一概念。

公共特征是过程的一些属性，它们确保过程被定义、被理解，并建立了有关文档。可见，CMM是通过过程属性——公共特征，对关键过程域进行划分的。

过程属性可分为以下两类，包括：

(1) 与制度有关的属性：① 实施承诺；② 实施能力；③ 测量与分析；④ 实现验证。

(2) 与实施有关的属性：要执行的活动。

在图9.16所示的例子中，公共特征为“要执行的活动”，属于与实施有关的属性，因此关注关键过程域“项目规划”的实施。该公共特征作为对关键实践的一个划分，其中包含多个活动，而例中只给出活动9。

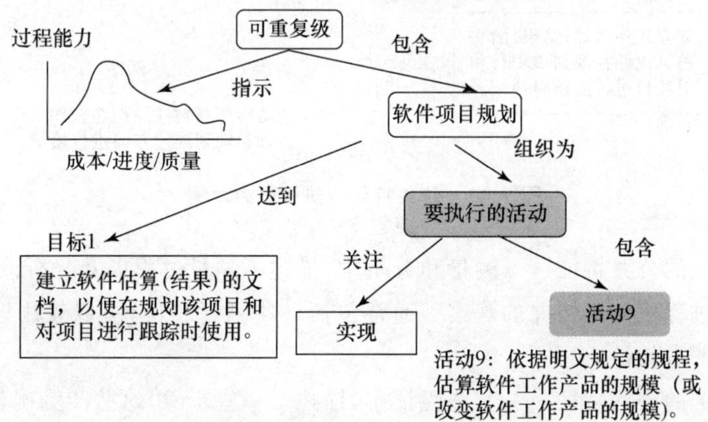

图9.16　公共特征—要执行的活动示例

从该例中的活动 9 的描述中可以看到,在与实施有关的过程属性——要执行的活动中,描述了为实现一个关键过程域所需要的角色和规程,通常包括:

① 如何建立计划和规程;

② 如何实施该任务;

③ 如何跟踪之,以及必要时所采取的纠正措施。

在与制度有关的公共特征——"实施承诺"中(参见图 9.16),描述组织上的一些承诺,即描述组织必须采取的动作,以便保证过程的建立和持久,通常包括:

① 政策;

② 高管的地位和任务;

③ 责任的指定。

在与制度有关的公共特征——"实施能力"中,描述该项目或组织中必须满足的前置条件,以便很好地实现该过程。通常包括:

① 资源;

② 组织结构;

③ 委托;

④ 培训;

⑤ 过程方向。

在图 9.17 所示的例子中,公共特征为"实施能力",属于与制度有关的属性,因此关注关键过程域"项目规划"的制度建立。该公共特征作为对关键实践的一个划分,其中包含多个活动,而例中只给出活动 14。

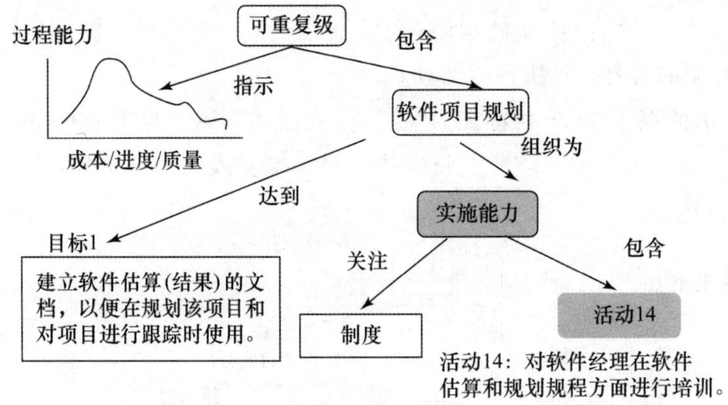

图 9.17 公共特征—执行能力示例

在与制度有关的公共特征——测量和分析中,描述了测量过程以及分析该测量的要求,从而提供了对关键过程域实现情况的观察。通常包括一些测量实例,可以使用这些实例来确定那些要执行活动的有效性。

在与制度有关的公共特征——实施验证中,描述了一些步骤,这些步骤确保活动的执行符合已经建立的那个过程。通常包括由高管、项目管理人员以及质量保证人员所进行的复审和审计。

综上可见,5 个公共特征有助于确保过程的实施和制度建设,有助于确保获得坚实的过程质量。特别要提到的是,制度是我们做事情的方式,因此建立一个制度化的过程,涉及组织如何有效、可用、一致地来应用过程;涉及培训、标准和规程、政策和验证等。

制度化的过程可以确保以后人们可以按这样的过程来工作,可以使开发组织能应对人员调离的风险。因此组织应该通过角色和鼓励,传播制度化的过程,使之成为组织文化的一个组成部分,而且不断地培育这一文化。

5. 关键实践

一般来说,实践一词具有两方面的含义,即"活动＋与活动相关的基础设施(包括:标准、规程、工具和技术等)"。在 CMM 中,关键实践是指那些为实现一个关键过程域具有重要意义的实践。即是说,只有实施一个关键过程域中所包含的所有关键实践,涉及基础性政策、规程和活动,才可能达到该关键过程域中的目标。例如本小节 4. 公共特征的例子中:

"活动 9:依据明文规定的规程,估算软件工作产品的规模(或改变软件工作产品的规模)";

"活动 14:对软件经理在软件估算和规划规程方面进行培训"。

下面以关键过程域"软件项目规划"为例,系统地说明其中公共特征和关键实践之间的关系。

关键过程域"软件项目规划"的目的是:为软件工程的执行和项目管理,建立一个有根据的计划。为了达到这一目的,涉及以下两方面的工作:

(1) 要执行的估算工作;

(2) 为定义执行工作的计划,建立必要的承诺。

这两方面的工作意味着该关键过程中所包含的关键实践可组织为两组:一是"要执行的活动",二是"实施承诺";即有两个公共特征:一个关注关键过程域的实现问题,一个关注过程的制度化问题,如图 9.18 所示。

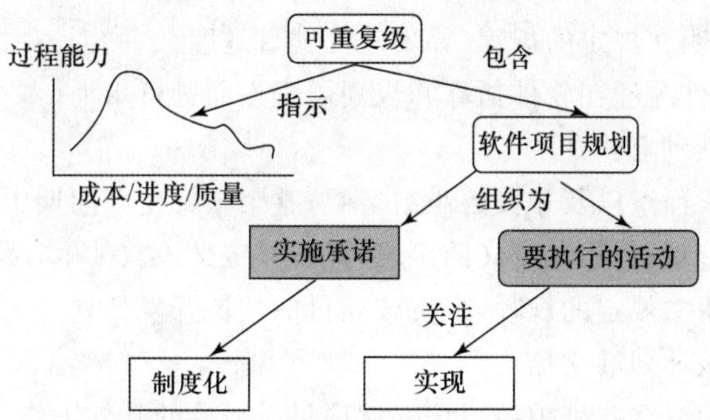

图 9.18　基于项目规划目的的关键实践组织

项目计划一般包含:开发计划、质量保证计划、配置管理计划、风险管理计划、测试计划、项目培训计划等。其中的开发计划,其基本内容为:

① 该项目选择的系统生存周期;

② 开发的一系列产品;

③ 进度;

④ 工作量、成本和人员等的估算；

⑤ 设施、支持工具以及硬件；

⑥ 项目风险(成本、进度以及关键的风险管理)。

因此，CMM 规定关键过程域“项目规划”的目标有 3 个(见图 9.19)：

目标 1：建立软件估算的文档，以便在规划和跟踪该软件项目中使用。

目标 2：规划软件项目活动和承诺，并建立了相应的文档。

目标 3：相关小组同意对该软件项目的承诺。

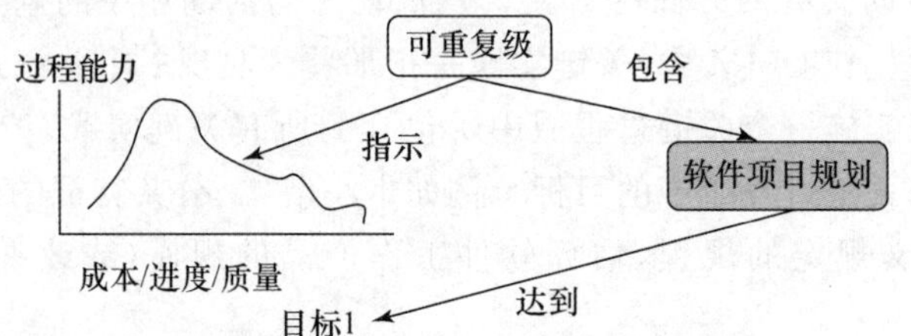

目标1：建立软件估算的文档，以便在规划和跟踪该软件项目中使用。

目标2：规划软件项目活动和承诺，并建立了相应的文档。

目标3：相关小组同意对该软件项目的承诺。

图 9.19 项目规划这一关键过程域的 3 个目标

为了实现以上三个目标，CMM 分别规定了与每一目标相关的活动(见图 9.20)。

与目标 1 相关的活动有：

- 活动 9：依据明文规定的规程，估算软件工作产品规模(或改变软件工作产品的规模)。
- 活动 10：依据明文规定的规程，估算软件项目工作量和成本。
- 活动 11：依据明文规定的规程，估算项目关键的计算机资源。
- 活动 12：依据明文规定的规程，导出软件项目进度。
- 活动 14：对软件经理在软件估算和规划规程方面进行培训。

与目标 2 相关的活动有：

- 活动 3：软件工程组以及相关的小组，参与整个项目生存周期中的项目规划工作。
- 活动 5：以可管理的、预先定义的阶段，标识并定义该软件生存周期。
- 活动 6：依据明文规定的规程，开发该项目的软件开发计划。
- 活动 7：建立该计划的文档。
- 活动 8：标识为建立并维护控制该软件项目所需要的软件工作产品。
- 活动 13：标识并评定该项目在成本、进度和技术方面的风险并建立相关的文档。
- 活动 15：编制有关该项目的软件工程设施和支持工具的计划。

与目标 3 相关的活动有：

- 活动 1：软件工程组参与项目提案组(proposal team)的工作。
- 活动 2：软件项目规划在整个项目规划的早期启动，并与之并行进行。
- 活动 4：依据明文规定的规程，与高级管理人员一起复审对组织之外的个人或小组所做的软件项目承诺。

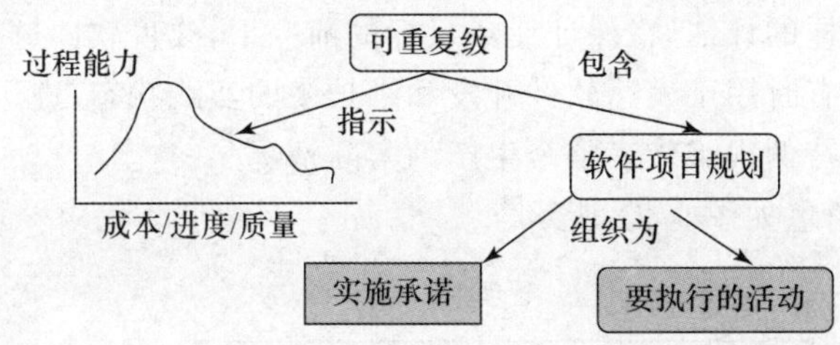

目标2

活动3：软件工程组以及相关的小组，参与整个项目生存周期中的项目规划工作。

活动5：以可管理的、预先定义的阶段，标识并定义该软件生存周期。

活动6：依据明文规定的规程，开发该项目的软件开发计划。

活动7：建立该计划的文档。

活动8：标识为建立并维护控制该软件项目所需要的软件工作产品。

活动13：标识并评定该项目在成本、进度和技术方面的风险并建立相关的文档。

活动15：编制有关该项目的软件工程设施和支持工具的计划。

目标1

活动9：依据明文规定的规程，估算软件工作产品规模(或改变软件工作产品的规模)。

活动10：依据明文规定的规程，估算软件项目工作量和成本。

活动11：依据明文规定的规程，估算项目关键的计算机资源。

活动12：依据明文规定的规程，导出软件项目进度。

活动14：对软件经理在软件估算和规划规程方面进行培训。

目标3

活动1：软件工程组参与项目提案组(proposal team)的工作。

活动2：软件项目规划在整个项目规划的早期启动，并与之并行进行。

活动4：依据明文规定的规程，与高级管理人员一起复审对组织之外的个人或小组所做的软件项目承诺。

图 9.20　关键过程域“软件项目规划”中的关键实践

CMM 的 5 个成熟等级，共包含 18 个关键过程域，316 个关键实践，并通过 5 个公共特征来组织之，支持相关关键过程域的一个或多个目标的实现。关于每个关键过程域的目标以及实现每一目标所关联的关键实践的详细内容，可参见相关的标准。

9.3.4　CMM 的使用以及对相关标准的影响

SW-CMM 是第一个具有明确等级的“阶梯式”的过程评估模型。这意味着，CMM 主要用于过程的评估。

软件过程评估是软件开发和维护/演化的过程途径的核心概念，涉及依据一个过程标准和框架来评价一个软件过程。应该按以下两种方式来使用标准：第一种方式是把标准作为一个基准模型，第二种方式是把它作为符合性规范。在第一种情况下，标准用于一个组织的内部，指导该组织的过程改善工作。在第二种情况下，直接把标准作为组织的一个标准，用于确定组织的过程是否符合该标准。另一方面，框架通常包含了一些严格递增的能力级别，作为长期过程改善工作的“路线图”。例如，SW-CMM 就是由五个能力级别组成，每一个级别的提升都基于关键过程域中能力的提高。

可见，进行软件过程评估的目的主要有两个：① 能力的确定(capability determination)，通过使用这样的评估来确定潜在的合同承担方(软件生产商)完成合同的能力；② 软件过程的改进,软件生产商通过使用这样的评估,在保证业务目标的前提下,改善软件过程。

另外,过程评估的结果有时用于表达软件开发和维护中的实践状态,进行这一工作应十分谨慎,因为用于这一目的的特例很难代表整个生产的实际情况。

评估在管理实施中的角色如图 9.21 所示。

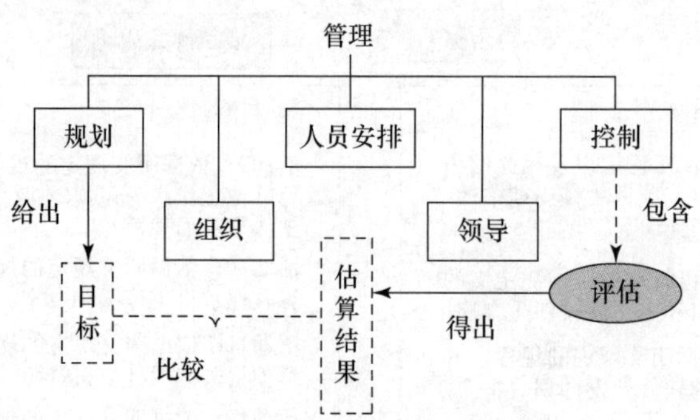

图 9.21 评估在管理中的角色

由此可知,评估是做出“采取什么控制措施”这一决策的基础。从概念上来说,评估是一个过程,该过程针对一个问题(例如目前的软件开发是否符合确定的进度目标),通过获取并系统化地使用与该问题有关信息,得出该问题的估算,并与确定的目标(一般是在规划中给出的)进行比较。

为了使评估结果是可重复的、客观的,即具有可比性,评估至少涉及以下四方面的要素:评估准则、评估环境、评估方法学和认证。它们之间的基本关系可以图 9.22 概括之。

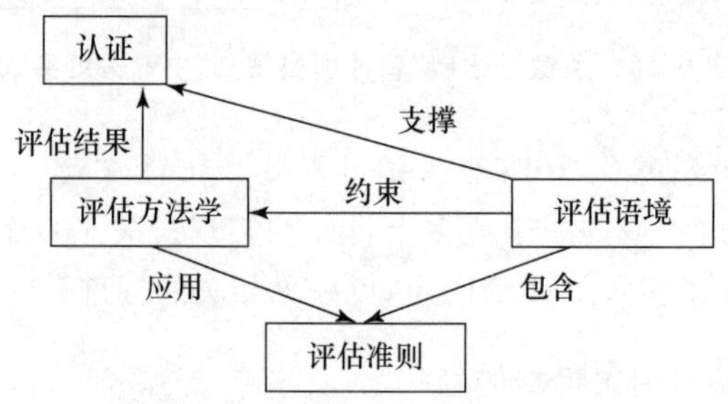

图 9.22 评估体系的基本结构

可见,评估准则是评估的基础,换言之评估准则是获取与该问题有关信息的依据,例如目前软件开发的进度状态的信息;评估语境往往是由一个评估框架定义的,该框架通常建立了评估标准、评估质量监控、评估人员在评估中必须遵循的管理规则以及评估机构的责任等,一方面为实施评估建立了一定的约束,另一方面为评估认证的相互认可提供了条件;评估方法学是对评估准则的应用,产生一个评估结果,作为认证的一个输入;认证是使评估结果获得最大可比性的一种手段。

因此,CMM 仅仅是有关过程质量的一种评估准则,需要由 SEI 授权的评估人员和在规定的评估语境下进行,并由 SEI 进行认证。

CMM 出现之后,相继其他一些类似的过程评估模型,主要用于特定行业、特定地区和特定类型的软件。在这些模型开发的同时,Humphrey 提出了两个新的基于 CMM 的模型,但其目的与 CMM 稍有不同。一个是针对个人软件过程(the Personal Software Process，PSP)的，按 Humphrey [Humphrey 1995]的说法，它是“一个自改进过程”，“帮助你控制、管理和改善的工作方式”；一个是针对小组软件过程(the Team Software Process，TSP)的，是为软件开发小组设计的，起着与 PSP 相似的作用。以下给出这些模型的简要描述，详细内容可参见相关文档。

1. PSP/TSP

在 CMM 之后，Humphrey 开发了 PSP(个人软件过程)和 TSP(小组软件过程)。PSP 的目的是通过鼓励软件工程师将规划、跟踪、测量其个人的性能作为软件过程的一部分，来提高他们的效率。Humphrey 给出了 PSP 的基本步骤：

(1) 标识那些可以被个人使用的、大型软件开发方法和实践。

(2) 定义这些方法和实践的子集，在开发小程序时可以应用。

(3) 组织这些方法和实践，以便逐渐引入。

(4) 在教学环境中，提供适应实践这些方法的练习。

PSP 有一个与 CMM 类似的框架。PSP 强调了 CMM 中一些关键过程域，例如软件项目规划、同行评审和缺陷预防等；而有些关键过程域，例如软件质量保证和软件子合同管理等，在 PSP 中可能就不强调。

Humphrey 建议，PSP 的内在思想适于构造少于 10K 代码行的程序，而对于更大的程序，就可以使用 TSP，作为对 PSP 的补充。

TSP 建造于 PSP 培训之上，并强调周末小组例会，包括每一新项目开始时的每三天一次会议，和每一项目里程碑开始时两天一次的会议。每一项目的初始会议，用于：① 开发小组的工作实践，② 建立目标，③ 选择角色，④ 定义过程，⑤ 制订计划。

TSP 提供了必要的形式、脚本和标准，可以引导接受 PSP 培训的小组实施相应的过程步骤。

2. CMMI

在 CMM 的启发下，开发了许多其他的 CMM，包括人员 CMM、系统工程 CMM、软件获取 CMM 和集成产品管理的 CMM 等。其中每个 CMM 的应用都是为了不同的目的，是对 SW-CMM 的补充。

1997 年 SEI 决定对当时的 SW-CMM1.1 版本进行修订，并设立了一个项目，期望到 1999 年产生 CMM 的 2.0 版本。在 SW-CMM2.0 版本形成的过程中，进行了广泛的行业咨询，但是，这个版本并没有发布。而 SEI 又启动了一个新的项目，称为 CMM 集成(CMMI)，其目标是集成三个重要的 CMM，即 SW-CMM(软件 CMM)，SE-CMM(系统工程 CMM)和 IPD-CMM(集成产品开发 CMM，Integrated product development CMM)。2000 年，产生了第一个集成化 CMMI 模型，还附带了相关的评估和培训资料，2002 年又发布了 CMMI1.1 版本。

CMMI 的初步目的是集成 3 个特定的过程改进模型：软件、系统工程以及以及产品开发。这种集成通过以下措施，降低实现基于多学科模型的过程改进成本：① 消除不一致；② 减少重复；③ 增加清晰度和理解；④ 提供公共术语；⑤ 提供一致的风格；⑥ 建立统一的构造规则；⑦ 维护公共构件；⑧ 确保与 ISO/IEC15504 保持一致；⑨ 对传统工作的意义保持敏感。

CMMI 长期目的是为今后把其他学科(如供应商管理、生产、获取、可靠性和安全性)增加到 CMMI 中而奠定基础。

关于以上过程评估模型的详细内容,可参阅相关的文档。

9.4 ISO 9000 系列标准简介

与 CMM 相比,ISO 9000 系列标准采用了另一种完全不同的控制软件过程质量的途径。ISO 9000:2000 系列标准可帮助各种类型的规模的组织实施并运行有效的质量管理体系。目前的版本 ISO 9000:2000 包括以下 4 个核心标准:

① ISO 9000 质量管理体系—基本原则和术语:表述质量管理体系基础知识并规定质量管理体系术语。ISO 9000:2000 标准是在 ISO 8402:1994 和 ISO 9000-1:1994 的基础上合并而成的。它规定了 ISO 9000 族标准中质量管理体系的术语共 10 类 80 个词条,表达了质量管理体系应遵循的八项质量管理原则和建立质量管理体系的 12 个管理基础。

② ISO 9001 质量管理体系—要求:规定质量管理体系要求,用于证实组织具有提供满足顾客要求和适用的法规要求的产品的能力,目的在于增进顾客满意度。ISO 9001:2000 标准代替了 1994 版的 ISO 9001:1994、ISO 9002:1994 和 ISO 9003:1994 三项标准,包括对这些文件的技术性修订。它允许有条件的裁剪,但对裁剪的规则做出了明确的规定。该标准规定的质量管理体系要求不仅是产品的质量保证,还包括了使顾客满意。标准的结构采用符合管理逻辑的"过程模式",形成质量管理体系各阶段以顾客为核心的过程导向方式。ISO 9001:2000 所规定的质量管理体系要求是对产品要求的补充。该标准能用于内部和外部(包括认证机构)评定组织满足顾客、法律法规和组织自身要求的能力,它的制订已经考虑了 ISO 9000 和 ISO 9004 中所阐明的质量管理规则。

③ ISO 9004 质量管理体系—业绩改进指南:提供考虑质量管理体系的有效性和效率两方面的指南。该标准的目的是组织业绩改进和顾客及其他相关方满意度。ISO 9004:2000 标准取代了 1994 版的 ISO 9004-1、9004-2、9004-3、9004-4 标准,它为组织提供了业绩改进的指南,但不是 ISO 9001 的实施指南,是以质量管理的八项原则为基础,使组织理解质量管理及其应用,从而改进组织的业绩。标准还给出了质量改进中的自我评价方法,并以质量管理体系的有效性和效率评价目标。

④ ISO 19011:质量和/或环境管理体系审核指南:提供审核质量和环境管理体系指南。该标准合并了 1994 版的 ISO10011-1、ISO10011-2、ISO10011-3 三个分标准以及 1996 版的 ISO14010、ISO14011、ISO14012 三个标准,它遵循"不同管理体系,可以有共同管理和审核要求"的原则,为质量管理和环境管理审核的基本原则,审核方案的管理,环境管理和质量管理体系审核的实施以及对环境和质量管理体系审核员的资格要求提供了指南。它适用于所有运行质量管理体系和/或环境管理体系的组织,指导其内审和外审的管理工作。本标准于 2002 年正式发布。

除了以上四个核心标准,ISO 9000:2000 还包括一个标准——ISO 10012《测量控制系统》,该标准是 ISO 9000:2000 版标准中的正式标准之一,它取代了 1994 版的 ISO 10012-1 标准和 ISO10012-2 标准,为影响产品符合性的测控控制系统提出了要求。该标准包括测量过程中处理分析方法及测量设备的计量确认。本标准于 1997 年正式发布,作为 2000 版 ISO 9000 族标准的一部分。

ISO 9000 系列标准的其主导思想是:产品质量形成于产品生产的全过程。因此,应使影响产品质量的全部因素，在生产全过程中始终处于受控状态；并且质量管理应遵循 PDCA 循环（即计划 Plan—实施 Do—检查 Check—措施 Action），坚持进行过程改进。

9.4.1　八项质量管理原则

以下八项质量管理原则是 ISO 9000 族质量管理体系标准的基础，最高管理者可运用这些原则，领导组织进行业绩改进：

(1) 以顾客为关注焦点

组织依存于顾客。因此，组织应当理解顾客当前和未来的需求，满足顾客要求并争取超过顾客期望。

(2) 领导作用

领导者确立组织统一的宗旨及方向。他们应当创造并保持使员工能充分参与实现组织目标的内部环境。

(3) 全员参与

各级人员都是组织之本，只有他们的充分参与，才能使他们的才干为组织带来效益。

(4) 过程方法

将活动和相关的资源作为过程进行管理，可以更高效地得到期望的结果。

(5) 管理的系统方法

将相互关联的过程作为系统加以识别、理解和管理，有助于组织提高实现目标的有效性和效率。

(6) 持续改进

持续改进总体业绩应当是组织的一个永恒目标。

(7) 基于事实的决策方法

有效决策是建立在数据和信息分析的基础上。

(8) 与供方互利的关系

组织与供方是相互依存的，互利的关系可以增强双方创造价值的能力。

9.4.2　质量管理体系基础

质量管理体系基础分为以下 12 个方面：

1. 质量管理体系的理论说明

质量管理体系能够帮助组织增强顾客满意。顾客要求产品具有满足其需求和期望的特性，这些需求和期望在产品规范中表达，并集中归结为顾客要求。顾客要求可以由顾客以合同方式规定或由组织自己确定。在任一情况下，产品是否可接受最终由顾客确定。因为顾客的需求和期望是不断变化的，以及竞争的压力和技术的发展，这些都促使组织持续地改进产品和过程。质量管理体系方法鼓励组织分析顾客要求，规定相关的过程，并使其持续受控，以实现顾客能接受的产品。质量管理体系能提供持续改进的框架，以增加顾客和其他相关方满意的机会。质量管理体系还就组织能够提供持续满足要求的产品，向组织及其顾客提供信任。

2. 质量管理体系要求和产品要求

ISO 9000 族标准区分了其管理体系要求和产品要求。ISO 9001 规定了质量管理体系要求。质量管理体系要求是通用的，适用于所有行业或经济领域，不论其提供何种类别的产品。

ISO 9001 本身并不规定产品要求。产品要求可由顾客规定,或由组织通过预测顾客的要求规定,或由法规规定。在某些情况下,产品要求和有关过程的要求可包含在诸如技术规范、产品标准、过程标准、合同协议和法规要求中。

3. 质量管理体系方法

建立和实施质量管理体系的方法包括以下步骤:

(1) 确定顾客和其他相关方的需求和期望;

(2) 建立组织的质量方针和质量目标;

(3) 确定实现质量目标必需的过程和职责;

(4) 确定和提供实现过程质量目标必需的资源;

(5) 规定测量每个过程的有效性和效率的方法;

(6) 应用这些测量方法确定每个过程的有效性和效率;

(7) 确定防止不合格并消除产生原因的措施;

(8) 建立和应用持续改进质量管理体系的过程。

采用上述方法的组织能对其过程能力和产品质量树立信心,为持续改进提供基础,从而增进顾客和其他相关方满意并使组织成功。

4. 过程方法

任何使用资源将输入转化为输出的活动或一组活动可视为一个过程。

为使组织有效运行,必需识别和管理许多相互关联和相互作用的过程。通常,一个过程的输出将直接成为下一个过程的输入。系统地识别和管理组织所应用的过程,特别是这些过程之间的相互作用,称为“过程方法”。ISO 9000 族标准鼓励使用过程方法管理组织。

5. 质量方针和质量目标

建立质量方针和质量目标为组织提供了关注的焦点。两者确定了预期的结果,并帮助组织利用其资源达到这些结果。质量方针为建立和评审质量目标提供了框架。质量目标需要与质量方针和持续改进的承诺相一致,其实现需是可测量的。质量目标的实现对产品质量、运行有效性和财务业绩都有影响,因此对相关方的满意和信任也产生积极影响。

6. 最高管理者在质量管理体系中的作用

最高管理者通过其领导作用及各种措施可以创造一个员工充分参与的环境,质量管理体系能够在这种环境中有效运行。最高管理者可以运用质量管理原则作为发挥以下作用的基础:

(1) 制订并保持组织的质量方针和质量目标;

(2) 通过增加员工的意识、积极性和参与程度,在整个组织内促进质量方针和质量目标的实现;

(3) 确保整个组织关注顾客要求;

(4) 确保实施适宜的过程以满足顾客和其他相关方要求并实现质量目标;

(5) 确保建立、实施和保持一个有效的质量管理体系以实现这些质量目标;

(6) 确保获得必要资源;

(7) 定期评审质量管理体系;

(8) 决定有关质量方针和质量目标的措施;

(9) 决定改进质量管理体系的措施。

7. 文件

文件能够沟通意图、统一行动，其使用有助于：

(1) 满足顾客要求和质量改进；

(2) 提供适宜的培训；

(3) 重复性和可追溯性；

(4) 提供客观证据；

(5) 评价质量管理体系的有效性和持续适宜性。

在质量管理体系中使用下述几种类型的文件：

(1) 向组织内部和外部提供关于质量管理体系的一致信息的文件，这类文件称为质量手册；

(2) 表述质量管理体系如何应用于特定产品、项目或合同的文件，这类文件称为质量计划；

(3) 阐明要求的文件，这类文件称为规范；

(4) 阐明推荐的方法或建议的文件，这类文件称为指南；

(5) 提供如何一致地完成活动或过程的信息的文件，这类文件包括形成文件的程序、作业指导书和图样；

(6) 为完成的活动或达到的结果提供客观证据的文件，这类文件称为记录。

每个组织确定其所需文件的多少和详略程度及使用的媒体。

8. 质量管理体系评价

(1) 质量管理体系过程的评价

在评价质量管理体系时，应对每一个被评价的过程提出以下四个基本问题：

① 过程是否已被识别并适当规定？

② 职责是否已被分配？

③ 程序是否得到实施和保持？

④ 在实现所要求的结果方面，过程是否有效？

(2) 质量管理体系审核

审核用于确定符合质量管理体系要求的程度。审核发现用于评定质量管理体系的有效性和识别改进的机会。

第一方审核用于内部目的，由组织自己或以组织的名义进行，可作为组织自我合格声明的基础。

第二方审核由组织的顾客或由其他人以顾客的名义进行。

第三方审核由外部独立的组织进行。这类组织通常是经认可的，提供符合（如：ISO 9001）要求的认证或注册。

ISO 19011 提供审核指南。

(3) 质量管理体系评审

最高管理者的任务之一是就质量方针和质量目标，有规则地、系统地评价质量管理体系的适宜性、充分性、有效性和效率。这种评审可包括考虑修改质量方针和质量目标的需求以响应相关方需求和期望的变化。评审包括确定采取措施的需求。

审核报告与其他信息源一同用于质量管理体系的评审。

(4) 自我评定

组织的自我评定是一种参照质量管理体系或优秀模式对组织的活动和结果所进行的全面和系统的评审。自我评定可提供一种对组织业绩和质量管理体系成熟程度的总的看法。

9. 持续改进

持续改进质量管理体系的目的在于增加顾客和其他相关方满意的机会,改进包括下述活动:

(1) 分析和评价现状,以识别改进区域;

(2) 确定改进目标;

(3) 寻找可能的解决方法,以实现这些目标;

(4) 评价这些解决方法并做出选择;

(5) 实施选定的解决方法;

(6) 测量、验证、分析和评价实施的结果,以确定这些目标已经实现;

(7) 正式采纳更改。

必要时,对结果进行评审,以确定进一步改进的机会。

10. 统计技术的作用

应用统计技术可帮助组织了解变异,从而有助于组织解决问题并提高有效性和效率。这些技术也有助于更好地利用可获得的数据进行决策。

在许多活动的状态和结果中,甚至是在明显的稳定状态下,均可观察到变异。这种变异可通过产品和过程可测量的特性观察到,并且在产品的整个声明周期(从市场调研到顾客服务和最终处置)的各个阶段,均可看到其存在。

统计技术有助于对这类变异进行测量、描述、分析、解释和建立模型,甚至在数据相对有限的情况下也可实现。这种数据的统计分析能对更好地理解变异的性质、程度和原因提供帮助。

11. 质量管理体系与其他管理体系的关注点

质量管理体系是组织的管理体系的一部分,它致力于使与质量目标有关的结果适当地满足相关方的需求、期望和要求。组织的质量目标与其他目标,如增长、资金、利润、环境及职业卫生与安全等目标相辅相成。一个组织的管理体系的各个部分,连同质量管理体系可以合成一个整体,从而形成使用共同要素的单一的管理体系。这将有利于策划、资源配置、确定互补的目标并评价组织的整体有效性。组织的管理体系可以对照其要求进行评价,也可以对照国际标准如 ISO 9001 和 ISO 14001:1996 的要求进行审核,这些审核可分开进行,也可合并进行。

12. 质量管理体系与优秀模式之间的关系

ISO 9000 族标准和组织优秀模式提出的质量管理体系方法依据共同的原则,它们两者均:

(1) 使组织能够识别它的强项和弱项;

(2) 包含对照通用模式进行评价的规定;

(3) 为持续改进提供基础;

(4) 包含外部承认的规定。

ISO 9000 族质量管理体系与优秀模式之间的差别在于它们应用范围不同。ISO 9000 族标准提出了质量管理体系要求和业绩改进指南,质量管理体系评价可确定这些要求是否得到满足。优秀模式包含能够对组织业绩进行比较评价的准则，并能适用于组织的全部活动和所有相关方。优秀模式评定准则提供了一个组织与其他组织的业绩相比较的基础。

9.4.3　ISO 9001 和 ISO 9004 标准的关系

ISO 9001 和 ISO 9004 已制订为一对协调一致的质量管理体系标准，它们相互补充，但也可单独使用。虽然这两项标准具有不同的范围，但却具有相似的结构，以有助于他们作为协调一致的一对标准的应用。ISO 9001 旨在给出产品的质量保证并增强顾客满意，而 ISO 9004 则通过使用更广泛的质量管理的观点，提供业绩改进的指南。

ISO 9001 规定了质量管理体系要求，可供组织内部使用，也可用于认证或合同目的。在满足顾客要求方面，ISO 9001 所关注的是质量管理体系的有效性。

与 ISO 9001 相比，ISO 9004 为质量管理体系更宽范围的目标提供了指南。除了有效性，该标准还特别关注持续改进组织的总体业绩与效率。对于最高管理者希望通过追求业绩持续改进而超越 ISO 9001 要求的那些组织，ISO 9004 推荐了指南。然而，用于认证和合同不是 ISO 9004 的目的。

9.5　CMM 与 ISO 9000 系列标准的比较

对 CMM 和 ISO 9000 系列标准对比如下：

(1) CMM 是专门针对软件产品开发和服务的，而 ISO 9000 涉及的范围则相当宽。

(2) CMM 强调软件开发过程的成熟度，即过程的不断改进和提高。而 ISO 9000 则强调可接受的质量体系的最低标准。

(3) 应用问题。ISO 9001 存在监审(surveillance audits)，即认证有效期为三年，在这段时间内，评估人员每年进行两到三次不做声明的监督考察；而 CMM 并没有明确规定评估结果的有效期限，尽管在该行业中一般认为是两年。

(4) 成本问题。CMM 的评估成本较高。例如对一个拥有 100—300 个软件工程师的软件组织，实施 CMM 评估的成本大约在$100 000—$300 000 之间。这些成本包含：

① 员工培训(确保员工使用的术语与评估人员是一致的；这还不包括对过程本身的培训)；

② 评估方的评估费用；

③ 员工用于评估的时间。

对于规模小一点的组织，可能评估成本会低一点，但一般不是线性递减的。

(5) 认证问题。ISO 9001 的认证是“二元的”，即或是通过认证，或没有通过认证；而 CMM 是“阶梯式”的，即 CMM 评估可以激发持续的过程改善并建立相应的文档。

由上可见，ISO 9000 系列标准和 CMM 既有区别又相互联系，两者不可简单地互相替代。

9.6　本 章 小 结

本章首先介绍了软件工程管理活动，其中重点介绍了管理领域的著名专家 Koontz 和 O'Donnell 等提出的经典管理模型中的管理的五项功能：规划、组织、人员安排、领导和控制。

其次,介绍了软件规模、成本和进度估算。其中,重点介绍了以功能点方法和对象点方法为代表的软件规模的估算方法,以及以COCOMOⅡ为代表的成本估算模型。最后,系统地介绍了成熟度模型CMM,简单介绍了CMMI和ISO9000系列标准,并分析了CMM和ISO9000系列标准的区别和联系。总之,软件项目管理在软件项目开发中具有重要作用,正如本章首语所言,仅当软件过程予以有效管理时,才能实现有效的软件工程。

习 题 九

1. 解释以下概念:

(1) 软件过程能力;

(2) 软件过程性能;

(3) 成熟度等级;

(4) 关键过程域;

(5) 关键实践。

2. 简要回答什么是PDCA模型。

3. 简要解释著名专家Koontz和O'Donnel提出的经典管理模型。

4. 软件系统/产品规模估算有哪几种常用的方法?并说明它们各自的特点。

5. 简要回答COCOMO模型的作用。

6. 简要回答什么是Brooks定律。

7. 简要回答CMM模型具有哪五个成熟度等级以及每个等级的特点。

8. 简要回答CMM模型的作用。

9. 简要回答CMM、PSP和TSP三个模型的关系。

10. 简要回答ISO 9000:2000系列标准包含哪几个标准以及每个标准的作用。

11. 对比CMM和ISO 9000系列标准,分析它们的联系和区别。

12. 简要解释ISO 9000:2000系列标准的八项质量管理原则。

第十章　软件开发工具与环境

软件开发工具与环境使软件开发事半功倍。

制造业、建筑业的发展告诉我们，当采用有力的工具辅助人工劳动时，可以极大地提高劳动生产率，并可有效地改善工作质量。20 世纪 80 年代以来，在需求的驱动下，并借鉴其他业界发展的影响，人们开始了计算机辅助软件工程(Computer-Aided Software Engineering, CASE)的研究，以期解决软件开发的工具支持问题。

这一研究受到各国政府和有关 IT 企业的高度重视。例如，美国政府在 1993 年科技计划中，就把 CASE 工具以及相关软件方法学的研究与开发，作为 IT 领域首要项目。应该承认，在这一领域的有关研究，对软件技术的进步，特别对改变软件产业的生产方式产生了很大的影响和作用。

目前在市场上存在大量的软件开发工具，因此本章简单介绍这一方面的概念和有关知识。

10.1　基本概念

计算机辅助软件工程可形象地定义为

CASE＝软件工程＋自动化工具

这意味着 CASE 为软件开发和/或维护引入了工程化方法，并提供计算机辅助支持——工具集。因此可以概括地说，CASE 是一组方法和工具的集合，其中软件工具不是对任何软件开发方法的取代，而是对它们的支持，旨在提高软件开发效率，增进软件产品的质量。

狭义地说，CASE 工具是一类特殊的软件工具，用于辅助开发、分析、测试、维护另一计算机程序和/或文档。广义地说，CASE 是除了 OS 之外的任何软件工具的总称。

1993 年，Fuggetta 依据 CASE 工具对软件过程的支持范围，将其分为 3 类，如图 10.1 所示。

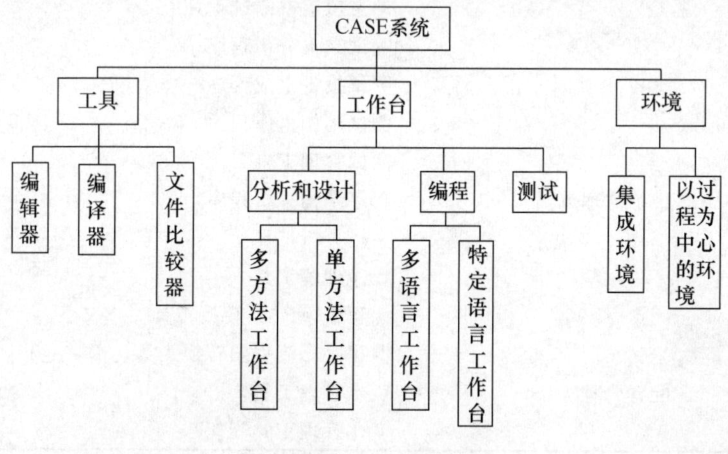

图 10.1　CASE 工具分类

1. CASE 工具

CASE 工具又常称为“软件工具”,是用于辅助计算机软件开发、运行、维护、管理、支持等过程中的某一活动或任务的一类软件。引导程序、装入程序和编辑程序可以被看成是最早使用的软件工具。20 世纪 60 年代末出现了软件工程以后,支持软件需求分析、设计、编码、测试、维护和管理等活动的各种工具相继产生,如表 10.1 所示。

表 10.1 基于支持活动的 CASE 工具分类

支持的活动	典型工具
需求分析	数据流图工具
	实体-关系模型工具
	状态转换图工具
	数据字典工具
	面向对象建模工具
概要设计	分析、验证需求定义规约工具
	程序结构图(SC 图)设计工具
	面向对象设计工具
详细设计	HIPO 图工具
	PDL(设计程序语言)工具
	PAD(问题分析图)工具
	代码转换工具
编码工具	正文编辑程序
	语法制导编辑程序
	连接程序
	符号调试程序
	应用生成程序
	第四代语言
	OO 程序设计环境
测试	静态分析程序
	动态覆盖率测试程序
	测试结果分析程序
	测试报告生成程序
	测试用例生成程序
	测试管理工具
维护与理解	程序结构分析程序
	文档分析工具
	程序理解工具
	源程序→PAD 转换工具
	源程序→流程图转换工具
配置管理	版本管理工具
	变化管理工具

进入 80 年代以后，随着交互式图形技术、多媒体技术的发展，出现了用户界面工具（如窗口系统）和各式各样的多媒体软件工具。近年来，由于面向对象方法学的提出和广泛应用，特别是 UML 语言的提出，又出现了一批新的支持工具。

综观软件工具的发展，可以总结出以下几方面主要的特点：

(1) 趋于工具集成：由于软件开发过程本身是由若干个活动组成的，为了更有效地支持软件开发，自然需求软件工具的集成。工具集成意味着把若干个工具或工具片段结合起来，使几个相关的工具可以协同操作。这一趋势有力地促进了集成化软件开发环境的研究。

(2) 重视用户界面设计：交互式图形技术及高分辨率图形终端的发展，为友好方便的用户图形界面的开发提供了物质基础。通过采用多窗口、图形表示等技术，极大地改善了用户界面的质量，使工具具有更好的可用性。

(3) 采用最新理论和技术：许多工具在研制中，均采用了一些最新的技术，如交互图形技术、人工智能技术、网络技术和形式化技术等，以便提高工具的效用。

2. CASE 工作台

工作台是一组被组装的工具（通过共享文件、数据结构和/或数据仓库等实现集成），它们可协同工作，支持像分析、设计或测试等特定软件开发阶段。

工作台可分为开放式工作台与封闭式工作台。开放式工作台的基本特征是，提供了集成机制和公有数据集成标准或协议。

工作台能支持大多数的软件过程活动。例如：

(1) 程序设计工作台，由支持程序设计的一组工具组成，如将编辑器、编译器和调试器等集成在一个宿主机上构成程序设计工作台供开发人员使用。

(2) 分析和设计工作台，支持软件过程的分析和设计阶段。较为成熟的是支持结构化方法的工作台，现也有支持面向对象方法进行分析和设计的工作台。

(3) 测试工作台，趋于支持特定的应用和组织机构。常具有较好的开放性。

(4) 交叉开发工作台，这些工作台支持在一种机器上开发软件，而在其他系统上运行所开发的软件。一个交叉开发工作台中，包括的工具有交叉编译器、目标机模拟器，从宿主机到目标机上下载软件的通信软件包，以及远程运行的监控程序等。

(5) 配置管理(CM)工作台，这些工作台支持配置管理。如版本管理工具，变更跟踪工具，系统建造（装配）工具等。

(6) 文档工作台，这些工作台支持高质量文档的制作。如字处理器、单面印刷系统，图表图像编辑器，文档浏览器等。

(7) 项目管理工作台，这些工作台支持项目管理活动。如项目规划和质量、开支评估和预算追踪工具。

其中，支持分析、设计、编程的工作台比支持其他活动的工作台更为成熟。下面简单给出分析设计工作台、程序设计工作台和软件测试工作台的基本结构。

(1) 分析与设计工作台

分析和设计工作台有时称之为上游 CASE 工具。这些工作台可以支持基于特定方法的设计或分析，诸如结构化分析和设计、JSD 或 Booch 的面向对象分析等，其中提供了相应方法规则和指南,并且它们能处理大多数通用方法的图表类型。

一个分析和设计工作台可能包括的工具及基本结构如图 10.2 所示。这些工具一般通过一个共享仓库集成,该仓库的结构大多数是工作台开发商专有的,因而分析和设计工作台通常是封闭式环境。用户很难将他们自己的工具加入其中,也很难修改提供给他们的工具。

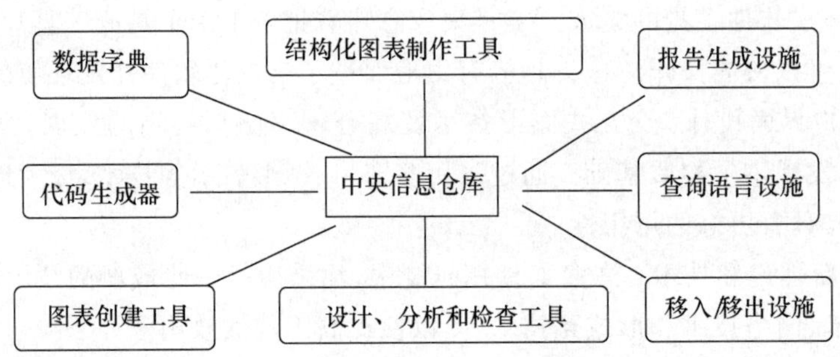

图 10.2 分析、设计工作台结构示意

图 10.2 中:

① 图表创建工具,用来创建数据流图、结构图,实体关系图等。图表创建工具不仅是绘图工具,也能确认图表中出现的实体的类型,表达有关这些实体的信息,将这一信息存在中央仓库中(在有些工作台中称为百科字典)。

② 设计和分析核实工具,用来对分析和设计进行必要的分析,报告错误和异常情况,该工具或许与编辑系统集成,以便在早期开发阶段用户能追踪错误。

③ 仓库查询语言,支持设计者查询仓库,找到与设计相关的信息。

④ 数据字典,维护系统设计中所用的实体信息。

⑤ 报告定义和生成工具,从中央存储器中取得信息并自动生成系统文档。

⑥ 移入/移出设施,支持中央仓库和其他软件开发工具互换信息。

⑦ 代码生成器,从中央存储器获取设计信息,自动生成代码或代码框架。

(2) 程序设计工作台

程序设计工作台由支持程序开发的一组工具组成。其中,编译器或汇编器将高级语言程序转换成机器代码,它们是程序设计工作台的核心构件。在编译阶段生成的语法和语义信息也能被其他工具使用,这些工具包括程序分析器、程序浏览器和动态分析器等。程序分析器指明在哪儿定义和使用变量,程序浏览器显示程序结构,动态分析器创建一个动态程序执行轮廓。帮助程序员查找错误的调试系统也要用到语法树和符号表中的信息。

程序设计工作台的基本结构如图 10.3 所示。其中,CASE 工具以圆角形框表示,工具的输入输出以矩形框显示。在这个工作台中,工具通过抽象语法树和符号表集成,抽象语法树和符号表代表源语言程序的语法、语义信息。

① 语言编译器:将源代码程序转换成目标码。其间,创建一个抽象语法树(AST)和一个符号表。

② 结构化编辑器:结合嵌入的程序设计语言知识,对 AST 中程序的语法表示进行编辑,而不是程序的源代码文本。

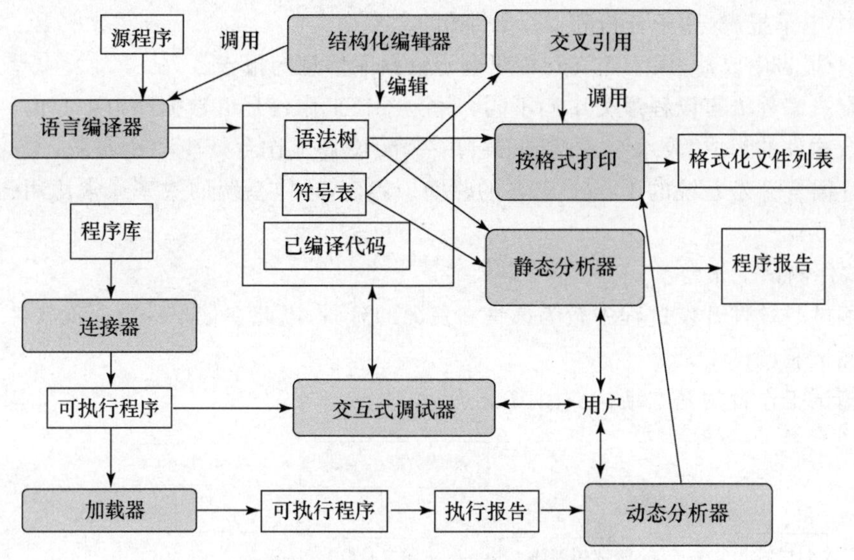

图 10.3　程序设计工作台结构示意

③ 连接器：将已编译的程序的目标代码模块连接起来。

④ 加载器：在可执行程序执行之前将之加载到计算机内存。

⑤ 交叉引用：产生一个交叉引用列表，显示所有的程序名是在哪里声明和使用的。

⑥ 按格式打印：扫描 AST，根据嵌入的格式规则打印源文件程序。

⑦ 静态分析器：分析源文件代码，找到诸如未初始化的变量、不能执行到的代码、未调用的函数和过程等异常。

⑧ 动态分析器：产生带附注的一个源文件代码列表，附注上标有程序运行时每个语句执行的次数。也许还生成有关程序分支和循环的信息，还统计处理器的使用情况。

⑨ 交互式调试器：允许用户来控制程序的执行次序，显示执行期间的程序状态。

个人计算机上已存在一些程序设计工作台中工具，例如面向特定语言的编辑器、编译器和调试系统等。

对于一些强制式语言，诸如 C、Ada 或 C++ 等，通常是通过 AST 和符号表实现集成，如图 10.3 所示。而对于第四代语言（4GL），往往使用另一种方法实现，即通过数据库实现集成。4GL 工作台的一般组成如图 10.4 所示。

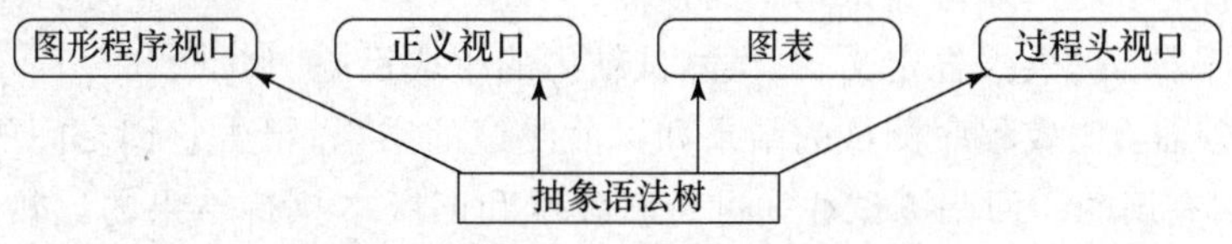

图 10.4　一个 4GL 程序设计工作台

一个 4GL 工作台中可能包括如下工具：

① 诸如 SQL 的数据库查询语言，或者是直接输入的，或者是从由终端用户填写的表格中自动生成的。

② 一个表格设计工具，用于创建表格，数据通过表格输入和显示。

③ 一个电子报表,用于分析和操纵数字信息。

④ 一个报告生成器,用于定义和创建电子数据库信息的报告。

与强制式编程语言以程序为中心不同,一个 4GL 工作台是以数据库为中心的。数据库是绑定工作台构件的集成"胶水"。一般来讲,用一个 4GL 工作台产生一个系统,大约只花费传统程序设计语言开发系统的 10%—25%的时间。然而,这样系统的效率通常比用强制式语言产生的系统要低。

(3) 软件测试工作台

由于测试是软件开发过程中较为昂贵和费力的阶段,因此在最早的第一批软件工具中,就存在一些测试和调试工具。

软件测试工作台的基本结构如图 10.5 所示。

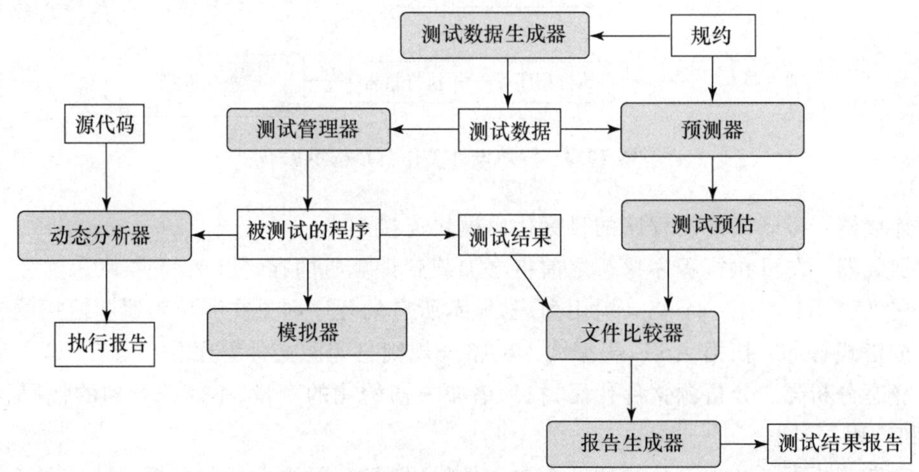

图 10.5 软件测试工作台结构示意

图 10.5 中:

① 测试管理器:管理程序测试的运行和测试结果报告。这涉及对测试数据的跟踪、对所期待结果的跟踪、对被测试的程序的跟踪等。

② 测试数据生成器:生成被测程序的测试用例(数据)。这可以从一个数据库中选取,也可能使用一定模式来生成之等。

③ 预测器:产生对所期待测试结果的预测。

④ 报告生成器:提供报告定义,提供测试结果的生成设施。

⑤ 文件比较器:比较程序测试的结果和以前测试的结果,报告它们之间的差别。这在回归测试中是特别有用的。回归测试往往进行新版本和旧版本执行结果的比较,其差异可指示系统新版本存在的潜在问题。

⑥ 动态分析器:支持对程序动态性的分析,例如可生成被测程序执行轮廓、特定点程序状态、测试覆盖情况等。

⑦ 模拟器:可能提供各种不同的模拟器。例如目标模拟器可模拟多个用户之间的交互;I/O 模拟器可模拟程序的输入和输出,这意味着可重复再现事务的执行次序,这在测试实用系统时,被测系统如果存在一定的定时错误,这一功能就特别有用。

大型系统的测试需求往往依赖于被开发的应用程序，因此，经常需要做以下工作，以适应每个系统的测试计划。例如：

① 为测试数据生成器定义模式；

② 为动态分析器定义报告格式；

③ 基于文件测试结果的结构，编写特定目的的文件比较器。

3. 软件开发环境

软件开发环境(SDE)是支持软件系统/产品开发的软件系统。它由软件工具和环境集成机制构成，前者用于支持软件开发的相关过程、活动和任务，后者为工具的集成和软件的开发、维护及管理提供统一的支持。具体地说：

(1) 软件开发环境中的软件工具可包括：支持特定过程模型和开发方法的工具，如支持瀑布模型及数据流方法的分析工具、设计工具、编码工具、测试工具、维护工具：支持面向对象方法的OOA工具、OOD工具和OOP工具等；独立于模型和方法的工具，如界面辅助生成工具和文档出版工具等；亦可包括管理类工具和针对特定领域的应用类工具。

(2) 环境中的集成机制按功能可划分为环境信息库、过程控制及消息服务器、环境用户界面3部分。其中：

① 环境信息库是软件开发环境的核心，用以储存与系统开发有关的信息并支持信息的交流与共享。库中储存两类信息，一类是开发过程中产生的有关被开发系统的信息，如分析文档、设计文档、测试报告等；另一类环境提供的支持信息，如文档模板、系统配置、过程模型、可复用构件等。

② 过程控制及消息服务器是实现过程集成及控制集成的基础。过程集成是按照具体软件开发过程的要求进行工具的选择与组合，控制集成实现工具之间的通信和协同工作。

③ 环境用户界面包括环境总界面和由它实行统一控制的各环境部件及工具的界面。统一的、具有一致视感的用户界面是软件开发环境的重要特征，是充分发挥环境的优越性、高效地使用工具并减轻用户学习负担的保证。

较完善的软件开发环境通常具有如下功能：

(1) 支持一些典型的软件开发方法学；

(2) 数据的多种表示形式及其在不同形式之间自动转换；

(3) 信息的自动检索与更新；

(4) 软件开发的一致性及完整性维护；

(5) 配置管理及版本控制；

(6) 项目控制和管理。

10.2　工具集成模型

不论是CASE工作台还是CASE环境，均存在工具集成问题。在20世纪80—90年代中，在这一方面开展了大量有效的研究，并促进了现代软件集成技术的研究与发展。在CASE工具集成方面，提出的集成模型主要有：Wasserman五级模型、APSE模型、环境层次模型等。

1. Wasserman五级模型(1990)

该模型所说的五级是指平台集成、数据集成、控制集成、过程集成和表示集成。

(1) 平台集成是指通过这一集成后可使工具运行在统一的硬件/操作系统平台上。

(2) 数据集成是指工具使用共享数据结构,工具之间可以交换数据。

数据集成的方式有:

① 共享文件——所有工具识别一个单一的文件格式,如图 10.6 所示。

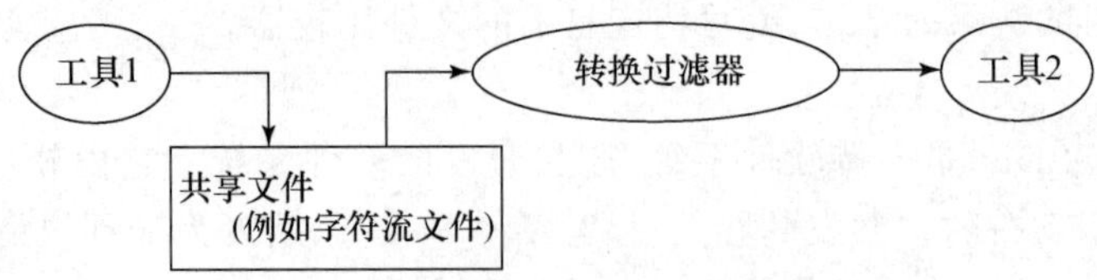

图 10.6 基于文件的数据集成示意

图 10.6 中,工具 1 和工具 2 共享一个数据结构,即各工具应将该数据结构的细节"硬化"到工具中,如图 10.7 所示。

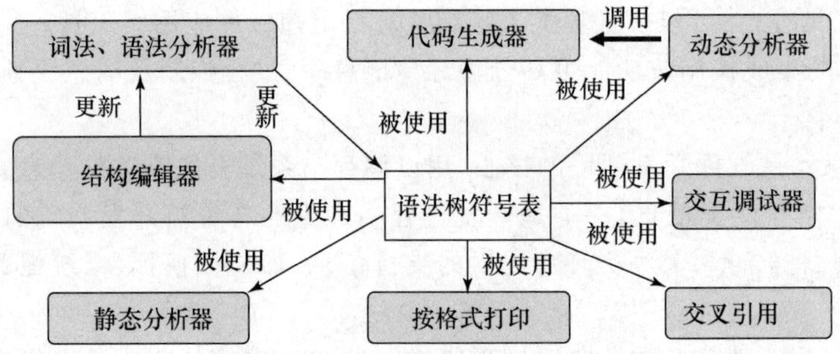

图 10.7 通过共享数据结构的集成

② 共享数据仓库——所有工具围绕一个对象管理系统进行集成,如图 10.8 所示。

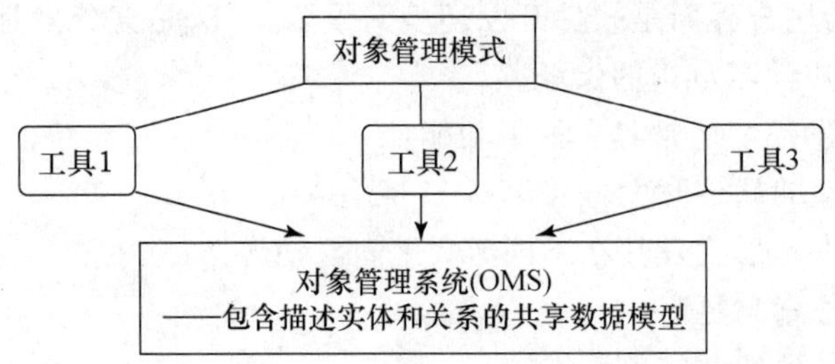

图 10.8 通过 OMS 集成

(3) 控制集成是指一种处理环境中一个工具对另一工具的访问控制机制,包括:启动、停止以及调用另一工具提供的服务,如图 10.9 所示。

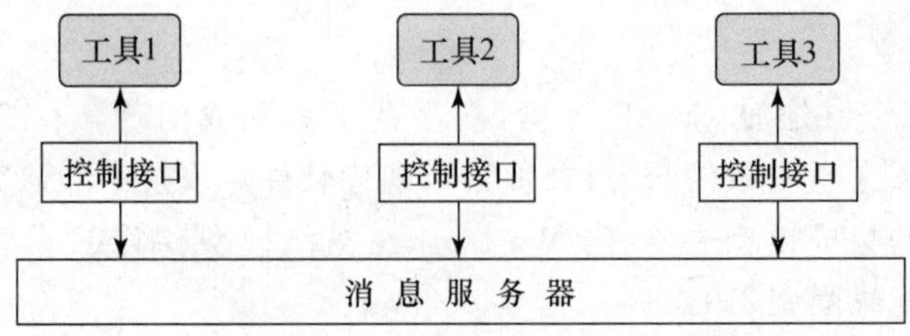

图 10.9 通过消息传递的控制集成

图 10.9 中：

① 每一个工具提供一个控制接口，通过该接口可以访问该工具。

② 当一个工具需要与另一工具通信时，构造一个消息，并发送到消息服务器。

③ 消息服务器将这一消息传送给被调用的工具。

(4) 过程集成意指 CASE 系统嵌入了关于过程活动、约束以及支持这些活动所需的工具等知识。CASE 系统可以辅助用户调用相应工具完成有关活动，并检查活动的结果，如图 10.10 所示。

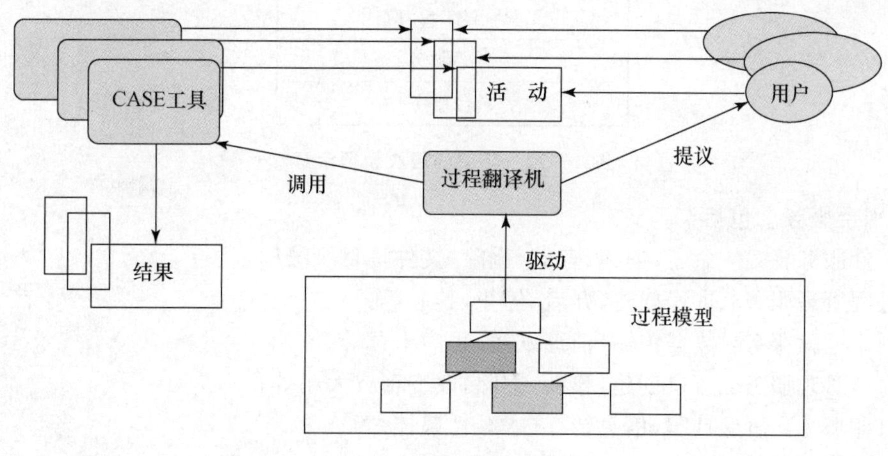

图 10.10　过程集成

(5) 表示集成(用户界面集成)意指系统中的工具使用共同的风格以及采用共同的用户交互标准集。实现表示集成的方式主要有：

① 窗口系统集成：工具使用相同的窗口系统，即具有一致的窗口外观以及一致的窗口操作命令。

② 命令集成：各工具对相似的功能使用同样格式的命令，包括：文本命令格式与参数、菜单格式和位置、图符样式等。

2. APSE 模型

“软件工程环境”这一概念首先是由 Buxton 于 1980 年提出的。在美国国防部支持下，提交了一组支持 Ada 程序设计环境(Ada 程序设计环境，APSE)的需求，如图 10.11 所示。

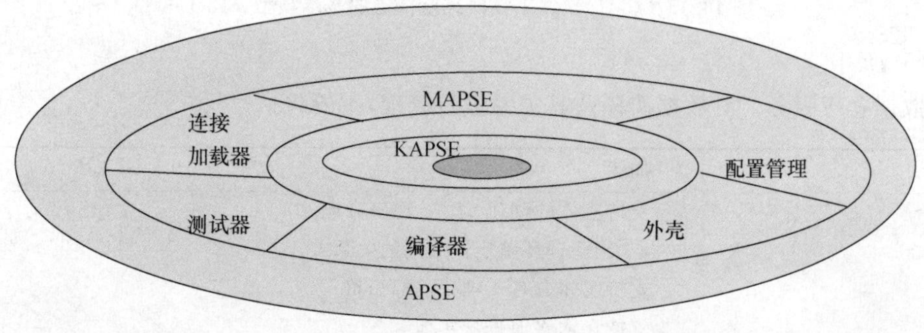

图 10.11　APSE 模型

图 10.11 中,KAPSE 是该环境的核心,它扩展了操作系统,提供了该环境的基础设施,并通过一个公共的工具接口,支持增量开发一个完整的软件工程环境;APSE 是环境的一个最小集,即基本上是一个程序设计工作台。

3. 一种环境的层次模型

为了使软件工程环境可以根据项目需要,提供不同的支持,则环境必须能够接纳更多的 CASE 工具,必须能够按需要增加新的设施。这意味着:环境应是一组服务的集合,如图 10.12 所示。

工具(工作台)应用
框架服务
平台服务

图 10.12 环境的层次模型示意

(1) 平台服务。包括:

① 文件服务:文件命名,创建,存储,删除,文件按目录结构组织;

② 进程管理服务:进程创建,开启,停止,挂起等;

③ 网络通信服务:数据传输,消息发送,程序下载等;

④ 窗口管理服务:窗口创建,移动,删除,改变窗口大小等;

⑤ 打印服务:信息打印,信息转存(永久性媒体)等。

(2) 框架服务。其建立在平台服务之上,专用于支持 CASE 工具的集成,如图 10.13 所示。

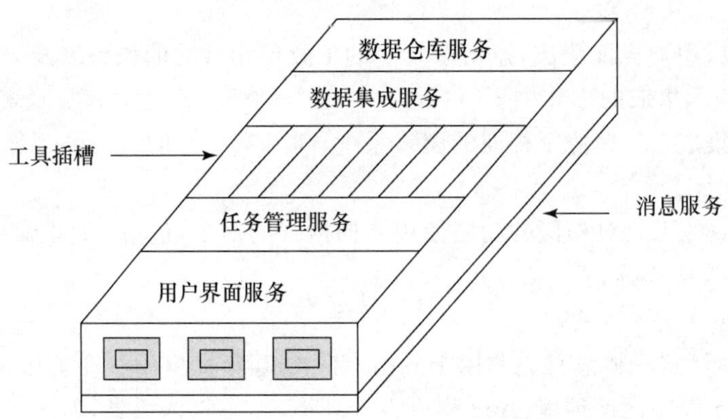

图 10.13 CMU 软件工程研究所提出的基准模型(SEE)

图 10.13 中:

① 数据仓库服务。对数据实体及其关系进行管理,主要包括:

服务	描述
数据存储	支持实体的创建、读取、更新和删除
关系	定义、管理环境实体之间的关系
命名	支持实体命名—唯一的标识符
定位	支持在网络上分派实体
数据事务	支持原子事务,允许发生失败事件的数据恢复

续表

服务	描述
并发	支持多个事务处理同时进行
进程支持	提供开启、停止、挂起进程等操作
文档	支持实体的脱机存储和恢复
备份	支持系统发生失败事件的数据恢复

② 数据集成服务。扩展基本数据仓库服务，提供的服务包括：

服务	描述
版本管理	支持实体多版本管理
配置管理	配置项命名以及配置变化控制
查询	提供访问和更新版本服务
元—数据	提供数据模式定义和管理
状态控制	提供触发机制，当数据库达到特定状态时，初始化特定操作
子环境	支持定义、管理环境中数据和操作的一个子集－作为一个单一的命名环境
数据互换	支持从环境中移入/移出数据

③ 任务管理服务。支持环境中的过程集成

服务	描述
任务定义	提供任务定义机制，包括：前置条件/后置条件，输入/输出，需要的资源，涉及的角色
任务执行	提供支持任务执行的设施，也许包含用过程语言所描述的任务交互操作
任务事务	提供对事务的支持，这些事务在相当一段时间内与一个或多个任务执行有关
任务历史	提供记录任务执行、查询以前执行的设施
事件监控	支持事件或引起某任务执行的触发定义
记账与查账	记录做了什么，以及环境资源的使用
角色管理	提供定义和管理环境中角色的设施

④ 用户界面服务。支持表示集成，实现人与环境的交互。

⑤ 消息服务。支持工具与框架通信服务。

在软件工程环境中定义了两种消息服务：

● 消息传送：支持工具到工具、服务到服务、框架到框架之间的消息传送。相关的操作有：发送，接受，应答等。

● 工具注册：允许一个工具或服务，作为某种类型的消息接受者，登记到消息服务器上。

(3) 工具(工作台)应用。在 SEE 中，有关工具的集成，存在三个级别，如图 10.14 所示。

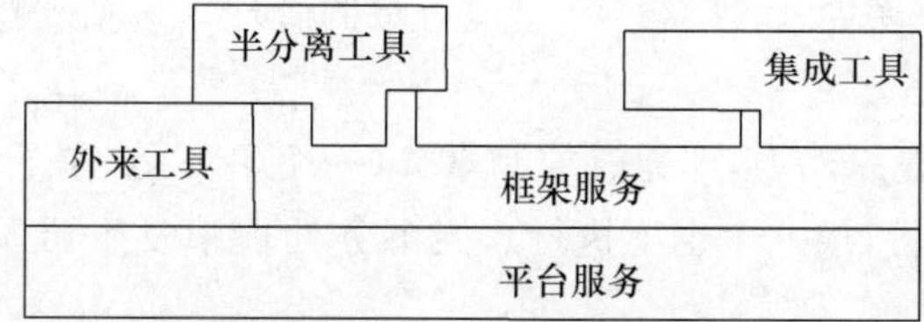

图 10.14　软件工程环境的工具集成

图 10.14 中,① 集成工具:使用框架服务,管理它们所有的数据。② 半分离工具:与框架服务的集成不如集成工具那么紧密,它们管理自己的数据结构,但用框架服务管理文件等。③ 外来工具:仅使用平台服务。

4. PCTE

APSE 的出现,引起了美国和欧洲的高度重视,均在有关机构支持下,开展了软件开发环境通用框架服务集的研究,主要包括:

(1) 基于 APSE 的提案,美国国防部设立了 CAIS(Common APSE Interface Set)项目,通过研制一个 Ada 环境核心 APSE,开发了一个面向 Ada 的环境通用工具接口集 CAIS。

(2) 与 CAIS 项目进行的同时,在欧洲信息技术研究战略计划(ESPRIT)中,设立了 PCTE (Portable Common Tool Environment)项目。其中,采用了 SEE 基准模型,开发了软件开发环境通用的工具接口 PCTE 第一版,成为欧洲计算机制造商协会(ECMA)的标准,并于 1984 年发布。PCTE 标准是面向 UNIX 和 C 的,旨在标准的通用性,而并非支持特定语言环境。

(3) 针对当时 PCTE 标准存在的一些技术缺陷,例如:缺乏对安全性和访问控制的支持,与 UNIX 平台联系过于紧密等,为了解决 PCTE 标准中的问题,美国国防部门又设立新的项目,资助开发 PCTE+;欧洲计算机行业协会(ECME)也设立项目,支持开发 ECMA PCTE。

(4) 由于 PCTE 和 CAIS 这两个提案有许多重复交叉之处,因此美欧双方共同对之进行了综合,并开发出一个称之为 PCIS(Portable Common Interface Standerd)标准(可移植通用接口标准)。并以 PCIS 发布,还进行了原型化。

欧洲和美国实际上还是普遍接受 ECMA PCTE,已成为当时软件开发环境框架的事实标准。综上:围绕环境通用接口的研究及成果之间的关系,如图 10.15 所示。

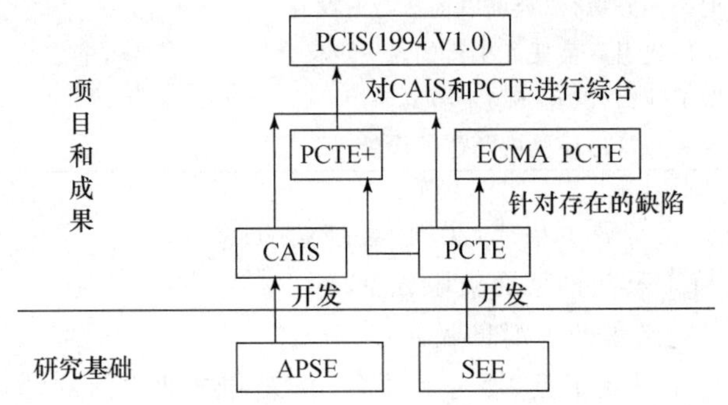

图 10.15 PCTE 的研究历程

ECMA PCTE 的主要特征可概括为:

(1) 基于 ERA(实体-关系-属性)模型,实现对象的管理。包括支持对象之间的连接,对象类与子对象的定义。

(2) 提供数据恢复、复原能力,即通过控制事务(一个事务是"原子"动作的一个集合)中动作的执行方式(或全部执行,或一个也不执行),当事务处理中发生错误时,可以将数据库恢复到一个一致的状态。

(3) 提供事务执行的管理,即支持进程之间的通信,支持进程的启动、终止和存储。

(4) 支持进程和数据在网络上的分派。

(5) 采用了一个比较复杂的安全模型，其中提供了不同的安全级别，控制对 OMS 中对象的访问。

1992 年以后，Brown 等人介绍了 ECMA PCTE，并根据 SEE 基准模型对 ECMA PCTE 进行了评估，如下所示：

服务	描述
数据仓库	除备份外，PCTE 提供了所有数据仓库服务
数据集成	除通用查询服务外，PCTE 提供了所有数据仓库服务
任务管理	除查账和记账服务外，没有提供其他服务
消息	提供消息分派服务，但没有消息注册服务
用户界面	建议基于 PCTE 的环境，都采用 X-Window 实现其用户界面；没有强制采用哪些特定的库

由此可以看出，ECMA PCTE 提供了一个相当完整的低层框架服务集，与 SEE 基准模型相比，还需进一步进行扩充。例如，在美国 DoD 环境框架服务的提案中，采用 PCTE 提供数据仓库和数据集成服务；采用 HP 的 SoftBench 提供控制服务；采用 X/Motif 提供用户界面服务等。

10.3　大型软件开发环境青鸟系统概述

大型软件工程开发环境青鸟系统是国家科技攻关课题成果，是由北京大学杨芙清院士牵头研制的一个面向对象的软件开发环境。

20 世纪 80 年代中后期，国际上出现了多种集方法、技术和大量工具为一体的、支持整个软件生存周期的集成型软件开发环境。我国政府和科技工作者多年来也十分重视软件开发环境的研究与开发，自“六五”以来一直设立相关的课题，支持这一领域的研究。本节主要介绍青鸟Ⅱ型，又称 JB2。

在设计上，JB2 参考国际上一些著名的环境模型，通过对它们的分析和评估，吸取其优点，提出并实现了基于自己已有研究成果之上的集成环境总体结构，如图 10.16 所示。

JB2 的主要特点如下：

1. 提供了支持数据集成、控制集成和界面集成的开放性环境集成机制

(1) 以对象管理系统为核心的数据集成部件

主要包括 JB2 的对象管理系统(JB2/OMS)和 CASE-C++语言。

① JB2 的对象管理系统是 JB2 环境的核心，其作用是对软件开发过程中定义的对象类以及对象实例进行存储和管理，并使它们可并发地运行于网络中各个工作站之上，支持在多用户、多程序之间对象的共享和并发执行，由并发控制机制保证其属性信息的一致性。

JB2/OMS 对于环境的工具开发者和最终用户提供了统一的面向对象技术支持，即，它管理和存储的对象，既包括构成工具本身的对象，也包括用户在使用工具时产生的结果对象，以及用户以 CASE-C++语言开发的任何应用程序中的对象。

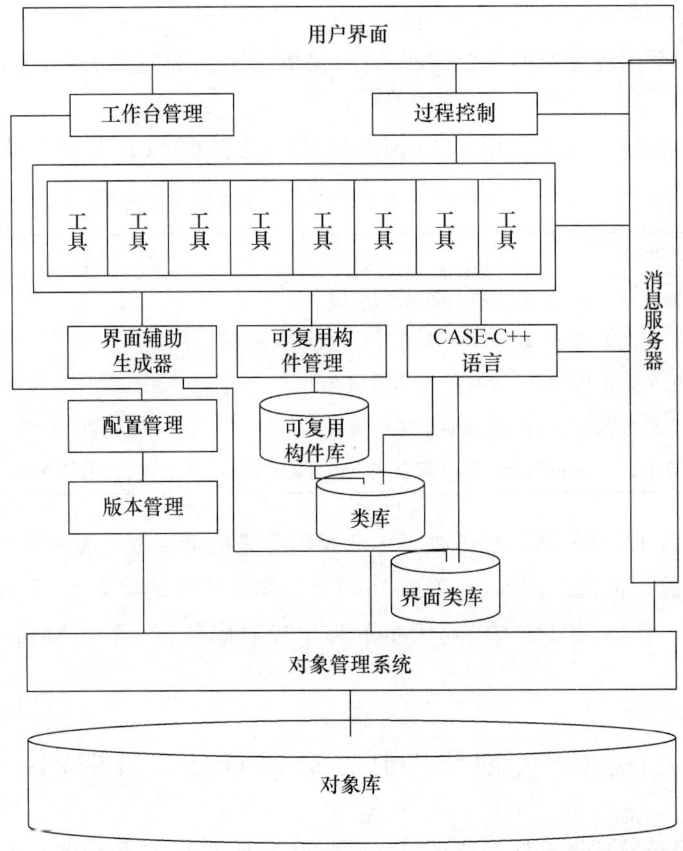

图 10.16　JB2 系统的总体结构

② CASE-C++语言是 JB2 环境中的一种面向对象的编程语言(OOPL)。设计和实现这种语言的主要动机是为了提高在软件开发环境下面向对象的软件开发工作的效率并达到软件工具在环境中的紧密集成。JB2 选择了当时应用比较广泛的 C++语言作为基础,并为了满足工具集成要求对其进行了扩充,主要包括使其具有支持永久对象的能力,具有支持多继承的能力等。

(2) 以消息服务器和过程控制系统作为控制集成部件

① 消息服务器。JB2 的消息服务器是在 UNIX 系统的 IPC/RPC 基础上开发的一个高层次的消息服务设施,它用于工具或环境其他独立部件之间的通信服务。工具或环境部件是消息发送和接收单元。消息是网络透明的,按 JB2 的统一约定进行描述和登记之,其语义由接收单元和发送单元约定。

消息服务器是实现环境工具集成的一种重要设施,它为相关工具之间的协调工作提供了方便而有效的支持。例如,设计工具在工作时可以发送消息要求分析工具显示相关的分析文档并进行修改。

消息服务器也是 JB2 过程控制基础,它为过程控制的实现提供了通信服务。

② 过程控制器。在 JB2 中提出了一种面向对象的过程模型 OOSP,并基于这一模型提出了一种面向对象的过程描述语言 OOPDDL,使用该语言可以灵活地描述一个项目的软件生存

周期过程。在消息服务器的基础上，开发了相应的过程控制器，支持开发者方便地运行其软件过程，以提高软件生产率和软件质量。

(3) 以界面类库和界面辅助生成器作为界面集成部件

① 界面类库。为了提高用户界面的编程效率，并保证界面风格的一致性，JB2 在 OSF/Motif 之上开发了一个 JB2 界面类库，其中预订义的界面类较全面地涵盖了一般用户常用的界面成分。用户可以通过派生或组合来产生自己所需要的界面，并可将所生成的新类提交到该类库中，以便复用。

② 界面辅助生成器。界面辅助生成器是 JB2 环境中的一个交互式界面生成工具，它为用户的界面开发提供了可视化的支持。用户可以在屏幕上以"所见即所得"的方式构造自己所需要的界面成分。界面辅助生成器既可看成环境集成机制的一个组成部分，也可以作为一个独立的软件工具。

JB2 的界面类库和界面辅助生成器可以有效地保证界面设计的规范化和风格的一致性，并且明显地提高了界面的开发效率和质量。

2. 设计了符合开放性要求的工具结构模型，并提供了相应的工具插槽

(1) 工具结构模型

工具与环境的接口问题是关系到环境的集成度和开放性的关键问题之一。在没有任何约定的情况下开发出来的工具很难在环境中达到紧密的集成。为了提高环境的开放性，保证环境易于剪裁和扩充，青鸟Ⅱ型采用如图 10.17 所示的工具模型。

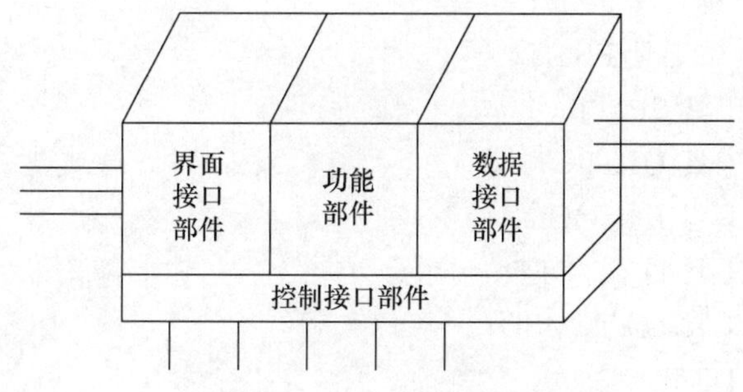

图 10.17　JB2 工具结构模型

在这个模型中，一个工具由 4 个独立部件构成，即功能部件、数据接口部件、控制接口部件和界面接口部件。其中，功能部件是完成工具自身的功能所需的软件成分，其他 3 个部件分别实现工具与环境的数据接口、控制接口和界面接口。所有与环境接口有关的设计决策都集中体现在这 3 个接口部件中，从而隔离了环境对功能部件设计的影响，使工具开发者的大部分工作(有关功能部件的工作)可以独立于环境。

(2) 工具插槽

按以上模型设计的工具，相当于环境中的一个标准插件，3 个接口部件是数据、控制和界面 3 方面的"插头"，环境的数据集成、控制集成和界面集成机制则是与之对应的"插槽"。图 10.18 显示了工具"插件"与环境工具插槽间的基本关系。

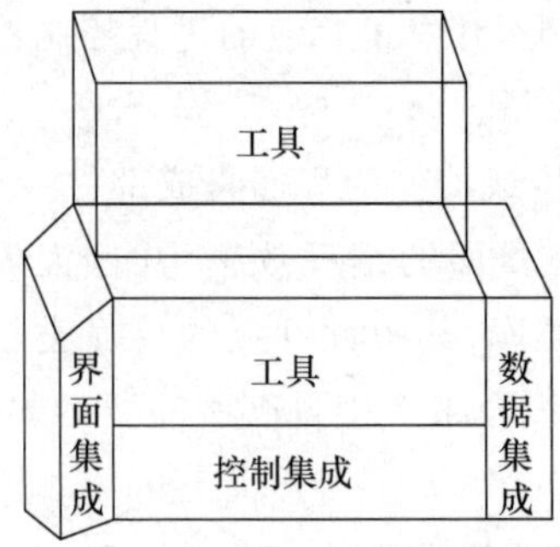

图 10.18 JB2 工具插槽示意

3. 提供了一套支持面向对象分析与设计、结构化分析与设计及其编程的系列工具

JB2 环境中的工具可分为 3 大类：

(1) 传统类工具，覆盖整个软件生存周期，支持传统的软件开发方法；

(2) OO 工具，包括从 OOA 到 OOP 的一系列工具；

(3) 应用类工具，支持特定应用领域的应用软件开发。例如：

① 结构化分析工具 SAT；

② 结构化设计工具 SDT；

③ 文档追踪工具 TRACE；

④ 详细设计分析工具 DAT/PDL；

⑤ PAD 图到 C 转换工具 PADT；

⑥ Fortran 程序测试工具 FSTT；

⑦ 软件项目管理工具 SPMT；

⑧ 用户界面生成工具 UIGT；

⑨ 面向对象设计编程工具 OODPT；

⑩ 需求文档分析工具 DAT/DFD；

⑪ 设计文档分析工具 DAT/MSD；

⑫ 详细设计工具 DDT；

⑬ C 编码工具 CCT；

⑭ C 程序测试工具 CSTT；

⑮ C 程序维护工具 SMT；

⑯ 软件价格模型估算工具 CMET；

⑰ 面向对象分析工具 OOAT；

⑱ 数据库设计工具集 DBTOOLS 等。

并提供了一些可支持特定应用领域的专用性应用开发工具。例如：

① 数据库应用生成工具 MISGT；

② 地理信息系统辅助工具集 GIS；

③ 实时监控系统辅助生成工具 SCADA；

④ 人工神经网辅助工具 NNET；

⑤ 网络应用辅助生成工具 RODA；

⑥ 分布式系统辅助生成工具集 DSGT；

⑦ 文档出版工具 DPT 等。

10.4 本章小结

本章首先介绍了计算机辅助软件工程(CASE)的基本概念，简单地说：“软件工程＋自动化工具＝CASE”，然后介绍了 CASE 工具的分类和 CASE 工作台。在此基础上，给出了软件开发环境(SDE)的概念，即“是支持软件系统/产品开发的软件系统。它由软件工具和环境集成机制构成，前者用于支持软件开发的相关过程、活动和任务，后者为工具的集成和软件的开发、维护及管理提供统一的支持”。

接着，系统地介绍了几种经典的工具集成模型，包括：Wasserman 五级模型、APSE 模型、环境层次模型等，为研制软件开发环境以及有关集成问题提供了指导。

最后，介绍了由北京大学杨芙清院士牵头研制的一个面向对象的软件开发环境——大型软件工程开发环境青鸟系统 JB2。

习 题 十

1. 解释以下术语：

   软件工具

   软件开发环境

2. 简要回答：

   (1) Fuggetta 对 CASE 工具的分类；

   (2) 软件开发环境的组成与各成分的作用；

   (3) 工作台实现软件工具集成的方式；

   (4) Wasserman 关于集成化环境所提出的五级模型；

   (5) PCTE 研究与开发的目的与历史；

   (6) SEE 基准模型；

   (7) SEE 基准模型与 PCTE 之间的关系。

3. 叙述分析与设计工作台、测试工作台的构成。

4. 分析 APSE 模型的基本思想以及在软件开发环境研究中的影响。

5. 综合思考题：将程序设计工作台与 VB、VC 进行比较。

第十一章　内容总结

把书读薄，是掌握知识的一个重要的阶段，可系统、深入地了解概念、概念之间的关系，以及这些关系发生的条件或过程。

软件工程这一术语首次出现在 1968 年的 NAT0 会议上，至今已有 40 余年的历史。这一概念的提出，其目的是倡导以工程的原理、原则和方法进行软件开发，以期解决当时出现的软件危机。

软件是计算机系统中的程序及其文档，其中，程序是计算机任务的处理对象和处理规则的描述；文档是为了理解程序所需的阐述性资料。

工程是泛指将科学论理和知识应用于实践的科学。

软件工程是一类求解软件的工程，即应用计算机科学理论和技术，以及工程管理原则和方法，按预算和进度实现满足用户要求的软件产品/系统的工程。其中，计算机科学和技术用于构造模型与算法，工程管理原则和方法用于项目规划、实施、评估和调整，涉及人力资源、进度、成本、质量以及工作任务等。

软件工程与其他工程（例如土木工程）一样，有其自己的目标、原则和活动，如图 11.1 所示。

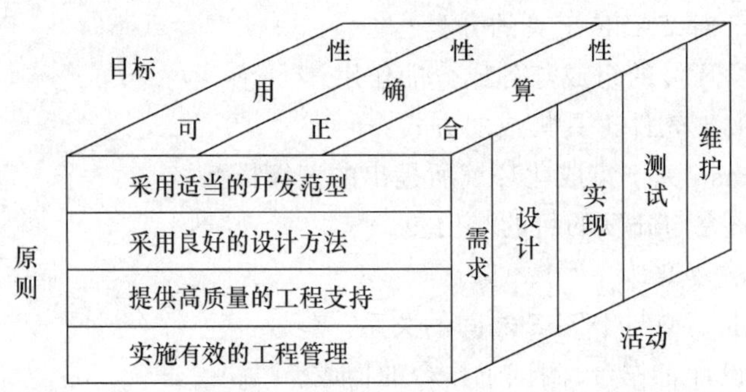

图 11.1　软件工程框架

软件工程的目标可概括为“生产具有正确性、可用性以及开销合宜的产品”。正确性意指软件产品达到预期功能的程度。可用性意指软件基本结构、实现及文档为用户可用的程度。开销合宜是指软件开发、运行的整个开销满足用户要求的程度。这些目标的实现不论在理论上还是在实践中均存在很多问题有待解决。

软件工程的原则可概括为：第一条是选取适宜的开发范型。该原则与系统设计有关。在系统设计中，软件需求、硬件需求以及其他因素之间是相互制约、相互影响的，经常需要权衡。因此，必须认识需求定义的易变性，采用适宜的开发模型予以控制，以保证软件产品满足用户的要求。第二条是采用合适的设计方法。在软件设计中，通常要考虑软件的模块化、抽象与信息隐蔽、局部化、一致性以及适应性等特征。“工欲善其事，必先利其器”，合适的设计方法，作为开发行为的“思想工具”,有助于这些特征的实现,以达到软件工程的目标。第三条是提供高质量的工程支持。软件工程项目的质量与开销等直接取决于对软件工程所提供的支撑质量和效用,其中,在工程技术支持方面,软件工具与环境具有重要的作用。第四条原则是重视开发过程的管理。软件工程的管理,直接影响可用资源的有效利用、生产满足目标的软件产品、提高软件组织的生产能力等问题,因此仅当软件过程予以有效管理时,才能实现有效的软件工程。

软件工程的基本技术活动包括需求、设计、实现、测试确认以及维护等。其中需求活动主要包括需求获取、需求分析和需求验证,得到系统的需求规格说明书,或曰需求规约。设计活动是在需求的基础上,给出被建系统的软件设计方案。一般来说,软件设计包括总体设计和详细设计。总体设计给出被建系统的软件体系结构,例如层次模块体系结构,消息总线体系结构,以数据库为中心的体系结构等。详细设计的任务是定义体系结构中的每一模块或构件,即给出它们的实现算法。实现活动是在软件设计的基础上,编码系统软件体系结构中的每一模块或构件,其方式可以是:或直接采购所需的模块和构件,或使用一种特定的语言或程序设计环境直接编码,或修改、包装已有的模块或构件。测试活动主要采用软件程序技术,确认最终产品满足用户的需求。维护活动是为系统的运行提供纠错性维护和完善性维护,即对系统运行中发现的错误进行改正,对系统运行中发现的缺欠进行修补。

伴随以上工程技术活动,还有相关的基本过程、支持过程、组织过程等。

这一软件工程框架告诉我们,软件工程目标是:可用性、正确性和合算性;实施一个软件工程的基本原则是:要选取适宜的开发模型,要采用合适的设计方法,要提供高质量的工程支撑,要实行开发过程的有效管理;软件工程活动主要包括:需求、设计、实现、测试和维护等活动,其中每一活动可根据特定的软件工程,采用合适的开发范型、设计方法、支持过程以及管理过程。

根据软件工程这一框架,软件工程作为一门工程学科,其研究内容主要包括:软件开发范型、软件开发方法、软件工程支持技术和软件工程管理理论、技术,以及计算机辅助软件工程(CASE)等。

本书主要围绕开发范型中的过程范型以及设计方法,讲解了这两方面的研究成果,还讲解了一点软件测试技术和软件工程管理方面的基础知识,例如软件规模估算模型和能力成熟度模型(CMM)等。

11.1　关于软件过程范型

各项软件工程,尽管采用各式各样的过程,但可分为以下五种过程范型。它们是:

① 瀑布(waterfall)范型:以瀑布模型为基础而形成的软件项目生存周期过程;

② 迭代(iterative)范型:也称为演化(evolutionary)风范,以演化模型、增量模型和喷泉模型为基础而形成的软件项目生存周期过程;

③ 螺旋(spiral)范型:以瀑布模型为基础而形成的软件项目生存周期过程;

④ 转换(transformational)范型:基于待开发系统的形式化需求规约为基础,通过一系列转换,将需求规约转化为它的实现而形成的软件项目生存周期过程;其中,如果需求规约发生变化的话,可以重新应用这些转换,对其实现进行更新;

⑤ 第四代(fourth generation)范型:围绕特定语言和工具,描述待开发系统的高层,并自动生成代码的软件项目生存周期过程。

在大多数实际软件工程项目中,采用哪种范型,这取决于多种因素,主要包括项目环境(系统和软件需求;组织的方针、规程和策略;系统、软件产品或服务的规模、关键性和类型;以及涉及的人员数量和参与方等)以及有关方(例如用户、支持人员、签订合同人员、潜在投标者等)的需求。

定义一个项目的过程,是一件十分重要且复杂的技术工作,涉及到求解软件的逻辑问题。没有一个正确的开发逻辑,就很难实现软件工程框架中的目标。

如何定义一个项目的过程,主要涉及以下三方面的知识:

一是要了解软件开发通常需要做哪些工作,即软件生存周期过程;

二是要了解定义过程的基准框架,即软件生存周期模型;

三是要了解一般性的过程规划技术。

11.1.1 软件生存周期过程

软件生存周期过程包括基本过程、支持过程和组织过程。

1. 基本过程

基本过程是指那些与软件生产直接相关的活动集。基本过程包括五个过程,即获取过程、供应过程、开发过程、运行过程和维护过程。其中:

(1) 获取过程

获取过程是获取者所从事的活动和任务,其目的是获得满足客户所表达的那些要求的产品和/或服务。该过程包含以下 5 个基本活动:

① 启动;

② 招标[标书]准备;

③ 合同编制和更新;

④ 对供方的监督;

⑤ 验收和完成。

每一个活动又包含一组确定的任务。

成功实现该过程的结果是:

① 定义了获取要求、目标、产品/或服务验收准则以及获取策略;

② 制订了能明确表达顾客和供方的期望、职责和义务的协定;

③ 获得了满足顾客要求的产品和/或服务;

④ 按规定的约束,例如要满足的成本、进度和质量等,对该获取过程进行了监督;

⑤ 验收了供方的可交付产品;

⑥ 对每一接受的交付项,均有一个由客户和供方达成的满意性结论。

(2) 供应过程

供应过程是供方为了向客户提供满足需求的软件产品或服务所从事的一系列活动和任务,其目的是向客户提供一个满足已达成需求的产品或服务。该过程包括的基本活动为:

① 启动;

② 准备投标;

③ 签订合同;

④ 规划;

⑤ 执行和控制；

⑥ 复审和评估；

⑦ 交付和完成。

每一个活动又包含一组确定的任务。

成功实现该过程的结果是：

① 对顾客请求产生了一个响应；

② 在顾客与供方之间建立了一个关于开发、维护、运行、包装、交付和安装产品和/或服务的协定；

③ 供方开发了一个符合协定需求的产品和/或服务；

④ 根据协定的需求，向顾客交付了该产品和/或服务；

⑤ 根据协定的需求，安装了该产品。

(3) 开发过程

开发过程是软件开发者所从事的一系列活动和任务，其目的是将一组需求转换为一个软件产品或系统。该过程包括以下活动：

① 过程实现；

② 系统需求分析；

③ 系统体系结构设计；

④ 软件需求分析；

⑤ 软件体系结构设计；

⑥ 软件详细设计；

⑦ 软件编码和测试；

⑧ 软件集成；

⑨ 软件合格性测试；

⑩ 系统集成；

⑪ 系统合格性测试；

⑫ 软件安装；

⑬ 软件验收支持。

其中每一活动又包含一组确定的任务。

成功实现开发过程的结果是：

① 收集了软件开发需求并达成协定；

② 开发了软件产品或基于软件的系统；

③ 开发了证明最终产品是基于需求的中间工作产品；

④ 在开发过程的产品之间，建立了一致性；

⑤ 根据系统需求，优化了系统质量因素，例如，速度、开发成本、易用性等；

⑥ 提供了证明最终产品满足需求的证据(例如，测试证据)；

⑦ 根据协定的需求，安装了最终产品。

(4) 运行过程

运作过程是系统操作者所从事的一系列活动和任务。其目标是在软件产品预期的环境中运行该产品，并为该软件产品的维护提供支持。运行过程包括下述活动：

① 过程实现；

② 运行测试；

③ 系统运行；

④ 用户支持。

每一个活动又包含一组确定的任务。

成功实施运行过程的结果是：

① 对该软件在其预订的环境中正常运行的条件,进行了标识和评估；

② 在其预订的环境中,运行了该软件；

③ 按照协定,为软件产品的顾客提供了帮助和咨询。

(5) 维护过程

维护过程是维护者所从事的一系列的活动和任务。其目的是：对交付后的系统或软件产品,或为了纠正其错误,改进其性能或其他属性,而对其进行修改;或因环境变更,而对其进行调整。维护过程包括下述活动：

① 过程实现；

② 问题和修改分析；

③ 修改实现；

④ 维护评审/验收；

⑤ 迁移；

⑥ 软件退役。

每一个活动又包含一组确定的任务。

成功实现运行过程的结果是：

① 对软件在其预订的环境中正常运行的条件进行了标识和评估；

② 该软件在其预订的环境中运行；

③ 按协定为软件产品的顾客提供了帮助和咨询。

2. 支持过程

支持过程是有关各方按他们的支持目标所从事的一系列相关活动集。支持过程分为：文档过程、配置管理过程、质量保证过程、验证过程、确认过程、联合评审过程、审计过程、问题解决过程等。

(1) 文档过程

文档过程是一组活动和任务,其目标是开发并维护一个过程所产生的记录软件的信息,产生各类文档。文档过程包括以下活动：

① 过程实现；

② 设计和开发；

③ 制作；

④ 维护。

每一个活动又包含一组确定的任务。

成功实施文档过程的结果是：

① 制订了标识软件产品或服务的生存周期中所要产生的文档之策略；

② 标识了编制软件文档的标准；

③ 标识了由过程或项目产生的文档；

④ 对全部文档的内容和目的进行了规定、评审和批准；

⑤ 根据已标识的标准，制作了可用的文档；

⑥ 按定义的准则维护了文档。

(2) 配置管理过程

配置管理过程是应用管理上的和技术上的规程来支持整个软件生存周期的过程，其目的是建立并维护一个过程或一个项目的所有工作产品的完整性，使它们对相关团体而言均是可用的。该过程包括以下活动：

① 过程实现；

② 配置标识；

③ 配置控制；

④ 配置状态统计；

⑤ 配置评价；

⑥ 发布管理和交付。

每一个活动又包含一组确定的任务。

成功实施该过程的结果是：

① 制定了配置管理策略；

② 标识并定义了由过程或项目所产生的全部工作产品/项，并形成基线；

③ 对工作产品/项的修改和发布，进行了控制；

④ 为对各相关方均是可用的，做了必要的修改和发布；

⑤ 记录并报告了工作产品/项的状况和修改请求；

⑥ 确保了每一软件项的完备性和一致性；

⑦ 对每一软件项的存储、处置和交付进行了控制。

(3) 质量保证过程

质量保证过程是为项目生存周期内的软件过程和软件产品提供适当保障的过程，目的是使它们符合所规定的需求，并遵循已建立计划。质量保证过程包括以下活动：

① 过程实现；

② 产品保证；

③ 过程保证；

④ 质量体系保证。

每一个活动又包含一组确定的任务。

成功实施该过程的结果是：

① 制定了实施质量保证的策略；

② 产生并维护了质量保证的证据；

③ 标识并记录了问题和/或与协定需求不符合的内容；

④ 验证了产品、过程和活动与适用的标准、规程和需求的依从性。

(4) 验证过程

验证过程是一个确定某项活动的软件产品是否满足在以前的活动中施加于它们的需求和条件的过程。该过程的目的是：证实一个过程和/或项目的每一软件工作产品和/或服务恰当地反映了已规定的需求。该过程包括以下活动：

① 过程实现；

② 验证。

每一个活动又包含一组确定的任务。

成功实施该过程的结果是：

① 制定并实现了验证策略；

② 标识了验证所有要求的软件工作产品的准则；

③ 执行了所要求的验证活动；

④ 标识并记录了缺陷；

⑤ 给出了对顾客和其他相关方可用的验证活动的结果。

(5) 确认过程

确认过程是一个确定需求和最终的、已建成的系统或软件产品是否满足特定预期用途的过程。该过程的目的是：证实对软件工作产品特定预期使用的需求已予实现。该过程包括以下活动：

① 过程实施；

② 确认。

每一个活动又包含一组确定的任务。

成功实施确认过程的结果是：

① 制定并实现了确认策略；

② 标识了确认所有要求的工作产品的准则；

③ 执行了要求的确认活动；

④ 标识并记录了问题；

⑤ 提供了所开发的软件工作产品适合于其预期用途的证据；

⑥ 给出了对顾客和其他相关方可用的确认活动的结果。

关于其他支持过程，例如联合评审过程、审计过程、问题解决过程等，可参阅相关标准。

3. 组织过程

组织过程是指那些与软件生产组织有关的活动集，分为以下过程：管理过程、基础设施过程、改进过程、人力资源过程、资产管理过程、复用程序管理过程、领域软件工程过程。

(1) 管理过程

管理过程是管理人员从事的、对其他过程进行管理的活动和任务。该过程的目的是：根据组织的业务目标，组织、监督和控制任一过程的启动和执行以达到其目标。管理过程包含以下主要活动：

① 启动与范围定义；

② 规划；

③ 测量；

④ 执行和控制；

⑤ 评审和评估；

⑥ 结束处理。

每一个活动又包含一组确定的任务。

关于管理过程的其他内容,例如组织调整、组织管理、项目管理、质量管理、风险管理等,可参阅相关的标准。

成功实施管理过程的结果是:

(a) 定义了那些要予管理的过程和活动的范围;

(b) 标识了为达到这些过程目的必须执行的活动和任务;

(c) 对达到过程目标以及可用的资源和限制条件的可行性,进行了评估;

(d) 建立了执行已标识活动和任务所需要的资源和基础设施;

(e) 标识了活动并实施了任务;

(f) 对定义的那些活动和任务的执行,进行了监督;

(g) 对过程活动所产生的工作产品进行了评审,并对相应的结果进行了分析和评估;

(h) 在过程的执行偏离已标识的活动和任务,或未能达到其目标时,采取了修改过程执行的措施;

(i) 有证据地阐明了该过程已成功地达到了它的目的。

(2) 基础设施过程

基础设施过程是为其他过程建立和维护所需基础设施的过程。该过程的目的是:为了支持其他过程的执行,维护它们所需要的基础设施,使之是稳定的和可靠的。该过程包括以下活动:

① 过程实现;

② 建立基础设施;

③ 维护基础设施。

每一个活动又包含一组确定的任务。

成功实施该过程的结果是:

① 为支持组织单元内的过程,定义了基础设施需求;

② 标识并规约了基础设施要素;

③ 获取了基础设施要素;

④ 实现了基础设施要素;

⑤ 维护了稳定的和可靠的基础设施。

(3) 改进过程

改进过程是管理人员从事的一组活动和任务,其目的是:建立、评价、测量、控制和改进软件生存周期过程。该过程包括以下活动:

① 过程建立;

② 过程评价;

③ 过程改进。

每一个活动又包含一组确定的任务。

成功实施该过程的结果是:

① 为组织开发了一组可用的过程资产;

② 为了确定在达到组织目标中过程实施有效性的程度,定期地对组织的过程能力进行了评价;

③ 在已有的基础上,为了达到该组织的业务目标,改进了过程的有效性和效率。

(4) 人力资源过程

人力资源过程是为组织和项目提供具有技能和知识人员的过程,其目的是:提供适当的人力资源,并不断使他们具有与业务要求相一致的技能水平,使这些人员能有效地履行其角色并能紧密协调地工作。该过程包括以下活动:

① 过程实施;

② 定义培训需求;

③ 补充合格的员工;

④ 评价员工业绩;

⑤ 建立项目团队需求;

⑥ 知识管理。

每一个活动又包含一组确定的任务。

成功实施该过程的结果是:

① 通过及时地对组织需求和项目需求的评审,为组织和项目的运作标识了所需要的角色和技能;

② 为组织和项目提供了人力资源;

③ 基于组织和项目的需要,标识并提供一组组织内的公共培训;

④ 给出了该组织可用的智能方面的资产,并可通过已建立的机制来利用之。

关于组织过程中的其他内容,例如资产管理过程、复用管理过程以及领域软件过程过程等,可参见相应的标准。

11.1.2 软件生存周期模型

软件生存周期模型是一个包括软件产品开发、运行和维护中有关过程、活动和任务的框架,覆盖了从该系统的需求定义到系统的使用终止。

从应用的角度来说,软件生存周期模型为组织软件开发活动提供了有意义的指导。

本书着重介绍了瀑布模型、增量模型、演化模型、螺旋模型等。

1. 瀑布模型

瀑布模型如图 11.2 所示。

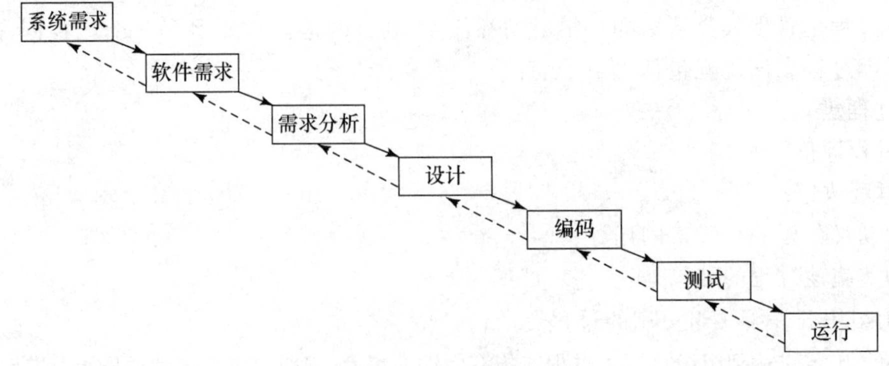

图 11.2 瀑布模型

瀑布模型的提出，对软件工程的主要贡献为：

① 在决定系统怎样做之前，存在一个需求阶段，它鼓励对系统做什么进行规约；

② 在系统构造之前，存在一个设计阶段，它鼓励规划系统结构；

③ 在每一阶段结束时进行评审，从而允许获取方和用户的参与；

④ 前一步可以作为下一步被认可的、文档化的基线。并允许基线和配置早期接受控制。

瀑布模型体现了一种归纳的开发逻辑。随着大量的软件开发实践，这一求解软件的逻辑逐渐暴露出一些问题。其中最为突出的问题是，无法通过开发活动澄清本来不够确切的软件需求，这样就可能导致开发出的软件并不是用户真正需要的软件，无疑要进行返工或不得不在维护中纠正需求的偏差，为此必须付出高额的代价。

2. 增量模型

继瀑布模型之后，增量模型是第一个提出的一种软件生存周期模型。该模型意指需求可以分组，形成一个一个的增量，并可形成一个结构，如图 11.3(a)所示；在这一条件下，可对每一增量实施瀑布式开发，如图 11.3(b)所示。

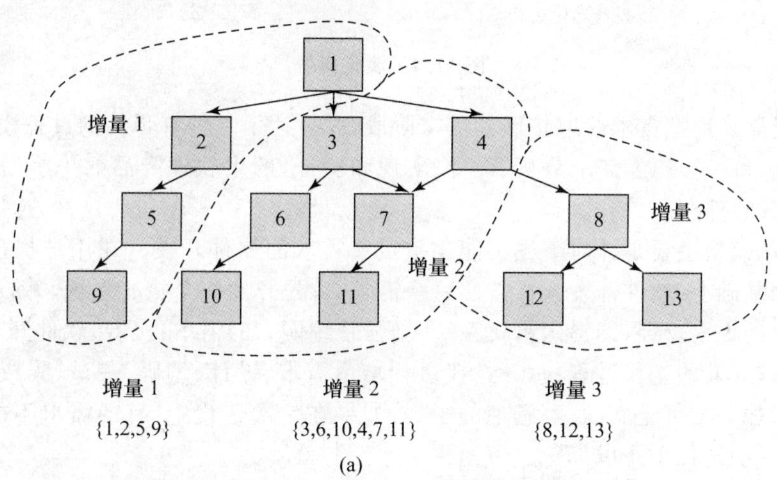

(a)

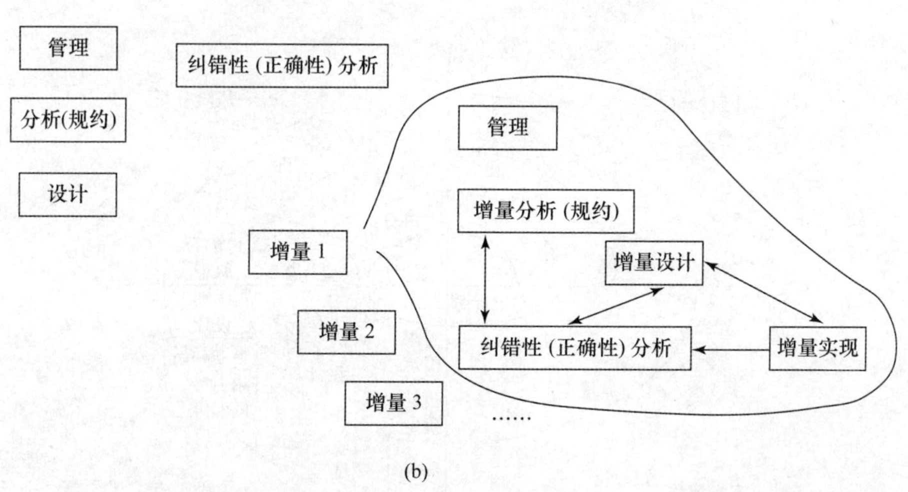

(b)

图 11.3　增量模型

增量模型的突出优点是:

① 第一个可交付版本所需要的成本和时间是较少的,从而可减少开发由增量表示的小系统所承担的风险;

② 由于很快发布了第一个版本,因此可以减少用户需求的变更;

③ 允许增量投资,即在项目开始时,可以仅对一个或两个增量投资。

该模型有一个前提,即需求可结构化。这意味着该模型一般不适应业务应用系统的开发,而比较适用“技术驱动”的软件产品开发。

3. 演化模型

演化模型如图 11.4 所示。

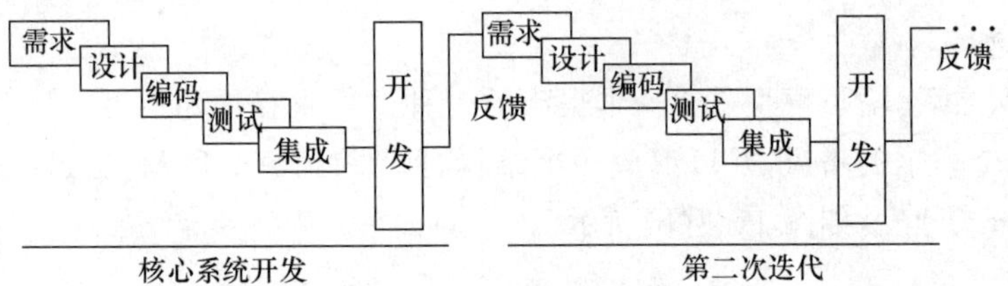

图 11.4　演化模型

演化模型显式地把需求获取扩展到需求阶段,并表达了一种有弹性的过程模式,由一些小的开发步组成,每一步历经需求分析、设计、实现和验证,产生软件产品的一个增量,通过这些迭代,最终完成软件产品的开发。

可见,演化模型主要是针对事先不能完整定义需求的软件开发。在用户提出待开发系统的核心需求的基础上,软件开发人员按照这一需求,首先开发一个核心系统,并投入运行,以便用户能够有效地提出反馈,即提出精化系统、增强系统能力的需求;接着,软件开发人员根据用户的反馈,实施开发的迭代过程;每一迭代过程均由需求、设计、编码、测试、集成等阶段组成,为整个系统增加一个可定义的、可管理的子集;如果在一次迭代中,有的需求不能满足用户的要求,可在下一次迭代中予以修正。

4. 螺旋模型

螺旋模型如图 11.5 所示。

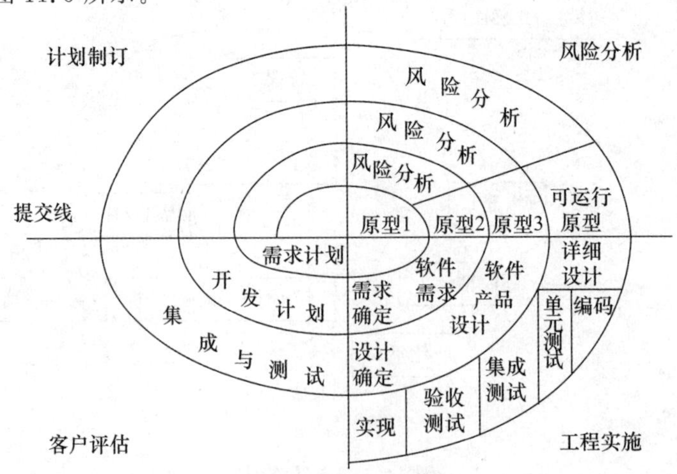

图 11.5　螺旋模型

由图11.5可见，在笛卡儿坐标的四个象限上，分别表达了四个方面的活动，即：① 计划制订——确定软件目标，选定实施方案，弄清项目开发的限制条件；② 风险分析——分析所选方案，考虑如何识别和消除风险；③ 工程实施——实施软件开发；④ 客户评估——评价开发工作，提出修正建议。沿螺线自内向外每旋转一圈便开发出一个更为完善的、新的软件版本。可见，螺旋模型关注解决问题的基本步骤，即标识问题，标识一些可选方案，选择一个最佳方案，遵循动作步骤，并实施后续工作。在开发的迭代中实际上只有一个迭代过程真正开发了可交付的软件。

与演化模型和增量模型相比，同样使用了瀑布模型作为一个嵌入的过程——分析、设计、编码、实现和维护的过程。但是由于螺旋模型关注问题的求解，因此增加了一些管理活动和支持活动。尽管增量模型也有一些管理活动，但它是基于以下假定：需求是最基本的、并且是唯一的风险源，因而在螺旋模型中，增大了决策和降低风险的空间，即扩大了增量模型的管理范围。

11.1.3 软件项目生存周期过程规划

了解软件生存周期过程和软件生存周期模型，其目的是为了规划一个软件工程项目的生存周期过程，即定义一个软件项目的开发逻辑。针对一项软件工程，如果没有过程规划，就没有技术上和管理上的后续工作，进而就不可能进行过程控制，实施一项有效的软件工程。

规划一个软件项目生存周期过程，首先就是要选择一个合适的软件生存周期模型，在此基础上，选择一些要实施的工作，包括工程技术活动和任务，工程支持与工程管理活动和任务，并考虑这些工作所需要的方法、工具和能力。因此，软件项目生存周期过程的规划可分为3个主要阶段：

① 软件生存周期模型的选择。依据项目范围、规模和复杂度，选择一个合适的软件生存周期模型(the Software Life Cycle Model, SLCM)，作为发布、支持产品所需要的一个全局过程网，其中包含需要完成的活动、任务及其定序。

② 对所选择的软件生存周期模型的精化。通过应用剪裁过程，选择项目所需要的过程、活动和任务，并将它们映射到所选择的软件生存周期模型中，形成该软件项目的生存周期过程。

③ 软件项目生存周期过程的实现。考虑可用的组织过程资产，将其应用到软件项目生存周期过程中，并形成相应的过程计划。

1. 软件生存周期模型的选择

选择一个合适的软件生存周期模型，是一项十分重要的任务，因此一般应遵循以下基本步骤：

第一步，分析每一软件生存周期模型的优缺点，标识可用于开发项目的SLCM，其中应考虑组织中可用的、支持SLCM的管理系统和工具，因为可支持一个特定SLCM的管理系统和工具，有可能不能充分满足该项目的进度。

第二步，在所期望的最终系统和开发环境中，标识那些会影响SLCM选择的属性。例如，需求是否容易变化和受影响，工具能否支持项目需要，项目是否存在特定的技术风险，系统是否是一个被充分理解的系统等。

第三步,标识为选择生存周期模型所需要的外部或内部的任何约束。例如,来自客户合同上的需求,或关键开发技能的缺乏,特别是客户强制的、具有里程碑意义的程序进度,以及使一个特定的应用框架或关键构件成为有用的一个策略决策等。

第四步,基于以往的经验和组织能力,评估初选的 SLCM。这一评估开始应基于以上列出的三步的结果,然后检验使用该组织的经验和能力的实际情况。一个组织项目数据库的创建和维护以及规范的政策和规程,对这一评估将发挥极大的辅助作用。

第五步,选择最能满足项目属性和约束的 SLCM。

在以上五步进行中,每当作出任何一个重要决策时,就应建立相应的文档,并进行评估。为了进行这一评估,过程设计人员往往要为项目建立相应的评估准则,一般包括:

① 对可能遇到的风险,模型的承受能力;

② 开发组织访问最终用户的范围;

③ 是否很好地定义了已知需求,有多少没有认识的需求;

④ 早期(部分)功能的重要性;

⑤ 问题内在的复杂性,以及可能作为其候选解决方案的内在复杂性;

⑥ 预测的需求改变频率和粒度,以及提出需求改变可能的时间(注意:这一问题的评估是非常困难的);

⑦ 应用的成熟程度,这涉及需求并通过讨论,了解目前市场上正在开发的类似系统的成熟程度,包括那些与该系统相关的基本系统或与之交互的系统的成熟度;

⑧ 筹集资金的可能性以及优先考虑的投资;

⑨ 进度和预算的灵活性(即在一个给定的周期,是否必须保证资金的入/出,增量的递交时间是否可以修改,以及到达的最优成本和最小风险);

⑩ 在短期和长期内,满足进度和预算的紧迫程度;

⑪ 开发组织规范的软件过程和工具,以及它们适应该模型要求的程度;

⑫ 组织的管理能力,系统和模型要求之间的匹配。

2. 对所选择的软件生存周期模型的精化

在选择了一个适合该项目的软件生存周期模型的基础上,就要应用剪裁过程,精化所选择的软件生存周期模型,即依据所选择的 SLCM 需求和项目需求,选择项目所需要的过程、活动和任务,并将它们映射到所选择的软件生存周期模型中,形成该软件项目生存周期过程。为此,可分为以下三步:

第一步,应用剪裁过程,确定该项目所需要的活动和任务。剪裁过程是一个项目过程设计人员的一项具有挑战性的工作,这是由于不存在两个完全相同的项目,并且组织的方针和规程、获取方法和策略、项目规模和复杂性、系统需求和开发方法以及其他事物的变化都将影响到系统的获取、开发、运行或维护的方式。

第二步,确定每一个活动或任务在软件项目生存周期过程中的实例数目,即为通过剪裁过程所确定的该软件项目所需要的过程、活动和任务,标识需要创建的实例数目。

第三步,确定活动的时序关系,并检查信息流。

通过以上三步,可为一个项目建立如图 11.6 所示的开发逻辑。

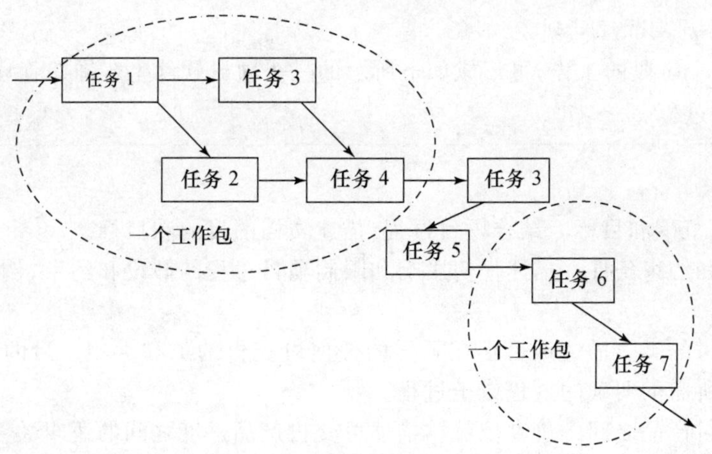

图 11.6　软件项目生存周期过程示例

3. 软件项目生存周期过程的实现

该阶段的目标为：将组织的过程资产应用到精化的项目软件生存周期中。

现存的组织过程资产和能力一般包括：

政策	标准
规程	已有的 SLCPs
度量	工具
方法学	

这些已制度化的组织资产，包括过程资产，提供了该组织客观拥有的能力，直接关系到项目生存周期过程的建立和执行，可以极大地减少实现项目生存周期过程的风险。

在规划一个软件项目生存周期过程中，可以恰当地使用之，把它们作为生存周期过程中的成分，如图 11.7 所示。

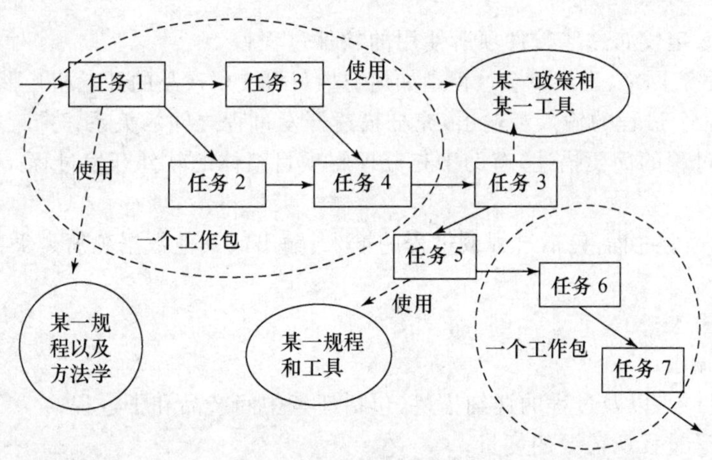

图 11.7　软件项目生存周期过程实现示例

应当注意，如果把一些不适合的能力和资产引入到一个项目中，可能会为项目带来一系列的问题。

4. 软件生存周期管理计划

通过以上三个阶段的工作,可形成如下所示的一个项目软件生存周期管理计划,用于定义和管理软件开发过程。

1. 概述
   1.1 目的、范围和目标。结合项目过程,描述文档的目的和目标。
   1.2 假设和约束条件。描述任何影响和限制项目过程的假设和约束,例如合同的过程需求。
   1.3 可交付的类。描述项目正在开发的任何可交付的类和类型。目的是促进开发不同类所需的明确的过程或子过程。
   1.4 可交付产品之间的进度依赖。描述可交付产品进度之间的逻辑关系,这一关系将影响开发过程(不同可交付的产品)之间的关系。
2. 参考资料

   给出为了理解所需要的资料,或那些影响计划内容的资料。
3. 定义

   定义文档中使用的特定术语。
4. 与其他计划的关系

   描述 SLCMP 和其他计划之间的关系,并界定计划之间的接口,以及通过判断这些计划之间不符的内容,确定使用的先后模式。
5. 过程的全局描述

   描述整个项目软件开发的途径,包括:

   (a) 项目可交付的产品,包括相关的各个类;
   (b) 影响或启动项目软件开发过程的外部数据或过程;
   (c) 识别并描述对任何可以集成到项目中或成为项目一部分的内部或外部所开发的软件项;
   (d) 标识为限定发布这些软件项所使用的软件过程;
   (e) 一个过程流网络,表示单个过程是如何与项目可交付产品的开发相互影响和作用的;
   (f) 描述每一个过程的输入和输出,充分描述开发过程之间的关系;
   (g) 每一个过程的简要描述,有助于充分理解项目整体的软件开发过程。
6. 过程描述

   详细描述每一个过程,包括过程或过程的输入、输出或其他数据项所遵循的标准。这一描述应包括:

   (a) 过程的输入;
   (b) 过程的输出;
   (c) 过程的目标,以及过程的详细描述,包括任意中间产品和子过程;
   (d) 过程和子过程所需要的度量;
   (e) 实现和维护过程所需的培训和工具;
   (f) 实现和维护过程所需的任意关键的组织资产;
   (g) 过程面临的风险。

7. 过程管理。描述管理过程所使用的途径，包括：
   (a) 如何获得和维护实施过程所需要的、关键的组织资产、工具和其他设施；
   (b) 实现过程所需要的培训；
   (c) 如何使用过程度量来管理过程；
   (d) 监控和响应过程风险的途径；
   (e) 管理单一过程和一组相关过程所使用的特定方法；
   (f) 影响过程流网络的分析，重点关注过程计划的一次失败所产生的负面影响。
8. 计划维护和管理
   描述维护和管理计划所使用的途径，包括对计划的改变所需要的复审和认可，包括用户的认可。还应给出标识修订计划要求所使用的准则。

5. 其他计划

对于一个项目而言，一般还存在一些对支持生存周期过程具有重要作用的其他计划，例如：

软件工程管理计划(SEMP)

软件配置管理计划(SCMP)

软件质量保证计划(SQAP)

软件验证和确认计划(SVVP)

软件度量计划(SMP)

综上，本书紧紧围绕软件过程范型问题，讲解了三方面的内容：

(1) 介绍了国际标准《ISO/IEC 软件生存周期过程 12207-1995》。该标准告知人们，软件开发一般可能需要“干哪些活”。

(2) 介绍了几种在实际软件工程中可采用的软件生存周期模型。这些模型作为过程框架，为一个软件项目生存周期过程的规划提供了指导。

(3) 讲解了一个软件项目生存周期过程的规划技术。

它们之间的关系可概括成如图 11.8 所示。

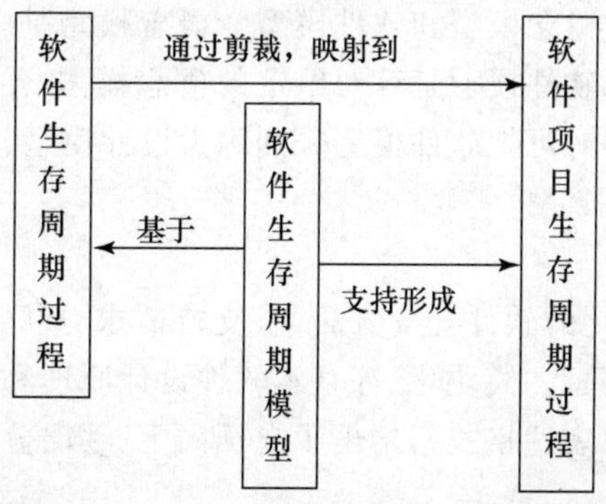

图 11.8 围绕开发范型问题所涉及知识内容之间的基本关系

通过以上三方面内容的讲解，企图使读者了解作为一名过程设计人员，应掌握哪些基本知识，并能运用这些知识为一个软件项目设计相应的生存周期过程。

设计一个软件项目生存周期过程是一项具有挑战性的工作,直接涉及求解软件的逻辑问题,对项目的成功与否将起到至关重要的作用。

11.2 关于软件设计方法

大千世界的问题大多是非结构的和半结构的,只有少数是结构的,如图 11.9 所示。

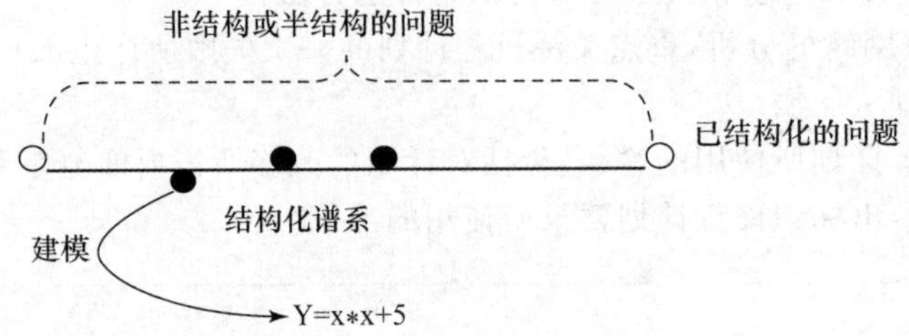

图 11.9 解决问题的一般途径

对那些非结构的和半结构的问题,通常要采用已掌握的知识,建造它们的模型,给出相应的解决方案。如对于图 11.9 中的一个问题,使用数学作为工具,建造了一个模型: Y=x * x+5。

当采用一定技术验证后,表明该模型与实际问题只有可以忽略的"距离",那么我们可以说,这一问题已经得到解决;如果该模型与实际问题有不可忽略的"距离",那么我们或修改模型,重新验证,或说这一问题暂时是不可求解的。

所谓建模,就是运用所掌握的知识,对一个问题进行抽象,即关注该问题的主要方面,忽略次要方面和细节。就软件系统/产品的建模而言,就是通过以上提及的软件项目生存周期过程中的一系列活动和任务,其中基于不同意图,例如希望刻画该系统/产品"做什么",或希望刻画该系统/产品是如何组成的,依据该意图所确定的角度,例如描述该系统/产品的功能,或描述该系统/产品的静态结构,依据该意图所确定的抽象层,例如需求层、设计层或实现层等,运用一些建模技术,例如结构化方法、面向对象方法,对系统/产品进行抽象。

因此,模型就是任意一个抽象。模型是在特定意图下所确定的角度和抽象层上,对一个物理系统的描述,给出系统内各模型元素以及它们之间的语义关系,通常还包含对该系统边界的描述。

软件系统模型,通常包含概念模型和软件模型。概念模型抽象了系统的一些基本能力和特性,描述了系统"做什么"。软件模型是针对给定的概念模型,给出实现该模型的解决方案。根据软件开发的抽象层次,有时可把软件模型分别称为设计模型、实现模型、部署模型等。

11.2.1 结构化方法

结构化方法是一种系统化的软件开发方法学,支持需求分析和软件设计。结构化方法紧紧围绕"过程抽象"、"数据抽象"、"模块化"等基本软件设计原理和原则,给出了完备的符号(术语表),给出了模型表示工具(表达格式),给出了自顶向下、逐层分解的过程指导。

1. 结构化分析

(1) 结构化分析的术语表

针对系统概念模型的建立,支持系统功能建模,结构化方法提出了以下五个概念,形成规约系统功能需求的术语表,它们是:数据源、数据潭、数据流、加工和数据存储,并给出了相应的表示。它们作为元信息,用于表达分析中使用的信息,即用于建模中所关注的主要方面。

术语"数据流"支持对系统数据进行抽象。数据是客观事物的一种表示。所有客观事物均可用图11.10所示的三种基本结构表示之。

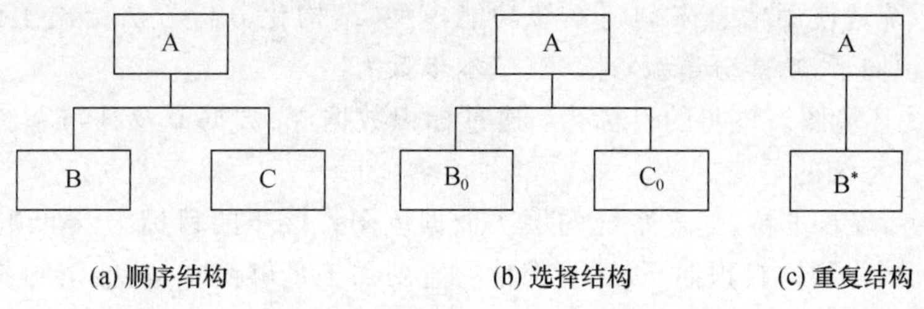

图11.10　数据的基本结构

基此结构化分析方法引入了三个结构符：+、|、{},分别表示以上三种数据结构。

数据抽象是指在一个特定的抽象层上抓住客观事物的主要方面而忽略该事物的次要方面和细节。例如学生成绩是对学生学习情况的一种表示,在一个特定的目的下,可将其抽象为："姓名+学号+课程+成绩"。

术语"数据存储"用于对静态数据结构进行抽象,形成大的、可管理的数据。

术语"加工"支持对系统功能/过程进行抽象。功能/过程均是客观事物的一种行为,因此功能/过程抽象是指在一个特定的抽象层次上抓住该行为的主要方面而忽略其次要方面和细节。例如计算学生平均成绩是系统的一种行为,在一特定的目的下,可将其抽象为一个加工,该加工的功能/过程为：获取一个学生的各科成绩,然后计算平均成绩。

术语"数据源"、"数据潭"以及相关的数据流支持对系统环境的抽象。

结构化方法提出的这些概念,对于规约软件系统的功能而言是完备的,即它们可以"覆盖"客观世界一切信息流和信息流之间的相互作用和影响。

(2) 结构化分析的表达格式

为了支持系统功能建模,结构化方法还给出了表达工具DFD图。一个系统的DFD图如图11.11所示。

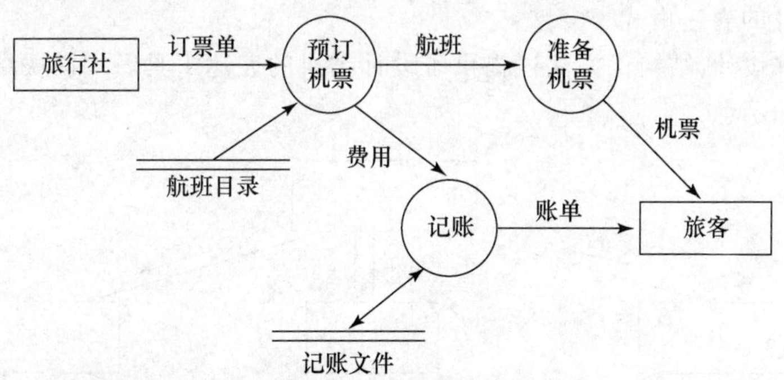

图11.11　一个飞机票预订系统的数据流图

简单地说,DFD图是一种描述数据变换的图形化工具,其中包含的元素可以是数据流、数据存储、加工、数据源和数据潭等。如果把任何软件系统都视为一个数据变换装置,它接受各种形式的输入,通过变换产生各种形式的输出,那么数据流图就是一种表达待建系统功能模型的工具。

在实际应用中,对于一个比较大的软件系统,往往需要采用多层次的数据流图,以便清晰地描述系统的功能。

(3) 结构化分析的过程指导

为了支持系统地使用信息来创建系统功能模型,结构化分析方法给出了建模的基本步骤——一种“自顶向下,功能分解”风范。其基本步骤为:

① 建立系统环境图。该步的目标为:通过标识数据源、数据潭及其与系统之间的输入/输出数据流,确定系统的语境。

② 自顶向下,逐步求精,建立系统的层次数据流图。该步的目标为:在顶层数据流图的基础上,按功能分解进行“自顶向下,逐步求精”,直到加工足够简单,功能清晰易懂,最终形成系统分层次的DFD图。

③ 定义数据字典。该步的目标为:依据系统的数据流图,定义其中包含的所有数据流和数据存储的结构。

④ 描述加工。该步的目标为:依据系统的数据流图,给出其中每一加工,特别是“叶”加工的小说明。

通过以上四步,半形式化地规约了系统/产品的功能需求,产生系统/产品的功能模型。在此基础上,依据各个功能,可进一步捕获相应的非功能需求,包括性能需求、质量属性需求、界面需求以及设计约束,形成完整的系统/产品的需求规格说明书。至此,我们才可以说,创建了该系统/产品的概念模型。这一概念模型经评估后,可作为开发组织和客户之间在技术方面的一个契约,可作为下一步软件设计的一个重要的基本输入。

2. 结构化设计

结构化设计分为总体设计和详细设计。总体设计的目标是定义系统的模块结构图;详细设计的目标是定义系统模块结构图中的每一模块,包括数据结构和行为结构。

(1) 总体设计的术语表

为了支持总体设计,结构化方法提供了模块、模块调用以及数据标记等概念,给出了相应的符号,作为元信息,以便表达软件设计的总体结构。

(2) 总体设计的表达格式

为了支持总体设计,结构化方法还提供了设计结果的表达工具——模块结构图。图11.12给出了模块结构图示意。

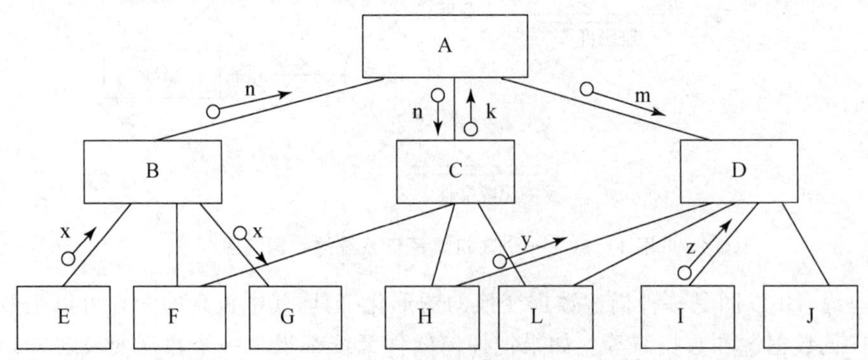

图 11.12　系统模块结构图示意

(3) 总体设计的过程指导

基于DFD图的分类——变换型数据流图和事务型数据流图,结构化方法针对总体设计引入了变换设计和事务设计。变换设计的目标是,将变换型数据流图转换为模块结构图;事务设计的目标是将事务型数据流图转换为模块结构图。其基本步骤为:

① 在精化数据流图的基础上,进行初始设计,形成初始的模块结构图;

② 在初始设计的基础上,进行精化设计,形成具有高内聚、低耦合的模块结构图;

③ 在精化设计的基础上,进行设计复审,形成最终可供详细设计使用的模块结构图。

总体设计过程如图11.13所示。

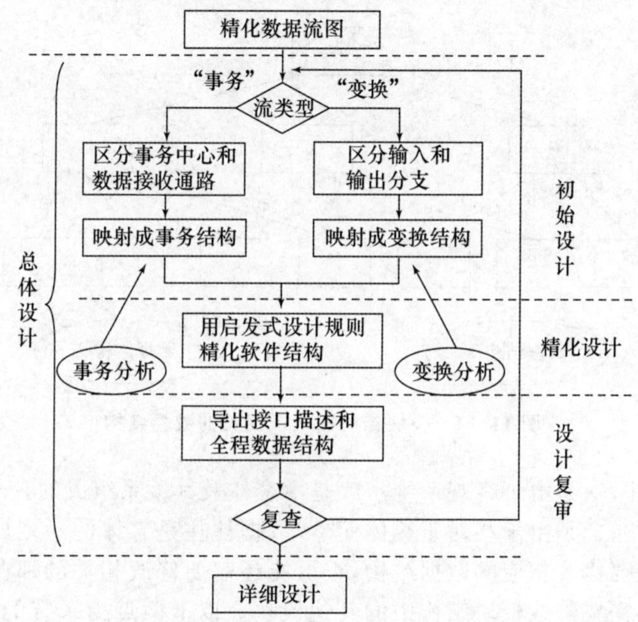

图11.13　结构化方法的设计过程

在精化设计中,需要运用模块化的软件设计原则,以提高模块的独立性。所谓模块化是指按照"高内聚低耦合"的设计原则,形成一个相互独立但又有较少联系的模块结构的过程,使每个模块具有相对独立的功能/过程。在这一过程中,还涉及到逐步求精、局部化等原则。逐步求精是指把要解决问题的过程分解为多个步骤或阶段,每一步是对上一步结果的精化,以接近问题的解法。显然,逐步求精是人类解决复杂问题的基本途径之一。抽象和逐步求精是一对互补的概念,即抽象关注问题的主要方面,忽略其细节;而逐步求精关注低层细节的揭示。

(4) 详细设计

在总体设计的基础上,定义系统模块结构图中的每一模块。为了定义每一模块的行为,可采用如下设计工具:

① 框图;

② PAD图;

③ N-S图;

④ 伪码。

通过(3)总体设计和(4)详细设计,可产生系统/产品的设计模型,或称为设计规格说明书,或说给出了该系统/产品的软件解决方案,经评估后可作为下一步软件实现的一个基本输入。因此可以说,软件设计是定义满足需求所要求的结构。

针对一个特定的系统/产品,其软件解决方案可以是多种多样的,其优劣程度主要取决于设计人员的水平,取决于采用的技术,取决于设计过程的质量。

从软件方法学研究的角度,结构化方法仍然存在一些问题,其中最主要的问题是结构化方法仍然没有"摆脱"冯·诺依曼体系结构的影响,捕获的"功能(过程)"和"数据"恰恰是客观事物的易变性质,并由此建造的系统结构很难与客观实际系统的结构保持一致,例如,在图 11.14 中,模块 B、G、C、H 访问数据结构 1,而模块 L、I、D 访问数据结构 2。

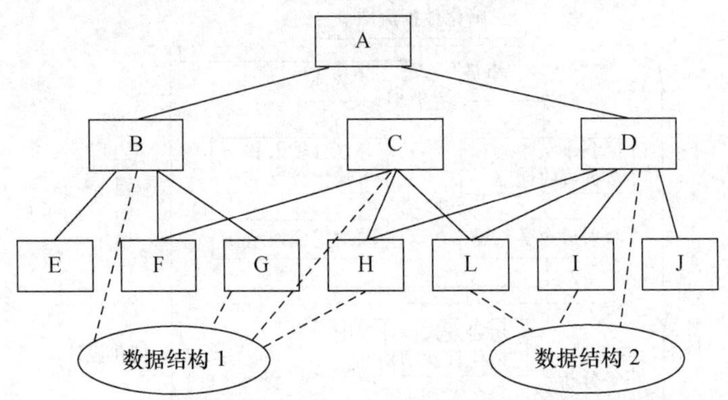

图 11.14　模块结构图以及相关的数据结构

这样的模块结构,一是由于客观系统一般是由客体及其关系组成的,因此该结构往往不会保持客观系统的结构;二是由于相对于客体而然,数据往往是客体的易变属性,因此一旦数据发生变化,那么不但要修改相应的数据结构,很可能还需要修改相关的那些模块,甚至受这些模块修改的影响,还需要修改模块结构中的其他模块。以上两点为系统的验证和维护带来相当大的困难,甚至是"灾难性"的。在某种意义上来讲,就是这些问题,促使了面向对象方法学的产生和发展。

11.2.2　面向对象方法

面向对象方法是一种以客体和客体关系来创建系统模型的软件开发方法学。自上个世纪 80 年代末提出以来,众多学者和企业对之开展了相当深入的研究。本书依据当前软件开发的实际情况,主要介绍了统一建模语言 UML 和统一软件开发过程 RUP。

1. 统一建模语言 UML

为了支持基于客体和客体关系来建造系统模型,UML 跨越问题空间到"运行平台",提供了丰富的建模元素,即给出表达客体、客体关系的术语表;并为了支持软件开发人员创建系统模型,从不同目的(功能、结构)、从不同角度(静态、动态)和从不同抽象层(需求、设计、实现等),提供了相应的表示工具(表达格式)。

(1) UML 的术语表——用于表达客体的部分

为了支持抽象系统分析、设计和实现中的事物,UML 给出了 8 个基本术语,即:类、接口、协作、用况、主动类、构件、制品、节点,并给出了这些基本术语的一些变体。每个术语都体现着一定的软件设计原理,例如类体现了数据抽象、过程抽象、局部化以及信息隐蔽等原理;用况体现了问题分离、功能抽象等原理;接口体现了功能抽象等。作为元信息,在创建系统模型时,它们的语义被映射到相应的模型元素上。

①类(class)

类是一组具有相同属性、操作、关系和语义的对象的描述。对象是类的一个实例。类可以是抽象类,即没有实例的类。

通常把类表示为具有三个栏目的矩形,每个栏目分别代表类名、属性和操作,如图 11.15 所示。

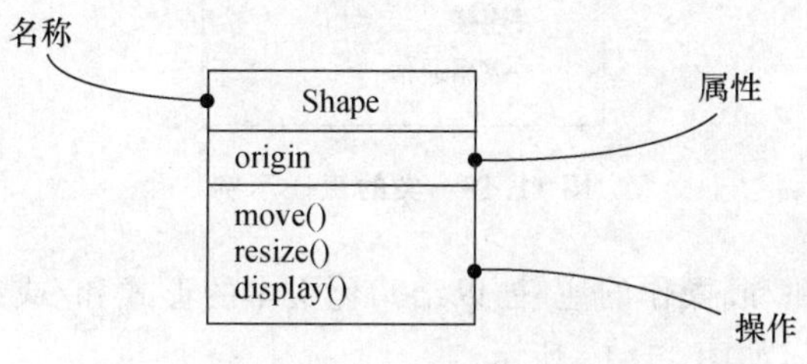

图 11.15 类的一种表示

类的属性是类的一个命名特性,该特性由该类的所有对象所共享,是用于表达对象状态的数据。

类的操作是该类对象对外提供的一个服务。

在实际应用中,可以把一个类表达为如图 11.16 所示的三种形式。

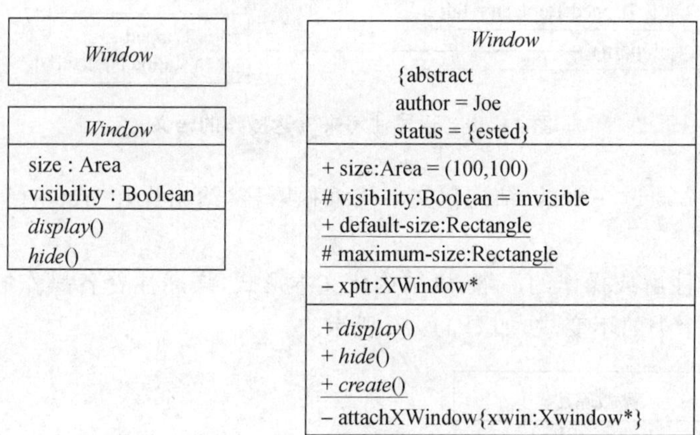

图 11.16 类的三种表示法

在实际应用中,根据需要可把类的一个对象表达为如图 11.17 所示的形式。

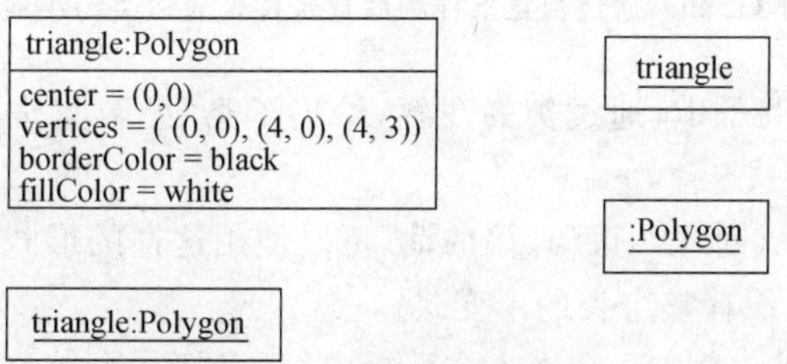

图 11.17 对象的表示

就类而言,如果仅仅给出一个类的名字、属性和操作,还不能很好地满足以后设计所需要的语义,那么还可以对该类的语义做进一步地描述。其主要手段有:

(a) 详细叙述类的职责(responsibility),如图 11.18 所示。

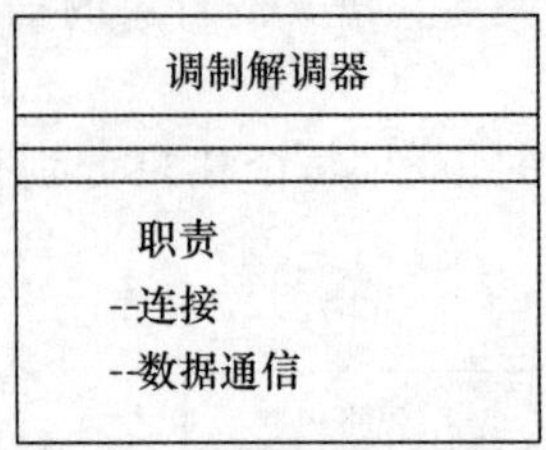

图 11.18　类的责任示例

(b) 通过类的注解和/或操作的注解,以结构化文本的形式和/或编程语言,详述注释整个类的语义和/或各个方法,如图 11.19 所示。

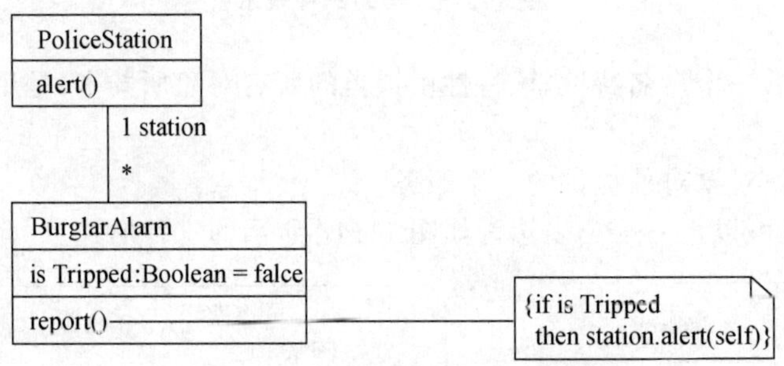

图 11.19　通过注解来表达操作的语义

在这个例子中,通过注解,以结构化文本或编程语言,给出操作“report()”的方法,来增加该类的语义信息。

(c) 通过类的注解或操作的注解,以结构化文本形式,详述注释各操作的前置条件和后置条件,甚至注释整个类的不变式,如图 11.20 所示。

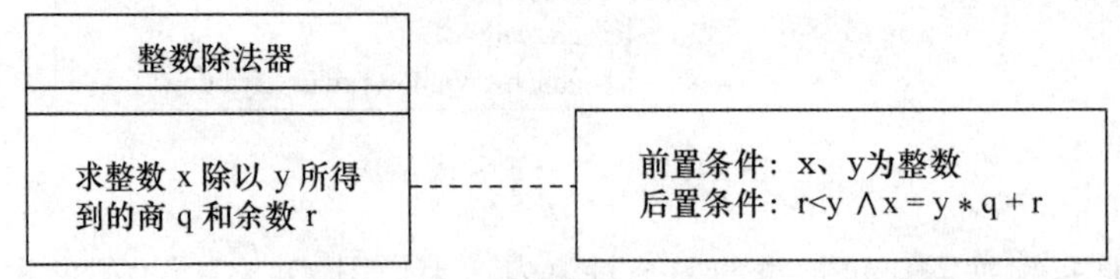

图 11.20　通过前置条件和后置条件来表达类的不变式

在图 11.20 所示的例子中,通过类的注解,给出了类“整数除法器”的前置条件和后置条件,并给出了该类的不变式 $x=y*q+r$。

另外,如果熟悉 OCL(对象约束语言)的话,可以使用这样的形式化语言,详述各操作的前置条件和后置条件,甚至注释整个类的不变式。

(d) 详述类的状态机。例如:在嵌入式系统中,可以把一个控制器作为一个类,该类的控制行为可表示为如图 11.21 所示的状态图。

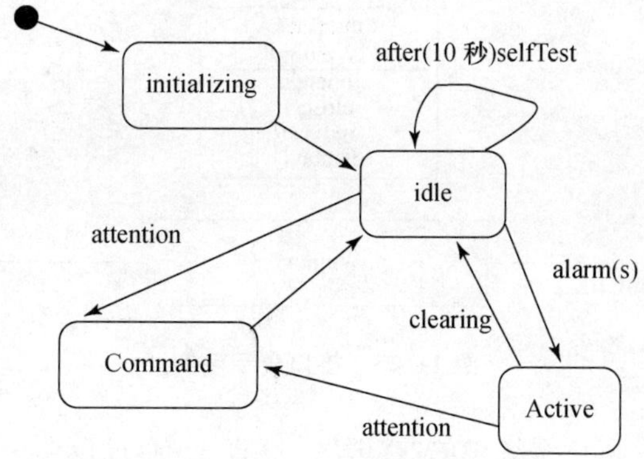

图 11.21 控制器的状态图

图 11.21 中,在该状态图的休眠状态上,有一个由时间事件触发的自转移,意指每隔 10 秒,接受传感器的 alarm 事件。该状态图没有终止状态,意指该控制器不间断地运行。

(e) 详述类的内部结构。详细内容可参见有关类的活动图。

(f) 详述一个体现类的协作,如图 11.22 所示。

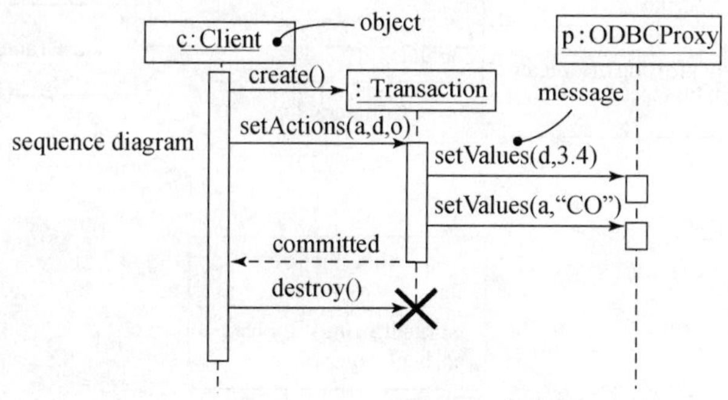

图 11.22 类与其他类的协作

图 11.22 中,类"Transaction"的一个对象"：Transaction",是由类"Client"的一个对象"：Client"创建的,而后向"：Transaction"发送消息,而对象"：Transaction"为了完成自己的任务,又向类"ODBCProxy"的一个对象"：ODBCProxy"发送消息,并当完成任务后向对象"：Client"发送消息"committed"。

在系统建模中,由于类是使用最多的一个术语,因此应使系统中的每一个类成为符合以下条件的结构良好的类:

- 明确抽象了问题域或解域中某个有形事物或概念。
- 包含了一个小的、明确定义的职责集,并能很好地实现之。
- 清晰地分离了抽象和实现。

② 接口

接口是操作的一个集合,其中每个操作描述了类、构件或子系统的一个服务。因此可以把接口看作是一个抽象类。图 11.23 给出了通常的接口表示示例。

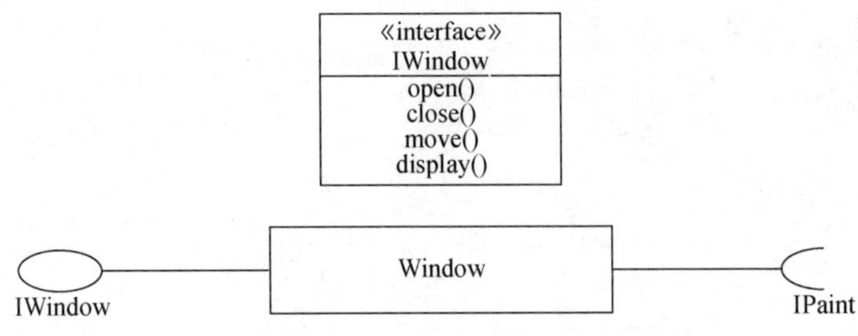

图 11.23 接口表示示例

接口的基本作用是模型化系统中的“接缝”。换言之,通过声明一个接口,表明一个类、构件、子系统为其他类、构件、子系统提供了所需要的、且与实现无关的行为;或表明一个类、构件、子系统所要得到的、且与实现无关的行为。

实现接口的类(类目)与该接口之间是一种实现关系,用带有实三角箭头的虚线表示之。使用接口的类(类目)和该接口之间是一种使用关系,用带有《use》标记的虚线箭头表示之,如图 11.24 所示。

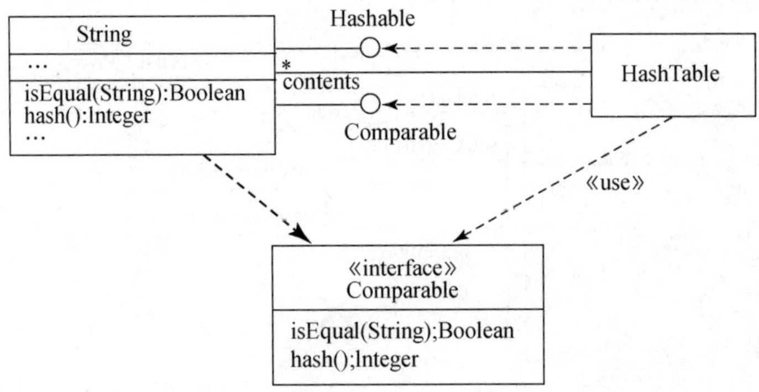

图 11.24 接口与提供操作类之间的关系

图 11.24 中,Comparable 是一个具有分栏和关键字《interface》的接口,有 2 个操作,分别是 isEquai 和 hash,类 String 提供了该接口的实现,而类 HashTable 使用这一接口。

若采用小圆圈来表示接口,应在小圆圈下面给出接口名,并用实线把小圆圈连接到支持它的类目上。这意味着这一类(类目)要提供在接口中的所有操作,一般来说,这些操作是该类(类目)操作的一个子集。用指向小圆圈的虚线箭头,把使用或需要该接口所提供的操作的类(类目)连到小圆圈。

在实际应用中,依据系统建模的需要,可以采用一定手段,进一步增强接口语义的表达。其实用的主要手段有:

- 可对接口的每一操作给出前置条件和后置条件,并为相关的整个类或构件给出不变式;甚至还可使用 OCL 形式化地描述其语义;
- 可以使用状态机来描述接口的预期行为;
- 可以使用一系列的交互图和协作,详细描述接口的预期行为。

在建立系统模型中,当使用接口对系统中那些“接缝”进行模型化时,应注意以下问题:

- 接口只可以被其他类目使用,而其本身不能访问其他类目。

● 接口描述类(构件或子系统)的外部可见操作,通常是该类(构件或子系统)的一个特定有限行为。这些操作可以使用可见性、并发性、衍型、标记值和约束来修饰。

● 接口不描述其中操作的实现,也没有属性和状态。据此可见,接口在形式上等价于一个没有属性、没有方法而只有抽象操作的抽象类。

● 接口之间没有关联、泛化、实现和依赖,但可以参与泛化、实现和依赖。

③ 协作(collaboration)

协作是一个交互,涉及交互三要素:交互各方、交互方式以及交互内容。交互各方之间的相互作用,提供了某种协作性行为。

可见,可以通过协作来刻画一种由一组特定元素参与的、具有特定行为的结构。其中这组特定元素可以是给定的类或对象,因此,协作可以表现系统实现的构成模式。

在 UML 中,协作表示为虚线椭圆,如图 11.25 所示。

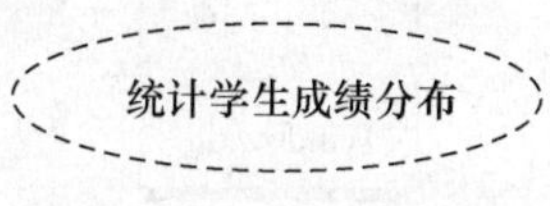

图 11.25　协作的表示

④ 用况(use case)

用况是对一组动作序列的描述,系统执行这些动作应产生对特定参与者有值的、可观察的结果。

用况一般用于模型化系统中的行为,是建立系统功能模型的一个重要术语。通过协作可以对用况所表达的系统功能进行细化。

在 UML 中,把用况表示为实线椭圆,如图 11.26 所示。

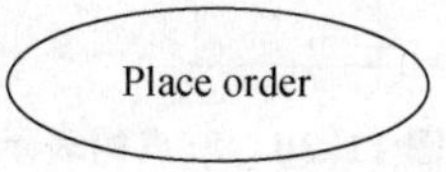

图 11.26　用况的表示

⑤ 主动类(active class)

主动类是一种至少具有一个进程或线程的类。由此可见,主动类能够启动系统的控制活动,并且,其对象的行为通常是与其他元素行为并发的。

在 UML 中,主动类的表示与类的表示相似,只是多了两条竖线,如图 11.27 所示。

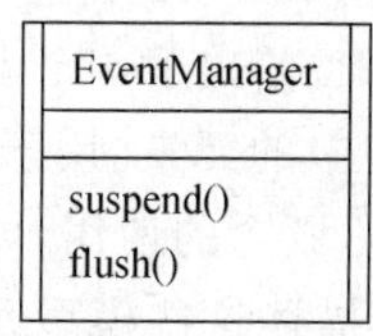

图 11.27　主动类的表示

⑥ 构件(component)

构件是系统设计中的一种模块化部件,通过外部接口隐藏了它的内部实现。

在一个系统中,具有共享的、相同接口的构件是可以相互替代的,但其中要保持相同的逻辑行为。构件是可以嵌套的,即一个构件可以包含一些更小的构件。

在 UML 中,构件的表示如图 11.28 所示。

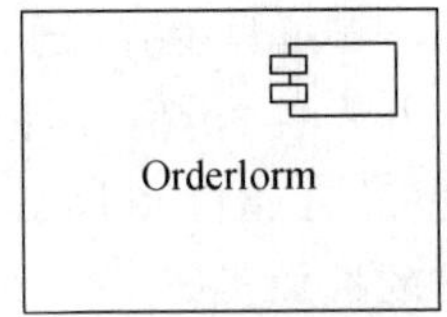

图 11.28　构件的表示

⑦ 制品(artifact)

制品是系统中包含物理信息(比特)的、可替代的物理部件。

制品通常代表对源代码信息或运行时的信息的一个物理打包,因此在一个系统中,可能存在不同类型的部署制品,例如源代码文件、可执行程序和脚本等。

在 UML 中,制品的表示如图 11.29 所示。

图 11.29　制品的表示

⑧ 节点(node)

节点是在运行时存在的物理元素,通常表示一种具有记忆能力和处理能力的计算机资源。一个构件可以驻留在一个节点中,也可以从一个节点移到另一个节点。

在 UML 中,节点的表示如图 11.30 所示。

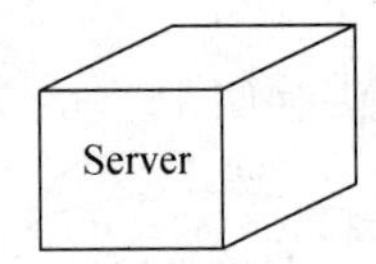

图 11.30　节点的表示

以上介绍的 8 个术语:类、接口、协作、用况、主动类、构件、制品、节点,及其他们的变体(例如:在用况模型中,参与者(actor)是类的变体。类的变体还有信号、实用程序等;主动类的变体有进程和线程等;制品的变体有应用、文档、库、页和表等),统称为类目,作为元模型,在建模中用于抽象各类客体。

(2) UML 的术语表——用于表达客体关系的部分

为了表达模型元素之间的关系,UML 给出了 4 个术语,即:关联、泛化、细化和依赖,以及它们的一些变体。可以作为 UML 模型中的元素,用于表达各种事物之间的基本关系。这些术语都体现了结构抽象原理,特别是泛化概念的使用,可以有效地进行"一般/特殊"结构的抽象,支持设计的复用。并且为了进一步描述这些模型元素的语义,还给出一些特定的概念和表示。

① 关联

关联是类目之间的一种结构关系,是对一组具有相同结构、相同链(links)的描述。链是对象之间具有特定语义关系的抽象,实现之后的链通常称为对象之间的连接(connection)。如图 11.31 所示。

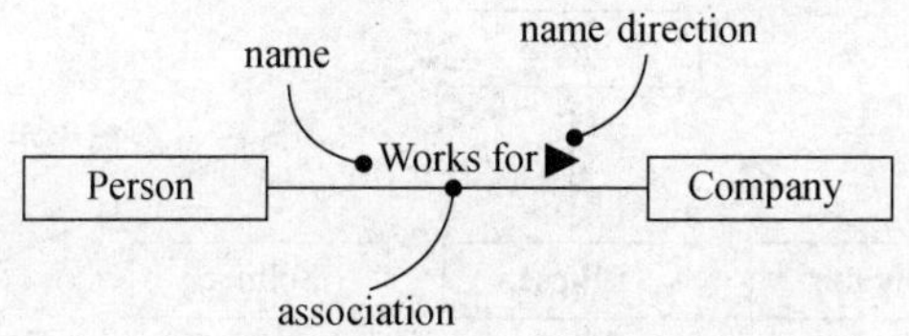

图 11.31 关联示例

从数学的角度来说,关联是具有特定语义的一组偶对的集合,其中每一个偶对是一个链,如图 11.32 所示。

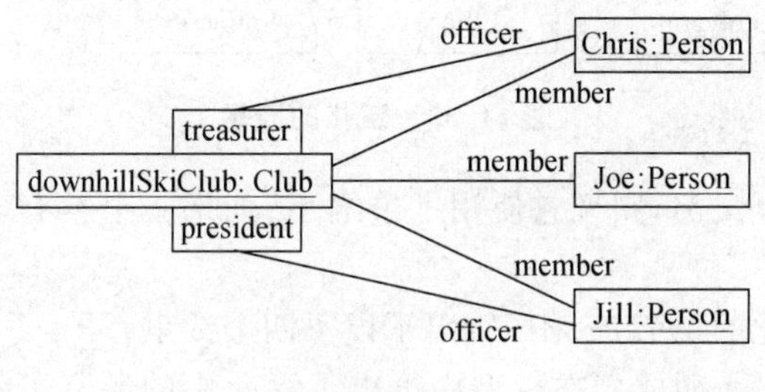

图 11.32 链

类是一组具有相同属性、操作、关系和语义的对象的描述;与类相比,关联是一组具有相同结构和语义的链的描述。

为了表达关联的语义,UML 采用了以下途径:关联名(name)、导航、角色(role)、可见性、多重性(multiplicity)、限定符(qualifier)、聚合(aggregation)、组合(composition)及关联类。并且,为了进一步描述关联一端类的性质,UML 还给出了 6 个约束:

- 有序(ordered):表明类(类目)中实例是有序的。
- 无重复对象(set):表明类(类目)中对象是没有重复的。
- 有重复对象(bag):表明类(类目)中对象是有重复的。
- 有序集合:(order set):表明类(类目)中对象有序且无重复。
- 列表(list)或序列(sequence):表明类(类目)中对象有序但可重复。
- 只读(readonly):表明一旦一个链由于对象而被填加到所参与的关联中,即作为该关联的一个实例,那么该链就不能修改和删除之。

② 泛化(generalization)

泛化是一般性类目(称为超类或父类)和它的较为特殊性类目(称为子类)之间的一种关系,有时称为"is-a-kind-of"关系。如果两个类具有泛化关系,那么:

- 子类可继承父类的属性和操作,并可有更多的属性和操作;
- 子类可以替换父类的声明;
- 若子类的一个操作的实现覆盖了父类同一个操作的实现,这种情况被称为多态性,但两个操作必须具有相同的名字和参数;
- 泛化可以存在于其他类目之间创建,例如在节点之间、类和接口之间等。

在 UML 中,把泛化表示成从子类(特殊类)到父类(一般类)的一条带空心三角形的线段,其中空心三角形在父类端,如图 11.33 所示。

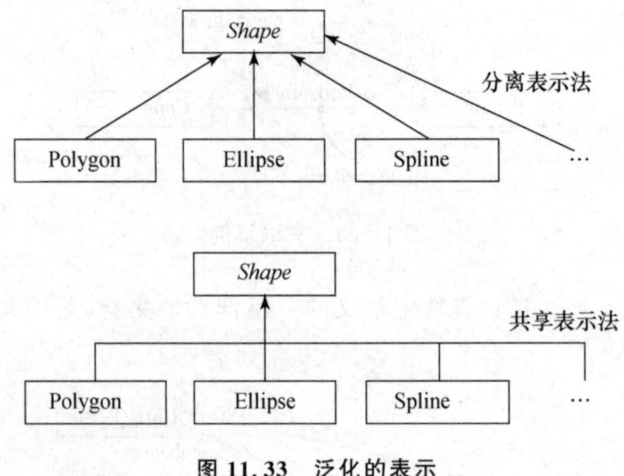

图 11.33　泛化的表示

如果一个类只有一个父类,则说它使用了单继承;如果一个类有多个父类,则说它使用了多继承。

为了进一步表达泛化的语义,UML给出了以下四个约束:

● 完整(complete):表明已经在模型中给出了泛化中的所有子类,尽管在表达的图形中有所省略,但也不允许增加新的子类。

● 不完整(incomplete):表明在模型中没有给出泛化中的所有子类,因此可以增加新的子类。

● 互斥(disjoint):表明父类的对象最多允许该泛化中的一个子类作为它的类型。例如,如果父类为Person,有两个子类Woman和Man,显然父类的一个对象,其类型或是子类Woman,或是子类Man。

● 重叠(overlapping):表明父类的对象可能具有该泛化中的多个子类作为它的类型。例如,类"交通工具"的一个对象可能是两栖工具,既是水上的又是陆地的。

可见,后两个约束(即互斥和重叠)只能应用于多继承的语境中。用互斥来表达一组类是互不兼容的;用重叠来表达一组类是可兼容的。在实际应用中,可使用多继承、类型和互斥等来表达一个对象类型的动态变更。

③ 细化(realization)

细化是类目之间的语义关系,其中一个类目规约了保证另一个类目执行的契约。例如,在UML中,把细化表示为一个带空心三角形的虚线段,如图11.34所示。

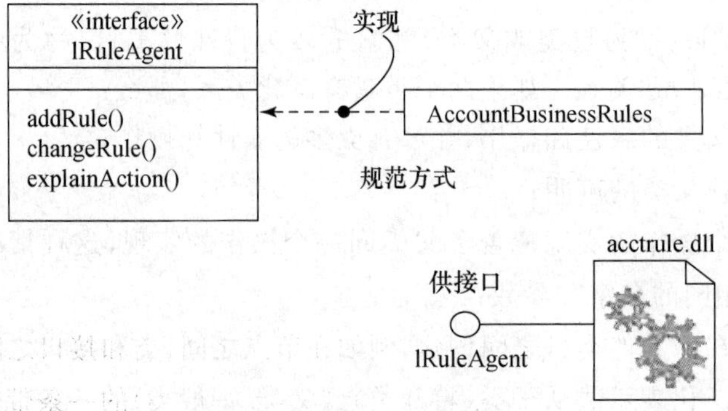

图 11.34　细化示例

应用中,一般在以下两个地方会使用细化关系:

- 接口与实现它们的类和构件之间;
- 用况与实现它们的协作之间。

④ 依赖

依赖是一种使用关系,用于描述一个类目使用另一类目的信息和服务。例如,一个类使用另一个类的操作,显然在这种情况下,如果被使用的类发生变化,那么另一个类的操作也会受到一定影响。

在 UML 中,把依赖表示为一条有向虚线段,如图 11.35 所示。

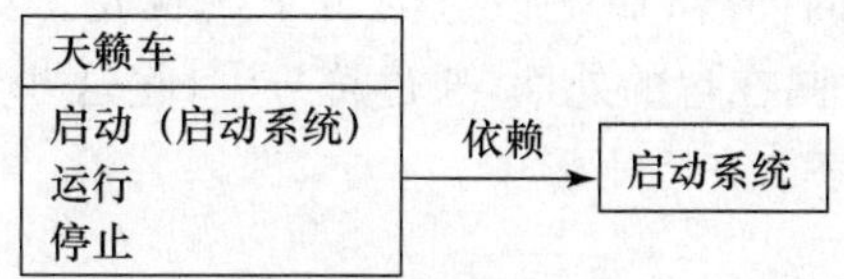

图 11.35　依赖示例

图 11.35 中,为了说话方便,把箭头那一端的类目称为目标,而把另一端的类目称为源。

为了进一步表达依赖的语义,UML 对依赖进行了分类,并给出了相应的标记。

- 绑定(bind):表明源的实例化是使用目标给定的实际参数来达到的。例如,可以把模板容器类(目标)和这个类实例(源)之间的关系模型化为绑定。其中绑定涉及到一个映射,即实参到形参的映射。
- 导出(derive):表明可以从目标推导出源。例如类 Person 有属性“生日”和“年龄”,假定属性“生日”是具体的,而“年龄”是抽象的,由于“年龄”可以从“生日”导出,因此可以把这两个属性之间的这一关系模型化为导出。
- 允许(permit):表明目标对源而言是可见的。一般情况下,当许可一个类访问另一个类的私有特征时,往往把这种使用关系模型化为允许。
- 实例(instanceOf):表明源的对象是目标的一个实例。
- 实例化(instantiate):表明源的实例是由目标创建的。
- 幂类型(powertype):表明源是目标的幂类型。
- 精化(refine):表明源比目标更精细。例如在分析时存在一个类 A,而在设计时的 A 所包含的信息要比分析时更多。
- 使用(use):表明源的公共部分的语义依赖于目标的语义。

在实际应用中,为了模型化其中所遇到的关系,应首先使用关联、泛化和细化这三个术语,只有在不能使用它们时,再使用依赖,这是因为关联、泛化和细化都是一类特定的依赖。因此,这四个术语及其变体(例如精化、跟踪、包含和扩展等是依赖的变体),可用于表达各种事物之间如下基本关系:结构关系、继承关系、精化关系及依赖关系。

(3) UML 的术语表——用于控制信息组织复杂性的部分

为了控制信息组织的复杂性,形成一些可管理的部分,UML 引入了包这一术语。因此,包可以作为“模块化”和“构件化”的一种机制。

包是模型元素的一个分组。一个包本身可以被嵌套在其他包中,并且可以含有子包和其他种类的模型元素。

在UML中,把包表示为一个大矩形,并且在这一矩形的左上角还有一个小矩形,如图11.36所示。

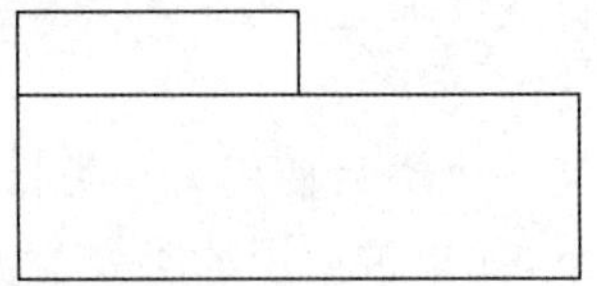

图 11.36 包的表示

通常在大矩形中描述包的内容,而把该包的名字放在左上角的小矩形中,作为包的"标签"。也可以把所包含的元素画在包的外面,通过符号⊕,将这些元素与该包相连,如图11.37所示。这时通常把该包的名字放在大矩形中。

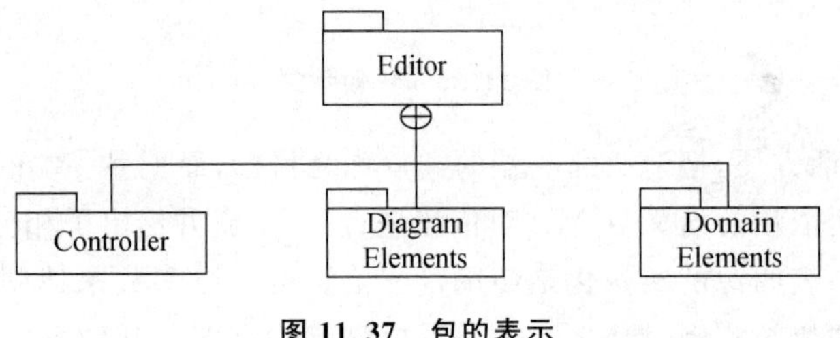

图 11.37 包的表示

通过在包的名字前加上一个可见性符号(+、-、#),来指示该包的可见性。它们分别表示:

+	对其他包而言都是可见的
#	对子孙包而言是可见的
-	对其他包而言都是不可见的

为了模型化包之间的关系,UML给出了两种依赖:访问和引入,用于描述一个包可以访问和引入其他包。

① 访问(access):表明目标包中的内容可以被源包所引用,或被那些递归嵌套在源包中的其他包所引用。这意味着源包可以不带限定名地来引用目标包中的内容,但不可输出之,也不能由此而修改源包名字空间。对于引用内容的具体限制,可通过目标包的可见性来表明。

② 引入(import):表明目标包中具有适当可见性的内容(名字)被加入到源包的公共命名空间中,这相当于源包对它们做了声明,因此对它们的引用也可不需要一个路径名。

在UML中,把"访问"和"引入"这两种依赖表示为从源包到目标包的一条带箭头的线段,并分别标记为《access》和《import》,如图11.38所示。

为了使创建的系统(或系统成分)模型清晰、易懂,UML还给出了注解这一术语。

(4) UML的表达格式

为了表达概念模型和软件模型,UML2.0提供了13种图形化工具,它们是:类图、对象图、构件图、包图、部署图、组合结构图、用况图、状态图、顺序图、通信图、活动图、交互概观图以及定序图。前6个图可用于概念模型和软件模型的静态结构方面;而后7个模型可用于概念模型和软件模型的动态结构方面。

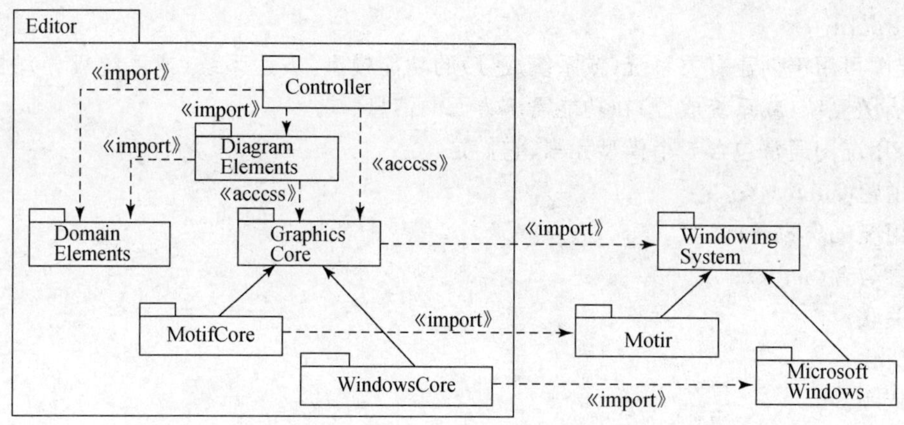

图 11.38　包之间的两种关系

① 类图

类图可用于创建系统的结构模型，表达构成系统各成分之间的静态关系，给出有关系统(或系统成分)的一些说明性信息。

类图通常包含：类、接口、关联、泛化和依赖关系等。有时，为了体现高层设计思想，类图还可以包含包或子系统；有时，为了突现某个类的实例在模型中的作用，还可以包含这样的实例；有时，为了增强模型的语义，还可在类图中给出与其所包含内容相关的约束，并且为了使类图更易理解，还可给出一些注解。

类图中所包含的内容，确定了一个特定的抽象层，该抽象层决定了系统(或系统成分)模型的形态，如图 11.39 所示。

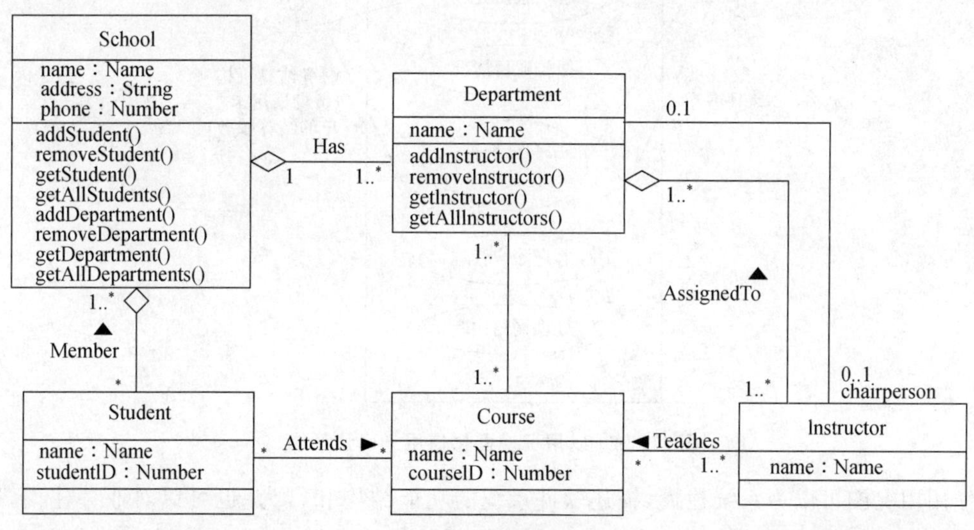

图 11.39　类图示例

图 11.39 表明，学校有多个系，每个系有多名教员，每位教员承担了多门课程的教学；该学校还有许多学生，每名学生要关注多门课程的学习。

② 用况图

用况图可用于创建有关系统(或系统成分)的功能模型,表达系统(或系统成分)的功能结构,给出有关系统(或系统成分)在功能需求方面的信息。

一个用况图通常包含 6 个模型元素,它们是:

- 主题(subject);
- 用况(use case);
- 参与者(actor);
- 关联;
- 泛化;
- 依赖。

但是,有时,为了表达模型中的元素分组,形成一些更大的功能块,还可以包含包;有时,为了突现一个用况实例在系统执行中的作用,还可以包含该用况的实例;有时,为了增强模型的语义,还可在用况图中给出与其所包含内容相关的约束,并且,为了使用况图更易理解,还可给出一些注解。

用况图中所包含的内容,确定了一个特定的抽象层,该抽象层决定了系统(或系统成分)模型的形态,如图 11.40 所示。

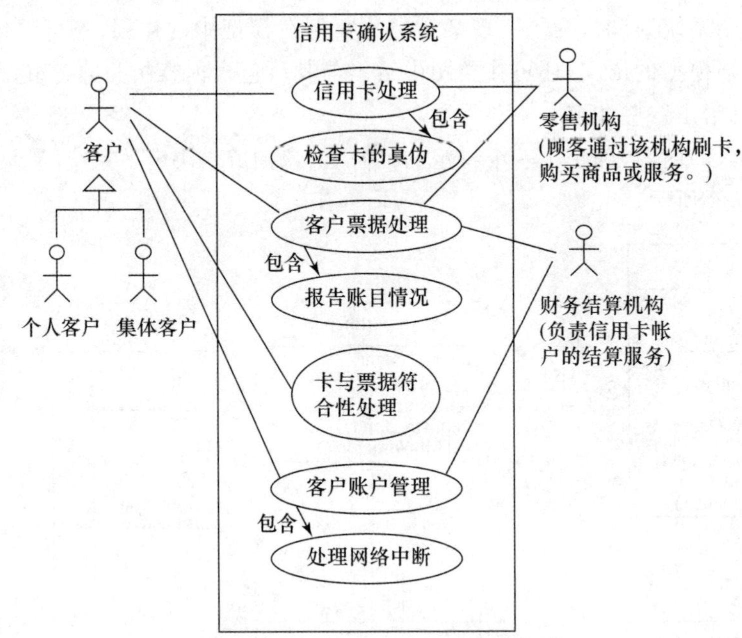

图 11.40　以用况模型化信用卡确认系统

使用用况图可以为系统建模,描述软件系统的功能结构和行为;也可以对业务建模,用于描述企业或组织的过程结构和行为。业务模型和系统模型之间具有“整体/部分”关系。

③ 状态图

状态图可用于创建有关系统(或系统成分)的行为生存周期模型,表达有关系统(或系统成分)的一种动态结构,给出有关系统(或系统成分)在生存期间可有哪些阶段、每一阶段可从事的活动以及对外所呈现的特征等方面的信息。

状态图是显示一个状态机的图,因此通常包含:状态、转移及其相关的事件和动作、消息等。有时为了增强模型的语义,还可在状态图中给出与其所包含内容相关的约束,并且为了使状态图更易理解,还可给出一些注解。

状态图中所包含的内容,确定了一个特定的抽象层,该抽象层决定了以状态图所表达的模型之形态,如图 11.41 所示。

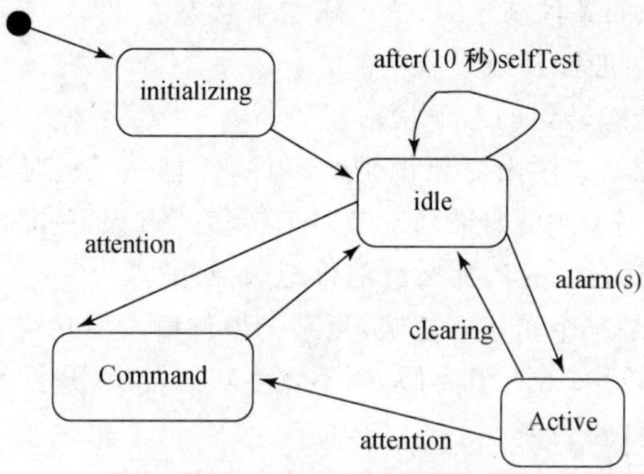

图 11.41　嵌入式系统中一个控制器的状态图

(a) 状态

状态是类目的一个实例在其生存中的一种条件(condition)或情况(situation),期间该实例满足这一条件,执行某一活动或等待某一消息。

UML 把状态分为初态、终态和正常状态,其中初态和终态是两种特殊的状态。初态表达状态机默认的开始位置,用实心圆来表示;终态表达状态机的执行已经完成,用内含一个实心圆的圆来表示。实际上,初态和终态都是伪状态,即只有名字。

在规约一个状态时,主要涉及以下内容:

- 名字;
- 进入/退出之效应(effect);
- 状态内部转移;
- 组合状态;
- 被延迟事件。

一个状态表达了一个对象所处的特定阶段、所具有的对外呈现(外征)以及所能提供的服务。一个对象的所有状态是一个关于该对象"生存历程"的偏序集合,刻画了该对象的生存周期。

(b) 事件

一个事件是对一个有意义的发生的规约,该发生有其自己的时空。在状态机的语境下,一个事件就意味着存在一个可能引发状态转移的激励。

事件可分为内部事件和外部事件。内部事件是指系统内对象之间传送的事件,例如溢出异常等;外部事件是指系统和它的参与者之间所传送的事件,如按一下按钮,或传感器的一个中断。

在 UML 中,可以模型化以下 4 种事件:

- 信号(signal);

- 调用(call);
- 时间事件和变化事件;
- 发送事件和接受事件。

(c) 状态转移

状态转换是两个状态间的一种关系,意指一个对象在一个状态中将执行一些确定的动作,当规约的事件发生和规约的条件满足时,进入第二个状态。

描述一个状态转换,一般涉及以下 5 个部分:

- 源状态:引发该状态转移的那个状态。
- 转移触发器:在源状态中由对象识别的事件,并且一旦满足其监护条件,则使状态发生转移。在同一个简单状态图中,如果触发了多个转移,"点火"的是那个优先级最高的转移;如果这多个转移具有相同的优先级,那么就随机地选择并"点火"一个转移。
- 监护(guard)条件:一个布尔表达式,当某个事件触发器接受一个事件时,如果该表达式有值为真,则触发一个转移;若有值为假,则不发生状态转换,并且此时如果没有其他可以被触发的转移,那么该事件就要丢失。
- 效应(effect):一种可执行的行为。例如可作用于对象上的一个动作,或间接地作用于其他对象的动作,但这些对象对那个对象是可见的。
- 目标状态:转移完成后所处的那个状态。

在实际应用中,使用状态图可以:

□ 创建一个系统的动态模型,包括有关各种类型对象、各种系统结构(类、接口、构件和节点)的以事件为序的行为。

□ 创建一个场景的模型,其主要途径是为用况给出相应的状态图。

状态图的以上两个用途,通常都是对反应型对象(reactive object)的。反应型对象,或称为事件驱动的对象,其行为特征是响应其外部语境中所出现的事件,并作出相应的反应。

④ 顺序图

顺序图可用于创建有关系统(或系统成分)的交互模型,表达系统(或系统成分)中有关对象之间的交互结构,给出系统(或系统成分)中的一些对象如何协作的信息。

顺序图是一种交互图,即由一组对象以及按时间序组织的对象之间的关系组成,其中还包含这些对象之间所发送的消息,如图 11.42 所示。

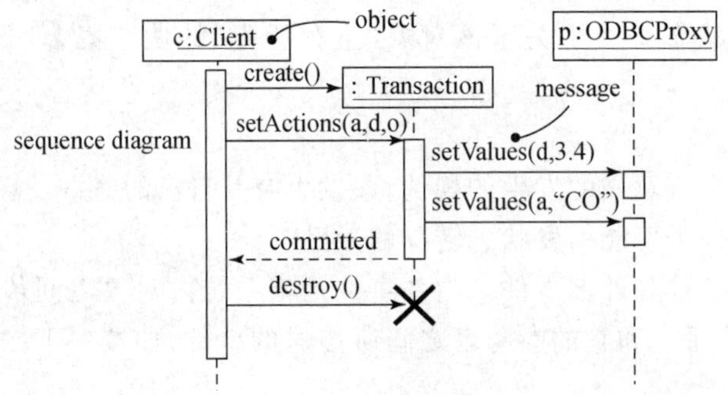

图 11.42　顺序图示例

在 UML 中，顺序图通常包含参与交互的对象、基本的交互方式（同步和异步）以及消息等。如同其他图一样，有时为了增强模型的语义，还可在顺序图中给出与其所包含内容相关的约束，并且为了使顺序图更易理解，还可给出一些注解。

顺序图中所包含的内容，确定了一个特定的抽象层，该抽象层决定了系统（或系统成分）模型的形态。

(a) 消息

消息是用于表达交互内容的术语。在 UML 中，把消息表示为一条箭头线，从参与交互的一个对象之生命线到另一对象的生命线。如果消息是异步的，则用枝形箭头线表示；如果消息是同步的（调用），则用实心三角箭头线表示；同步消息的回复用枝形箭头虚线表示。

(b) 对象生命线

对象生命线用于表示一个对象在一个特定时间段中的存在。对象生命线被表示为垂直的虚线。一条生命线上的时序是非常重要的，使消息集合成为一个关于时间的偏序集，从而形成一个因果链。

(c) 聚焦控制（the focus of control）

聚焦控制用于表达一个对象执行一个动作的时间段。聚焦控制表示为细高矩形。根据需要，可以使用嵌套的聚焦控制。

(d) 控制操作子

为了控制交互行为描述的复杂性，更清晰地表达顺序图中的复杂控制，UML 给出了 4 种最常使用控制操作子：

- 选择执行操作子

该控制操作子记为“opr”。该控制操作子表明，在进入该控制操作子时，仅当监护条件为真时，该控制操作子的体才予执行。

- 条件执行操作子（operator for conditional execution）

该控制操作子记为“alt”。该控制操作子有多个可选择执行的控制体，如果其中一个控制体的监护条件为真，那么该部分才能被执行，而后将绕过该控制操作子继续。但是，最多可执行该控制体中一个部分。

- 并发执行操作子

该控制操作子记为“par”。该控制操作子的体通过水平线将其分为多个部分。每一部分表示一个并行计算。该控制操作子表明：当进入该控制操作子时，所有部分并发执行。

- 迭代执行操作子

该控制操作子记为“loop”。该控制操作子表明，只要在每一次迭代之前监护条件为真，那么该控制体就反复执行；当该体上面的监护条件为假时，控制绕过该控制操作子。

本书主要讲解了类图、用况图、状态图和顺序图。类图主要用于表达系统、子系统的静态结构；用况图、状态图和顺序图分别用于表达系统、子系统、类目等行为的三个方面，即功能、生存周期以及交互。没有讲解的表示工具有：对象图、构件图、包图、部署图、组合结构图，以及活动图、通信图、交互概观图和定序图。

最后，需要特别注意的是，UML 是一种可视化的建模语言，而不是一种特定的软件开发方法学。

2. 统一软件开发过程 RUP

RUP 是一种基于 UML 的过程框架,即使用了 UML 的术语集和表达格式,用于定义开发中的各个抽象层,用于描述各抽象层的制品;比较完整地定义了将用户需求转换成产品所需要的活动集、任务集。该过程框架具有两方面的作用:一是可用于指导在进行不同抽象层之间"映射"之中,安排其开发活动的次序,分派任务和需要开发的制品,二是可作为监控、度量项目中的活动和制品的准则。

(1) RUP 的突出特点

RUP 的突出特点是,它是一种以用况为驱动的、以体系结构为中心的迭代、增量式开发。

以用况为驱动,意指在系统的生存周期中,以用况作为基础,驱动系统分析、设计、实现和测试等活动,并形成相应的用况细化。因此,以用况为驱动有助于模型之间的追踪和系统演化。

以体系结构为中心,意指在系统开发的任何阶段(初始阶段、细化阶段、构造阶段和移交阶段)都要给出相关模型视角下有关体系结构的描述,展示对体系结构有意义上的用况、子系统、接口、类(主要为主动类)、构件、节点和协作,展示对系统体系结构有意义的非功能需求,简述相关的平台、遗产、所用的商业软件、框架和模板机制等以及各种体系结构模式。因此体系结构描述是构思、构造、管理和改善系统的主要制品。

迭代、增量式开发,意指在四个开发阶段上,按计划和相应的评估准则,通过核心工作流——需求、分析、设计、实现和测试的迭代,产生一个内部的或外部的发布版本。其中:

① 两次相邻迭代所得到的发布版本之差,称为一个增量。增量是系统中一个较小的、可管理的部分(一个或几个构造块)。

② 各个阶段的基本目标为:

初始阶段:获得与特定用况和平台无关的系统体系结构轮廓,以此建立产品功能范围;编制初始的业务实例,从业务角度指出该项目的价值,减少项目主要的错误风险。

细化阶段:通过捕获并描述系统的大部分需求(一些关键用况),建立系统体系结构基线的第一个版本,主要包括用况模型和分析模型。到该阶段末,就能够估算成本、进度,并能详细地规划构造阶段。

构造阶段:通过演化,形成最终的系统体系结构基线(包括系统的各种模型和各模型视角下体系结构描述),开发完整的系统,确保产品可以开始向客户交付,即具有初始操作能力。

交付阶段:确保有一个实在的产品,发布给用户群。

(2) RUP 的核心工作流

如上所述,在 RUP 的每次迭代中都要经历一个核心工作流,即需求获取、分析、设计、实现和测试。

① 需求获取

其目标是:使用 UML 中的用况、参与者以及依赖等术语来抽象客观实际问题,形成系统的需求获取模型,并产生该模型视角下的体系结构描述。

为了实现这一目标,RUP 建议开展四方面工作,其次序可根据实际情况而定(参见表 11.1)。

表 11.1　需求获取的工作

要做的工作	产生的制品
列出候选的需求	特征(Feature)列表
理解系统语境	领域模型或业务模型
捕获功能需求	用况模型
捕获非功能需求	补充需求或针对一些特定需求的用况

(a) 第一项工作是列出候选的需求,形成系统的特征列表。其中,特征(feature)是一个新的项(item)及其简要描述。特征可作为需求,并被转换为其他制品。

(b) 第二项工作是理解系统语境,往往需要创建领域模型或业务模型。其中:

● 领域模型:用于捕获系统语境中的一些重要领域对象类型。一般来说,领域类以三种形态出现:业务对象、实在对象和概念,以及事件。在 RUP 中,领域模型一般是以类图予以表达的。

● 业务模型:用于捕获业务处理和其中的业务对象。RUP 通过以下 2 个层次来抽象一个业务:

□ 业务用况模型:业务用况模型是以用况图予以表达的,其中包含一些业务用况和一些业务参与者,一个业务用况对应一个业务处理,业务参与者对应客户。

□ 业务对象模型:业务对象模型通常是以交互图予以表达的,其中包含一些业务对象:工作人员、业务实体和工作单元,它们之间的相互作用实现业务用况模型中每一个业务用况的功能。

对于小型软件系统而言,如果给出该领域的术语表就能理解系统语境,那么可以不用创建领域模型和业务模型。

(c) 第三项工作是捕获系统功能需求。该步的目标是,在以上两步工作的基础上,创建系统的用况模型。用况模型是系统的一种概念模型。用况模型及其内容如图 11.43 所示。

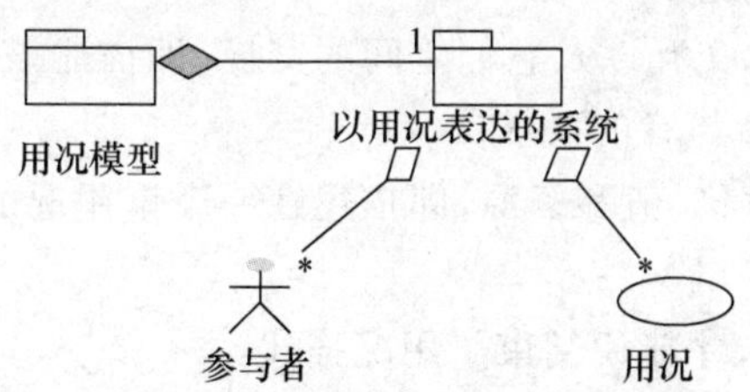

图 11.43　用况模型及其内容

RUP 的需求获取层是通过参与者、用况、用况与参与者之间的关联、用况与用况之间的泛化、用况与用况之间的包含和扩展等术语定义的。

表 11.2 概括了创建系统用况模型的活动。

表 11.2 创建系统需求获取模型的活动及其输入和输出

序号	输入	活动	执行者	输出
1	业务模型或领域模型,补充需求,特征表	发现描述参与者和用况	系统分析员、客户、用户、其他分析员	用况模型[概述],术语表
2	用况模型[概述],补充需求,术语表	赋予用况优先级	体系结构设计者	体系结构描述[用况模型视角]
3	用况模型[概述],补充需求,术语表	精化用况	用况描述者	用况[精化]
4	用况[精化],用况模型[概述],补充需求,术语表	构造人机接口原型	人机接口设计者	人机接口原型
5	用况[精化],用况模型[概述],补充需求,术语表	用况模型的结构化	系统分析员	用况模型[精化]

表 11.2 表明,每一活动是一个映射,将给定的输入映射为确定的输出。

其中应特别注意的是:

- **用况模型[概述]**只给出表达系统应用层面功能的用况,给出使用系统的参与者及其相关的用况,以及参与者和用况的简单描述。**用况模型[概述]**体现了系统功能分离的设计原则。
- **体系结构描述[用况模型视角]**只描述那些对体系结构具有重要影响的用况,或需要早期开发的用况,或一些重要功能的用况。
- **用况[精化]**一般需要以正文事件流形式予以描述,以便与客户的交流;并且其描述内容通常包括:

□ 前置条件,用于表达该用况的开始状态;

□ 第一个要执行的动作,描述该用况是如何开始的,什么时候开始;

□ 该用况中基本路径所要求的动作及其次序;

□ 该用况是如何结束的;

□ 一个后置条件,用于表达可能的结束状态;

□ 基本路径之外的可选路径;

□ 系统与参与者之间的交互以及它们之间的交换,即描述该用况的动作是如何被相关参与者激发的,以及如何响应参与者的要求;

□ 系统中使用的有关对象、值和资源,即描述在一个该用况的动作序列中,如何使用为该用况属性所赋予的值。

只有当满足以下条件时,才能说结束了用况描述:

□ 用况是容易理解的;

□ 用况是正确的(即捕获了正确的需求);

□ 用况是完备的(例如,描述了所有可能的路径);

□ 用况是一致的。

- **用况模型[精化]**不但包含参与者与用况的关联,一般还包含用况与用况之间的泛化、包含和扩展,一般形成系统良好的功能结构。

(d) 第四项工作是在**用况模型[精化]**的基础上,捕获与各用况、各参与者与用况交互的非功能需求,包括性能需求、质量需求、设计约束等。

② 分析

RUP 的分析目标是：在系统用况模型的基础上，创建系统分析模型以及在该分析模型视角下的体系结构描述。系统分析模型，也是系统的一种概念模型，解决系统用况模型中存在的二义性和不一致性等问题，并准确地表达用户的需求。其中应特别注意，在分析活动中主要处理系统的功能需求，而将非功能需求的处理延迟到设计活动中。

为了支持系统分析，RUP 引入了以下术语：分析类、分析包和用况细化，通过这些术语，定义了一个抽象层，并给出了模型内容，如图 11.44 所示。

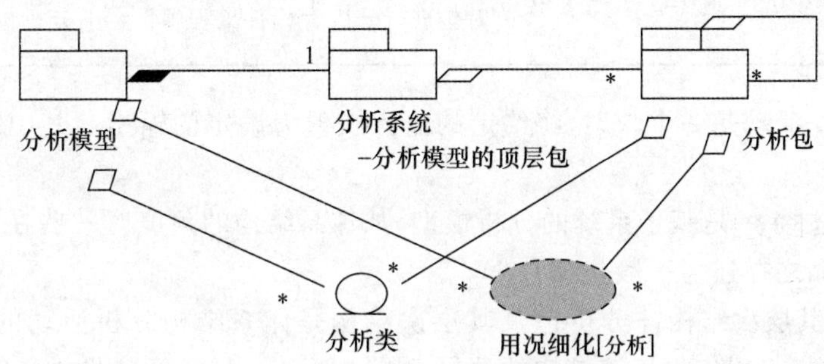

图 11.44　分析模型的内容

图 11.44 中：

(a) 分析类。分析类是类的衍型，用于表达大粒度的对象，有其责任、概念性的属性和关系。分析类分为边界类、实体类和控制类三种，如图 11.45 所示。边界类用于规约系统与其参与者之间的交互；实体类用于规约那些需要长期驻留在系统中的模型化对象以及与行为相关的某些现象。控制类用于规约基本动作和控制流的处理与协调，涉及向其他对象(例如边界类对象，实体类对象)委派工作。它们分别表示为：

图 11.45　分析类的表示

(b) 用况细化。用况细化是一个协作。针对一个用况，其行为可用多个分析类之间的相互作用来细化之。用况细化对用况模型中的一个特定的用况提供了一种直接方式的跟踪。

(c) 分析包。分析包是一种控制信息组织复杂性的机制，提供了分析制品的一种组织手段，形成一些可管理的部分。其中可包含一些分析类、在分析阶段得到的用况细化，并且还可以包含其他分析包(即嵌套)。在应用中，一般把支持一个特定业务过程的一些用况和参与者组织在一个包中，即把系统的一些变化局部到一个业务过程、一个参与者的行为，或一组紧密相关的用况，形成一些不同的系统分析包；或把具有泛化或扩展关系的用况组织在一个包中。

(d) 分析模型。分析模型是包的一个层次结构，该结构可体现系统的高层设计。

一些分析类和**用况细化[分析]**还可单独地出现在分析模型中，以突显它们在系统体系结构方面的作用。

创建分析模型的活动如表 11.3 所示。

表 11.3　分析活动及其输入和输出

序号	输入	活动	执行者	输出
1	用况模型、补充需求、业务模型或领域模型、体系结构描述[用况模型]	体系结构分析	体系结构设计者	分析包[概述]、分析类[概述]、体系结构描述[分析]
2	用况模型、补充需求、业务模型或领域模型、体系结构描述[分析]	细化用况	用况工程师	用况细化[分析]、分析类[概述]
3	用况细化[分析]、分析类[概述]	对类分析	构件工程师	分析类[完成]
4	系统体系结构描述[分析]、分析包[概述]	对包进行分析	构件工程师	分析包[完成]

表 11.3 表明,每一活动是一个映射,将给定的输入映射为确定的输出。其中应特别注意**体系结构描述[分析]**。

体系结构描述[分析]是基于系统的分析模型,从体系结构的角度对一些在体系结构方面具有重要意义的制品之描述。一般包括:

● 分析包及其层次结构。分析包及其层次结构是体系结构分析活动的一个重要结果。在这一层次结构中,应用包位于该结构的顶层,称为特定应用层;而一些共享包和/或服务包位于低层,称为应用共享层。不同层中的包具有依赖关系,如图 11.46 所示。

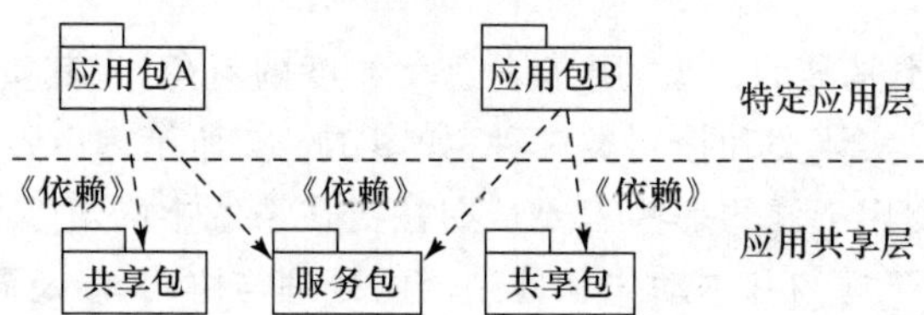

图 11.46　分析包的层次和依赖

显然,包的层次结构对体系结构是有重要影响的。

● 一些关键的分析类

系统中通常存在一些分析类,一般是一些抽象类,而且与其他分析类具有很多关系,这样的分析类对系统体系结构也是有关键意义的。

● **用况细化[分析]**

用况细化[分析]是需求模型中的每一个用况所给出的一个协作,其中使用分析类及其关系,以交互图的方式来精化需求模型中用况是如何执行的,以实现其功能。

表 11.4 对用况模型和分析模型作了简捷的比较。

表 11.4　用况模型和分析模型作的比较

用况模型	分析模型
使用客户语言来描述的	使用开发者语言来描述的
给出的是系统对外的视图	给出的是系统对内的视图
使用用况予以结构化的,但给出的是外部视角下的系统结构	使用衍型类予以结构化的,但给出的是内部视角下的系统结构

续表

用况模型	分析模型
可以作为客户和开发者之间关于"系统应做什么、不应做什么"的契约	可以作为开发者理解系统如何勾画、如何设计和如何实现的基础
在需求之间可能存在一些冗余、不一致和冲突等问题	在需求之间不应存在冗余、不一致和冲突等问题
捕获的是系统功能,包括在体系结构方面具有意义的功能	给出的是细化的系统功能,包括在体系结构方面具有意义的功能
定义了一些进一步需要在分析模型中予以分析的用况	定义了用况模型中每一个用况的细化

③ 设计

RUP 的设计目标是,在分析模型的基础上,给出系统的软件结构。

为了实现以上目标,RUP 为设计抽象层提供了四个术语:设计类、**用况细化[设计]**、设计子系统和接口,用于表达软件结构中的基本元素。并给出了软件设计模型和部署模型的内容。

(a) 设计模型的内容

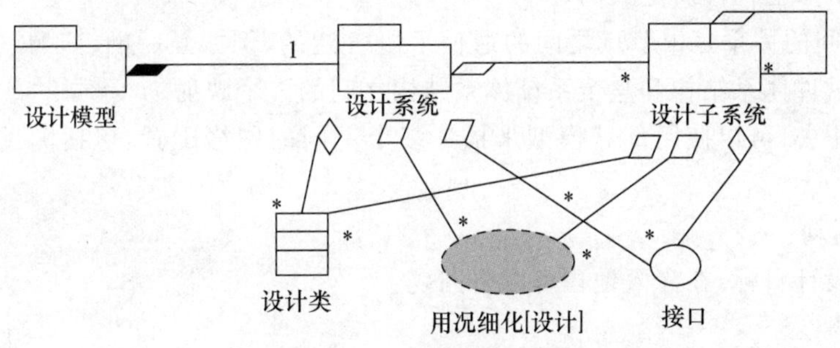

图 11.47　设计模型的内容

设计模型的内容如图 11.47 所示,其中:

- 设计类

设计类是对系统实现中一个类或类似构造的一个无缝抽象。设计类的主要特征为:操作、属性、关系、方法、实现需求、是否为主动类。主动类是指它的对象维护自己的控制线程并与其他主动对象并发运行。

- **用况细化[设计]**

用况细化[设计]是设计模型中的一个协作,其中,使用设计类及其对象,描述一个特定用况是如何予以细化的,如何执行的。

表达协作的工具可以是类图、交互图和正文事件流等。

- 设计子系统

设计子系统可以包含设计类、用况细化、接口,以及其他子系统,通过对其操作来显示其功能。设计子系统是一种组织设计制品的手段,使之成为一些可以更易管理的部分。

- 接口(Interface)

接口用于规约由设计类和设计子系统提供的操作。接口提供了一种分离功能的手段,其中使用了与实现中方法对应的操作,因此提供接口的设计类和设计子系统,必须提供细化该接口操作的方法。

● 设计系统是设计子系统的一个层次结构,表达了系统的总体设计。

(b) 部署模型的内容

图 11.48 部署模型的构成

部署模型的内容如图 11.48 所示,其中:

● 节点表达一个计算资源,常常是一个处理器或类似的硬件设备。节点的功能(或过程)是由部署在该节点上构件所定义的。

● 节点之间的关系是由节点之间的通信手段表达的,例如互联网、广域网和总线等。部署模型展现了软件体系结构和整个系统体系结构之间的一个映射。

在实际应用中,可以使用部署模型来描述多个不同的网络配置,包括测试配置和仿真配置等。

(c) 设计活动

为了实现设计目标,在深入地理解以下问题:

● 非功能需求
● 有关对程序设计语言的限制(constrains)
● 数据库技术
● 用况技术
● 事务(transaction)技术等

的基础上,开展表 11.5 所示的设计活动。

表 11.5 设计活动及其输入和输出

序号	输入	活动	执行者	输出
1	用况模型、补充需求、分析模型、体系结构描述分析模型角度	体系结构设计	体系结构设计者	子系统[概述]、接口[概述]、设计类[概述]、部署模型[概述]、体系结构描述[设计]
2	用况模型、补充需求、分析模型、设计模型、部署模型	设计用况	用况工程师	用况[设计—实现]、设计类[概述]、子系统[概述]、接口[概述]
3	用况[设计—实现]、设计类[概述]、接口[概述]、分析类[完成]完成	对类设计	构件工程师	设计类[完成]
4	体系结构描述[设计]、子系统[概述]、接口[概述]	设计子系统	构件工程师	子系统[完成]、接口[完成]

表 11.5 表明,每一活动是一个映射,将给定的输入映射为确定的输出。其中,应特别注意的是**体系结构描述[设计]**。**体系结构描述[设计]**是基于系统的设计模型,从体系结构的角度对一些在体系结构方面具有重要意义的制品之描述。一般包括:

● 子系统及其层次结构

子系统及其层次结构是体系结构设计活动的一个重要结果。子系统的层次结构一般具有四层:应用子系统通常位于该结构的顶层,称为特定应用层;一些共享子系统和/或服务子系统位于应用子系统的下一层,称为一般应用层;封装中间件功能的一些子系统,构成了系统的中间件层;封装系统软件功能的一些子系统,构成了最低层,称为系统软件层。为了处理一些特定的非功能需求,设计了一些设计机制,它们往往位于特定应用层和一般应用层,如图 11.49 所示。

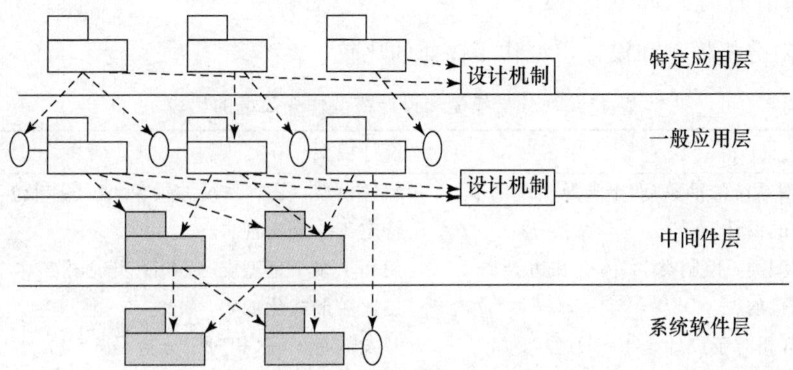

图 11.49　系统的初始顶层设计

不同层之间的子系统,或直接具有依赖关系,或依赖子系统接口。显然,子系统的层次结构对体系结构是有重要影响的。

● 对体系结构有意义设计类

对体系结构有意义的设计类,一般包括对体系结构有意义的分析类所对应那些设计类,具有一般性、核心的主动类,表达通用设计机制的设计类,以及与这些设计类相关的其他设计类。对于这样一些对体系结构有意义的设计类而言,一般只考虑抽象类,而不考虑它的子类,除非该子类展现了某些与其抽象类不同的行为,并对体系结构有意义。

● **用况细化[设计]**

一些必须在软件生存周期早期开发的某些重要的、关键功能的**用况细化[设计]**,它们可能包括一些设计类,或是上面提到的那些对体系结构有意义设计类,甚至可能还会包括一些子系统。通常,**用况细化[设计]**对应用况模型视角下体系结构中的用况,对应分析模型视角下体系结构中的**用况细化[分析]**。

关于 RUP 核心工作流的实现和测试,可参阅有关资料。

综上可知:

(1) RUP 的设计方法,由三部分组成:一是给出用于表达设计模型中基本成分的四个术语,包括:子系统、设计类、接口和**用况细化[设计]**;二是规约了设计模型的语法,指导模型的表达;三是给出了创建设计模型的过程以及相应的指导。

(2) RUP 设计的主要结果是系统的设计模型,它尽量保持该系统具有分析模型的结构,并在设计模型的基础上,产生相应的体系结构描述。

(3) RUP 的设计还产生了部署模型,描述了分布系统的网络配置,并产生相应的体系结构描述。

(4) RUP 的设计还产生了有关子系统、设计类和接口的特定需求。

(5) RUP 使用了一种公共的思想来思考该设计,使设计是可视化的,并为系统的实现创建了一个无缝的抽象,在一定意义上讲,使实现成为设计的一个直接的精化——添加内容,而不改变其结构。

(6) RUP 的设计支持对实现工作的分解,使之成为一些可以由不同开发组尽可能同时处理的、可管理的部分(显然,这一分解不可能在需求获取或分析中完成)。并且由于捕获了软件生存周期中早期的子系统之间的主要接口,从而有助于各不同开发组之间有关体系结构的思考和接口的使用。

表 11.6 对分析模型和设计模型作了简捷的比较。

表 11.6　分析模型和设计模型作一简捷的比较

分析模型	设计模型
概念模型,是对系统的抽象,而不涉及实现细节	软件模型,是对系统的抽象,而不涉及实现细节
可应用于不同的设计	特定于一个实现
使用了三个衍型类:控制类、实体类和边界类	使用了多个衍型类,依赖于实现语言
几乎不是形式化的	是比较形式化的
开发的费用少(相对于设计是 1∶5)	开发的费用高(相对于分析是 5∶1)
结构层次少	结构层次多
动态的,但很少关注定序方面	动态的,但更多关注定序方面
概括地给出了系统设计,包括系统的体系结构	表明了系统设计,包括设计视角下的系统体系结构
整个软件生存周期中不能予以修改、增加等	整个软件生存周期中应该予以维护
为构建系统包括创建设计模型,定义一个结构,是一个基本输入	构建系统时,尽可能保留分析模型所定义的结构

本书紧紧围绕设计方法问题,讲解了结构化方法和面向对象方法。

结构化方法是一种系统化的软件开发方法学。其看待客观世界的基本观点是:一切信息系统都是由信息流构成的,每一信息流都有其自己的起点——数据源,有自己的归宿——数据潭,有驱动信息流动的加工。

为了支持系统建模和软件求解,结构化方法紧紧围绕"问题分离"、"过程抽象"、"数据抽象"、"模块化"等基本软件设计原理,给出了完备的符号(术语表),给出了模型表示工具(表达格式),给出了自顶向下、逐层分解的过程指导。

面向对象方法是一种以客体和客体关系来创建系统模型的系统化软件开发方法学。其看待客观世界的基本观点是:一切信息系统都是由对象组成的,对象有其自己的属性和操作,对象之间的相互作用和相互影响,构成了大千世界各式各样的系统。

为了支持系统建模和软件求解,UML 紧紧围绕"问题分离"、"客体抽象"、"结构抽象"、"局部化"、"模块化"等基本软件设计原理,给出了丰富的符号(术语表),给出了丰富地表达工具(表达格式);RUP 基于 UML 的术语集和表达格式,紧紧围绕用况驱动、以体系结构为中心和迭代增量开发,对需求获取、分析、设计、实现和测试这一核心工作流,分别给出了相应的过程指导。

在结束本书讲解之前，需要特别说明的是，按着 IEEE 最新发布的软件工程知识体系 SWEBOK，软件工程知识可分为十个部分，即软件需求、软件设计、软件构造、软件测试、软件维护、软件配置管理、软件工程管理、软件工程过程、软件工程工具与方法、软件质量。本书基于本科教育阶段重点培养学生软件工程学科的基础知识、基本的实践能力的目标，比较详细地涉及到软件需求、软件设计、软件构造、软件测试、软件工程过程、软件工程工具与方法等方面的知识，概要地涉及到软件工程管理和软件质量方面的知识，也涉及到一点软件维护和软件配置管理方面的知识。

参 考 文 献

1. 张效祥主编.计算机科学技术百科全书(第二版).北京：清华大学出版社，2005.
2. 杨芙清，邵维忠，梅宏.面向对象的 CASE 环境青鸟 II 型系统的设计与实现.中国科学，A 辑 1995：533—542.
3. 杨芙清，何新贵.软件工程进展.北京：清华大学出版社，1996.
4. 邵维忠，麻志毅，马浩海，刘辉译.UML 用户指南(第二版).北京：人民邮电出版社，2006.
5. Richard C. Lee，William M. Tepfenhart. UML and C++. Prentice Hall Inc.，2001.
6. 冯玉琳等.软件工程.合肥：中国科学技术大学出版社，1992.
7. Donald. G. Firesmith & Edword M. Eykholt，Dictionary of Object Technology，SIGS Book Inc.，1995.
8. David Gries，Programming Methodology，Springer-Verlag，New Yok Heideberg Berlin，1978.
9. Jag Sodhi，Software Engineering Methods，Management，and CASE Tools，McGraw-Hill Inc.，1991.
10. Alistair Cockburn，Writing Effective Use Cases，Addison-Wesley，2001.
11. Karl E. Wiegers，Creating Software Engineering Culture，Dorset House Publishing，1996.
12. Ivar Jacobson，Grady Booth，James Rumbaugh. The Unified Software Development Process. Addison-Wesley Publishing Company，1999.
13. 朱三元，钱乐秋，宿为民.软件工程技术概论.北京：科学出版社，2002.
14. 郑人杰，殷人昆，陶永雷.使用软件工程.北京：清华大学出版社，1997.
15. Dennis M. Ahern. CMM 精粹—集成化过程改进实用导论(第 2 版).陈波译.北京：清华大学出版社出版，2005.
16. 陈志田主编.2000 版 ISO 9000 族标准理解与运作指南.北京：中国计量出版社，2001.
17. 艾兵主编.ISO 9000：2000 质量管理体系建立简明教程(第 2 版).北京：中国标准出版社，2008.
18. Mark J. Christensen，Richard H. Thayer.软件工程最佳实践项目经理指南.王立福，赵文，胡文惠译.北京：电子工业出版社，2004.
19. [Koontz & O'Donnell 1972] Koontz，H.，and O'Donnell，C. Principles of Management：An Analysis of Managerial Functions，5th ed. McGraw-Hill，New York，1972.
20. [Garmus & David 1996] Garmus，D.，and David，H. The Software Measuring Process：A Practical Guide to Functional Measurements. Yourdon Press，Upper Saddle River，NJ，1996.
21. [Humphrey 1995] Humphrey，W. S. A Discipline for Software Engineering. Addison-Wesley，1995.
22. [Stutzke 1994] Stutzke，R. D. A Mathematical Expression of Brook's Law. Proc. 9th Int'l Forum on COCOMO and Software Cost Modeling，Center for Software Engineering，University of Southern California，Los Angeles，1994.
23. [Stutzke 1997] Stutzke，R. D. "Software Estimating Technology：A Survey". Software Engineering Project Management. IEEE Computer Society Press，Los Alamitos，CA，1997，pp218—229.
24. [Pillai & Nair1997] Pillai，K. and Nair，V. S. Sukumaran Nair，"A Model for Software Development Effort and Cost Estimation". IEEE Transactions on Software Engineering，Vol. 23，no. 8，1997，pp485—497.
25. [Curtis 1995] Curtis，B. Building a Cost Benefit Case for Software Process Improvement. Tutorial presented at 7th Software Engineering Process Group Conference，Boston.